普通高等教育“十四五”公共课程系列教材

线性代数

（第3版）

主　编◎王春华　魏云超　孟华军
副主编◎朱红鲜　王兆才　李英杰
王晓明

中国铁道出版社有限公司
CHINA RAILWAY PUBLISHING HOUSE CO., LTD.

内容简介

本书在第2版基础上，根据近年来一线教师在线性代数课程教改和教学实践方面的成果修订而成，其编写宗旨是“理论联系实际，培养逻辑思维能力，注重抽象问题应用，提高学生素质”。全书共分六章，包括行列式、矩阵、线性方程组与向量、矩阵的特征值与特征向量、二次型、线性空间与线性变换。

本书适合作为高等院校各专业线性代数课程的教材，尤其适合应用型本科各专业，也可供自学者和科技工作者参考。

图书在版编目（CIP）数据

线性代数 / 王春华，魏云超，孟华军主编. -- 3版.
北京 ：中国铁道出版社有限公司，2025. 6. --（普通高等教育“十四五”公共课程系列教材）. -- ISBN 978-7-113-31820-8

Ⅰ. O151. 2

中国国家版本馆CIP数据核字第2024UY3617号

书　　名：**线性代数**
作　　者：王春华　魏云超　孟华军

策　　划：贾　星　曹莉群　　　　编辑部电话：（010）63549501
责任编辑：贾　星　徐盼欣
封面设计：刘　颖
责任校对：苗　丹
责任印制：赵星辰

出版发行：中国铁道出版社有限公司（100054，北京市西城区右安门西街8号）
网　　址：https://www.tdpress.com/51eds
印　　刷：北京鑫益晖印刷有限公司
版　　次：2010年9月第1版　2025年6月第3版　2025年6月第1次印刷
开　　本：787 mm×1 092 mm　1/16　印张：15　字数：362千
书　　号：ISBN 978-7-113-31820-8
定　　价：41.00元

前　言

随着高等教育的普及,高校各专业对线性代数的学习要求也在发生着一定程度的改变。同时因为网络的发展,人们获取信息的渠道愈发广阔,教育界和社会各方面对高等教育的期望与要求也越来越多样化、立体化。为适应形势发展,落实立德树人根本任务,满足不同阶段、不同层次的人才学习需求,在总结《线性代数》(第2版)的基础上,编者推出了《线性代数》(第3版)教材。其主要内容依据教育部高等学校大学数学课程教学指导委员会制定的理工类、经济管理类、农林类本科生线性代数课程的教学基本要求确定,同时根据一线教师近年来在本科实践教学环节的心得与体会作了适当的调整,以便更好地满足广大学生学习线性代数课程的需要。

第3版教材编写本着"理论联系实际,培养逻辑思维能力,注重抽象问题应用,提高学生学术素质"的宗旨,在概念的引入上,力求自然,通过实例来阐述其直观背景和现实意义;在基本理论上,力求直观,着眼于培养学生分析问题、解决问题的能力;在基本技能的培养上,注重基本运算能力和方法的训练。全书共分六章,主要内容包括行列式、矩阵、线性方程组与向量、矩阵的特征值与特征向量、二次型、线性空间与线性变换,其中第6章为选学内容。每章包括教学基本内容、内容精要、习题、复习题四部分,并在书后给出了较为详细的解答。本书适合作为高等院校各专业线性代数课程的教材,尤其适合应用型本科各专业,也可供自学者和科技工作者参考。

本书由王春华、魏云超、孟华军任主编,朱红鲜 、王兆才、李英杰、王晓明任副主编。各章编写分工如下:第1章由王春华编写,第2章由李英杰编写,第3章由王晓明、朱红鲜编写,第4章由王兆才编写,第5、6章由孟华军编写,魏云超校订全书。

限于编者水平,书中疏漏和不妥之处在所难免,欢迎广大读者批评指正。

编　者

于上海海洋大学

2024年9月

目　　录

注：* 为选学内容。

第1章 行 列 式

行列式是一种重要的数学工具,它在求解线性方程组以及数学的其他分支中有广泛的应用. 本章主要介绍 n 阶行列式的定义、性质,以及行列式的计算.

1.1 行列式的概念

1.1.1 全排列、逆序数和对换

排列以及全排列的有关概念在中学已经有所介绍,在此作一简单介绍和补充. 先看一个例子.

例 1 用 1,2,3 三个数字,可以组成多少个没有重复数字的三位数?

解 这个问题可以这样理解,把三个不同的数字排成一列共有多少种不同的排法? 可以有如下六种不同的排法:123,231,312,132,213,321.

在数学中,把以上考察的数字称为**元素**.

对例 1 加以推广有如下问题:将 n 个不同的元素排成一列,共有多少种不同的排法?

定义 1 把 n 个不同的元素排成一列,称为 n 个元素的**全排列**,简称**排列**.

从例 1 中可以看出,将三个元素放置不同的位置,可以按照如下方法进行放置:从三个元素中任取一个放在第一个位置上有 $3(\mathrm{C}_3^1)$ 种方法;再在剩下的两个元素中任取一个放在第二个位置上有 $2(\mathrm{C}_2^1)$ 种方法;最后一个元素放在第三个位置上有 1 种方法. 因此,总的排法共有 $3\times2\times1=6$ 种.

仿照例 1,可以给出定义 1 的排列数:$\mathrm{P}_n=n\times(n-1)\times\cdots\times3\times2\times1=n!$.

一般常用 $j_1j_2\cdots j_n$ 表示一个 n 元排列,其中 j_1 是该排列的第 1 个数,j_2 是该排列的第 2 个数,依此类推. 若 $j_1<j_2<\cdots<j_{n-1}<j_n$,则称其为**标准序列**. 显然,由标准序列 $12\cdots n$ 组成的所有排列的种数为 $n!$.

定义 2 在一个 n 元排列中,若某两个元素的次序与标准序列不同,就构成一个**逆序**. 一个 n 元排列中逆序的总数,称为该排列的**逆序数**,记作 $\tau(j_1j_2\cdots j_n)$. 如果逆序数是偶数则称为**偶排列**;如果逆序数是奇数则称为**奇排列**.

假设排列 $j_1j_2\cdots j_n$ 为标准排列 $12\cdots n$ 的一个排列,现考虑数列中的第 i 个位置上的数 $j_i(i=1,2,\cdots,n)$,如果比 j_i 大且排在 j_i 前面的数有 a_i 个,则 j_i 的逆序数就是 a_i,那么该排列总的逆序数为

$$\tau(j_1j_2\cdots j_n)=a_1+a_2+\cdots+a_n=\sum_{i=1}^{n}a_i .$$

例2 求排列4132的逆序数.

解 在排列4132中,4的逆序数为$a_1=0$;1的逆序数为$a_2=1$;3的逆序数为$a_3=1$;2的逆序数为$a_4=2$. 所以该排列的总逆序数$\tau=a_1+a_2+a_3+a_4=0+1+1+2=4$. 并且该排列为偶排列.

定义3 在排列中,将任意两个元素对调,其余元素位置不变,得到新的排列的过程称为**对换**;将相邻两个元素对换,称为**相邻对换**.

例3 求对排列32145的元素2和4进行一次对换得到的排列.

解 34125.

我们可以很快求出排列32145和排列34125的逆序数分别为$0+1+2+0+0=3$和$0+0+2+2+0=4$. 可以发现,排列经过一次对换,其逆序数由奇数变为偶数. 是否所有排列经过一次对换其排列的奇偶性都会发生变化?我们有如下定理:

定理1 一个排列中的任意两个元素经过一次对换,其排列的奇偶性改变.

证 先证相邻对换的情形.

设排列为$a_1a_2\cdots a_labb_1b_2\cdots b_m$,对换$a$和$b$,变为$a_1a_2\cdots a_lbab_1b_2\cdots b_m$. 显然,这两个排列的逆序数与$a$和$b$有关. 当$a<b$时,经过对换后,$a$的逆序数增加1,而$b$的逆序数不变;当$a>b$时,经过对换后,$a$的逆序数不变,而$b$的逆序数减少1. 因此,排列$a_1a_2\cdots a_labb_1b_2\cdots b_m$和$a_1a_2\cdots a_lbab_1b_2\cdots b_m$的奇偶性改变.

再证一般对换的情形.

设$a_1a_2\cdots a_lab_1b_2\cdots b_mbc_1c_2\cdots c_n$,对它进行$m$次相邻对换,变成$a_1a_2\cdots a_labb_1b_2\cdots b_mc_1c_2\cdots c_n$,再作$m+1$次相邻对换,变成$a_1a_2\cdots a_lbb_1b_2\cdots b_mac_1c_2\cdots c_n$,在这个过程中总共进行了$2m+1$次相邻对换,使得$a_1a_2\cdots a_lab_1b_2\cdots b_mbc_1c_2\cdots c_n$中的元素$a$和$b$对调,从而得到排列$a_1a_2\cdots a_lbb_1b_2\cdots b_mac_1c_2\cdots c_n$,所以这两个排列的奇偶性相反.

推论 奇排列变成标准排列的对换次数为**奇数**,偶排列变成标准排列的对换次数为**偶数**.

证 因为标准排列的逆序数是0,因此是偶排列,又由定理1可知,对换的次数就是排列奇偶性的变化次数,因此结论成立.

1.1.2 二阶与三阶行列式

用消元法求解下列二元线性方程组

$$\begin{cases}a_{11}x+a_{12}y=b_1\\a_{21}x+a_{22}y=b_2\end{cases}. \tag{1.1.1}$$

用加减消元法不难求出,当$a_{11}a_{22}\neq a_{12}a_{21}$时,得到解

$$x=\frac{b_1a_{22}-a_{12}b_2}{a_{11}a_{22}-a_{12}a_{21}},\quad y=\frac{a_{11}b_2-b_1a_{21}}{a_{11}a_{22}-a_{12}a_{21}}. \tag{1.1.2}$$

现把方程组(1.1.1)中的未知数系数按照下标次序排列在一起,即

$$\begin{matrix}a_{11} & a_{12}\\ a_{21} & a_{22}\end{matrix} \tag{1.1.3}$$

从式(1.1.2)结果的分母可以看出,正好是式(1.1.3)排列的对角线乘积之差.

定义4 将$a_{11}a_{22}-a_{12}a_{21}$称为排列(1.1.3)所确定的**二阶行列式**,记作

$$\begin{vmatrix} a_{11} & a_{12} \\ a_{21} & a_{22} \end{vmatrix} = a_{11}a_{22} - a_{12}a_{21}.$$

其中,a_{ij}表示第 i 行第 j 列(i,j 分别为行标和列标)位置上的元素．

由此,若记

$$D = \begin{vmatrix} a_{11} & a_{12} \\ a_{21} & a_{22} \end{vmatrix}, \quad D_1 = \begin{vmatrix} b_1 & a_{12} \\ b_2 & a_{22} \end{vmatrix}, \quad D_2 = \begin{vmatrix} a_{11} & b_1 \\ a_{21} & b_2 \end{vmatrix},$$

则式(1.1.2)可写成

$$x = \frac{D_1}{D}, \quad y = \frac{D_2}{D}.$$

注意:在 $a_{11}a_{22} - a_{12}a_{21}$ 里,从 $a_{11}a_{22}$ 到 $-a_{12}a_{21}$ 每个元素的 $a_{1j_1}a_{2j_2}$ 行标是按照标准序列排列的,而列标序列在 $a_{11}a_{22}$ 中的逆序数为 0(偶数),它的系数为正数;反之,在 $a_{12}a_{21}$ 中的列标序列逆序数为 1(奇数),它的系数为负．这并非巧合,并且我们注意到 $a_{11}a_{22} - a_{12}a_{21}$ 中的每一项中的元素均取自不同行不同列,每一项前面的符号在行标按照标准序列排列的前提下取决于列标序列的奇偶性．下面我们来观察三阶行列式．

定义 5 设九个数按三行三列排列为

$$\begin{matrix} a_{11} & a_{12} & a_{13} \\ a_{21} & a_{22} & a_{23} \\ a_{31} & a_{32} & a_{33} \end{matrix} \tag{1.1.4}$$

那么称

$$\begin{vmatrix} a_{11} & a_{12} & a_{13} \\ a_{21} & a_{22} & a_{23} \\ a_{31} & a_{32} & a_{33} \end{vmatrix} = a_{11}a_{22}a_{33} + a_{12}a_{23}a_{31} + a_{13}a_{21}a_{32} - a_{11}a_{23}a_{32} - a_{12}a_{21}a_{33} - a_{13}a_{22}a_{31}$$

为一个**三阶行列式**．

对 $a_{11}a_{22}a_{33} + a_{12}a_{23}a_{31} + a_{13}a_{21}a_{32} - a_{11}a_{23}a_{32} - a_{12}a_{21}a_{33} - a_{13}a_{22}a_{31}$ 中的每一项 $a_{1j_1}a_{2j_2}a_{3j_3}$ 进行观察,发现行标顺序均是标准序列,而列标序列从最左边一项到最右边一项分别是 123,231,312;132,213,321. 其逆序数分别为 0,2,2;1,1,3. 注意到正项的列标逆序均为偶数,而负项的列标逆序均为奇数, 因此可以如下定义三阶行列式:

$$\begin{vmatrix} a_{11} & a_{12} & a_{13} \\ a_{21} & a_{22} & a_{23} \\ a_{31} & a_{32} & a_{33} \end{vmatrix} = \sum_{j_1j_2j_3} (-1)^{\tau(j_1j_2j_3)} a_{1j_1}a_{2j_2}a_{3j_3}.$$

其中, $j_1j_2j_3$ 表示 1,2,3 三个元素的全排列．

例 4 计算三阶行列式

$$D = \begin{vmatrix} 3 & -6 & 2 \\ 5 & 2 & 6 \\ 1 & 4 & -1 \end{vmatrix}.$$

解 按三阶行列式的定义,代入有

$$D = 3\times2\times(-1) + (-6)\times6\times1 + 2\times5\times4 - 3\times6\times4 -$$

$$
(-6)\times5\times(-1)-2\times2\times1
$$
$$
=-6-36+40-72-30-4=-108.
$$

1.1.3 n 阶行列式

由三阶行列式的定义,我们给出 n 阶行列式的定义.

定义 6 设 n^2 个数,按 n 行 n 列排列为

$$
\begin{matrix} a_{11} & a_{12} & \cdots & a_{1n} \\ a_{21} & a_{22} & \cdots & a_{2n} \\ \vdots & \vdots & & \vdots \\ a_{n1} & a_{n2} & \cdots & a_{nn} \end{matrix}
$$

那么称

$$
\begin{vmatrix} a_{11} & a_{12} & \cdots & a_{1n} \\ a_{21} & a_{22} & \cdots & a_{2n} \\ \vdots & \vdots & & \vdots \\ a_{n1} & a_{n2} & \cdots & a_{nn} \end{vmatrix} = \sum_{j_1j_2\cdots j_n} (-1)^{\tau(j_1j_2\cdots j_n)} a_{1j_1}a_{2j_2}\cdots a_{nj_n}
$$

为一个 n **阶行列式**. 它表示所有取自不同行、不同列的 n 个元素乘积的代数和,简记为 $\det(a_{ij})$ 或者 $|a_{ij}|$;这里 a_{ij} 称为行列式的**元素**. 其中 $j_1j_2\cdots j_n$ 表示 n 个元素 $1,2,\cdots,n$ 的不同排列. 称 $(-1)^{\tau(j_1j_2\cdots j_n)}a_{1j_1}a_{2j_2}\cdots a_{nj_n}$ 为行列式的**一般项**.

注意:

(1) 一阶行列式 $|a|=a$,不要与绝对值记号混淆.

(2) $a_{1j_1}a_{2j_2}\cdots a_{nj_n}$ 的符号为 $(-1)^{\tau(j_1j_2\cdots j_n)}$(不包括元素本身所带的符号).

例 5 证明上三角形行列式

$$
D=\begin{vmatrix} a_{11} & a_{12} & \cdots & a_{1n} \\ & a_{22} & \cdots & a_{2n} \\ & & \ddots & \vdots \\ 0 & & & a_{nn} \end{vmatrix} = a_{11}a_{22}\cdots a_{nn}.
$$

证 一般项是 $(-1)^{\tau(j_1j_2\cdots j_n)}a_{1j_1}a_{2j_2}\cdots a_{nj_n}$,考虑不为零的项. 由于 D 的第 n 行元素除去 a_{nn} 外全是零,所以只要考虑 $j_n=n$ 的那些项;同理,D 的第 $(n-1)$ 行只要考虑 $j_{n-1}=n-1$ 的那些项. 这样逐步推导下去易得,在 D 的展开式中,除去 $a_{11}a_{22}\cdots a_{nn}$ 外,其余项全为零,且此项前的符号为 $(-1)^{\tau(12\cdots n)}=1$.

注意: 非对角线上元素全为 0 的行列式称为**对角行列式**,而对角线以下(上)的元素全为 0 的行列式称为**上(下)三角形行列式**.

另外,由这个结论可得到

$$
\begin{vmatrix} a_{11} & & & \\ & a_{22} & & \\ & & \ddots & \\ & & & a_{nn} \end{vmatrix} = a_{11}a_{22}\cdots a_{nn}
$$

和

$$\begin{vmatrix} & & & a_{1n} \\ & & a_{2,n-1} & \\ & \iddots & & \\ a_{n1} & & & \end{vmatrix} = \sum_{i_1i_2\cdots i_n}(-1)^{\tau(i_1i_2\cdots i_n)}a_{1i_1}a_{2i_2}\cdots a_{ni_n} = (-1)^{\tau(n,n-1,\cdots,1)}a_{1n}a_{2,n-1}\cdots a_{n1}$$

$$= (-1)^{\frac{n(n-1)}{2}}a_{1n}a_{2,n-1}\cdots a_{n1}.$$

定理 2 n 阶行列式也可定义为

$$\begin{vmatrix} a_{11} & a_{12} & \cdots & a_{1n} \\ a_{21} & a_{22} & \cdots & a_{2n} \\ \vdots & \vdots & & \vdots \\ a_{n1} & a_{n2} & \cdots & a_{nn} \end{vmatrix} = \sum_{j_1j_2\cdots j_n}(-1)^{\tau(j_1j_2\cdots j_n)}a_{j_11}a_{j_22}\cdots a_{j_nn}.$$

证 按行列式定义有

$$D = \sum_{j_1j_2\cdots j_n}(-1)^{\tau(j_1j_2\cdots j_n)}a_{1j_1}a_{2j_2}\cdots a_{nj_n}.$$

记

$$D_1 = \sum_{j_1j_2\cdots j_n}(-1)^{\tau(j_1j_2\cdots j_n)}a_{j_11}a_{j_22}\cdots a_{j_nn}.$$

对于 D 中任一项 $(-1)^{\tau(j_1j_2\cdots j_n)}a_{1j_1}a_{2j_2}\cdots a_{nj_n}$，总有且仅有 D_1 中的某一项经过乘法交换律与之对应并相等；反之，对于 D_1 中的任一项 $(-1)^{\tau(j_1j_2\cdots j_n)}a_{j_11}a_{j_22}\cdots a_{j_nn}$，也总有且仅有 D 中的某一项经过乘法交换律与之对应并相等，于是 D 与 D_1 中的项可以一一对应并相等，所以两者是相等的．

定理 3 n 阶行列式也可定义为

$$\begin{vmatrix} a_{11} & a_{12} & \cdots & a_{1n} \\ a_{21} & a_{22} & \cdots & a_{2n} \\ \vdots & \vdots & & \vdots \\ a_{n1} & a_{n2} & \cdots & a_{nn} \end{vmatrix} = \sum(-1)^s a_{i_1j_1}a_{i_2j_2}\cdots a_{i_nj_n},$$

其中 $s=\tau(i_1i_2\cdots i_n)+\tau(j_1j_2\cdots j_n)$．

证 按行列式定义有

$$D = \sum_{j_1j_2\cdots j_n}(-1)^{\tau(j_1j_2\cdots j_n)}a_{1j_1}a_{2j_2}\cdots a_{nj_n}. \tag{1.1.5}$$

令

$$D_1 = \sum(-1)^s a_{i_1j_1}a_{i_2j_2}\cdots a_{i_nj_n}. \tag{1.1.6}$$

注意到交换式(1.1.6)的一般项中两元素的位置，相当于同时进行一个行标的对换和一个列标的对换．故交换位置后一般项的两下标排列逆序数之和的奇偶性保持不变，即交换式(1.1.6)的一般项中两元素的位置，其符号保持不变．这样我们总可以经过有限次的位置交换，使其行标换为自然数顺序排列，即变为式(1.1.5)的一般项，因此 D 的一般项也可以记为式(1.1.6)的形式．

例 6 在六阶行列式中，下列两项各带什么符号？

(1) $a_{23}a_{31}a_{42}a_{56}a_{14}a_{65}$； (2) $a_{21}a_{53}a_{16}a_{42}a_{65}a_{34}$．

解 (1)按定义 6，有

$$a_{23}a_{31}a_{42}a_{56}a_{14}a_{65}=a_{14}a_{23}a_{31}a_{42}a_{56}a_{65},$$

而 431265 的逆序数 $\tau=0+1+2+2+0+1=6$.

所以 $a_{23}a_{31}a_{42}a_{56}a_{14}a_{65}$ 前边应带正号.

(2)按定理 3,有

行标排列 251463 的逆序数 $\tau=0+0+2+1+0+3=6$;

列标排列 136254 的逆序数 $\tau=0+0+0+2+1+2=5$.

所以 $a_{21}a_{53}a_{16}a_{42}a_{65}a_{34}$ 前边应带负号.

习 题 1.1

1. 求下列排列的逆序数,并说明奇偶性:

(1)312645;　　(2)36715284;

(3)$n(n-1)\cdots 21$.

2. 在六阶行列式中,下列各元素乘积应取什么符号?

(1)$a_{15}a_{23}a_{32}a_{44}a_{51}a_{66}$;　　(2)$a_{21}a_{53}a_{16}a_{44}a_{32}a_{65}$.

3. 用行列式的定义计算下列行列式:

(1)$\begin{vmatrix} 2 & 0 & 1 \\ 1 & -4 & -1 \\ -1 & 8 & 2 \end{vmatrix}$;　　(2)$\begin{vmatrix} a & b & c \\ b & c & a \\ c & a & b \end{vmatrix}$;

(3)$\begin{vmatrix} 1 & 1 & 1 \\ a & b & c \\ a^2 & b^2 & c^2 \end{vmatrix}$;　　(4)$\begin{vmatrix} 0 & 0 & \cdots & 0 & 1 \\ 0 & 0 & \cdots & 2 & 0 \\ \vdots & \vdots & & \vdots & \vdots \\ 0 & n-1 & \cdots & 0 & 0 \\ n & 0 & \cdots & 0 & 0 \end{vmatrix}$.

4. 写出四阶行列式中含有 $a_{12}a_{23}$ 的项.

1.2 行列式的性质

定义 7 称行列式

$$\begin{vmatrix} a_{11} & a_{21} & \cdots & a_{n1} \\ a_{12} & a_{22} & \cdots & a_{n2} \\ \vdots & \vdots & & \vdots \\ a_{1n} & a_{2n} & \cdots & a_{nn} \end{vmatrix}$$

是行列式

$$D=\begin{vmatrix} a_{11} & a_{12} & \cdots & a_{1n} \\ a_{21} & a_{22} & \cdots & a_{2n} \\ \vdots & \vdots & & \vdots \\ a_{n1} & a_{n2} & \cdots & a_{nn} \end{vmatrix}$$

的**转置行列式**,记为 D^{T}.

性质1 行列式和它的转置行列式相等.

证 根据行列式定义可得

$$D^{\mathrm{T}}=\sum_{j_1j_2\cdots j_n}(-1)^{\tau(j_1j_2\cdots j_n)}a_{j_11}a_{j_22}\cdots a_{j_nn}.$$

再由定理2即可得出结论.

性质2 互换行列式的两行(列),行列式变号.

证 为了便于书写,往往以 r_i 表示行列式的第 i 行,以 c_i 表示行列式的第 i 列.交换两行记作 $r_i\leftrightarrow r_j(i\neq j)$,交换两列记作 $c_i\leftrightarrow c_j(i\neq j)$.

设行列式

$$D=\begin{vmatrix} a_{11} & \cdots & a_{1p_i} & \cdots & a_{1p_j} & \cdots & a_{1n} \\ \vdots & & \vdots & & \vdots & & \vdots \\ a_{i1} & \cdots & a_{ip_i} & \cdots & a_{ip_j} & \cdots & a_{in} \\ \vdots & & \vdots & & \vdots & & \vdots \\ a_{j1} & \cdots & a_{jp_i} & \cdots & a_{jp_j} & \cdots & a_{jn} \\ \vdots & & \vdots & & \vdots & & \vdots \\ a_{n1} & \cdots & a_{np_i} & \cdots & a_{np_j} & \cdots & a_{nn} \end{vmatrix}=\sum(-1)^{s+t}a_{1p_1}\cdots a_{ip_i}\cdots a_{jp_j}\cdots a_{np_n},$$

交换行列式中的第 i 行与第 j 行的对应元素$(i\neq j)$,得到新的行列式

$$D_1=\begin{vmatrix} a_{11} & a_{12} & \cdots & a_{1p_1} & \cdots & a_{1n} \\ \vdots & \vdots & & \vdots & & \vdots \\ a_{j1} & a_{j2} & \cdots & a_{jp_j} & \cdots & a_{jn} \\ \vdots & \vdots & & \vdots & & \vdots \\ a_{i1} & a_{i2} & \cdots & a_{ip_i} & \cdots & a_{in} \\ \vdots & \vdots & & \vdots & & \vdots \\ a_{n1} & a_{n2} & \cdots & a_{np_j} & \cdots & a_{nn} \end{vmatrix}=\sum(-1)^{s'+t}a_{1p_1}\cdots a_{jp_i}\cdots a_{ip_j}\cdots a_{np_n}.$$

考虑乘积 $a_{1p_1}\cdots a_{ip_i}\cdots a_{jp_j}\cdots a_{np_n}$,它在 D 和 D_1 中都是取自不同行和不同列,因此 $a_{1p_1}\cdots a_{ip_i}\cdots a_{jp_j}\cdots a_{np_n}=a_{1p_1}\cdots a_{jp_i}\cdots a_{ip_j}\cdots a_{np_n}$.其中

$s=\tau(1\cdots i\cdots j\cdots n)$, $\quad s'=\tau(1\cdots j\cdots i\cdots n)$, $\quad t=\tau(p_1\cdots p_i\cdots p_j\cdots p_n)$.

由定理1可知 $(-1)^{s+t}=-(-1)^{s'+t}$,即行列式 D 和 D_1 中的一般项奇偶性相反,因此 $D=-D_1$.

推论1 若行列式有两行(列)完全相同,则此行列式等于零.

证 把这两行互换,有 $D=-D$,故 $D=0$.

性质3 行列式的某一行(列)中所有的元素都乘以同一个数 k,等于用数 k 乘以此行列式,即

$$\begin{vmatrix} a_{11} & a_{12} & \cdots & a_{1n} \\ \vdots & \vdots & & \vdots \\ ka_{i1} & ka_{i2} & \cdots & ka_{in} \\ \vdots & \vdots & & \vdots \\ a_{n1} & a_{n2} & \cdots & a_{nn} \end{vmatrix}=k\begin{vmatrix} a_{11} & a_{12} & \cdots & a_{1n} \\ \vdots & \vdots & & \vdots \\ a_{i1} & a_{i2} & \cdots & a_{in} \\ \vdots & \vdots & & \vdots \\ a_{n1} & a_{n2} & \cdots & a_{nn} \end{vmatrix}=kD.$$

第 i 行(或列)乘以 k,记作 $r_i\times k$(或 $c_i\times k$).

推论 2 行列式中如果有两行(列)元素成比例,则此行列式等于零.

由推论 1 和性质 3 直接可得推论 2.

例如,行列式 $D=\det(a_{ij})$ 中的第 i 行元素是对应的第一行元素的 k 倍,则有如下运算:

$$\begin{vmatrix} a_{11} & a_{12} & \cdots & a_{1n} \\ \vdots & \vdots & & \vdots \\ a_{i1} & a_{i2} & \cdots & a_{in} \\ \vdots & \vdots & & \vdots \\ a_{n1} & a_{n2} & \cdots & a_{nn} \end{vmatrix} = \begin{vmatrix} a_{11} & a_{12} & \cdots & a_{1n} \\ \vdots & \vdots & & \vdots \\ ka_{11} & ka_{12} & \cdots & ka_{1n} \\ \vdots & \vdots & & \vdots \\ a_{n1} & a_{n2} & \cdots & a_{nn} \end{vmatrix} = k\begin{vmatrix} a_{11} & a_{12} & \cdots & a_{1n} \\ \vdots & \vdots & & \vdots \\ a_{11} & a_{12} & \cdots & a_{1n} \\ \vdots & \vdots & & \vdots \\ a_{n1} & a_{n2} & \cdots & a_{nn} \end{vmatrix} = 0.$$

性质 4 若行列式的某一列(行)的元素都是两数之和,例如第 i 列的元素都是两数之和

$$D=\begin{vmatrix} a_{11} & a_{12} & \cdots & (a_{1i}+a'_{1i}) & \cdots & a_{1n} \\ a_{21} & a_{22} & \cdots & (a_{2i}+a'_{2i}) & \cdots & a_{2n} \\ \vdots & \vdots & & \vdots & & \vdots \\ a_{n1} & a_{n2} & \cdots & (a_{ni}+a'_{ni}) & \cdots & a_{nn} \end{vmatrix},$$

则

$$D=\begin{vmatrix} a_{11} & a_{12} & \cdots & a_{1i} & \cdots & a_{1n} \\ a_{21} & a_{22} & \cdots & a_{2i} & \cdots & a_{2n} \\ \vdots & \vdots & & \vdots & & \vdots \\ a_{n1} & a_{n2} & \cdots & a_{ni} & \cdots & a_{nn} \end{vmatrix}+\begin{vmatrix} a_{11} & a_{12} & \cdots & a'_{1i} & \cdots & a_{1n} \\ a_{21} & a_{22} & \cdots & a'_{2i} & \cdots & a_{2n} \\ \vdots & \vdots & & \vdots & & \vdots \\ a_{n1} & a_{n2} & \cdots & a'_{ni} & \cdots & a_{nn} \end{vmatrix}.$$

证 由定义,可知

$$\begin{aligned} \text{左边}=D&=\begin{vmatrix} a_{11} & a_{12} & \cdots & (a_{1i}+a'_{1i}) & \cdots & a_{1n} \\ a_{21} & a_{22} & \cdots & (a_{2i}+a'_{2i}) & \cdots & a_{2n} \\ \vdots & \vdots & & \vdots & & \vdots \\ a_{n1} & a_{n2} & \cdots & (a_{ni}+a'_{ni}) & \cdots & a_{nn} \end{vmatrix} \\ &=\sum_{j_1j_2\cdots j_n}(-1)^{(j_1j_2\cdots j_n)}a_{1j_1}a_{2j_2}\cdots(a_{ij_i}+a'_{ij_i})\cdots a_{nj_n} \\ &=\sum_{j_1j_2\cdots j_n}(-1)^{(j_1j_2\cdots j_n)}a_{1j_1}a_{2j_2}\cdots a_{ij_i}\cdots a_{nj_n}+\sum_{j_1j_2\cdots j_n}(-1)^{(j_1j_2\cdots j_n)}a_{1j_1}a_{2j_2}\cdots a'_{ij_i}\cdots a_{nj_n} \\ &=\begin{vmatrix} a_{11} & a_{12} & \cdots & a_{1i} & \cdots & a_{1n} \\ a_{21} & a_{22} & \cdots & a_{2i} & \cdots & a_{2n} \\ \vdots & \vdots & & \vdots & & \vdots \\ a_{n1} & a_{n2} & \cdots & a_{ni} & \cdots & a_{nn} \end{vmatrix}+\begin{vmatrix} a_{11} & a_{12} & \cdots & a'_{1i} & \cdots & a_{1n} \\ a_{21} & a_{22} & \cdots & a'_{2i} & \cdots & a_{2n} \\ \vdots & \vdots & & \vdots & & \vdots \\ a_{n1} & a_{n2} & \cdots & a'_{ni} & \cdots & a_{nn} \end{vmatrix} \\ &=\text{右边}. \end{aligned}$$

性质 5 把行列式中的某一行(列)的各元素乘以同一个数加到另一行(列)对应的元素上去,所得到的行列式的值不变.

例如,以数 k 乘第 j 行(列)加到第 i 行(列)上,记作 $r_i+kr_j(c_i+kc_j)$,有

$$D=\begin{vmatrix} a_{11} & \cdots & a_{1i} & \cdots & a_{1j} & \cdots & a_{1n} \\ a_{21} & \cdots & a_{2i} & \cdots & a_{2j} & \cdots & a_{2n} \\ \vdots & & \vdots & & \vdots & & \vdots \\ a_{n1} & \cdots & a_{ni} & \cdots & a_{nj} & \cdots & a_{nn} \end{vmatrix}$$

$$=\begin{vmatrix} a_{11} & \cdots & a_{1i}+ka_{1j} & \cdots & a_{1j} & \cdots & a_{1n} \\ a_{21} & \cdots & a_{2i}+ka_{2j} & \cdots & a_{2j} & \cdots & a_{2n} \\ \vdots & & \vdots & & \vdots & & \vdots \\ a_{n1} & \cdots & a_{ni}+ka_{nj} & \cdots & a_{nj} & \cdots & a_{nn} \end{vmatrix}=D_1.$$

证 由性质4可知

$$D_1=\begin{vmatrix} a_{11} & \cdots & a_{1i}+ka_{1j} & \cdots & a_{1j} & \cdots & a_{1n} \\ a_{21} & \cdots & a_{2i}+ka_{2j} & \cdots & a_{2j} & \cdots & a_{2n} \\ \vdots & & \vdots & & \vdots & & \vdots \\ a_{n1} & \cdots & a_{ni}+ka_{nj} & \cdots & a_{nj} & \cdots & a_{nn} \end{vmatrix}$$

$$=\begin{vmatrix} a_{11} & \cdots & a_{1i} & \cdots & a_{1j} & \cdots & a_{1n} \\ a_{21} & \cdots & a_{2i} & \cdots & a_{2j} & \cdots & a_{2n} \\ \vdots & & \vdots & & \vdots & & \vdots \\ a_{n1} & \cdots & a_{ni} & \cdots & a_{nj} & \cdots & a_{nn} \end{vmatrix}+\begin{vmatrix} a_{11} & \cdots & ka_{1j} & \cdots & a_{1j} & \cdots & a_{1n} \\ a_{21} & \cdots & ka_{2j} & \cdots & a_{2j} & \cdots & a_{2n} \\ \vdots & & \vdots & & \vdots & & \vdots \\ a_{n1} & \cdots & ka_{nj} & \cdots & a_{nj} & \cdots & a_{nn} \end{vmatrix}$$

$$=\begin{vmatrix} a_{11} & \cdots & a_{1i} & \cdots & a_{1j} & \cdots & a_{1n} \\ a_{21} & \cdots & a_{2i} & \cdots & a_{2j} & \cdots & a_{2n} \\ \vdots & & \vdots & & \vdots & & \vdots \\ a_{n1} & \cdots & a_{ni} & \cdots & a_{nj} & \cdots & a_{nn} \end{vmatrix}+0$$

$$=\begin{vmatrix} a_{11} & \cdots & a_{1i} & \cdots & a_{1j} & \cdots & a_{1n} \\ a_{21} & \cdots & a_{2i} & \cdots & a_{2j} & \cdots & a_{2n} \\ \vdots & & \vdots & & \vdots & & \vdots \\ a_{n1} & \cdots & a_{ni} & \cdots & a_{nj} & \cdots & a_{nn} \end{vmatrix}=D.$$

例1 计算行列式

$$\begin{vmatrix} 2 & 4 & -3 & 1 \\ 1 & 6 & 0 & -2 \\ 0 & -4 & -1 & 2 \\ 2 & 0 & -5 & 3 \end{vmatrix}.$$

解 $$\begin{vmatrix} 2 & 4 & -3 & 1 \\ 1 & 6 & 0 & -2 \\ 0 & -4 & -1 & 2 \\ 2 & 0 & -5 & 3 \end{vmatrix}\xlongequal{r_1\leftrightarrow r_2}-\begin{vmatrix} 1 & 6 & 0 & -2 \\ 2 & 4 & -3 & 1 \\ 0 & -4 & -1 & 2 \\ 2 & 0 & -5 & 3 \end{vmatrix}\xlongequal[r_2-2r_1]{r_4-2r_1}-\begin{vmatrix} 1 & 6 & 0 & -2 \\ 0 & -8 & -3 & 5 \\ 0 & -4 & -1 & 2 \\ 0 & -12 & -5 & 7 \end{vmatrix}$$

$$\xlongequal{r_3\leftrightarrow r_2}\begin{vmatrix}1&6&0&-2\\0&-4&-1&2\\0&-8&-3&5\\0&-12&-5&7\end{vmatrix}\xlongequal[r_4-3r_2]{r_3-2r_2}\begin{vmatrix}1&6&0&-2\\0&-4&-1&2\\0&0&-1&1\\0&0&-2&1\end{vmatrix}$$

$$\xlongequal{r_4-2r_3}\begin{vmatrix}1&6&0&-2\\0&-4&-1&2\\0&0&-1&1\\0&0&0&-1\end{vmatrix}=-4.$$

注:计算行列式时常利用行列式的性质,把它化为三角形行列式来计算.

例2 证明行列式

$$\begin{vmatrix}a_1+b_1x&a_1x+b_1&c_1\\a_2+b_2x&a_2x+b_2&c_2\\a_3+b_3x&a_3x+b_3&c_3\end{vmatrix}=(1-x^2)\begin{vmatrix}a_1&b_1&c_1\\a_2&b_2&c_2\\a_3&b_3&c_3\end{vmatrix}.$$

证 利用性质4可得

$$\begin{vmatrix}a_1+b_1x&a_1x+b_1&c_1\\a_2+b_2x&a_2x+b_2&c_2\\a_3+b_3x&a_3x+b_3&c_3\end{vmatrix}=\begin{vmatrix}a_1+b_1x&a_1x&c_1\\a_2+b_2x&a_2x&c_2\\a_3+b_3x&a_3x&c_3\end{vmatrix}+\begin{vmatrix}a_1+b_1x&b_1&c_1\\a_2+b_2x&b_2&c_2\\a_3+b_3x&b_3&c_3\end{vmatrix}$$

$$=\begin{vmatrix}a_1&a_1x&c_1\\a_2&a_2x&c_2\\a_3&a_3x&c_3\end{vmatrix}+\begin{vmatrix}b_1x&a_1x&c_1\\b_2x&a_2x&c_2\\b_3x&a_3x&c_3\end{vmatrix}+\begin{vmatrix}a_1&b_1&c_1\\a_2&b_2&c_2\\a_3&b_3&c_3\end{vmatrix}+\begin{vmatrix}b_1x&b_1&c_1\\b_2x&b_2&c_2\\b_3x&b_3&c_3\end{vmatrix}.$$

利用性质3可得

$$原式=x\begin{vmatrix}a_1&a_1&c_1\\a_2&a_2&c_2\\a_3&a_3&c_3\end{vmatrix}+x^2\begin{vmatrix}b_1&a_1&c_1\\b_2&a_2&c_2\\b_3&a_3&c_3\end{vmatrix}+\begin{vmatrix}a_1&b_1&c_1\\a_2&b_2&c_2\\a_3&b_3&c_3\end{vmatrix}+x\begin{vmatrix}b_1&b_1&c_1\\b_2&b_2&c_2\\b_3&b_3&c_3\end{vmatrix}.$$

利用推论1可得

$$原式=x^2\begin{vmatrix}b_1&a_1&c_1\\b_2&a_2&c_2\\b_3&a_3&c_3\end{vmatrix}+\begin{vmatrix}a_1&b_1&c_1\\a_2&b_2&c_2\\a_3&b_3&c_3\end{vmatrix}.$$

再利用性质2可得

$$原式=(1-x^2)\begin{vmatrix}a_1&b_1&c_1\\a_2&b_2&c_2\\a_3&b_3&c_3\end{vmatrix}.$$

注意:以下做法是错误的.

$$\begin{vmatrix}a_1+b_1x&a_1x+b_1&c_1\\a_2+b_2x&a_2x+b_2&c_2\\a_3+b_3x&a_3x+b_3&c_3\end{vmatrix}=\begin{vmatrix}a_1&a_1x&c_1\\a_2&a_2x&c_2\\a_3&a_3x&c_3\end{vmatrix}+\begin{vmatrix}b_1x&b_1&c_1\\b_2x&b_2&c_2\\b_3x&b_3&c_3\end{vmatrix}.$$

例3 计算 n 阶行列式

$$\begin{vmatrix} a & b & b & \cdots & b \\ b & a & b & \cdots & b \\ \vdots & \vdots & \vdots & & \vdots \\ b & b & b & \cdots & a \end{vmatrix}.$$

解 从第二行到第 n 行都加到第一行上,可得

$$\begin{vmatrix} a+(n-1)b & a+(n-1)b & a+(n-1)b & \cdots & a+(n-1)b \\ b & a & b & \cdots & b \\ \vdots & \vdots & \vdots & & \vdots \\ b & b & b & \cdots & a \end{vmatrix}$$

$$=[a+(n-1)b]\begin{vmatrix} 1 & 1 & 1 & \cdots & 1 \\ b & a & b & \cdots & b \\ \vdots & \vdots & \vdots & & \vdots \\ b & b & b & \cdots & a \end{vmatrix}$$

$$=[a+(n-1)b]\begin{vmatrix} 1 & 1 & 1 & \cdots & 1 \\ 0 & a-b & 0 & \cdots & 0 \\ \vdots & \vdots & \vdots & & \vdots \\ 0 & 0 & 0 & \cdots & a-b \end{vmatrix}$$

$$=[a+(n-1)b](a-b)^{n-1}.$$

例 4 设 $D_1=\begin{vmatrix} a_{11} & \cdots & a_{1k} \\ \vdots & & \vdots \\ a_{k1} & \cdots & a_{kk} \end{vmatrix}$,$D_2=\begin{vmatrix} b_{11} & \cdots & b_{1n} \\ \vdots & & \vdots \\ b_{n1} & \cdots & b_{nn} \end{vmatrix}$,证明:

$$D=\begin{vmatrix} a_{11} & \cdots & a_{1k} & 0 & \cdots & 0 \\ \vdots & & \vdots & \vdots & & \vdots \\ a_{k1} & \cdots & a_{kk} & 0 & \cdots & 0 \\ c_{11} & \cdots & c_{1k} & b_{11} & \cdots & b_{1n} \\ \vdots & & \vdots & \vdots & & \vdots \\ c_{n1} & \cdots & c_{nk} & b_{n1} & \cdots & b_{nn} \end{vmatrix}=D_1D_2.$$

证 对 D_1 作运算 r_i+kr_j,把 D_1 化为下三角形行列式,设为

$$D_1=\begin{vmatrix} p_{11} & & 0 \\ \vdots & \ddots & \\ p_{k1} & \cdots & p_{kk} \end{vmatrix}=p_{11}\cdots p_{kk}.$$

对 D_2 作运算 c_i+kc_j,把 D_2 化为下三角形行列式,设为

$$D_2=\begin{vmatrix} q_{11} & & 0 \\ \vdots & \ddots & \\ q_{n1} & \cdots & q_{nn} \end{vmatrix}=q_{11}\cdots q_{nn}.$$

于是,对 D 的前 k 行作运算 r_i+kr_j,再对后 n 列作运算 c_i+kc_j,把 D 化为下三角形行列式

$$D=\begin{vmatrix} p_{11} & & & & & 0 \\ \vdots & \ddots & & & & \\ p_{k1} & \cdots & p_{kk} & & & \\ c_{11} & \cdots & c_{1k} & q_{11} & & \\ \vdots & & \vdots & \vdots & \ddots & \\ c_{n1} & \cdots & a_{nk} & q_{n1} & \cdots & q_{nn} \end{vmatrix},$$

故
$$D=p_{11}\cdots p_{kk}q_{11}\cdots q_{nn}=D_1D_2.$$

习 题 1.2

1. 用行列式的性质计算下列行列式:

(1) $\begin{vmatrix} 1 & 2 & 3 \\ 0 & 1 & 2 \\ 1 & 1 & 1 \end{vmatrix}$;　　(2) $\begin{vmatrix} x & y & x+y \\ y & x+y & x \\ x+y & x & y \end{vmatrix}$;

(3) $\begin{vmatrix} 2 & 1 & 4 & 1 \\ 3 & -1 & 2 & 1 \\ 1 & 2 & 3 & 2 \\ 5 & 0 & 6 & 2 \end{vmatrix}$;　　(4) $\begin{vmatrix} 1 & 0 & a & 1 \\ 0 & -1 & b & -1 \\ -1 & -1 & c & -1 \\ -1 & 1 & d & 0 \end{vmatrix}$.

2. 用行列式的性质证明下列不等式:

$$\begin{vmatrix} y+z & z+x & x+y \\ x+y & y+z & z+x \\ z+x & x+y & y+z \end{vmatrix}=2\begin{vmatrix} x & y & z \\ z & x & y \\ y & z & x \end{vmatrix}.$$

3. 解下列方程:

$$\begin{vmatrix} x & 1 & 1 & 1 \\ 1 & x & 1 & 1 \\ 1 & 1 & x & 1 \\ 1 & 1 & 1 & x \end{vmatrix}=0.$$

1.3 行列式按行(列)展开

从1.2节可以看出,利用行列式的性质计算低阶行列式还是比较容易的. 因此,在计算高阶的行列式时,我们一般考虑对行列式进行降阶. 为此,我们引进余子式和代数余子式的概念.

定义8 在 n 阶行列式中,我们把元素 a_{ij} 所在的第 i 行和第 j 列划去后,留下来的 $n-1$ 阶行列式称为元素 a_{ij} 的**余子式**,记作 M_{ij};其中,$A_{ij}=(-1)^{i+j}M_{ij}$ 称为元素 a_{ij} 的**代数余子式**.

例 1 求四阶行列式

$$D=\begin{vmatrix} a_{11} & a_{12} & a_{13} & a_{14} \\ a_{21} & a_{22} & a_{23} & a_{24} \\ a_{31} & a_{32} & a_{33} & a_{34} \\ a_{41} & a_{42} & a_{43} & a_{44} \end{vmatrix}$$

中元素 a_{21},a_{32}的余子式和代数余子式.

解

$$M_{21}=\begin{vmatrix} a_{12} & a_{13} & a_{14} \\ a_{32} & a_{33} & a_{34} \\ a_{42} & a_{43} & a_{44} \end{vmatrix};\quad M_{32}=\begin{vmatrix} a_{11} & a_{13} & a_{14} \\ a_{21} & a_{23} & a_{24} \\ a_{41} & a_{43} & a_{44} \end{vmatrix}.$$

再由代数余子式的定义,可得

$$A_{21}=(-1)^{2+1}M_{21}=-M_{21};\quad A_{32}=(-1)^{3+2}M_{32}=-M_{32}.$$

利用代数余子式的定义,可以得出一个很重要的行列式展开定理.

定理 4 一个 n 阶行列式,若其中第 i 行所有元素除 a_{ij}外都为零,则这个行列式等于 a_{ij}与它的代数余子式的乘积,即

$$D=a_{ij}A_{ij}.$$

证 先证 $i=1,j=1$ 的情况,此时

$$D=\begin{vmatrix} a_{11} & 0 & \cdots & 0 \\ a_{21} & a_{22} & \cdots & a_{2n} \\ \vdots & \vdots & & \vdots \\ a_{n1} & a_{n2} & \cdots & a_{nn} \end{vmatrix}.$$

这是 1.2 节例 4 中 $k=1$ 时的特殊情形.

$$D=\begin{vmatrix} a_{11} & 0 & \cdots & 0 \\ a_{21} & a_{22} & \cdots & a_{2n} \\ \vdots & \vdots & & \vdots \\ a_{n1} & a_{n2} & \cdots & a_{nn} \end{vmatrix}=a_{11}M_{11}.$$

又因为 $A_{11}=(-1)^{1+1}M_{11}=M_{11}$,所以 $D=a_{11}A_{11}$.

再看一般形式

$$D=\begin{vmatrix} a_{11} & \cdots & a_{1j} & \cdots & a_{1n} \\ \vdots & & \vdots & & \\ 0 & \cdots & a_{ij} & \cdots & 0 \\ \vdots & & \vdots & & \vdots \\ a_{n1} & \cdots & a_{nj} & \cdots & a_{nn} \end{vmatrix}.$$

把 D 的第 i 行依次与第 $i-1,\cdots,2,1$ 各行交换后换到第一行,再把第 j 列依次与第 $j-1,\cdots,2,1$ 各列交换后换到第一列,则总共经过 $i+j-2$ 次交换后,把 a_{ij}交换到 D 的左上角,故所得行列式

$$D_1=(-1)^{i+j-2}D=(-1)^{i+j}D=(-1)^{i+j}a_{ij}M_{ij}=a_{ij}A_{ij}.$$

定理5 一个 n 阶行列式等于它的任一行(列)的各元素与其对应的代数余子式乘积之和,即

$$D=a_{i1}A_{i1}+a_{i2}A_{i2}+\cdots+a_{in}A_{in}\quad(i=1,2,\cdots,n)$$

或

$$D=a_{1j}A_{1j}+a_{2j}A_{2j}+\cdots+a_{nj}A_{nj}\quad(j=1,2,\cdots,n).$$

证

$$D=\begin{vmatrix} a_{11} & a_{12} & \cdots & a_{1n} \\ \vdots & \vdots & & \vdots \\ a_{i1}+0+\cdots+0 & 0+a_{i2}+\cdots+0 & \cdots & 0+\cdots+0+a_{in} \\ \vdots & \vdots & & \vdots \\ a_{n1} & a_{n2} & \cdots & a_{nn} \end{vmatrix}$$

$$=\begin{vmatrix} a_{11} & a_{12} & \cdots & a_{1n} \\ \vdots & \vdots & & \vdots \\ a_{i1} & 0 & \cdots & 0 \\ \vdots & \vdots & & \vdots \\ a_{n1} & a_{n2} & \cdots & a_{nn} \end{vmatrix}+\begin{vmatrix} a_{11} & a_{12} & \cdots & a_{1n} \\ \vdots & \vdots & & \vdots \\ 0 & a_{i2} & \cdots & 0 \\ \vdots & \vdots & & \vdots \\ a_{n1} & a_{n2} & \cdots & a_{nn} \end{vmatrix}+\cdots+\begin{vmatrix} a_{11} & a_{12} & \cdots & a_{1n} \\ \vdots & \vdots & & \vdots \\ 0 & 0 & \cdots & a_{in} \\ \vdots & \vdots & & \vdots \\ a_{n1} & a_{n2} & \cdots & a_{nn} \end{vmatrix}.$$

由定理5的结果可得

$$D=a_{i1}A_{i1}+a_{i2}A_{i2}+\cdots+a_{in}A_{in}\quad(i=1,2,\cdots,n).$$

同理可证

$$D=a_{1j}A_{1j}+a_{2j}A_{2j}+\cdots+a_{nj}A_{nj}\quad(j=1,2,\cdots,n).$$

例2 计算行列式 $D=\begin{vmatrix} 5 & 3 & -1 & 0 \\ 1 & 2 & 4 & 3 \\ 0 & 6 & 7 & 0 \\ 0 & 2 & 5 & 0 \end{vmatrix}$.

解

$$D=\begin{vmatrix} 5 & 3 & -1 & 0 \\ 1 & 2 & 4 & 3 \\ 0 & 6 & 7 & 0 \\ 0 & 2 & 5 & 0 \end{vmatrix}=3\times(-1)^{(2+4)}\begin{vmatrix} 5 & 3 & -1 \\ 0 & 6 & 7 \\ 0 & 2 & 5 \end{vmatrix}$$

$$=3\times5\times(-1)^{(1+1)}\begin{vmatrix} 6 & 7 \\ 2 & 5 \end{vmatrix}=15\times16=240.$$

例3 计算 n 阶行列式 $D=\begin{vmatrix} x & y & 0 & \cdots & 0 & 0 \\ 0 & x & y & \cdots & 0 & 0 \\ \vdots & \vdots & \vdots & & \vdots & \vdots \\ 0 & 0 & 0 & \cdots & x & y \\ y & 0 & 0 & \cdots & 0 & x \end{vmatrix}$.

解
$$D=\begin{vmatrix} x & y & 0 & \cdots & 0 & 0 \\ 0 & x & y & \cdots & 0 & 0 \\ \vdots & \vdots & \vdots & & \vdots & \vdots \\ 0 & 0 & 0 & \cdots & x & y \\ y & 0 & 0 & \cdots & 0 & x \end{vmatrix}$$
$$=x\begin{vmatrix} x & y & \cdots & 0 & 0 \\ 0 & x & \cdots & 0 & 0 \\ \vdots & \vdots & & \vdots & \vdots \\ 0 & 0 & \cdots & 0 & x \end{vmatrix}+y\times(-1)^{(n+1)}\begin{vmatrix} y & 0 & \cdots & 0 & 0 \\ x & y & \cdots & 0 & 0 \\ \vdots & \vdots & & \vdots & \vdots \\ 0 & 0 & \cdots & x & y \end{vmatrix}$$
$$=x\times x^{n-1}+y\times(-1)^{(n+1)}y^{(n-1)}=x^n+(-1)^{(n+1)}y^n.$$

推论 行列式某一行(列)的元素与另一行(列)的对应元素的代数余子式乘积之和等于零,即

$$a_{i1}A_{j1}+a_{i2}A_{j2}+\cdots+a_{in}A_{jn}=0 \quad (i\neq j)$$

或
$$a_{1i}A_{1j}+a_{2i}A_{2j}+\cdots+a_{ni}A_{nj}=0 \quad (i\neq j).$$

证 把 n 阶行列式按第 j 行展开,有

$$a_{j1}A_{j1}+a_{j2}A_{j2}+\cdots+a_{jn}A_{jn}=\begin{vmatrix} a_{11} & \cdots & a_{1n} \\ \vdots & & \vdots \\ a_{i1} & \cdots & a_{in} \\ \vdots & & \vdots \\ a_{j1} & \cdots & a_{jn} \\ \vdots & & \vdots \\ a_{n1} & \cdots & a_{nn} \end{vmatrix}.$$

在上式中把 a_{jk} 换成 $a_{ik}(k=1,2,\cdots,n)$,可得

$$a_{i1}A_{j1}+a_{i2}A_{j2}+\cdots+a_{in}A_{jn}=\begin{vmatrix} a_{11} & \cdots & a_{1n} \\ \vdots & & \vdots \\ a_{i1} & \cdots & a_{in} \\ \vdots & & \vdots \\ a_{i1} & \cdots & a_{in} \\ \vdots & & \vdots \\ a_{n1} & \cdots & a_{nn} \end{vmatrix}.$$

当 $i\neq j$ 时,该行列式有两行对应元素相等,故行列式等于零.

同理可以证明

$$a_{1i}A_{1j}+a_{2i}A_{2j}+\cdots+a_{ni}A_{nj}=0 \quad (i\neq j).$$

例 4 设行列式 $D=\begin{vmatrix}1&4&2&8\\2&-1&1&0\\1&2&3&4\\1&0&2&1\end{vmatrix}$,求 $A_{11}+2A_{13}+A_{14}$.

解 用 1,0,2,1 代替 D 的第一行,即

$$A_{11}+0A_{12}+2A_{13}+A_{14}=\begin{vmatrix}1&0&2&1\\2&-1&1&0\\1&2&3&4\\1&0&2&1\end{vmatrix}=0.$$

例 5 证明范德蒙德行列式

$$D_n=\begin{vmatrix}1&1&\cdots&1\\x_1&x_2&\cdots&x_n\\x_1^2&x_2^2&\cdots&x_n^2\\\vdots&\vdots&&\vdots\\x_1^{n-1}&x_2^{n-1}&\cdots&x_n^{n-1}\end{vmatrix}=\prod_{1\leqslant j<i\leqslant n}(x_i-x_j).$$

其中

$$\begin{aligned}\prod_{1\leqslant j<i\leqslant n}(x_i-x_j)=&(x_2-x_1)(x_3-x_1)\cdots(x_n-x_1)\\&(x_3-x_2)\cdots(x_n-x_2)\\&\cdots\\&(x_n-x_{n-1}).\end{aligned}$$

证 用数学归纳法. 当 $n=2$ 时

$$D_2=\begin{vmatrix}1&1\\x_1&x_2\end{vmatrix}=x_2-x_1=\prod_{1\leqslant j<i\leqslant 2}(x_i-x_j).$$

结论显然成立,假设等式对 $n-1$ 阶范德蒙德行列式成立,只要证明对 n 阶范德蒙德行列式也成立就可以了.

在 D_n 中,从第 n 行起依次减去前一行的 x_1 倍,有

$$D_n=\begin{vmatrix}1&1&\cdots&1\\0&x_2-x_1&\cdots&x_n-x_1\\0&x_2(x_2-x_1)&\cdots&x_n(x_n-x_1)\\\vdots&\vdots&&\vdots\\0&x_2^{n-2}(x_2-x_1)&\cdots&x_n^{n-2}(x_n-x_1)\end{vmatrix}.$$

按第一列展开后各列分别提取公因子得

$$D_n=(x_2-x_1)(x_3-x_1)\cdots(x_n-x_1)D_{n-1},$$

而 D_{n-1} 是 $n-1$ 阶范德蒙德行列式,根据归纳假设有

$$D_n=(x_2-x_1)(x_3-x_1)\cdots(x_n-x_1)\prod_{2\leqslant j<i\leqslant n}(x_i-x_j)=\prod_{1\leqslant j<i\leqslant n}(x_i-x_j).$$

习　题　1.3

1. 计算下列行列式：

(1) $\begin{vmatrix} 1 & 2 & 3 & 4 \\ 1 & 0 & 1 & 2 \\ 3 & -1 & -1 & 0 \\ 0 & 2 & 0 & 1 \end{vmatrix}$；　(2) $\begin{vmatrix} 5 & 3 & -1 & 2 & 0 \\ 1 & 7 & 2 & 5 & 2 \\ 0 & -2 & 3 & 1 & 0 \\ 0 & -4 & 1 & 4 & 0 \\ 0 & 2 & 3 & 5 & 0 \end{vmatrix}$；

(3) $\begin{vmatrix} 0 & 2 & 3 & 2 \\ 2 & 0 & 2 & 3 \\ 3 & 2 & 0 & 2 \\ 2 & 3 & 2 & 0 \end{vmatrix}$.

2. 已知四阶行列式 D 中第 3 列元素依次是 $-1,2,0,1$，它们的代数余子式依次为 $5,3,-7,4$，求 D.

3. 设 $\begin{vmatrix} 7 & -5 & 2 & 1 \\ 1 & 1 & 0 & -5 \\ -1 & 3 & 1 & 3 \\ 2 & -4 & -1 & -3 \end{vmatrix}$，求 $A_{11}+A_{12}+A_{13}+A_{14}$ 以及 $M_{11}+M_{21}+M_{31}+M_{41}$.

1.4　克莱姆法则

作为对行列式的应用，我们来讨论方程的个数与未知量个数相等的线性方程组的求解，它的一般形式为

$$\begin{cases} a_{11}x_1+a_{12}x_2+\cdots+a_{1n}x_n=b_1 \\ a_{21}x_1+a_{22}x_2+\cdots+a_{2n}x_n=b_2 \\ \cdots\cdots\cdots\cdots \\ a_{n1}x_1+a_{n2}x_2+\cdots+a_{nn}x_n=b_n \end{cases} \tag{1.4.1}$$

该方程组有以下的特殊形式：

定义 9　当式(1.4.1)中 $b_1=b_2=\cdots=b_n=0$ 时，式(1.4.1)被称为**齐次线性方程组**，即

$$\begin{cases} a_{11}x_1+a_{12}x_2+\cdots+a_{1n}x_n=0 \\ a_{21}x_1+a_{22}x_2+\cdots+a_{2n}x_n=0 \\ \cdots\cdots\cdots\cdots \\ a_{n1}x_1+a_{n2}x_2+\cdots+a_{nn}x_n=0 \end{cases}. \tag{1.4.2}$$

与二元线性方程组一样，线性方程组(1.4.1)的解也可以用 n 阶行列式表示，即有：

定理 6(克莱姆法则)　如果线性方程组(1.4.1)的系数行列式不等于零，即

$$D=\begin{vmatrix} a_{11} & a_{12} & \cdots & a_{1n} \\ a_{21} & a_{22} & \cdots & a_{2n} \\ \vdots & \vdots & & \vdots \\ a_{n1} & a_{n2} & \cdots & a_{nn} \end{vmatrix} \neq 0,$$

则方程组(1.4.1)有唯一解

$$x_1=\frac{D_1}{D},\quad x_2=\frac{D_2}{D},\quad \cdots,\quad x_n=\frac{D_n}{D}.$$

其中,$D_j(j=1,2,\cdots,n)$是把系数行列式 D 中第 j 列的元素用方程组右端的常数项代替后所得的 n 阶行列式,即

$$D_j=\begin{vmatrix} a_{11} & \cdots & a_{1,j-1} & b_1 & a_{1,j+1} & \cdots \\ a_{21} & \cdots & a_{2,j-1} & b_2 & a_{2,j+1} & \cdots \\ \vdots & & \vdots & \vdots & \vdots & \\ a_{n1} & \cdots & a_{n,j-1} & b_n & a_{n,j+1} & \cdots \end{vmatrix}.$$

该定理的证明不作要求,故在此略去. 它作为线性方程组的一个特殊结论见第3章相关内容.

推论 若齐次线性方程组(1.4.2)的系数行列式 $D\neq 0$,则方程组(1.4.2)没有非零解.

定理6的逆否命题是:

定理7 如果线性方程组(1.4.1)无解或有无穷多解,则它的系数行列式 $D=0$.

推论 若齐次线性方程组(1.4.2)有非零解,则它的系数行列式必为零.

例1 用克莱姆法则求解方程组

$$\begin{cases} 2x_1-3x_2+x_3=-1 \\ x_1+x_2+x_3=6 \\ 6x_1-x_2=4 \end{cases}.$$

解 $$D=\begin{vmatrix} 2 & -3 & 1 \\ 1 & 1 & 1 \\ 6 & -1 & 0 \end{vmatrix} \xlongequal[r_3-3r_1]{r_2-\frac{1}{2}r_1} \begin{vmatrix} 2 & -3 & 1 \\ 0 & \frac{5}{2} & \frac{1}{2} \\ 0 & 8 & -3 \end{vmatrix} \xlongequal{r_3-\frac{16}{5}r_2} \begin{vmatrix} 2 & -3 & 1 \\ 0 & \frac{5}{2} & \frac{1}{2} \\ 0 & 0 & -\frac{23}{5} \end{vmatrix}$$

$$=2\times\frac{5}{2}\times(-\frac{23}{5})=-23.$$

同理可得

$$D_1=\begin{vmatrix} -1 & -3 & 1 \\ 6 & 1 & 1 \\ 4 & -1 & 0 \end{vmatrix}=-23;$$

$$D_2=\begin{vmatrix} 2 & -1 & 1 \\ 1 & 6 & 1 \\ 6 & 4 & 0 \end{vmatrix}=-46;$$

$$D_3=\begin{vmatrix} 2 & -3 & -1 \\ 1 & 1 & 6 \\ 6 & -1 & 4 \end{vmatrix}=-69.$$

于是得 $x_1=1, x_2=2, x_3=3$.

和克莱姆法则求解公式相对应,关于线性方程组(1.4.1)和(1.4.2)的解的理论在第 3 章还会深入研究.

例 2　问 λ 取何值时,齐次线性方程组

$$\begin{cases}\lambda x_1+x_2+x_3=0\\ x_1+x_2+3x_3=0\\ 2x_1+x_2-x_3=0\end{cases}$$

有非零解.

解　根据题意可知系数行列式

$$D=\begin{vmatrix}\lambda & 1 & 1\\ 1 & 1 & 3\\ 2 & 1 & -1\end{vmatrix}=0,$$

从而可得

$$-\lambda+1+6-2+1-3\lambda=0,$$

所以可以解出

$$\lambda=\frac{3}{2}.$$

习　题　1.4

利用克莱姆法则求解方程组:

1. $\begin{cases}2x_1+x_2-5x_3+x_4=8\\ x_1-3x_2-6x_4=9\\ 2x_2-1x_3+2x_4=-5\\ x_1+4x_2-7x_3+6x_4=0\end{cases}$.

2. $\begin{cases}x_1-x_2+x_3+2x_4=0\\ 2x_1+x_2-x_3+x_4=0\\ 3x_1+2x_2+x_3+5x_4=5\\ -x_1-x_2+x_3+x_4=-1\end{cases}$.

3. 已知 $\begin{cases}\lambda x_1+x_2+x_3=0\\ x_1+\lambda x_2+x_3=0\\ x_1+x_2+\lambda x_3=0\end{cases}$ 有非零解，求 λ.

内 容 精 要

1. 基本概念

(1)二阶行列式 $\begin{vmatrix}a_{11} & a_{12}\\ a_{21} & a_{22}\end{vmatrix}=a_{11}a_{22}-a_{12}a_{21}$;

(2)三阶行列式$\begin{vmatrix} a_{11} & a_{12} & a_{13} \\ a_{21} & a_{22} & a_{23} \\ a_{31} & a_{32} & a_{33} \end{vmatrix}=a_{11}a_{22}a_{33}+a_{12}a_{23}a_{31}+a_{13}a_{21}a_{32}-$

$a_{11}a_{23}a_{32}-a_{12}a_{21}a_{33}-a_{13}a_{22}a_{31}$;

(3)n阶行列式$\begin{vmatrix} a_{11} & a_{12} & \cdots & a_{1n} \\ a_{21} & a_{22} & \cdots & a_{2n} \\ \vdots & \vdots & & \vdots \\ a_{n1} & a_{n2} & \cdots & a_{nn} \end{vmatrix}=\sum\limits_{j_1j_2\cdots j_n}(-1)^{\tau(j_1j_2\cdots j_n)}a_{1j_1}a_{2j_2}\cdots a_{nj_n}$;

(4)余子式:将n阶行列式D_n中元素所在的第i行与第j列划去后余下的$n-1$阶行列式称为元素a_{ij}的余子式,记作M_{ij};

(5)代数余子式:$A_{ij}=(-1)^{i+j}M_{ij}$称为元素a_{ij}的代数余子式;

(6)对角形行列式:$D=\begin{vmatrix} a_{11} & a_{12} & \cdots & a_{1n} \\ & a_{22} & \cdots & a_{2n} \\ & & \ddots & \vdots \\ 0 & & & a_{nn} \end{vmatrix}=a_{11}a_{22}\cdots a_{nn}$;

(7)上三角形行列式:$\begin{vmatrix} a_{11} & & & \\ & a_{22} & & \\ & & \ddots & \\ & & & a_{nn} \end{vmatrix}=a_{11}a_{22}\cdots a_{nn}$;

(8)下三角形行列式:$\begin{vmatrix} & & & a_{1n} \\ & & a_{2,n-1} & \\ & \iddots & & \\ a_{n1} & & & \end{vmatrix}=(-1)^{\frac{n(n-1)}{2}}a_{1n}a_{2,n-1}\cdots a_{n1}$;

(9)范德蒙德行列式:$D_n=\begin{vmatrix} 1 & 1 & \cdots & 1 \\ x_1 & x_2 & \cdots & x_n \\ x_1^2 & x_2^2 & \cdots & x_n^2 \\ \vdots & \vdots & & \vdots \\ x_1^{n-1} & x_2^{n-1} & \cdots & x_n^{n-1} \end{vmatrix}=\prod\limits_{1\leqslant j<i\leqslant n}(x_i-x_j)$.

2. 主要结论

(1)定理1:n阶行列式D_n等于它任意一行(列)的各元素与其对应代数的余子式乘积的和,即

$$D_n=a_{i1}A_{i1}+a_{i2}A_{i2}+\cdots+a_{in}A_{in}\quad(i=1,2,\cdots,n)$$

或

$$D_n=a_{1j}A_{1j}+a_{2j}A_{2j}+\cdots+a_{nj}A_{nj}\quad(j=1,2,\cdots,n).$$

(2)定理2:n阶行列式D_n的任意一行(列)的各元素与另一行(列)的对应元素的代数余子式的乘积之和等于零,即

$$a_{i1}A_{j1}+a_{i2}A_{j2}+\cdots+a_{in}A_{jn}=0\quad(i\neq j)$$

或

$$a_{1i}A_{1j}+a_{2i}A_{2j}+\cdots+a_{ni}A_{nj}=0 \quad (i\neq j).$$

(3)行列式的性质：

性质1　行列式和它的转置行列式相等．

性质2　行列式可以按行(列)提出公因式．

性质3　互换行列式的任意两行(列)，行列式变号．

性质4　如果行列式中某两行(列)的对应元素成比例，则此行列式的值等于零．

性质5　行列式可以按行(列)拆开．

性质6　把行列式的某一行(列)的所有元素都乘以同一个数后加到另一行(列)的对应元素上去，所得的行列式值不变．

(4)行列式的计算主要采用以下两种基本方法：

① 利用行列式的性质把行列式化为三角形行列式再求值．

② 利用展开定理按某一行(列)展开，把行列式的阶数降低再求值．

(5)克莱姆法则：

如果线性方程组(1.4.1)的系数行列式不等于零，即

$$D=\begin{vmatrix} a_{11} & a_{12} & \cdots & a_{1n} \\ a_{21} & a_{22} & \cdots & a_{2n} \\ \vdots & \vdots & & \vdots \\ a_{n1} & a_{n2} & \cdots & a_{nn} \end{vmatrix}\neq 0,$$

则方程组(1.4.1)有唯一解

$$x_1=\frac{D_1}{D},\quad x_2=\frac{D_2}{D},\quad \cdots,\quad x_n=\frac{D_n}{D}.$$

其中，$D_j(j=1,2,\cdots,n)$是把系数行列式D中第j列的元素用方程组右端的常数项代替后所得的n阶行列式，即

$$D_j=\begin{vmatrix} a_{11} & \cdots & a_{1,j-1} & b_1 & a_{1,j+1} & \cdots & a_{1n} \\ a_{21} & \cdots & a_{2,j-1} & b_2 & a_{2,j+1} & \cdots & a_{2n} \\ \vdots & & \vdots & \vdots & \vdots & & \vdots \\ a_{n1} & \cdots & a_{n,j-1} & b_n & a_{n,j+1} & \cdots & a_{nn} \end{vmatrix}.$$

复习题一

1. 求下列排列的逆序数，并说明奇偶性：

(1)$13\cdots(2n-1)24\cdots(2n)$；　　(2)$13\cdots(2n-1)(2n)(2n-2)\cdots 2$.

2. 求i,j与k，使下列1~9的排列为奇排列：$1274i5jk9$.

3. 设$\begin{vmatrix} a_{11} & a_{12} & a_{13} \\ a_{21} & a_{22} & a_{23} \\ a_{31} & a_{32} & a_{33} \end{vmatrix}=3$，求$\begin{vmatrix} 18a_{11} & 2a_{12} & -8a_{13} \\ 9a_{21} & a_{22} & -4a_{23} \\ 9a_{31} & a_{32} & -4a_{33} \end{vmatrix}$.

4. 计算行列式：

(1) $\begin{vmatrix} a_1 & -a_1 & 0 & 0 \\ 0 & a_2 & -a_2 & 0 \\ 0 & 0 & a_3 & -a_3 \\ 1 & 1 & 1 & 1 \end{vmatrix}$； (2) $\begin{vmatrix} 1 & 2 & 3 & \cdots & n-1 & n \\ -1 & 0 & 3 & \cdots & n-1 & n \\ -1 & -2 & 0 & \cdots & n-1 & n \\ \vdots & \vdots & \vdots & & \vdots & \vdots \\ -1 & -2 & -3 & \cdots & 0 & n \\ -1 & -2 & -3 & \cdots & -(n-1) & 0 \end{vmatrix}$；

(3) $\begin{vmatrix} 1 & 2 & 3 & 4 & \cdots & n \\ 1 & 1 & 2 & 3 & \cdots & n-1 \\ 1 & x & 1 & 2 & \cdots & n-2 \\ 1 & x & x & 1 & \cdots & n-3 \\ \vdots & \vdots & \vdots & & & \vdots \\ 1 & x & x & x & \cdots & 2 \\ 1 & x & x & x & \cdots & 1 \end{vmatrix}$； (4) $\begin{vmatrix} x & -1 & 0 & \cdots & 0 & 0 \\ 0 & x & -1 & \cdots & 0 & 0 \\ \vdots & \vdots & \vdots & & \vdots & \vdots \\ 0 & 0 & 0 & \cdots & x & -1 \\ a_n & a_{n-1} & a_{n-2} & \cdots & a_2 & a_1 \end{vmatrix}$；

(5) $\begin{vmatrix} a^2 & (a+1)^2 & (a+2)^2 & (a+3)^2 \\ b^2 & (b+1)^2 & (b+2)^2 & (b+3)^2 \\ c^2 & (c+1)^2 & (c+2)^2 & (c+3)^2 \\ d^2 & (d+1)^2 & (d+2)^2 & (d+3)^2 \end{vmatrix}$； (6) $\begin{vmatrix} 1+a_1 & 1 & \cdots & 1 \\ 1 & 1+a_2 & \cdots & 1 \\ \vdots & \vdots & & \vdots \\ 1 & 1 & \cdots & 1+a_n \end{vmatrix}$；

(7) $\begin{vmatrix} 1 & 1 & 1 & 1 \\ a & b & c & a+b+c \\ a^2 & b^2 & c^2 & (a+b+c)^2 \\ a^3 & b^3 & c^3 & (a+b+c)^3 \end{vmatrix}$； (8) $\begin{vmatrix} a^n & (a-1)^n & \cdots & (a-n)^n \\ a^{n-1} & (a-1)^{n-1} & \cdots & (a-n)^{n-1} \\ \vdots & \vdots & & \vdots \\ a & a-1 & \cdots & a-n \\ 1 & 1 & \cdots & 1 \end{vmatrix}$.

5. 证明行列式：

$$\begin{vmatrix} a_{n1} & \cdots & a_{nn} \\ \vdots & & \vdots \\ a_{11} & \cdots & a_{1n} \end{vmatrix} = (-1)^{\frac{n(n-1)}{2}} \begin{vmatrix} a_{nn} & \cdots & a_{1n} \\ \vdots & & \vdots \\ a_{n1} & \cdots & a_{11} \end{vmatrix}.$$

6. 解方程：

$$\begin{vmatrix} a_1 & a_2 & a_3 & \cdots & a_{n-1} & a_n \\ a_1 & a_1+a_2-x & a_3 & \cdots & a_{n-1} & a_n \\ a_1 & a_2 & a_2+a_3-x & \cdots & a_{n-1} & a_n \\ \vdots & \vdots & \vdots & & \vdots & \vdots \\ a_1 & a_2 & a_3 & \cdots & a_{n-2}+a_{n-1}-x & a_n \\ a_1 & a_2 & a_3 & \cdots & a_{n-1} & a_{n-1}+a_n-x \end{vmatrix} = 0.$$

7. 设 $\begin{vmatrix} 3 & 6 & 9 & 12 \\ 2 & 4 & 6 & 8 \\ 1 & 2 & 0 & 3 \\ 5 & 6 & 4 & 3 \end{vmatrix}$，求 $A_{41}+2A_{42}+3A_{44}$.

复习题二

1. 请写出下列六阶行列式展开式的各项中的正负号.

(1) $a_{15}a_{23}a_{32}a_{44}a_{51}a_{66}$;　　(2) $a_{11}a_{26}a_{32}a_{44}a_{53}a_{65}$;

(3) $a_{21}a_{53}a_{16}a_{42}a_{65}a_{34}$;　　(4) $a_{51}a_{32}a_{13}a_{44}a_{65}a_{26}$.

2. 已知 $1r46s87t2$ 排列为奇排列,则 $r=$______,$s=$______,$t=$______.

3. 若 $a_{1i}a_{23}a_{35}a_{4j}a_{54}$ 为五阶行列式中带正号的一项,则 $i=$____,$j=$____.

4. 设 $f(x)=\begin{vmatrix} 2x & -1 & x & 2 \\ 4 & x & 1 & -1 \\ 3 & 2 & x & 5 \\ 1 & -2 & 3 & x \end{vmatrix}$,求 $\dfrac{\mathrm{d}^3 f(x)}{\mathrm{d}x^3}$.

5. 求极限 $\lim\limits_{x\to 0}\begin{vmatrix} x^3 & x^2 & 1 \\ 3 & 2 & 1 \\ x & \sin x & 2 \end{vmatrix}\Bigg/\begin{vmatrix} 1 & 2 & 3 \\ \sin x & \cos x & 1 \\ 0 & 1 & 2 \end{vmatrix}$.

6. 下列 $n(n>2)$ 阶行列式的值必为零的有(　　).

A. 行列式主对角线上的元素全为零

B. 三角形行列式主对角线上有一个元素为零

C. 行列式零元素的个数多于 n 个

D. 行列式非零元素的个数小于 n 个

7. 若 $|A|=\begin{vmatrix} -1 & 0 & x & 1 \\ 1 & 1 & -1 & -1 \\ 1 & -1 & 1 & -1 \\ 1 & -1 & -1 & 1 \end{vmatrix}$,则 $|A|$ 中 x 的一次项系数是(　　).

A. 1　　B. -1　　C. 2^2　　D. -2^2

8. 设 n 阶行列式 $D_n=0$ 的必要条件是(　　).

A. D_n 中有两行(或列)元素对应成比例

B. D_n 中有一行(或列)元素全为零

C. D_n 中各列元素之和为零

D. 以 D_n 为系数行列式的齐次线性方程组有非零解

9. 计算行列式:$D=\begin{vmatrix} 1 & -1 & 1 & x-1 \\ 1 & -1 & x+1 & -1 \\ 1 & x-1 & 1 & -1 \\ x+1 & -1 & 1 & -1 \end{vmatrix}$.

10. 计算行列式:$D_n=\begin{vmatrix} 2 & 1 & 0 & 0 & \cdots & 0 \\ 1 & 2 & 1 & 0 & \cdots & 0 \\ 0 & 1 & 2 & 1 & \cdots & 0 \\ 0 & 0 & 1 & 2 & \cdots & 0 \\ \vdots & \vdots & \vdots & \vdots & & \vdots \\ 0 & 0 & 0 & 0 & \cdots & 2 \end{vmatrix}$.

11. 设 $A_{i3}(i=1,2,3,4)$ 是行列式 $\begin{vmatrix} 1 & 2 & 3 & 4 \\ 5 & 6 & 7 & 8 \\ 2 & 3 & 4 & 8 \\ 6 & 7 & 8 & 9 \end{vmatrix}$ 中元素 a_{i3} 的代数余子式，则 $A_{13}+5A_{23}+2A_{33}+6A_{43}=$______.

12. 设 $D=\begin{vmatrix} 2 & 1 & 4 & 1 \\ 3 & -4 & 2 & 1 \\ 1 & 2 & -3 & 2 \\ 5 & 0 & 6 & 2 \end{vmatrix}$，求 $4A_{12}+2A_{22}-3A_{32}+6A_{42}$，其中 A_{i2} 为 D 中元素 $a_{i2}(i=1,2,3,4)$ 的代数余子式.

13. 已知 $D=\begin{vmatrix} a & b & c & d \\ c & b & d & a \\ d & b & c & a \\ a & b & d & c \end{vmatrix}$，试求 $A_{14}+A_{24}+A_{34}+A_{44}$.

14. 设四阶行列式 $D=\begin{vmatrix} 1 & 0 & -3 & 7 \\ 0 & 1 & 2 & 1 \\ -3 & 4 & 0 & 3 \\ 1 & -2 & 2 & -1 \end{vmatrix}$.

求:(1) $A_{11}-2A_{12}+2A_{13}-A_{14}$；(2) $A_{11}+A_{21}+2A_{31}+2A_{41}$.

15. 计算行列式 $D_n=\begin{vmatrix} 1 & 1 & \cdots & 1 \\ 2 & 2^2 & \cdots & 2^n \\ 3 & 3^2 & \cdots & 3^n \\ \vdots & \vdots & & \vdots \\ n & n^2 & \cdots & n^n \end{vmatrix}$.

第2章 矩　　阵

矩阵的概念最早是在对线性变换的研究中作为一个简记工具产生的．随着其运算、性质研究的逐步完善，矩阵成为解线性方程组的重要工具．此外，还有大量问题的研究常常反映为有关矩阵某些方面的研究，甚至有些性质完全不同、表面上完全没有联系的问题，归结成矩阵问题以后却是相同的．这使得矩阵在数学以及自然科学、现代经济学、管理学和工程技术等领域具有广泛应用．

矩阵是研究线性方程组、向量的线性相关性以及线性变换等有力且不可替代的工具．

2.1 矩阵的基本概念

引例1　在几何中考虑坐标变换时，如果只考虑坐标系的转轴（逆时针方向转轴），那么平面直角坐标变换的公式为

$$\begin{cases} x=x'\cos\theta-y'\sin\theta \\ y=x'\sin\theta+y'\cos\theta \end{cases}.$$

其中，θ 为 x 轴与 x'轴的夹角．显然，新旧坐标之间的关系，完全可以通过公式中系数所排成的 2×2 数表

$$\begin{pmatrix} \cos\theta & -\sin\theta \\ \sin\theta & \cos\theta \end{pmatrix}$$

表示出来．

引例2　线性方程组

$$\begin{cases} a_{11}x_1+a_{12}x_2+\cdots+a_{1n}x_n=b_1 \\ a_{21}x_1+a_{22}x_2+\cdots+a_{2n}x_n=b_2 \\ \cdots\cdots\cdots\cdots \\ a_{m1}x_1+a_{m2}x_2+\cdots+a_{mn}x_n=b_m \end{cases}$$

的系数 $a_{ij}, b_i(i=1,2,\cdots,m;j=1,\ 2,\ \cdots,n)$ 按原位置构成一数表

$$\begin{pmatrix} a_{11} & a_{12} & \cdots & a_{1n} & b_1 \\ a_{21} & a_{22} & \cdots & a_{2n} & b_2 \\ \vdots & \vdots & & \vdots & \vdots \\ a_{m1} & a_{m2} & \cdots & a_{mn} & b_m \end{pmatrix}.$$

显然，该数表决定着上述线性方程组解的情况．

2.1.1 矩阵的概念

定义 1 由 $m\times n$ 个数 $a_{ij}(i=1,2,\cdots,m;j=1,2,\cdots,n)$ 排成的 m 行 n 列的数表

$$\begin{pmatrix} a_{11} & a_{12} & \cdots & a_{1n} \\ a_{21} & a_{22} & \cdots & a_{2n} \\ \vdots & \vdots & & \vdots \\ a_{m1} & a_{m2} & \cdots & a_{mn} \end{pmatrix}$$

称为 m 行 n 列**矩阵**(也可用方括号),简称 $m\times n$ **矩阵**或**矩阵**. 这 $m\times n$ 个数称为矩阵的**元素**,a_{ij}称为矩阵的第 i 行第 j 列元素. 矩阵通常用大写英文字母 $\boldsymbol{A},\boldsymbol{B},\boldsymbol{C},\cdots$来表示. 一个$m\times n$矩阵可以简记为 $\boldsymbol{A}_{m\times n}$或 $\boldsymbol{A}=(a_{ij})_{m\times n}$.

元素都是实数的矩阵称为**实矩阵**,而元素是复数的矩阵称为**复矩阵**. 本书中的矩阵除特别说明外,都指实矩阵.

如果两个矩阵具有相同的行数与列数,则称这两个矩阵为**同型矩阵**. 如果 $\boldsymbol{A}=(a_{ij})$与 $\boldsymbol{B}=(b_{ij})$是同型矩阵,并且它们的对应元素相等,即

$$a_{ij}=b_{ij}\quad (i=1,\ 2,\cdots,m;\ j=1,\ 2,\ \cdots,n),$$

那么,就称**矩阵 $\boldsymbol{A}$ 与 $\boldsymbol{B}$ 相等**,记作 $\boldsymbol{A}=\boldsymbol{B}$.

例 1 设 $\boldsymbol{A}=\begin{pmatrix} -1 & 2-x & 3 \\ 5 & 4 & y+1 \end{pmatrix}$,$\boldsymbol{B}=\begin{pmatrix} -1 & x & 3 \\ z & 4 & 2y-1 \end{pmatrix}$,已知 $\boldsymbol{A}=\boldsymbol{B}$,求 $x,\ y,\ z$.

解 因为 $\boldsymbol{A}=\boldsymbol{B}$,所以 $2-x=x,\ y+1=2y-1,\ z=5$,解得 $x=1,\ y=2,\ z=5$.

以下介绍几种特殊类型的矩阵.

零矩阵 所有元素都是零的矩阵称为**零矩阵**,记作 $\boldsymbol{O}_{m\times n}$或 $\boldsymbol{O}$.

注意:不同型的零矩阵不相同. 如$\begin{pmatrix} 0 & 0 & 0 \\ 0 & 0 & 0 \end{pmatrix}\neq\begin{pmatrix} 0 & 0 \\ 0 & 0 \end{pmatrix}$.

负矩阵 设 $\boldsymbol{A}=(a_{ij})_{m\times n}$,称矩阵$(-a_{ij})_{m\times n}$为 $\boldsymbol{A}$ 的**负矩阵**,记作$-\boldsymbol{A}$,即

$$-\boldsymbol{A}=(-a_{ij})_{m\times n}=\begin{pmatrix} -a_{11} & -a_{12} & \cdots & -a_{1n} \\ -a_{21} & -a_{22} & \cdots & -a_{2n} \\ \vdots & \vdots & & \vdots \\ -a_{m1} & -a_{m2} & \cdots & -a_{mn} \end{pmatrix}.$$

n 阶方阵 如果矩阵 $\boldsymbol{A}_{m\times n}$中 $m=n$,则称 $\boldsymbol{A}_{n\times n}$为 n **阶方阵**,简记为 $\boldsymbol{A}_n$. 方阵 $\boldsymbol{A}_n$ 的主对角线上的元素 $a_{11},a_{22},\cdots,a_{nn}$为 $\boldsymbol{A}$ 的主对角线元素.

上三角矩阵 主对角线下方元素全为零的方阵称为**上三角矩阵**,即

$$\boldsymbol{A}=\begin{pmatrix} a_{11} & a_{12} & \cdots & a_{1n} \\ 0 & a_{22} & \cdots & a_{2n} \\ \vdots & \vdots & & \vdots \\ 0 & 0 & \cdots & a_{nn} \end{pmatrix}$$

为上三角矩阵.

下三角矩阵 主对角线上方元素全为零的方阵称为**下三角矩阵**,即

$$A=\begin{pmatrix} a_{11} & 0 & \cdots & 0 \\ a_{21} & a_{22} & \cdots & 0 \\ \vdots & \vdots & & \vdots \\ a_{n1} & a_{n2} & \cdots & a_{nn} \end{pmatrix}$$

为下三角矩阵.

对角矩阵　非主对角线元素都为零的方阵称为**对角矩阵**,简称**对角阵**,对角阵也记作

$$A=\mathrm{diag}(a_{11},a_{22},\cdots,a_{nn})=\begin{pmatrix} a_{11} & 0 & \cdots & 0 \\ 0 & a_{22} & \cdots & 0 \\ \vdots & \vdots & & \vdots \\ 0 & 0 & \cdots & a_{nn} \end{pmatrix}.$$

n 阶数量矩阵　当一个 n 阶对角矩阵 A 的主对角元素全部相等且等于某一数 a 时,称 A 为 n **阶数量矩阵**,即

$$A_n=\mathrm{diag}(a,a,\cdots,a)=\begin{pmatrix} a & 0 & \cdots & 0 \\ 0 & a & \cdots & 0 \\ \vdots & \vdots & & \vdots \\ 0 & 0 & \cdots & a \end{pmatrix}.$$

n 阶单位矩阵　称 n 阶数量矩阵 $\begin{pmatrix} 1 & 0 & \cdots & 0 \\ 0 & 1 & \cdots & 0 \\ \vdots & \vdots & & \vdots \\ 0 & 0 & \cdots & 1 \end{pmatrix}$ 为 n **阶单位矩阵**,简称 n **阶单位阵**或**单位阵**,简记为 $E=E_n$(或 $I=I_n$).

行矩阵　只有一行的矩阵 $A_{1\times n}=(a_1\ a_2\cdots\ a_n)$ 称为**行矩阵**或**行向量**,为了避免元素间的混淆,行矩阵也记作 $A=(a_1,a_2,\cdots,a_n)$.

列矩阵　只有一列的矩阵 $B_{n\times 1}=\begin{pmatrix} b_1 \\ b_2 \\ \vdots \\ b_n \end{pmatrix}$ 称为**列矩阵**或**列向量**.

2.1.2　矩阵的基本运算

1. 矩阵的线性运算

定义 2　两个 $m\times n$ 矩阵 $A=(a_{ij})_{m\times n}$,$B=(b_{ij})_{m\times n}$ 对应元素相加所得到的 $m\times n$ 矩阵,称为矩阵 A 与 B 的**和**,记为 $A+B$,即

$$A+B=(a_{ij}+b_{ij})_{m\times n}=\begin{pmatrix} a_{11}+b_{11} & a_{12}+b_{12} & \cdots & a_{1n}+b_{1n} \\ a_{21}+b_{21} & a_{22}+b_{22} & \cdots & a_{2n}+b_{2n} \\ \vdots & \vdots & & \vdots \\ a_{m1}+b_{m1} & a_{m2}+b_{m2} & \cdots & a_{mn}+b_{mn} \end{pmatrix}.$$

定义两个 $m\times n$ 矩阵 A 与 B 的**差**:$A-B=A+(-B)$.

注意:只有当两个矩阵是同型矩阵时,这两个矩阵才能求和或差.

矩阵的加法满足下列运算规律(设矩阵 A,B,C,O 为同型矩阵):

(1)**交换律**: $\boldsymbol{A}+\boldsymbol{B}=\boldsymbol{B}+\boldsymbol{A}$;

(2)**结合律**: $(\boldsymbol{A}+\boldsymbol{B})+\boldsymbol{C}=\boldsymbol{A}+(\boldsymbol{B}+\boldsymbol{C})$;

(3)$\boldsymbol{A}+\boldsymbol{O}=\boldsymbol{A}$;

(4)$\boldsymbol{A}+(-\boldsymbol{A})=\boldsymbol{O}$.

定义 3 设矩阵 $\boldsymbol{A}=(a_{ij})_{m\times n}$, λ 为一个数. 数 λ 与 $\boldsymbol{A}$ 的每个元素相乘所得到的矩阵 $(\lambda a_{ij})_{m\times n}$称为数 λ 与矩阵 $\boldsymbol{A}$ 的**数量乘积或数乘矩阵**,记为 $\lambda\boldsymbol{A}$ 或 $\boldsymbol{A}\lambda$,即

$$(\lambda a_{ij})_{m\times n}=\lambda\boldsymbol{A}=\begin{pmatrix}\lambda a_{11} & \lambda a_{12} & \cdots & \lambda a_{1n}\\ \lambda a_{21} & \lambda a_{22} & \cdots & \lambda a_{2n}\\ \vdots & \vdots & & \vdots\\ \lambda a_{m1} & \lambda a_{m2} & \cdots & \lambda a_{mn}\end{pmatrix}.$$

矩阵的数乘运算满足下列运算规律:(设矩阵 $\boldsymbol{A},\boldsymbol{B}$ 为同型矩阵,λ,μ 为常数)

(1)**结合律**: $(\lambda\mu)\boldsymbol{A}=\lambda(\mu\boldsymbol{A})$;

(2)**分配律**: $(\lambda+\mu)\boldsymbol{A}=\lambda\boldsymbol{A}+\mu\boldsymbol{A}$;

(3)$1\cdot\boldsymbol{A}=\boldsymbol{A}$;

(4)$\lambda(\boldsymbol{A}+\boldsymbol{B})=\lambda\boldsymbol{A}+\lambda\boldsymbol{B}$.

注意:应理解数乘矩阵与数乘行列式的区别.

矩阵的加法与矩阵的数乘运算统称**矩阵的线性运算**.

例 2 已知 $\boldsymbol{A}=\begin{pmatrix}1 & -1 & 0 & 3\\ 2 & 5 & 1 & -2\\ 4 & 1 & -3 & 0\end{pmatrix}$, $\boldsymbol{B}=\begin{pmatrix}5 & -2 & 1 & 0\\ -1 & 4 & 0 & 1\\ -4 & 3 & -1 & 7\end{pmatrix}$,求 $2\boldsymbol{A}-3\boldsymbol{B}$.

解

$$\begin{aligned}2\boldsymbol{A}-3\boldsymbol{B}&=2\begin{pmatrix}1 & -1 & 0 & 3\\ 2 & 5 & 1 & -2\\ 4 & 1 & -3 & 0\end{pmatrix}-3\begin{pmatrix}5 & -2 & 1 & 0\\ -1 & 4 & 0 & 1\\ -4 & 3 & -1 & 7\end{pmatrix}\\ &=\begin{pmatrix}2 & -2 & 0 & 6\\ 4 & 10 & 2 & -4\\ 8 & 2 & -6 & 0\end{pmatrix}-\begin{pmatrix}15 & -6 & 3 & 0\\ -3 & 12 & 0 & 3\\ -12 & 9 & -3 & 21\end{pmatrix}\\ &=\begin{pmatrix}2-15 & -2+6 & 0-3 & 6-0\\ 4+3 & 10-12 & 2-0 & -4-3\\ 8+12 & 2-9 & -6+3 & 0-21\end{pmatrix}\\ &=\begin{pmatrix}-13 & 4 & -3 & 6\\ 7 & -2 & 2 & -7\\ 20 & -7 & -3 & -21\end{pmatrix}.\end{aligned}$$

例 3 已知 $\boldsymbol{A}=\begin{pmatrix}2 & -3 & -1 & -5\\ 4 & 0 & -1 & -2\\ 1 & 2 & -3 & 1\end{pmatrix}$, $\boldsymbol{B}=\begin{pmatrix}7 & 0 & 1 & 2\\ -1 & 3 & 10 & 5\\ 2 & 1 & 0 & -4\end{pmatrix}$,且 $3\boldsymbol{X}-\boldsymbol{A}=\boldsymbol{B}$,求 $\boldsymbol{X}$.

解 $$\boldsymbol{X}=\frac{1}{3}(\boldsymbol{B}+\boldsymbol{A})=\frac{1}{3}\begin{pmatrix}9 & -3 & 0 & -3\\ 3 & 3 & 9 & 3\\ 3 & 3 & -3 & -3\end{pmatrix}=\begin{pmatrix}3 & -1 & 0 & -1\\ 1 & 1 & 3 & 1\\ 1 & 1 & -1 & -1\end{pmatrix}.$$

2. 矩阵的乘法

引例　某专业大一学生的四个班级准备各自购买一批体育用品，矩阵 $\boldsymbol{A}$ 表示各类用品的数量，矩阵 $\boldsymbol{B}$ 表示两个商家分别给这些商品定的价格．矩阵 $\boldsymbol{C}$ 表示各班级在这两个商家购买时的总价．

$$\boldsymbol{A}=\begin{pmatrix}10 & 4 & 6\\ a_{21} & a_{22} & a_{23}\\ a_{31} & a_{32} & a_{33}\\ a_{41} & a_{42} & a_{43}\end{pmatrix}\begin{matrix}\text{I}\\ \text{II}\\ \text{III}\\ \text{IV}\end{matrix},\quad \boldsymbol{B}=\begin{pmatrix}85 & 78\\ 200 & 180\\ 120 & 140\end{pmatrix}\begin{matrix}\text{甲}\\ \text{乙}\\ \text{丙}\end{matrix},\quad \boldsymbol{C}=\begin{pmatrix}c_{11} & c_{12}\\ c_{21} & c_{22}\\ c_{31} & c_{32}\\ c_{41} & c_{42}\end{pmatrix}\begin{matrix}\text{I}\\ \text{II}\\ \text{III}\\ \text{IV}\end{matrix}$$

甲　乙　丙　　　商家 1 价格　商家 2 价格　　　总价 1　总价 2

其中，$a_{ik}(i=1,2,3,4;k=1,2,3)$ 为第 i 个班级对第 k 种体育用品的购买量，b_{k1} 及 $b_{k2}(k=1,2,3)$ 分别为两个商家对第 k 种商品的单位价格，c_{i1} 及 $c_{i2}(i=1,2,3,4)$ 为第 i 个班级分别在两个商家购买三种体育用品的总价．则矩阵 $\boldsymbol{A},\boldsymbol{B},\boldsymbol{C}$ 的元素之间有下列关系：

$$\begin{pmatrix}10\times85+4\times200+6\times120 & 10\times78+4\times180+6\times140\\ a_{21}b_{11}+a_{22}b_{21}+a_{23}b_{31} & a_{21}b_{12}+a_{22}b_{22}+a_{23}b_{32}\\ a_{31}b_{11}+a_{32}b_{21}+a_{33}b_{31} & a_{31}b_{12}+a_{32}b_{22}+a_{33}b_{32}\\ a_{41}b_{11}+a_{42}b_{21}+a_{43}b_{31} & a_{41}b_{12}+a_{42}b_{22}+a_{43}b_{32}\end{pmatrix}=\begin{pmatrix}2370 & 2340\\ c_{21} & c_{22}\\ c_{31} & c_{32}\\ c_{41} & c_{42}\end{pmatrix}.$$

总价 1　总价 2

其中，$c_{ij}=a_{i1}b_{1j}+a_{i2}b_{2j}+a_{i3}b_{3j}(i=1,2,3,4;j=1,2)$．我们把以上矩阵 $\boldsymbol{A},\boldsymbol{B},\boldsymbol{C}$ 之间的运算关系抽象出来，记作 $\boldsymbol{C}=\boldsymbol{AB}$，称为矩阵 $\boldsymbol{A}$ 与 $\boldsymbol{B}$ 的**乘积**．

定义 4　设矩阵 $\boldsymbol{A}=(a_{ij})_{m\times s}$，$\boldsymbol{B}=(b_{ij})_{s\times n}$，规定矩阵 $\boldsymbol{A}$ 与矩阵 $\boldsymbol{B}$ 的乘积是一个 $m\times n$ 矩阵 $\boldsymbol{C}=(c_{ij})_{m\times n}$，记作 $\boldsymbol{C}=\boldsymbol{AB}$．其中

$$c_{ij}=a_{i1}b_{1j}+a_{i2}b_{2j}+\cdots+a_{is}b_{sj}=\sum_{k=1}^{s}a_{ik}b_{kj}\quad(i=1,2,\cdots,m;j=1,2,\cdots,n).$$

注意：

(1) 只有当左边矩阵 $\boldsymbol{A}$ 的列数与右边矩阵 $\boldsymbol{B}$ 的行数相同时，符号 $\boldsymbol{AB}$ 才有意义，否则无意义．所以记号 $\boldsymbol{AB}$ 常读作 $\boldsymbol{A}$ **左乘** $\boldsymbol{B}$ 或者 $\boldsymbol{B}$ **右乘** $\boldsymbol{A}$．

(2) 当 $\boldsymbol{AB}$ 有意义时，乘积 $\boldsymbol{AB}$ 的行数等于矩阵 $\boldsymbol{A}$ 的行数，其列数等于矩阵 $\boldsymbol{B}$ 的列数．

(3) 一个行矩阵 $\boldsymbol{A}=(a_i)_{1\times s}$ 与一个列矩阵 $\boldsymbol{B}=(b_j)_{s\times 1}$ 的乘积 $\boldsymbol{AB}=(a_1,a_2,\cdots,a_s)\begin{pmatrix}b_1\\ b_2\\ \vdots\\ b_s\end{pmatrix}=$ $a_1b_1+a_2b_2+\cdots+a_sb_s$ 是一个一阶方阵，只有一个元素，此时，习惯省略括号．

例 4　设 $\boldsymbol{A}=\begin{pmatrix}1 & 3\\ 3 & 1\\ 4 & 2\end{pmatrix}$，$\boldsymbol{B}=\begin{pmatrix}2 & 1\\ 1 & 3\end{pmatrix}$，求 $\boldsymbol{AB}$．

解　因为矩阵 $\boldsymbol{A}$ 是 3×2 矩阵，矩阵 $\boldsymbol{B}$ 是 2×2 矩阵，$\boldsymbol{A}$ 的列数等于 $\boldsymbol{B}$ 的行数，所以矩阵 $\boldsymbol{A}$

可以左乘 $\boldsymbol{B}$,其乘积 $\boldsymbol{AB}$ 是一个 3×2 矩阵,由乘法定义,可得

$$\boldsymbol{AB}=\begin{pmatrix}1&3\\3&1\\4&2\end{pmatrix}\begin{pmatrix}2&1\\1&3\end{pmatrix}=\begin{pmatrix}1\times2+3\times1&1\times1+3\times3\\3\times2+1\times1&3\times1+1\times3\\4\times2+2\times1&4\times1+2\times3\end{pmatrix}=\begin{pmatrix}5&10\\7&6\\10&10\end{pmatrix}.$$

思考:$\boldsymbol{BA}$ 有意义吗?

例 5 设行矩阵 $\boldsymbol{A}=(-1,2,4)$,列矩阵 $\boldsymbol{B}=\begin{pmatrix}3\\1\\-2\end{pmatrix}$,求 $\boldsymbol{AB}$ 及 $\boldsymbol{BA}$.

解 $\boldsymbol{AB}=(-1,2,4)\begin{pmatrix}3\\1\\-2\end{pmatrix}=(-1)\times3+2\times1+4\times(-2)=-9.$

$$\boldsymbol{BA}=\begin{pmatrix}3\\1\\-2\end{pmatrix}(-1,2,4)=\begin{pmatrix}3\times(-1)&3\times2&3\times4\\1\times(-1)&1\times2&1\times4\\(-2)\times(-1)&(-2)\times2&(-2)\times4\end{pmatrix}$$
$$=\begin{pmatrix}-3&6&12\\-1&2&4\\2&-4&-8\end{pmatrix}.$$

例 6 设 $\boldsymbol{A}=\begin{pmatrix}-2&4\\1&-2\end{pmatrix}$,$\boldsymbol{B}=\begin{pmatrix}1&2\\-1&-2\end{pmatrix}$,$\boldsymbol{C}=\begin{pmatrix}-4&8\\2&-4\end{pmatrix}$,求 $\boldsymbol{AB}$,$\boldsymbol{BA}$ 与 $\boldsymbol{BC}$.

解 $\boldsymbol{AB}=\begin{pmatrix}-2&4\\1&-2\end{pmatrix}\begin{pmatrix}1&2\\-1&-2\end{pmatrix}=\begin{pmatrix}-6&-12\\3&6\end{pmatrix}$;

$\boldsymbol{BA}=\begin{pmatrix}1&2\\-1&-2\end{pmatrix}\begin{pmatrix}-2&4\\1&-2\end{pmatrix}=\begin{pmatrix}0&0\\0&0\end{pmatrix}$;

$\boldsymbol{BC}=\begin{pmatrix}1&2\\-1&-2\end{pmatrix}\begin{pmatrix}-4&8\\2&-4\end{pmatrix}=\begin{pmatrix}0&0\\0&0\end{pmatrix}$.

从例 5、例 6 可以看出:

(1)一般情况下,$\boldsymbol{AB}\neq\boldsymbol{BA}$.

(2)虽然矩阵 $\boldsymbol{A}\neq\boldsymbol{O}$,$\boldsymbol{B}\neq\boldsymbol{O}$,但却有 $\boldsymbol{BA}=\boldsymbol{O}$,即在矩阵运算中,不能由 $\boldsymbol{AB}=\boldsymbol{O}$ 推得 $\boldsymbol{A}=\boldsymbol{O}$ 或 $\boldsymbol{B}=\boldsymbol{O}$ 的结论.

虽然 $\boldsymbol{BA}=\boldsymbol{BC}$,且 $\boldsymbol{B}\neq\boldsymbol{O}$,但 $\boldsymbol{A}\neq\boldsymbol{C}$,即在矩阵运算中,不能由 $\boldsymbol{BA}=\boldsymbol{BC}$ 推得 $\boldsymbol{A}=\boldsymbol{C}$ 的结论,即在一般情况下,矩阵运算不满足交换律和消去律.

以上结论表明,与数的乘法相比,矩阵乘法具有自身的特殊性.

在运算有意义的前提下,矩阵乘法满足下列运算规律:

(1)**结合律**:$(\boldsymbol{AB})\boldsymbol{C}=\boldsymbol{A}(\boldsymbol{BC})$,$\lambda(\boldsymbol{AB})=(\lambda\boldsymbol{A})\boldsymbol{B}=\boldsymbol{A}(\lambda\boldsymbol{B})$(其中 λ 为数);

(2)**分配律**:$\boldsymbol{A}(\boldsymbol{B}+\boldsymbol{C})=\boldsymbol{AB}+\boldsymbol{AC}\quad(\boldsymbol{B}+\boldsymbol{C})\boldsymbol{A}=\boldsymbol{BA}+\boldsymbol{CA}$;

(3)$\boldsymbol{E}_m\boldsymbol{A}_{m\times n}=\boldsymbol{A}_{m\times n}\boldsymbol{E}_n=\boldsymbol{A}_{m\times n}$.

不过,也并非所有矩阵的乘法都不能交换,例如,设:

$$\boldsymbol{A}=\begin{pmatrix}1&2\\0&1\end{pmatrix},\quad\boldsymbol{B}=\begin{pmatrix}1&-1\\0&1\end{pmatrix}.$$

则有 $$AB=\begin{pmatrix}1&2\\0&1\end{pmatrix}\begin{pmatrix}1&-1\\0&1\end{pmatrix}=\begin{pmatrix}1&1\\0&1\end{pmatrix}=\begin{pmatrix}1&-1\\0&1\end{pmatrix}\begin{pmatrix}1&2\\0&1\end{pmatrix}=BA.$$

定义 5　对于两个 n 阶方阵 $\boldsymbol{A}$ 和 $\boldsymbol{B}$,如果 $\boldsymbol{AB}=\boldsymbol{BA}$,则称矩阵 $\boldsymbol{A}$ 与矩阵 $\boldsymbol{B}$ **可交换**,简称 $\boldsymbol{A}$ 与 $\boldsymbol{B}$ **可换**.

例 7　设 $\boldsymbol{A}$ 是一个 n 阶方阵,证明:$\boldsymbol{A}$ 是一个数量矩阵的充分必要条件是 $\boldsymbol{A}$ 与任何 n 阶方阵 $\boldsymbol{B}$ 可交换.

证　充分性. 设 $\boldsymbol{A}=\begin{pmatrix}a_{11}&a_{12}&\cdots&a_{1n}\\a_{21}&a_{22}&\cdots&a_{2n}\\\vdots&\vdots&&\vdots\\a_{n1}&a_{n2}&\cdots&a_{nn}\end{pmatrix}$ 与任意 n 阶方阵 $\boldsymbol{B}$ 可交换,令 $\boldsymbol{B}=\boldsymbol{P}_{ij}(i=1,2,\cdots,n;j=1,2,\cdots,n)$ 则 $\boldsymbol{A}$ 与方阵 $\boldsymbol{P}_{ij}$ 可交换,其中 $\boldsymbol{P}_{ij}$ 表示第 i 行,第 j 列的元素为 1,其余元素全为 0 的 n 阶方阵. 则

$$\boldsymbol{AP}_{ij}=\begin{pmatrix}a_{11}&a_{12}&\cdots&a_{1n}\\a_{21}&a_{22}&\cdots&a_{2n}\\\vdots&\vdots&&\vdots\\a_{n1}&a_{n2}&\cdots&a_{nn}\end{pmatrix}\begin{pmatrix}0&0&\cdots&0&\cdots&0\\\vdots&\vdots&&\vdots&&\vdots\\0&0&\cdots&1&\cdots&0\\\vdots&\vdots&&\vdots&&\vdots\\0&0&\cdots&0&\cdots&0\end{pmatrix}$$

$$=\begin{pmatrix}0&\cdots&a_{1i}&\cdots&0\\0&\cdots&a_{2i}&\cdots&0\\\vdots&&\vdots&&\vdots\\0&\cdots&a_{ni}&\cdots&0\end{pmatrix}$$
(第 i 列),

$$\boldsymbol{P}_{ij}\boldsymbol{A}=\begin{pmatrix}0&0&\cdots&0&\cdots&0\\\vdots&\vdots&&\vdots&&\vdots\\0&0&\cdots&1&\cdots&0\\\vdots&\vdots&&\vdots&&\vdots\\0&0&\cdots&0&\cdots&0\end{pmatrix}\begin{pmatrix}a_{11}&a_{12}&\cdots&a_{1n}\\a_{21}&a_{22}&\cdots&a_{2n}\\\vdots&\vdots&&\vdots\\a_{n1}&a_{n2}&\cdots&a_{nn}\end{pmatrix}$$

$$=\begin{pmatrix}0&0&\cdots&0\\\vdots&\vdots&&\vdots\\a_{j1}&a_{j2}&\cdots&a_{jn}\\\vdots&\vdots&&\vdots\\0&0&\cdots&0\end{pmatrix}(\text{第}\,j\,\text{行}).$$

因为 $\boldsymbol{AP}_{ij}=\boldsymbol{P}_{ij}\boldsymbol{A}$,所以对于任意的 $i=1,2,\cdots,n;\ j=1,2,\cdots,n$,有

$$a_{ii}=a_{jj},\quad a_{ki}=0(k\neq i,k=1,2,\cdots,n),\quad a_{jk}=0(k\neq j,k=1,2,\cdots,n),$$

即 $$\boldsymbol{A}=k\boldsymbol{E}.$$

必要性. 如果 $\boldsymbol{A}=k\boldsymbol{E}$,则对任意 n 阶方阵 $\boldsymbol{B}$,均有

$$\boldsymbol{AB}=(k\boldsymbol{E})\boldsymbol{B}=k(\boldsymbol{EB})=k(\boldsymbol{BE})=\boldsymbol{B}(k\boldsymbol{E})=\boldsymbol{BA}.$$

例 8　设 $\boldsymbol{A},\boldsymbol{B}$ 均是 n 阶方阵,则

$$AB=BA \Leftrightarrow (A+B)(A-B)=A^2-B^2.$$

证 必要性．若 $AB=BA$，则

$$(A+B)(A-B)=A^2-AB+BA-B^2=A^2-B^2.$$

充分性．若 $(A+B)(A-B)=A^2-B^2$，则

$$A^2-B^2=(A+B)(A-B)=A^2-AB+BA-B^2,$$

即

$$AB=BA.$$

例 9 证明：如果 $AC=CA$，$AB=BA$，则有

$$(B+C)A=A(B+C);\quad A(BC)=(BC)A.$$

证 因为 $AC=CA$，$AB=BA$，所以

$$(B+C)A=BA+CA=AB+AC=A(B+C);$$

$$A(BC)=(AB)C=(BA)C=B(AC)=B(CA)=(BC)A.$$

3. 矩阵的转置

定义 6 把矩阵 A 的行换成同序数的列得到一个新矩阵，称为 A 的**转置矩阵**，记作 A^{T}（或 A'）.

即若

$$A=\begin{pmatrix} a_{11} & a_{12} & \cdots & a_{1n} \\ a_{21} & a_{22} & \cdots & a_{2n} \\ \vdots & \vdots & & \vdots \\ a_{m1} & a_{m2} & \cdots & a_{mn} \end{pmatrix}$$

则

$$A^{\mathrm{T}}=\begin{pmatrix} a_{11} & a_{21} & \cdots & a_{m1} \\ a_{12} & a_{22} & \cdots & a_{m2} \\ \vdots & \vdots & & \vdots \\ a_{1n} & a_{2n} & \cdots & a_{mn} \end{pmatrix}.$$

例如，矩阵

$$A=\begin{pmatrix} 1 & -1 & 2 \\ 0 & 3 & 4 \end{pmatrix}$$

的转置矩阵为

$$A^{\mathrm{T}}=\begin{pmatrix} 1 & 0 \\ -1 & 3 \\ 2 & 4 \end{pmatrix}.$$

又如，列矩阵 $\begin{pmatrix} a_1 \\ a_2 \\ \vdots \\ a_n \end{pmatrix}=(a_1,a_2,\cdots,a_n)^{\mathrm{T}}$，通常可用行矩阵的转置矩阵表示列矩阵．

矩阵的转置也是一种运算，满足以下运算规律（假设运算都可行）：

(1) $(A^{\mathrm{T}})^{\mathrm{T}}=A$；

(2) $(A+B)^{\mathrm{T}}=A^{\mathrm{T}}+B^{\mathrm{T}}$，$(A_1+A_2+\cdots+A_k)^{\mathrm{T}}=A_1^{\mathrm{T}}+A_2^{\mathrm{T}}+\cdots+A_k^{\mathrm{T}}$；

(3) $(\lambda \boldsymbol{A})^{\mathrm{T}}=\lambda \boldsymbol{A}^{\mathrm{T}}$（$\lambda$ 为数）；

(4) $(\boldsymbol{AB})^{\mathrm{T}}=\boldsymbol{B}^{\mathrm{T}}\boldsymbol{A}^{\mathrm{T}}$，$(\boldsymbol{A}_1\boldsymbol{A}_2\cdots\boldsymbol{A}_k)^{\mathrm{T}}=\boldsymbol{A}_k^{\mathrm{T}}\boldsymbol{A}_{k-1}^{\mathrm{T}}\cdots\boldsymbol{A}_1^{\mathrm{T}}$.

证 这里仅证明 $(\boldsymbol{AB})^{\mathrm{T}}=\boldsymbol{B}^{\mathrm{T}}\boldsymbol{A}^{\mathrm{T}}$ 成立．设 $\boldsymbol{A}=(a_{ij})_{m\times s}$，$\boldsymbol{B}=(b_{ij})_{s\times n}$. 则 $(\boldsymbol{AB})^{\mathrm{T}}$ 和 $\boldsymbol{B}^{\mathrm{T}}\boldsymbol{A}^{\mathrm{T}}$ 均为 $n\times m$ 矩阵；

$(\boldsymbol{AB})^{\mathrm{T}}$ 的第 i 行第 j 列的元素是 $\boldsymbol{AB}$ 的第 j 行第 i 列的元素，故等于矩阵 $\boldsymbol{A}$ 的第 j 行与矩阵 B 的第 i 列对应元素的乘积之和，即

$$\sum_{k=1}^{s} a_{jk}b_{ki}=a_{j1}b_{1i}+a_{j2}b_{2i}+\cdots+a_{js}b_{si},$$

而 $\boldsymbol{B}^{\mathrm{T}}\boldsymbol{A}^{\mathrm{T}}$ 的第 i 行第 j 列的元素等于 $\boldsymbol{B}^{\mathrm{T}}$ 的第 i 行的元素与 $\boldsymbol{A}^{\mathrm{T}}$ 的第 j 列的对应元素的乘积之和，也就是 $\boldsymbol{B}$ 的第 i 列的元素与 $\boldsymbol{A}$ 的第 j 行的对应元素的乘积之和

$$\sum_{k=1}^{s} b_{ki}a_{jk}=b_{1i}a_{j1}+b_{2i}a_{j2}+\cdots+b_{si}a_{js}.$$

上述两式显然相等，故 $(\boldsymbol{AB})^{\mathrm{T}}=\boldsymbol{B}^{\mathrm{T}}\boldsymbol{A}^{\mathrm{T}}$.

例 10 已知 $\boldsymbol{A}=\begin{pmatrix}-1&0&3\\2&1&2\end{pmatrix}$，$\boldsymbol{B}=\begin{pmatrix}-1&2&-2\\0&1&4\\1&2&0\end{pmatrix}$，求 $(\boldsymbol{AB})^{\mathrm{T}}$.

解 法一．因为 $\boldsymbol{AB}=\begin{pmatrix}-1&0&3\\2&1&2\end{pmatrix}\begin{pmatrix}-1&2&-2\\0&1&4\\1&2&0\end{pmatrix}=\begin{pmatrix}4&4&2\\0&9&0\end{pmatrix}$，

所以
$$(\boldsymbol{AB})^{\mathrm{T}}=\begin{pmatrix}4&0\\4&9\\2&0\end{pmatrix}.$$

法二．$(\boldsymbol{AB})^{\mathrm{T}}=\boldsymbol{B}^{\mathrm{T}}\boldsymbol{A}^{\mathrm{T}}=\begin{pmatrix}-1&0&1\\2&1&2\\-2&4&0\end{pmatrix}\begin{pmatrix}-1&2\\0&1\\3&2\end{pmatrix}=\begin{pmatrix}4&0\\4&9\\2&0\end{pmatrix}$.

4. 对称矩阵

定义 7 设 $\boldsymbol{A}=(a_{ij})$ 为 n 阶方阵，如果 $\boldsymbol{A}^{\mathrm{T}}=\boldsymbol{A}$，即 $\boldsymbol{A}$ 中的元素满足 $a_{ij}=a_{ji}(i,j=1,2,\cdots,n)$，则称 $\boldsymbol{A}$ 为**对称矩阵**，简称**对称阵**．

对称阵的特点是：它的元素关于主对角线对称．

例如，对称阵

$$\boldsymbol{A}=\begin{pmatrix}-1&2&0\\2&1&4\\0&4&3\end{pmatrix}=\begin{pmatrix}-1&2&0\\2&1&4\\0&4&3\end{pmatrix}^{\mathrm{T}}=\boldsymbol{A}^{\mathrm{T}}.$$

对称矩阵有以下性质：

(1) 设 $\boldsymbol{A}$ 为对称阵，λ 为常数，则 $\lambda\boldsymbol{A}$ 也为对称阵；

(2) 设 $\boldsymbol{A}$，$\boldsymbol{B}$ 均为 n 阶对称阵，则 $\boldsymbol{A}+\boldsymbol{B}$，$\boldsymbol{A}-\boldsymbol{B}$ 也为对称阵；

(3) 设 $\boldsymbol{A}$，$\boldsymbol{B}$ 均为 n 阶对称阵，且乘积是可交换的，即 $\boldsymbol{AB}=\boldsymbol{BA}$，则 $\boldsymbol{AB}$ 也为对称阵．

如果 $\boldsymbol{A}^{\mathrm{T}}=-\boldsymbol{A}$，则称 $\boldsymbol{A}$ 为**反对称矩阵**．显然，反对称矩阵的主对角线元素全为零．

例如,反对称矩阵 $\boldsymbol{A}=\begin{pmatrix}0&1&-2\\-1&0&5\\2&-5&0\end{pmatrix}=-\begin{pmatrix}0&-1&2\\1&0&-5\\-2&5&0\end{pmatrix}$

$$=-\begin{pmatrix}0&1&-2\\-1&0&5\\2&-5&0\end{pmatrix}^{\mathrm{T}}=-\boldsymbol{A}^{\mathrm{T}}.$$

例 11 设矩阵 $\boldsymbol{A}=\begin{pmatrix}-1&2&0\\2&1&4\\0&4&3\end{pmatrix}$,列矩阵 $\boldsymbol{x}=(x_1,x_2,x_3)^{\mathrm{T}}$,写出函数 $f(x_1,x_2,x_3)=\boldsymbol{x}^{\mathrm{T}}\boldsymbol{A}\boldsymbol{x}$ 的解析式.

解 $f(x_1,x_2,x_3)=\boldsymbol{x}^{\mathrm{T}}\boldsymbol{A}\boldsymbol{x}=(x_1,x_2,x_3)\begin{pmatrix}-1&2&0\\2&1&4\\0&4&3\end{pmatrix}\begin{pmatrix}x_1\\x_2\\x_3\end{pmatrix}=4x_1x_2+8x_2x_3-x_1^2+x_2^2+3x_3^2.$

为一个三元齐次函数.

例 12 设列矩阵 $\boldsymbol{x}=(x_1,x_2,\cdots,x_n)^{\mathrm{T}}$ 满足 $\boldsymbol{x}^{\mathrm{T}}\boldsymbol{x}=1$,$\boldsymbol{E}$ 为 n 阶单位矩阵,$\boldsymbol{H}=\boldsymbol{E}-2\boldsymbol{x}\boldsymbol{x}^{\mathrm{T}}$,证明 $\boldsymbol{H}$ 是对称阵,且 $\boldsymbol{H}\boldsymbol{H}^{\mathrm{T}}=\boldsymbol{E}$.

证 因为

$$\boldsymbol{H}^{\mathrm{T}}=(\boldsymbol{E}-2\boldsymbol{x}\boldsymbol{x}^{\mathrm{T}})^{\mathrm{T}}=\boldsymbol{E}^{\mathrm{T}}-2(\boldsymbol{x}\boldsymbol{x}^{\mathrm{T}})^{\mathrm{T}}=\boldsymbol{E}-2\boldsymbol{x}\boldsymbol{x}^{\mathrm{T}}=\boldsymbol{H},$$

所以 $\boldsymbol{H}$ 是对称阵;而

$$\begin{aligned}\boldsymbol{H}\boldsymbol{H}^{\mathrm{T}}&=\boldsymbol{H}\boldsymbol{H}=(\boldsymbol{E}-2\boldsymbol{x}\boldsymbol{x}^{\mathrm{T}})(\boldsymbol{E}-2\boldsymbol{x}\boldsymbol{x}^{\mathrm{T}})\\&=\boldsymbol{E}-4\boldsymbol{x}\boldsymbol{x}^{\mathrm{T}}+4(\boldsymbol{x}\boldsymbol{x}^{\mathrm{T}})(\boldsymbol{x}\boldsymbol{x}^{\mathrm{T}})\\&=\boldsymbol{E}-4\boldsymbol{x}\boldsymbol{x}^{\mathrm{T}}+4\boldsymbol{x}(\boldsymbol{x}^{\mathrm{T}}\boldsymbol{x})\boldsymbol{x}^{\mathrm{T}}\\&=\boldsymbol{E}-4\boldsymbol{x}\boldsymbol{x}^{\mathrm{T}}+4\boldsymbol{x}\boldsymbol{x}^{\mathrm{T}}=\boldsymbol{E}.\end{aligned}$$

5. 方阵的运算

1)方阵的幂

定义 8 设 $\boldsymbol{A}$ 是 n 阶方阵,我们定义 $\boldsymbol{A}$ 的幂(或称方幂)为

$$\boldsymbol{A}^0=\boldsymbol{E}_n,\quad \boldsymbol{A}^1=\boldsymbol{A},\quad \boldsymbol{A}^2=\boldsymbol{A}\boldsymbol{A},\quad \cdots,\quad \boldsymbol{A}^k=\underbrace{\boldsymbol{A}\boldsymbol{A}\cdots\boldsymbol{A}}_{k个},$$

其中,k 为正整数.

显然,只有方阵的幂才有意义.方阵的幂满足以下运算规律(设 $\boldsymbol{A}$ 为方阵,k,l 为非负整数):

(1) $\boldsymbol{A}^k\boldsymbol{A}^l=\boldsymbol{A}^{k+l}$; (2) $(\boldsymbol{A}^k)^l=\boldsymbol{A}^{kl}$; (3) $\boldsymbol{E}^k=\boldsymbol{E}$.

因为矩阵乘法不满足交换律,所以对于两个 n 阶方阵 $\boldsymbol{A}$ 与 $\boldsymbol{B}$,一般地:

(1) $(\boldsymbol{A}\boldsymbol{B})^k\neq\boldsymbol{A}^k\boldsymbol{B}^k$; (2) $(\boldsymbol{A}+\boldsymbol{B})^2\neq\boldsymbol{A}^2+2\boldsymbol{A}\boldsymbol{B}+\boldsymbol{B}^2$.

例 13 计算 $\begin{pmatrix}1&1\\1&1\end{pmatrix}^n$.

解 因为 $\begin{pmatrix}1&1\\1&1\end{pmatrix}^2=\begin{pmatrix}1&1\\1&1\end{pmatrix}\begin{pmatrix}1&1\\1&1\end{pmatrix}=\begin{pmatrix}2&2\\2&2\end{pmatrix}=2\begin{pmatrix}1&1\\1&1\end{pmatrix}$,

$$\begin{pmatrix}1&1\\1&1\end{pmatrix}^3=\begin{pmatrix}1&1\\1&1\end{pmatrix}^2\begin{pmatrix}1&1\\1&1\end{pmatrix}=\begin{pmatrix}2&2\\2&2\end{pmatrix}\begin{pmatrix}1&1\\1&1\end{pmatrix}=2^2\begin{pmatrix}1&1\\1&1\end{pmatrix},$$

……

所以 $$\begin{pmatrix}1&1\\1&1\end{pmatrix}^n=2^{n-1}\begin{pmatrix}1&1\\1&1\end{pmatrix}.$$

例 14 设矩阵 $\boldsymbol{A}=\boldsymbol{PQ}$,其中 $\boldsymbol{P}=\begin{pmatrix}1\\2\\4\end{pmatrix}$,$\boldsymbol{Q}=(0,-1,1)$,求 $\boldsymbol{A}^{10}$.

解 $$\boldsymbol{A}^{10}=\underbrace{(\boldsymbol{PQ})(\boldsymbol{PQ})\cdots(\boldsymbol{PQ})}_{10个}=\boldsymbol{P}\underbrace{(\boldsymbol{QP})(\boldsymbol{QP})\cdots(\boldsymbol{QP})}_{9个}\boldsymbol{Q},$$

$$\boldsymbol{A}=\boldsymbol{PQ}=\begin{pmatrix}1\\2\\4\end{pmatrix}(0,-1,1)=\begin{pmatrix}0&-1&1\\0&-2&2\\0&-4&4\end{pmatrix},$$

$$\boldsymbol{QP}=(0,-1,1)\begin{pmatrix}1\\2\\4\end{pmatrix}=2,$$

$$\boldsymbol{A}^{10}=\boldsymbol{P}2^9\boldsymbol{Q}=2^9\boldsymbol{PQ}=\begin{pmatrix}0&-2^9&2^9\\0&-2^{10}&2^{10}\\0&-2^{11}&2^{11}\end{pmatrix}.$$

例 15 证明:$\begin{pmatrix}\cos\varphi&-\sin\varphi\\\sin\varphi&\cos\varphi\end{pmatrix}^n=\begin{pmatrix}\cos n\varphi&-\sin n\varphi\\\sin n\varphi&\cos n\varphi\end{pmatrix}$.

证 用数学归纳法. 当 $n=1$ 时,等式显然成立,设 $n=k$ 时成立,即设

$$\begin{pmatrix}\cos\varphi&-\sin\varphi\\\sin\varphi&\cos\varphi\end{pmatrix}^k=\begin{pmatrix}\cos k\varphi&-\sin k\varphi\\\sin k\varphi&\cos k\varphi\end{pmatrix}.$$

当 $n=k+1$ 时,有

$$\begin{aligned}\begin{pmatrix}\cos\varphi&-\sin\varphi\\\sin\varphi&\cos\varphi\end{pmatrix}^{k+1}&=\begin{pmatrix}\cos\varphi&-\sin\varphi\\\sin\varphi&\cos\varphi\end{pmatrix}^k\begin{pmatrix}\cos\varphi&-\sin\varphi\\\sin\varphi&\cos\varphi\end{pmatrix}\\&=\begin{pmatrix}\cos k\varphi&-\sin k\varphi\\\sin k\varphi&\cos k\varphi\end{pmatrix}\begin{pmatrix}\cos\varphi&-\sin\varphi\\\sin\varphi&\cos\varphi\end{pmatrix}\\&=\begin{pmatrix}\cos k\varphi\cos\varphi-\sin k\varphi\sin\varphi&-\cos k\varphi\sin\varphi-\sin k\varphi\cos\varphi\\\sin k\varphi\cos\varphi+\cos k\varphi\sin\varphi&-\sin k\varphi\sin\varphi+\cos k\varphi\cos\varphi\end{pmatrix}\\&=\begin{pmatrix}\cos(k+1)\varphi&-\sin(k+1)\varphi\\\sin(k+1)\varphi&\cos(k+1)\varphi\end{pmatrix}.\end{aligned}$$

于是对任意自然数 n,等式成立.

例 16 计算 $\begin{pmatrix}a&1&2\\0&a&3\\0&0&a\end{pmatrix}^n$.

解 设$\boldsymbol{A}=\begin{pmatrix}a&1&2\\0&a&3\\0&0&a\end{pmatrix}$,$\boldsymbol{B}=\begin{pmatrix}0&1&2\\0&0&3\\0&0&0\end{pmatrix}$,则$\boldsymbol{A}=a\boldsymbol{E}+\boldsymbol{B}$. 因为$\boldsymbol{EB}=\boldsymbol{BE}$,所以

$$\boldsymbol{A}^n=(a\boldsymbol{E}+\boldsymbol{B})^n=a^n\boldsymbol{E}^n+\mathrm{C}_n^1(a\boldsymbol{E})^{n-1}\boldsymbol{B}+\mathrm{C}_n^2(a\boldsymbol{E})^{n-2}\boldsymbol{B}^2+\cdots+\boldsymbol{B}^n.$$

因为$\boldsymbol{B}^2=\begin{pmatrix}0&0&3\\0&0&0\\0&0&0\end{pmatrix}$,$\boldsymbol{B}^n=\boldsymbol{O}(n\geqslant 3)$,所以

$$\begin{aligned}\boldsymbol{A}^n&=a^n\boldsymbol{E}+na^{n-1}\boldsymbol{B}+\frac{n(n-1)}{2}a^{n-2}\boldsymbol{B}^2\\&=\begin{pmatrix}a^n&0&0\\0&a^n&0\\0&0&a^n\end{pmatrix}+\begin{pmatrix}0&na^{n-1}&2na^{n-1}\\0&0&3na^{n-1}\\0&0&0\end{pmatrix}+\begin{pmatrix}0&0&\frac{3n(n-1)}{2}a^{n-2}\\0&0&0\\0&0&0\end{pmatrix}\\&=\begin{pmatrix}a^n&na^{n-1}&2na^{n-1}+\frac{3n(n-1)}{2}a^{n-2}\\0&a^n&3na^{n-1}\\0&0&a^n\end{pmatrix}.\end{aligned}$$

对于方阵,还可以定义矩阵多项式. 设$f(x)=a_mx^m+a_1x^{m-1}+\cdots+a_0$为$x$的$m$次多项式,$\boldsymbol{A}$为$n$阶矩阵,记

$$f(A)=a_m\boldsymbol{A}^m+a_1\boldsymbol{A}^{m-1}+\cdots+a_0\boldsymbol{E}.$$

称$f(\boldsymbol{A})$为矩阵$\boldsymbol{A}$的m次**多项式**,其结果仍为矩阵$\boldsymbol{A}$的同阶矩阵.

因为矩阵$\boldsymbol{A}^k$和$\boldsymbol{E}$都是可交换的,所以矩阵$\boldsymbol{A}$的两个多项式$g(\boldsymbol{A})$和$f(\boldsymbol{A})$总是可交换的,即总有

$$g(\boldsymbol{A})f(\boldsymbol{A})=f(\boldsymbol{A})g(\boldsymbol{A}),$$

从而矩阵$\boldsymbol{A}$的多项式可以像数x的多项式一样相乘或分解因式. 例如

$$(\boldsymbol{E}+\boldsymbol{A})(2\boldsymbol{E}-\boldsymbol{A})=2\boldsymbol{E}+\boldsymbol{A}-\boldsymbol{A}^2,$$
$$(\boldsymbol{E}-\boldsymbol{A})^3=\boldsymbol{E}-3\boldsymbol{A}+3\boldsymbol{A}^2-\boldsymbol{A}^3.$$

例 17 设多项式函数$f(x)=x^3+2x-1$,矩阵$\boldsymbol{A}=\begin{pmatrix}1&3\\0&-2\end{pmatrix}$,求$f(\boldsymbol{A})$.

解 $$\begin{aligned}f(\boldsymbol{A})&=\boldsymbol{A}^3+2\boldsymbol{A}-\boldsymbol{E}\\&=\begin{pmatrix}1&3\\0&-2\end{pmatrix}^3+2\begin{pmatrix}1&3\\0&-2\end{pmatrix}-\begin{pmatrix}1&0\\0&1\end{pmatrix}\\&=\begin{pmatrix}2&15\\0&-13\end{pmatrix}.\end{aligned}$$

2)方阵的行列式

定义 9 由n阶方阵$\boldsymbol{A}$的元素所构成的行列式(各元素的位置不变),称为**方阵$\boldsymbol{A}$的行列式**,记作$|\boldsymbol{A}|$或$\det\boldsymbol{A}$.

例如,$\boldsymbol{A}=\begin{pmatrix}2&1\\4&3\end{pmatrix}$的行列式为$|\boldsymbol{A}|=\begin{vmatrix}2&1\\4&3\end{vmatrix}=2$.

注意：

(1)方阵与行列式是两个不同的概念，n 阶方阵是 n^2 个数按一定方式排成的数表，而 n 阶行列式 $|\boldsymbol{A}|$ 则是这些数按一定的运算法则所确定的一个数；

(2)如果矩阵 $\boldsymbol{A}$ 不是方阵，$\boldsymbol{A}$ 就没有相应的行列式.

方阵的行列式具有下列性质(设 $\boldsymbol{A}$、$\boldsymbol{B}$、$\boldsymbol{A}_i$ 均为 n 阶方阵，λ 为常数)：

(1) $|\boldsymbol{A}^{\mathrm{T}}|=|\boldsymbol{A}|$；

(2) $|\lambda\boldsymbol{A}|=\lambda^n|\boldsymbol{A}|$；

(3) $|\boldsymbol{AB}|=|\boldsymbol{A}||\boldsymbol{B}|$，$|\boldsymbol{A}_1\boldsymbol{A}_2\cdots\boldsymbol{A}_k|=|\boldsymbol{A}_1||\boldsymbol{A}_2|\cdots|\boldsymbol{A}_k|$(行列式乘法公式).

证 性质(1)、(2)可由行列式的性质直接得到，因此仅证明(3).

设 $\boldsymbol{A}=(a_{ij})$，$\boldsymbol{B}=(b_{ij})$，记 $2n$ 阶行列式

$$D=\begin{vmatrix} a_{11} & \cdots & a_{1n} & & & \\ \vdots & & \vdots & & \boldsymbol{O} & \\ a_{n1} & \cdots & a_{nn} & & & \\ -1 & & & b_{11} & \cdots & b_{1n} \\ & \ddots & & \vdots & & \vdots \\ & & -1 & b_{n1} & \cdots & b_{nn} \end{vmatrix}=\begin{vmatrix} \boldsymbol{A} & \boldsymbol{O} \\ -\boldsymbol{E} & \boldsymbol{B} \end{vmatrix}.$$

由第1章1.2节例4可知 $D=|\boldsymbol{A}||\boldsymbol{B}|$，而在 D 中以 b_{1j} 乘第1列，b_{2j} 乘第2列，$\cdots$，b_{nj} 乘第 n 列，都加到第 $n+j$ 列上($j=1,2,\cdots,n$)，有

$$D=\begin{vmatrix} \boldsymbol{A} & \boldsymbol{C} \\ -\boldsymbol{E} & \boldsymbol{O} \end{vmatrix}.$$

其中，$\boldsymbol{C}=(c_{ij})$，$c_{ij}=\sum\limits_{k=1}^{n}b_{kj}a_{ik}$，故 $\boldsymbol{C}=\boldsymbol{AB}$.

再对 D 的行作 $r_j\leftrightarrow r_{n+j}(j=1,2,\cdots,n)$，有

$$D=(-1)^n\begin{vmatrix} -\boldsymbol{E} & \boldsymbol{O} \\ \boldsymbol{A} & \boldsymbol{C} \end{vmatrix}.$$

仍由第2章例4有

$$D=(-1)^n|-\boldsymbol{E}||\boldsymbol{C}|=(-1)^n(-1)^n|\boldsymbol{E}||\boldsymbol{C}|=|\boldsymbol{C}|=|\boldsymbol{AB}|.$$

故

$$|\boldsymbol{AB}|=|\boldsymbol{A}||\boldsymbol{B}|.$$

由性质(3)可知，对于同阶方阵 $\boldsymbol{A}$，$\boldsymbol{B}$，虽然一般 $\boldsymbol{AB}\neq\boldsymbol{BA}$，但

$$|\boldsymbol{AB}|=|\boldsymbol{A}||\boldsymbol{B}|=|\boldsymbol{B}||\boldsymbol{A}|=|\boldsymbol{BA}|.$$

例 18 设 $\boldsymbol{A}=\begin{pmatrix} 1 & 0 & 3 \\ -2 & 1 & 0 \\ 4 & 2 & -1 \end{pmatrix}$，$\boldsymbol{B}=\begin{pmatrix} -1 & 0 & 0 \\ 1 & 3 & 0 \\ -2 & 1 & 2 \end{pmatrix}$，求 $|\boldsymbol{AB}|$.

解 法一. $\boldsymbol{AB}=\begin{pmatrix} 1 & 0 & 3 \\ -2 & 1 & 0 \\ 4 & 2 & -1 \end{pmatrix}\begin{pmatrix} -1 & 0 & 0 \\ 1 & 3 & 0 \\ -2 & 1 & 2 \end{pmatrix}=\begin{pmatrix} -7 & 3 & 6 \\ 3 & 3 & 0 \\ 0 & 5 & -2 \end{pmatrix}$，

$$|\boldsymbol{AB}|=\begin{vmatrix} -7 & 3 & 6 \\ 3 & 3 & 0 \\ 0 & 5 & -2 \end{vmatrix}=150.$$

法二. $|A|=\begin{vmatrix}1&0&3\\-2&1&0\\4&2&-1\end{vmatrix}=-25$, $\quad |B|=\begin{vmatrix}-1&0&0\\1&3&0\\-2&1&2\end{vmatrix}=-6$,

因此
$$|AB|=|A||B|=(-25)(-6)=150.$$

例 19 设 $\boldsymbol{A}=\lambda_1\boldsymbol{E}_n,\boldsymbol{B}=\lambda_2\boldsymbol{E}_n$,其中 λ_1,λ_2 是常数,求 $|\boldsymbol{A}|+|\boldsymbol{B}|$ 及 $|\boldsymbol{A}+\boldsymbol{B}|$.

解 $|\boldsymbol{A}|+|\boldsymbol{B}|=|\lambda_1\boldsymbol{E}_n|+|\lambda_2\boldsymbol{E}_n|=\lambda_1^n+\lambda_2^n$;

$|\boldsymbol{A}+\boldsymbol{B}|=|\lambda_1\boldsymbol{E}_n+\lambda_2\boldsymbol{E}_n|=|(\lambda_1+\lambda_2)\boldsymbol{E}_n|=(\lambda_1+\lambda_2)^n$.

由例 19 易见,一般情况下,$|\boldsymbol{A}+\boldsymbol{B}|\neq|\boldsymbol{A}|+|\boldsymbol{B}|$.

例 20 $\boldsymbol{A}=\begin{pmatrix}1&1&1&0\\1&1&0&1\\1&0&1&1\\0&1&1&1\end{pmatrix}$,求 $|\boldsymbol{A}^5|$.

解 $|\boldsymbol{A}|=\begin{vmatrix}1&1&1&0\\1&1&0&1\\1&0&1&1\\0&1&1&1\end{vmatrix}=\begin{vmatrix}1&1&1&0\\0&0&-1&1\\0&-1&0&1\\0&1&1&1\end{vmatrix}=-\begin{vmatrix}1&1&1&0\\0&-1&0&1\\0&0&-1&1\\0&0&1&2\end{vmatrix}$

$=-\begin{vmatrix}1&1&1&0\\0&-1&0&1\\0&0&-1&1\\0&0&0&3\end{vmatrix}=-3$,

所以
$$|\boldsymbol{A}^5|=|\boldsymbol{A}|^5=(-3)^5=-243.$$

例 21 方阵 $\boldsymbol{A}$ 的行列式中各个元素的代数余子式 $\boldsymbol{A}_{ij}$ 所构成的如下矩阵

$$\boldsymbol{A}^*=\begin{pmatrix}\boldsymbol{A}_{11}&\boldsymbol{A}_{21}&\cdots&\boldsymbol{A}_{n1}\\\boldsymbol{A}_{12}&\boldsymbol{A}_{22}&\cdots&\boldsymbol{A}_{n2}\\\vdots&\vdots&&\vdots\\\boldsymbol{A}_{1n}&\boldsymbol{A}_{2n}&\cdots&\boldsymbol{A}_{nn}\end{pmatrix}$$

称为矩阵 A 的**伴随矩阵**,试证

$$\boldsymbol{A}\boldsymbol{A}^*=\boldsymbol{A}^*\boldsymbol{A}=|\boldsymbol{A}|\boldsymbol{E}.$$

证 设 $\boldsymbol{A}=(a_{ij})$,记 $\boldsymbol{A}\boldsymbol{A}^*=(b_{ij})$,则 $b_{ij}=\sum_{k=1}^{n}a_{ik}\boldsymbol{A}_{jk}=|\boldsymbol{A}|\delta_{ij}$,其中

$$\delta_{ij}=\begin{cases}1, & 当\ i=j\\0, & 当\ i\neq j\end{cases}.$$

故
$$\boldsymbol{A}\boldsymbol{A}^*=(|\boldsymbol{A}|\delta_{ij})=|\boldsymbol{A}|(\delta_{ij})=|\boldsymbol{A}|\boldsymbol{E}.$$

类似地,有

$$\boldsymbol{A}^*\boldsymbol{A}=(c_{ij})=\left(\sum_{k=1}^{n}\boldsymbol{A}_{ki}a_{kj}\right)=(|\boldsymbol{A}|\delta_{ij})=|\boldsymbol{A}|(\delta_{ij})=|\boldsymbol{A}|\boldsymbol{E}.$$

习 题 2.1

1. 设 $\boldsymbol{A}=\begin{pmatrix}1&5\\-2&1\end{pmatrix},\boldsymbol{B}=\begin{pmatrix}-2&4\\1&3\end{pmatrix},\boldsymbol{C}=\begin{pmatrix}3&-2\\1&3\end{pmatrix}$,求 $2\boldsymbol{A}-3\boldsymbol{B}+\boldsymbol{C}$.

2. 设 $\boldsymbol{A}_1=\begin{pmatrix}1\\2\\3\end{pmatrix}$, $\boldsymbol{A}_2=\begin{pmatrix}1\\-1\\3\end{pmatrix}$, 求 $\frac{1}{2}\boldsymbol{A}_1+\frac{1}{3}\boldsymbol{A}_2$.

3. 计算:

(1) $\begin{pmatrix}4&3&1\\1&-2&3\\-1&7&0\end{pmatrix}\begin{pmatrix}5\\2\\1\end{pmatrix}$;　(2) $\begin{pmatrix}2\\-1\\3\end{pmatrix}(1,-2)$;

(3) $(-3\ \ 2\ \ 1)\begin{pmatrix}2\\3\\-1\end{pmatrix}$;　(4) $\begin{pmatrix}2&1&4&0\\1&-1&3&4\end{pmatrix}\begin{pmatrix}1&3&1\\0&-1&2\\1&-3&1\\4&0&-2\end{pmatrix}$;

(5) $\begin{pmatrix}a_{11}&a_{12}&a_{13}\\a_{21}&a_{22}&a_{23}\\a_{31}&a_{32}&a_{33}\end{pmatrix}\begin{pmatrix}x_1\\x_2\\x_3\end{pmatrix}$;　(6) $(x_1\ \ x_2\ \ x_3)\begin{pmatrix}a_{11}&a_{12}&a_{13}\\a_{21}&a_{22}&a_{23}\\a_{31}&a_{32}&a_{33}\end{pmatrix}\begin{pmatrix}x_1\\x_2\\x_3\end{pmatrix}$;

(7) $\begin{pmatrix}\lambda_1&&\\&\lambda_2&\\&&\lambda_3\end{pmatrix}\begin{pmatrix}a_{11}&a_{12}\\a_{21}&a_{22}\\a_{31}&a_{32}\end{pmatrix}$;　(8) $\begin{pmatrix}a_{11}&a_{12}&a_{13}\\a_{21}&a_{22}&a_{23}\end{pmatrix}\begin{pmatrix}\lambda_1&&\\&\lambda_2&\\&&\lambda_3\end{pmatrix}$.

4. 设 $\boldsymbol{A}=\begin{pmatrix}1&0&0\\0&1&0\end{pmatrix}$, $\boldsymbol{B}=\begin{pmatrix}1&0\\0&1\\1&0\end{pmatrix}$, $\boldsymbol{C}=\begin{pmatrix}1&0\\0&1\\0&0\end{pmatrix}$, 求 $\boldsymbol{AB},\boldsymbol{BA},\boldsymbol{AC}$.

5. 设 $\boldsymbol{A}=\begin{pmatrix}1&1&1\\1&1&-1\\1&-1&1\end{pmatrix}$, $\boldsymbol{B}=\begin{pmatrix}1&2&3\\-1&-2&4\\0&5&1\end{pmatrix}$. 求:(1) $2\boldsymbol{AB}-3\boldsymbol{A}^2$;(2) $\boldsymbol{AB}^{\mathrm{T}}$;(3) $|-2\boldsymbol{A}|$.

6. 设 $\boldsymbol{A},\boldsymbol{B}$ 都是 n 阶方阵,证明:当且仅当 $\boldsymbol{AB}=\boldsymbol{BA}$ 时,$(\boldsymbol{A}\pm\boldsymbol{B})^2=\boldsymbol{A}^2\pm2\boldsymbol{AB}+\boldsymbol{B}^2$.

7. 计算(n 为正整数):

(1) $\begin{pmatrix}1&1\\0&1\end{pmatrix}^n$;　(2) $\begin{pmatrix}1&1&0\\0&1&1\\0&0&1\end{pmatrix}^n$;

(3) $\begin{pmatrix}a_1&0&0\\0&a_2&0\\0&0&a_3\end{pmatrix}^n$;　(4) $\begin{pmatrix}3&4\\4&-3\end{pmatrix}^n$.

8. 已知 $f(x)=x^2-5x+3$, $\boldsymbol{A}=\begin{pmatrix}2&-1\\-3&3\end{pmatrix}$, 求 $f(\boldsymbol{A})$.

9. 求下列矩阵的行列式(n 为正整数):

(1) $\begin{pmatrix}1&-3&-4\\0&2&-5\\0&0&3\end{pmatrix}\begin{pmatrix}1&0&0\\4&2&0\\6&8&3\end{pmatrix}$;　(2) $\begin{pmatrix}1&0&2&3\\1&1&6&8\\0&0&-1&0\\1&0&2&4\end{pmatrix}^4$;

(3) $-\begin{pmatrix}1&0&0&0\\0&1&0&0\\0&0&1&0\\0&0&0&1\end{pmatrix}$;　　(4) $\begin{pmatrix}-3&4&0&0\\4&3&0&0\\0&0&-1&1\\0&0&3&2\end{pmatrix}^{2n}$.

10. 试证：当且仅当 $\boldsymbol{AB}=\boldsymbol{BA}$ 时，$(\boldsymbol{AB})^{\mathrm{T}}=\boldsymbol{A}^{\mathrm{T}}\boldsymbol{B}^{\mathrm{T}}$.

11. 已知 $\boldsymbol{A}$ 是 n 阶对称阵，$\boldsymbol{B}$ 是 n 阶反对称阵，证明 $\boldsymbol{A}-\boldsymbol{B}^2$ 是对称阵.

12. 设 $\boldsymbol{A}$ 是 n 阶方阵，且满足 $\boldsymbol{AA}^{\mathrm{T}}=\boldsymbol{E}_n$，$|\boldsymbol{A}|=-1$，证明 $|\boldsymbol{A}+\boldsymbol{E}_n|=0$.

13. 设 $\boldsymbol{A}=(a_{ij})$ 是三阶非零矩阵，$\boldsymbol{A}_{ij}$ 为 a_{ij} 的代数余子式，若 $a_{ij}+\boldsymbol{A}_{ij}=0(i,j=1,2,3)$，求 $|\boldsymbol{A}|$.

14. 设 $\boldsymbol{A}$ 为三阶矩阵，$|\boldsymbol{A}|=3$，若交换 $\boldsymbol{A}$ 的第1行与第2行得矩阵 $\boldsymbol{B}$，求 $|\boldsymbol{BA}^*|$.

15. 设矩阵 $\boldsymbol{A}=\begin{pmatrix}2&1\\-1&2\end{pmatrix}$，矩阵 $\boldsymbol{B}$ 满足 $\boldsymbol{BA}=\boldsymbol{B}+2\boldsymbol{E}$，求 $|\boldsymbol{B}|$.

2.2 逆 矩 阵

在数的运算中，对于数 $a\neq0$，总存在唯一一个数 a^{-1}，使得

$$a\cdot a^{-1}=a^{-1}\cdot a=1.$$

a^{-1} 称为数 a 的**逆**.它在解方程中起着重要作用. 例如，解一元线性方程

$$ax=b.$$

当 $a\neq0$ 时，其解为

$$x=a^{-1}b.$$

对一个矩阵 $\boldsymbol{A}$，是否也存在类似的逆的概念？本节将讨论可逆矩阵的相关概念.

2.2.1 逆矩阵的定义及性质

定义10 设 $\boldsymbol{A}$ 为 n 阶方阵，若存在 n 阶方阵 $\boldsymbol{B}$，使得

$$\boldsymbol{AB}=\boldsymbol{BA}=\boldsymbol{E}_n,$$

则称矩阵 $\boldsymbol{A}$ 是**可逆矩阵**，而矩阵 $\boldsymbol{B}$ 称为 $\boldsymbol{A}$ 的**逆矩阵**，简称**逆阵**，记作 $\boldsymbol{B}=\boldsymbol{A}^{-1}$.

例如，设矩阵 $\boldsymbol{A}=\begin{pmatrix}2&0\\0&1\end{pmatrix}$，则存在 $\boldsymbol{B}=\begin{pmatrix}\frac{1}{2}&0\\0&1\end{pmatrix}$，使得

$$\begin{pmatrix}2&0\\0&1\end{pmatrix}\begin{pmatrix}\frac{1}{2}&0\\0&1\end{pmatrix}=\begin{pmatrix}\frac{1}{2}&0\\0&1\end{pmatrix}\begin{pmatrix}2&0\\0&1\end{pmatrix}=\begin{pmatrix}1&0\\0&1\end{pmatrix}=\boldsymbol{E}.$$

因此　　$\boldsymbol{A}^{-1}=\boldsymbol{B}.$

如果方阵 $\boldsymbol{A}$ 是可逆的，那么 $\boldsymbol{A}$ 的逆矩阵是唯一的. 事实上，若 $\boldsymbol{B}$、$\boldsymbol{C}$ 都是 $\boldsymbol{A}$ 的逆矩阵，则有

$$\boldsymbol{B}=\boldsymbol{BE}=\boldsymbol{B}(\boldsymbol{AC})=(\boldsymbol{BA})\boldsymbol{C}=\boldsymbol{EC}=\boldsymbol{C}.$$

由定义可直接验证可逆矩阵具有下列运算性质：

(1)若 $\boldsymbol{A}$ 可逆，则 $\boldsymbol{A}^{-1}$ 也可逆，且 $(\boldsymbol{A}^{-1})^{-1}=\boldsymbol{A}$；

(2)若$\boldsymbol{A}$可逆,则$\boldsymbol{A}^{\mathrm{T}}$也可逆,且$(\boldsymbol{A}^{\mathrm{T}})^{-1}=(\boldsymbol{A}^{-1})^{\mathrm{T}}$;

(3)若$\boldsymbol{A}$可逆,且数$k\neq0$,则$k\boldsymbol{A}$可逆,且$(k\boldsymbol{A})^{-1}=\frac{1}{k}\boldsymbol{A}^{-1}$;

(4)若$\boldsymbol{A}$、$\boldsymbol{B}$是同阶可逆矩阵,则$\boldsymbol{AB}$也可逆,且$(\boldsymbol{AB})^{-1}=\boldsymbol{B}^{-1}\boldsymbol{A}^{-1}$;

(5)若矩阵$\boldsymbol{A}$可逆, 则$|\boldsymbol{A}^{-1}|=|\boldsymbol{A}|^{-1}$.

其中,性质(4)可以推广到有限个同阶可逆矩阵的情形,例如$\boldsymbol{A}_1,\boldsymbol{A}_2,\cdots,\boldsymbol{A}_k$为同阶可逆矩阵,则$\boldsymbol{A}_1\boldsymbol{A}_2\cdots\boldsymbol{A}_k$可逆,且$(\boldsymbol{A}_1\boldsymbol{A}_2\cdots\boldsymbol{A}_k)^{-1}=\boldsymbol{A}_k^{-1}\boldsymbol{A}_{k-1}^{-1}\cdots\boldsymbol{A}_2^{-1}\boldsymbol{A}_1^{-1}$.

例1 设矩阵$\boldsymbol{A}=\begin{pmatrix}a_1&0&\cdots&0\\0&a_2&\cdots&0\\\vdots&\vdots&&\vdots\\0&0&\cdots&a_n\end{pmatrix}$, 其中$a_1a_2\cdots a_n\neq0$. 验证

$$\boldsymbol{A}^{\ 1}=\begin{pmatrix}\frac{1}{a_1}&0&\cdots&0\\0&\frac{1}{a_2}&\cdots&0\\\vdots&\vdots&&\vdots\\0&0&\cdots&\frac{1}{a_n}\end{pmatrix}.$$

证 因为
$$\begin{pmatrix}a_1&0&\cdots&0\\0&a_2&\cdots&0\\\vdots&\vdots&&\vdots\\0&0&\cdots&a_n\end{pmatrix}\begin{pmatrix}\frac{1}{a_1}&0&\cdots&0\\0&\frac{1}{a_2}&\cdots&0\\\vdots&\vdots&&\vdots\\0&0&\cdots&\frac{1}{a_n}\end{pmatrix}$$
$$=\begin{pmatrix}1&0&\cdots&0\\0&1&\cdots&0\\\vdots&\vdots&&\vdots\\0&0&\cdots&1\end{pmatrix}=\begin{pmatrix}\frac{1}{a_1}&0&\cdots&0\\0&\frac{1}{a_2}&\cdots&0\\\vdots&\vdots&&\vdots\\0&0&\cdots&\frac{1}{a_n}\end{pmatrix}\begin{pmatrix}a_1&0&\cdots&0\\0&a_2&\cdots&0\\\vdots&\vdots&&\vdots\\0&0&\cdots&a_n\end{pmatrix},$$

所以
$$\boldsymbol{A}^{-1}=\begin{pmatrix}\frac{1}{a_1}&0&\cdots&0\\0&\frac{1}{a_2}&\cdots&0\\\vdots&\vdots&&\vdots\\0&0&\cdots&\frac{1}{a_n}\end{pmatrix}.$$

即对角阵$\boldsymbol{A}=\mathrm{diag}(a_1,a_2,\cdots,a_n)(a_1a_2\cdots a_n\neq0)$的逆矩阵为对角阵

$$A^{-1}=\mathrm{diag}\left(\frac{1}{a_1},\frac{1}{a_2},\cdots,\frac{1}{a_n}\right).$$

可逆矩阵是一类重要的方阵,在使用记号 A^{-1} 之前,必须首先确定 A 是可逆矩阵.

2.2.2 方阵 A 可逆的充要条件

定义 11 如果 n 阶方阵 A 的行列式 $|A|\neq 0$,则称 A 为**非奇异矩阵**(**非退化矩阵**),否则称为**奇异矩阵**(**退化矩阵**).

定理 1 n 阶方阵 A 可逆的充要条件是 $|A|\neq 0$,且当 $|A|\neq 0$ 时,$A^{-1}=\frac{1}{|A|}A^*$,其中 A^* 为矩阵 A 的伴随矩阵.

证 必要性. 设 A 可逆,即存在 A^{-1},使得 $AA^{-1}=E$,由行列式乘法公式得 $|A||A^{-1}|=|E|=1$,所以 $|A|\neq 0$.

充分性. 设 $|A|\neq 0$,则由 $AA^*=A^*A=|A|E$,得

$$A\left(\frac{1}{|A|}A^*\right)=\left(\frac{1}{|A|}A^*\right)A=E.$$

由逆矩阵的定义及唯一性可知 A 可逆,且 $A^{-1}=\frac{1}{|A|}A^*$.

由定理 1 可得以下结论:

(1) n 阶方阵 A 不可逆的充要条件是 $|A|=0$;

(2) 设 $A=\begin{pmatrix} a & b \\ c & d \end{pmatrix}$,当 $|A|\neq 0$ 时,A 可逆,且

$$A^{-1}=\frac{1}{|A|}A^*=\frac{1}{ad-bc}\begin{pmatrix} d & -b \\ -c & a \end{pmatrix};$$

(3) 若 n 阶方阵满足 $AB=O$,且 $|A|\neq 0$,则 $B=O$;

(4) 若 n 阶方阵满足 $AB=AC$,且 $|A|\neq 0$,则 $B=C$.

例 2 求矩阵 $A=\begin{pmatrix} 1 & 2 & 3 \\ 2 & 2 & 1 \\ 3 & 4 & 3 \end{pmatrix}$ 的逆矩阵.

解 因 $|A|=2\neq 0$,故 A^{-1} 存在. 由

$$A_{11}=2,\quad A_{12}=-3,\quad A_{13}=2,$$
$$A_{21}=6,\quad A_{22}=-6,\quad A_{23}=2,$$
$$A_{31}=-4,\quad A_{32}=5,\quad A_{33}=-2.$$

得

$$A^*=\begin{pmatrix} 2 & 6 & -4 \\ -3 & -6 & 5 \\ 2 & 2 & -2 \end{pmatrix}.$$

所以

$$A^{-1}=\frac{1}{|A|}A^*=\begin{pmatrix} 1 & 3 & -2 \\ -\frac{3}{2} & -3 & \frac{5}{2} \\ 1 & 1 & -1 \end{pmatrix}.$$

例 3 设矩阵 $\boldsymbol{A}$ 为三阶方阵，$|\boldsymbol{A}|=\frac{1}{2}$，求 $|(2\boldsymbol{A})^{-1}-5\boldsymbol{A}^*|$.

解 等式 $\boldsymbol{AA}^*=\boldsymbol{A}^*\boldsymbol{A}=|\boldsymbol{A}|\boldsymbol{E}$ 两边同时取行列式得

$$|\boldsymbol{A}||\boldsymbol{A}^*|=|\boldsymbol{AA}^*|=||\boldsymbol{A}|\boldsymbol{E}|=|\boldsymbol{A}|^3|\boldsymbol{E}|=|\boldsymbol{A}|^3,$$

即 $|\boldsymbol{A}^*|=|\boldsymbol{A}|^2$. 则

$$|(2\boldsymbol{A})^{-1}-5\boldsymbol{A}^*|=\left|\frac{\boldsymbol{A}^{-1}}{2}-5\boldsymbol{A}^*\right|=|\boldsymbol{A}^*-5\boldsymbol{A}^*|=|-4\boldsymbol{A}^*|$$
$$=(-4)^3|\boldsymbol{A}^*|=(-4)^3\ |\boldsymbol{A}|^2=-16.$$

例 4 设三阶矩阵 $\boldsymbol{A}$，$\boldsymbol{B}$ 满足关系 $\boldsymbol{A}^{-1}\boldsymbol{BA}=6\boldsymbol{A}+\boldsymbol{BA}$，且 $\boldsymbol{A}=\begin{pmatrix}\frac{1}{2}&0&0\\0&\frac{1}{3}&0\\0&0&\frac{1}{4}\end{pmatrix}$，求 $\boldsymbol{B}$.

解 由 $\boldsymbol{A}^{-1}\boldsymbol{BA}-\boldsymbol{BA}=6\boldsymbol{A}$，得 $(\boldsymbol{A}^{-1}-\boldsymbol{E})\boldsymbol{BA}=6\boldsymbol{A}$，因对角阵 $\boldsymbol{A}$ 可逆，故$(\boldsymbol{A}^{-1}-\boldsymbol{E})\boldsymbol{B}=6\boldsymbol{E}$，所以

$$\boldsymbol{B}=6(\boldsymbol{A}^{-1}-\boldsymbol{E})^{-1}=6\left[\begin{pmatrix}2&0&0\\0&3&0\\0&0&4\end{pmatrix}-\begin{pmatrix}1&0&0\\0&1&0\\0&0&1\end{pmatrix}\right]^{1}$$
$$=6\begin{pmatrix}1&0&0\\0&2&0\\0&0&3\end{pmatrix}^{-1}=6\begin{pmatrix}1&0&0\\0&\frac{1}{2}&0\\0&0&\frac{1}{3}\end{pmatrix}=\begin{pmatrix}6&0&0\\0&3&0\\0&0&2\end{pmatrix}.$$

推论 设 $\boldsymbol{A}$ 为 n 阶方阵，若存在 n 阶方阵 $\boldsymbol{B}$，使得 $\boldsymbol{AB}=\boldsymbol{E}$(或 $\boldsymbol{BA}=\boldsymbol{E}$)，则 $\boldsymbol{A}$ 可逆，且 $\boldsymbol{A}^{-1}=\boldsymbol{B}$.

证 $|\boldsymbol{A}||\boldsymbol{B}|=|\boldsymbol{E}|=1$，故 $|\boldsymbol{A}|\neq 0$，因而 $\boldsymbol{A}^{-1}$ 存在，于是

$$\boldsymbol{B}=\boldsymbol{EB}=(\boldsymbol{A}^{-1}\boldsymbol{A})\boldsymbol{B}=\boldsymbol{A}^{-1}(\boldsymbol{AB})=\boldsymbol{A}^{-1}\boldsymbol{E}=\boldsymbol{A}^{-1}.$$

此推论使检验逆矩阵的步骤减少一半，即仅由 $\boldsymbol{AB}=\boldsymbol{E}$ 或 $\boldsymbol{BA}=\boldsymbol{E}$，就可确定 $\boldsymbol{B}$ 是 $\boldsymbol{A}$ 的逆矩阵.

当 $\boldsymbol{A}$ 可逆时，定义

$$\boldsymbol{A}^0=\boldsymbol{E},\boldsymbol{A}^{-k}=(\boldsymbol{A}^{-1})^k,\quad \text{其中 } k \text{ 为正整数}.$$

因此，当 $|\boldsymbol{A}|\neq 0$，k，l 为整数(不仅仅是正整数)时，有

$$\boldsymbol{A}^k\boldsymbol{A}^l=\boldsymbol{A}^{k+l},\quad (\boldsymbol{A}^k)^l=\boldsymbol{A}^{kl}.$$

例 5 设 n 阶方阵 $\boldsymbol{A}$ 满足 $\boldsymbol{A}^2-\boldsymbol{A}-2\boldsymbol{E}_n=\boldsymbol{O}$，证明 $\boldsymbol{A}$，$\boldsymbol{A}-\boldsymbol{E}_n$ 可逆，并求它们的逆矩阵.

解 由 $\boldsymbol{A}^2-\boldsymbol{A}-2\boldsymbol{E}_n=\boldsymbol{O}$，得 $\boldsymbol{A}(\boldsymbol{A}-\boldsymbol{E}_n)=2\boldsymbol{E}_n$，即

$$\boldsymbol{A}\left[\frac{1}{2}(\boldsymbol{A}-\boldsymbol{E}_n)\right]=\boldsymbol{E}_n,\quad \left(\frac{1}{2}\boldsymbol{A}\right)(\boldsymbol{A}-\boldsymbol{E}_n)=\boldsymbol{E}_n,$$

由定理 1 的推论知 $\boldsymbol{A}$，$\boldsymbol{A}-\boldsymbol{E}_n$ 均可逆，且

$$\boldsymbol{A}^{-1}=\frac{1}{2}(\boldsymbol{A}-\boldsymbol{E}_n),\quad (\boldsymbol{A}-\boldsymbol{E}_n)^{-1}=\frac{1}{2}\boldsymbol{A}.$$

凡是需要通过方阵等式求出逆矩阵的这种问题，经常用的是**凑逆矩阵法**：对于需要求逆矩阵的方阵 $\boldsymbol{A}$，借助于 $\boldsymbol{A}$ 所满足的方阵等式，凑出一个矩阵 $\boldsymbol{X}$ 使得

$$\boldsymbol{AX}=\boldsymbol{E}_n\quad \text{或}\quad \boldsymbol{XA}=\boldsymbol{E}_n.$$

例6 设 A,B,C 均为 n 阶矩阵,且满足 $ABC=E$. 则下式中哪些必定成立,说明理由.

(1) $ACB=E$; (2) $BCA=E$; (3) $BAC=E$;

(4) $CAB=E$; (5) $CBA=E$.

解 由 $ABC=E$,有 $(AB)C=E$,根据可逆矩阵的判定定理知,AB 与 C 互为逆矩阵,则有 $(AB)C=C(AB)=CAB=E$;

同理,可推出 $A(BC)=(BC)A=BCA=E$. 因此(2)与(4)必定成立.

习 题 2.2

1. 求下列矩阵的逆矩阵:

(1) $\begin{pmatrix} \cos\theta & -\sin\theta \\ \sin\theta & \cos\theta \end{pmatrix}$; (2) $\begin{pmatrix} 1 & 2 & 3 \\ 2 & 1 & 2 \\ 1 & 3 & 4 \end{pmatrix}$;

(3) $\begin{pmatrix} 2 & -1 & 0 \\ -1 & 2 & -1 \\ 0 & -1 & 2 \end{pmatrix}$; (4) $\begin{pmatrix} 1 & 0 & 2 & 3 \\ 0 & 1 & 4 & 5 \\ 0 & 0 & 1 & 0 \\ 0 & 0 & 0 & 1 \end{pmatrix}$.

2. 设 n 阶矩阵 A 的伴随矩阵为 A^*,证明 $|A^*|=|A|^{n-1}$.

3. 设 P 为 n 阶可逆矩阵,m 为一正整数,如果 $B=P^{-1}AP$,证明 $B^m=P^{-1}A^mP$.

4. 设 A 为三阶矩阵,且 $|A|=3$,计算 $|-3A^{-1}|$,$\left|\left(\frac{1}{3}A^{\mathrm{T}}\right)^{-1}\right|$,$|A^*|$,$|(2A)^*|$,$|(3A^*)^{-1}|$,$|5A^{-1}-2A^*|$.

5. 设 $A=\begin{pmatrix} 0 & 0 & 0 \\ 0 & 2 & 0 \\ 0 & 0 & 2 \end{pmatrix}$,满足 $AB=A+B$,求 B.

6. 设 $A^k=O$(k 为正整数),证明:

$$(E-A)^{-1}=E+A+A^2+\cdots+A^{k-1}.$$

7. 设方阵 A 满足 $A^2+2A-E=O$,证明 $A+3E$ 可逆,并求 $(A+3E)^{-1}$.

8. 设 n 阶矩阵 A 满足 $A^2=E_n$,$|A+E_n|\neq 0$,证明 $A=E_n$.

9. 设 A,B 为三阶矩阵,且 $|A|=3$,$|B|=2$,$|A^{-1}+B|=2$,求 $|A+B^{-1}|$.

2.3 矩阵的初等变换与初等矩阵

2.3.1 矩阵的初等变换

矩阵的初等变换是处理有关问题的一种重要方法,它在解线性方程组、求逆矩阵以及矩阵理论的研究中都起着重要作用.

引例 求解线性方程组

$$\begin{cases} 2x_1+x_2-x_3=2 & (1) \\ x_1+x_2+x_3=4 & (2) \\ 4x_1-2x_2-6x_3=4 & (3) \end{cases}. \qquad (2.3.1)$$

解 原式 $\xrightarrow[(3)\times\frac{1}{2}]{(1)\leftrightarrow(2)}\begin{cases}x_1+x_2+x_3=4 & (1')\\ 2x_1+x_2-x_3=2 & (2')\\ 2x_1-x_2-3x_3=2 & (3')\end{cases}$

$$\xrightarrow[(3')-2\times(1')]{(2')-2\times(1')}\begin{cases}x_1+x_2+x_3=4 & (1'')\\ -x_2-3x_3=-6 & (2'')\\ -3x_2-5x_3=-6 & (3'')\end{cases}$$

$$\xrightarrow[-1\times(2'')]{(3'')-3\times(2'')}\begin{cases}x_1+x_2+x_3=4 & (1''')\\ x_2+3x_3=6 & (2''')\\ 4x_3=12 & (3''')\end{cases}$$

$$\xrightarrow[(2''')-\frac{3}{4}\times(3''')]{\frac{1}{4}\times(3''')}\begin{cases}x_1+x_2+x_3=4 & (1'''')\\ x_2=-3 & (2'''')\\ x_3=3 & (3'''')\end{cases}$$

$$\xrightarrow[(1'''')-(3'''')]{(1'''')-(2'''')}\begin{cases}x_1=4\\ x_2=-3\\ x_3=3\end{cases}. \tag{2.3.2}$$

于是,可得方程组的解 $x_1=4, x_2=-3, x_3=3$.

在解线性方程组(2.3.1)的过程中,用到了三种变换:(1)交换两个方程的位置;(2)用不等于零的数同乘某一个方程左右两端;(3)一个方程加上另一个方程的倍数.

由于对线性方程组的这三种变换都是可逆的,因此变换后的方程组与变换前的方程组是同解的,这三种变换都是方程组的同解变换. 进一步分析,在实施上述变换过程中,未知量并未参与运算,仅仅是对方程组的系数及常数进行了运算,因此,若记

$$\tilde{\boldsymbol{A}}=(\boldsymbol{A},\boldsymbol{b})=\begin{pmatrix}2 & 1 & -1 & 2\\ 1 & 1 & 1 & 4\\ 4 & -2 & -6 & 4\end{pmatrix},$$

则对方程组(2.3.1)实施上述变换,用矩阵表示就是

$$\tilde{\boldsymbol{A}}=(\boldsymbol{A},\boldsymbol{b})=\begin{pmatrix}2 & 1 & -1 & 2\\ 1 & 1 & 1 & 4\\ 4 & -2 & -6 & 4\end{pmatrix}\xrightarrow[\frac{1}{2}\times r_3]{r_1\leftrightarrow r_2}\begin{pmatrix}1 & 1 & 1 & 4\\ 2 & 1 & -1 & 2\\ 2 & -1 & -3 & 2\end{pmatrix}$$

$$\xrightarrow[r_3-2r_1]{r_2-2r_1}\begin{pmatrix}1 & 1 & 1 & 4\\ 0 & -1 & -3 & -6\\ 0 & -3 & -5 & -6\end{pmatrix}\xrightarrow[-1\times r_2]{r_3-3r_2}\begin{pmatrix}1 & 1 & 1 & 4\\ 0 & 1 & 3 & 6\\ 0 & 0 & 4 & 12\end{pmatrix}$$

$$=\tilde{\boldsymbol{A}}'\xrightarrow[\substack{r_1-r_3\\ r_1-r_2}]{\substack{\frac{1}{4}\times r_3\\ r_2-3r_3}}\begin{pmatrix}1 & 0 & 0 & 4\\ 0 & 1 & 0 & -3\\ 0 & 0 & 1 & 3\end{pmatrix}=\tilde{\boldsymbol{A}}''.$$

就是说,上述对方程组(2.3.1)的变换可化为对相应矩阵 $\tilde{A}$ 的变换,对应于方程组的三种同解变换,可得矩阵的三种初等变换的概念.

定义 12 下面三种变换称为矩阵的**初等行变换**:

(1)对调两行(对调 i,j 两行,记作 $r_i \leftrightarrow r_j$);

(2)以数 $k \neq 0$ 乘以某一行中的所有元素(第 i 行乘 k,记作 kr_i 或 $r_i \times k$);

(3)把某一行所有元素的 k 倍分别加到另一行对应位置的元素上去(第 j 行的 k 倍加到第 i 行上去,记作 $r_i + kr_j$).

把定义中的"行"换成"列",即得矩阵的**初等列变换**的定义(所用记号是把"r"换成"c").

矩阵的初等行变换和初等列变换统称**初等变换**,显然三种初等变换都是可逆的,且其逆变换是同一类的初等变换:变换 $r_i \leftrightarrow r_j$ 的逆变换就是其本身;变换 $r_i \times k$ 的逆变换为 $r_i \times \left(\dfrac{1}{k}\right)$;变换 $r_i + kr_j$ 的逆变换为 $r_i + (-k) r_j$(或记作 $r_i - kr_j$).

由线性方程组(2.3.1)与(2.3.2)同解(且方程个数相同),可知它们对应的系数矩阵 $(\tilde{A})$ 与 $(\tilde{A}'')$ 之间有一类特殊关系.

定义 13 如果矩阵 $\boldsymbol{A}$ 经有限次初等变换变成矩阵 $\boldsymbol{B}$,则称矩阵 $\boldsymbol{A}$ 与 $\boldsymbol{B}$ **等价**,记作 $\boldsymbol{A} \sim \boldsymbol{B}$.

矩阵之间的等价关系具有下列性质:

(1)反身性:$\boldsymbol{A} \sim \boldsymbol{A}$;

(2)对称性:若 $\boldsymbol{A} \sim \boldsymbol{B}$,则 $\boldsymbol{B} \sim \boldsymbol{A}$;

(3)传递性:若 $\boldsymbol{A} \sim \boldsymbol{B}$,$\boldsymbol{B} \sim \boldsymbol{C}$,则 $\boldsymbol{A} \sim \boldsymbol{C}$.

从引例可知,解线性方程组(2.3.1)的过程就是对相应的增广矩阵实施初等行变换,使之化为最简方程(2.3.2)所对应的增广矩阵的过程.在此过程中,增广矩阵的两个重要等价形式分别揭示了线性方程组(2.3.1)的解的情况(是否有解,是否唯一解)与具体解的确定.分别称之为行阶梯形矩阵与行最简形矩阵.

定义 14 如果矩阵 $\boldsymbol{A}$ 的零行全部位于非零行的下方,且各个非零行的左起第一个非零元素的列序数由上而下严格递增,则称矩阵 $\boldsymbol{A}$ 为**行阶梯形矩阵**.

例如

$$\boldsymbol{A} = \begin{pmatrix} 1 & 5 & 4 & 0 & 1 \\ 0 & 0 & 3 & 1 & 4 \\ 0 & 0 & 0 & 0 & 2 \end{pmatrix}, \quad \boldsymbol{B} = \begin{pmatrix} 5 & 1 & 3 & 1 & 2 & 3 \\ 0 & 1 & 0 & 2 & 5 & 4 \\ 0 & 0 & 0 & 0 & 2 & 7 \\ 0 & 0 & 0 & 0 & 0 & 0 \end{pmatrix}$$

都是行阶梯形矩阵.零矩阵可视为特殊的行阶梯形矩阵.

行阶梯形矩阵的特点是:可画出一条阶梯线,线的下方全为零,每个台阶只有一行,台阶数即是非零行的行数,阶梯线的竖线(每段竖线的长度仅为一行)后面的第一个元素为非零元素,也就是非零行的第一个非零元.

定义 15 行阶梯形矩阵 $\boldsymbol{A}$ 中,非零行的左起第一个非零元素都是 1,并且这些非零元素 1 所在的列的其他元素都为零,则称 $\boldsymbol{A}$ 为**行最简形矩阵**.

例 1 利用矩阵的初等行变换,将 $\boldsymbol{A} = \begin{pmatrix} 2 & -1 & -1 & 1 & 2 \\ 1 & 1 & -2 & 1 & 4 \\ 4 & -6 & 2 & -2 & 4 \\ 3 & 6 & -9 & 7 & 9 \end{pmatrix}$ 化成行阶梯形矩阵与行最简形矩阵.

解 $A=\begin{pmatrix}2&-1&-1&1&2\\1&1&-2&1&4\\4&-6&2&-2&4\\3&6&-9&7&9\end{pmatrix}\xrightarrow[r_3\times\frac{1}{2}]{r_1\leftrightarrow r_2}\begin{pmatrix}1&1&-2&1&4\\2&-1&-1&1&2\\2&-3&1&-1&2\\3&6&-9&7&9\end{pmatrix}$

$$\xrightarrow[r_4-3r_1]{\substack{r_2-r_3\\r_3-2r_1}}\begin{pmatrix}1&1&-2&1&4\\0&2&-2&2&0\\0&-5&5&-3&-6\\0&3&-3&4&-3\end{pmatrix}\xrightarrow[r_4-3r_2]{\substack{r_2\times\frac{1}{2}\\r_3+5r_2}}\begin{pmatrix}1&1&-2&1&4\\0&1&-1&1&0\\0&0&0&2&-6\\0&0&0&1&-3\end{pmatrix}$$

$$\xrightarrow[r_4-2r_3]{r_3\leftrightarrow r_4}\begin{pmatrix}1&1&-2&1&4\\0&1&-1&1&0\\0&0&0&1&-3\\0&0&0&0&0\end{pmatrix}=B,$$

B 为行阶梯形矩阵,继续对 B 施行初等行变换得

$$B\xrightarrow{r_1-r_2}\begin{pmatrix}1&0&-1&0&4\\0&1&-1&1&0\\0&0&0&1&-3\\0&0&0&0&0\end{pmatrix}\xrightarrow{r_2-r_3}\begin{pmatrix}1&0&-1&0&4\\0&1&-1&0&3\\0&0&0&1&-3\\0&0&0&0&0\end{pmatrix}=C.$$

C 为行最简形矩阵.

如果对行最简形矩阵再施行初等列变换,可将矩阵化为一种形状更简单的矩阵. 例如

$$C=\begin{pmatrix}1&0&-1&0&4\\0&1&-1&0&3\\0&0&0&1&-3\\0&0&0&0&0\end{pmatrix}\xrightarrow[c_3\leftrightarrow c_4]{}\begin{pmatrix}1&0&0&-1&4\\0&1&0&-1&3\\0&0&1&0&-3\\0&0&0&0&0\end{pmatrix}\xrightarrow[\substack{c_4+c_2\\c_5-3c_2\\c_5+3c_3}]{\substack{c_4+c_1\\c_5-4c_1}}\begin{pmatrix}1&0&0&0&0\\0&1&0&0&0\\0&0&1&0&0\\0&0&0&0&0\end{pmatrix}=F.$$

矩阵 F 称为矩阵 A 的**标准形**,其特点是:F 的左上角是一个单位阵,其余元素全为零.

设 F 的左上角单位阵为 E_r,则此标准形由 m,n,r 三个数完全确定,其中 r 也就是行阶梯形矩阵中非零行的行数,所有与 A 等价的矩阵组成一个集合,称为一个**等价类**,标准形 F 是这个等价类中形状最简单的矩阵.

用归纳法不难证明,任何一个矩阵 $A_{m\times n}$,总可经过有限次初等行变换化为行阶梯形矩阵和行最简形矩阵;总可经过有限次初等变换(行变换或列变换)化为标准形.

2.3.2 初等矩阵

引例 设矩阵 $P_1=\begin{pmatrix}0&1&0\\1&0&0\\0&0&1\end{pmatrix}$, $P_2=\begin{pmatrix}1&0&0\\0&3&0\\0&0&1\end{pmatrix}$, $P_3=\begin{pmatrix}1&0&0\\0&1&0\\-2&0&1\end{pmatrix}$,

$$A=\begin{pmatrix}1&3&5\\4&1&1\\-1&-2&4\end{pmatrix}.$$

则 $$P_1A=\begin{pmatrix}0&1&0\\1&0&0\\0&0&1\end{pmatrix}\begin{pmatrix}1&3&5\\4&1&1\\-1&-2&4\end{pmatrix}=\begin{pmatrix}4&1&1\\1&3&5\\-1&-2&4\end{pmatrix};$$

$$P_2A=\begin{pmatrix}1&0&0\\0&3&0\\0&0&1\end{pmatrix}\begin{pmatrix}1&3&5\\4&1&1\\-1&-2&4\end{pmatrix}=\begin{pmatrix}1&3&5\\12&3&3\\-1&-2&4\end{pmatrix};$$

$$P_3A=\begin{pmatrix}1&0&0\\0&1&0\\-2&0&1\end{pmatrix}\begin{pmatrix}1&3&5\\4&1&1\\-1&-2&4\end{pmatrix}=\begin{pmatrix}1&3&5\\4&1&1\\-3&-8&-6\end{pmatrix}.$$

易见,$\boldsymbol{P}_1\boldsymbol{A},\boldsymbol{P}_2\boldsymbol{A},\boldsymbol{P}_3\boldsymbol{A}$ 分别是对矩阵 $\boldsymbol{A}$ 施以三种行初等变换的结果．而如果计算 $\boldsymbol{AP}_1$,$\boldsymbol{AP}_2$,$\boldsymbol{AP}_3$,则可得到对矩阵 $\boldsymbol{A}$ 施以三种列初等变换的结果．也就是说,矩阵的初等变换可以借助 $\boldsymbol{P}_1,\boldsymbol{P}_2,\boldsymbol{P}_3$ 这样的特殊矩阵作为载体来表示．

定义 16　由单位矩阵 $\boldsymbol{E}$ 经过一次初等变换得到的矩阵称为**初等矩阵**．

对应于矩阵的三种初等变换有下列三类初等矩阵:

1. 把 m 阶单位阵中第 i,j 两行(列)对调

把 m 阶单位阵中第 i,j 两行(列)对调,得到初等矩阵

$$\boldsymbol{E}_m(i,j)=\begin{pmatrix}1&&&&&&&&\\&\ddots&&&&&&&\\&&1&&&&&&\\&&&0&\cdots&1&&&\\&&&&1&&&&\\&&&\vdots&\ddots&\vdots&&&\\&&&&&1&&&\\&&&1&\cdots&0&&&\\&&&&&&1&&\\&&&&&&&\ddots&\\&&&&&&&&1\end{pmatrix}\begin{matrix}\\\\\\\leftarrow\text{第}\,i\,\text{行}\\\\\\\\\leftarrow\text{第}\,j\,\text{行}\\\\\\\\\end{matrix};$$

用 m 阶初等矩阵 $\boldsymbol{E}_m(i,j)$ 左乘矩阵 $\boldsymbol{A}=(a_{ij})_{m\times n}$ 得

$$\boldsymbol{E}_m(i,j)\boldsymbol{A}=\begin{pmatrix}a_{11}&a_{12}&\cdots&a_{1n}\\\vdots&\vdots&&\vdots\\a_{j1}&a_{j2}&\cdots&a_{jn}\\\vdots&\vdots&&\\a_{i1}&a_{i2}&\cdots&a_{in}\\\vdots&\vdots&&\vdots\\a_{m1}&a_{m2}&\cdots&a_{mn}\end{pmatrix}\begin{matrix}\\\\\leftarrow\text{第}\,i\,\text{行}\\\\\leftarrow\text{第}\,j\,\text{行}\\\\\\\end{matrix};$$

其结果相当于对矩阵 $\boldsymbol{A}$ 施行第一种初等行变换:把 $\boldsymbol{A}$ 的第 i 行与第 j 行对调($r_i\leftrightarrow r_j$);类似地,以 n 阶初等矩阵 $\boldsymbol{E}_n(i,j)$ 右乘矩阵 $\boldsymbol{A}$,其结果相当于对矩阵 $\boldsymbol{A}$ 施行第一种初等列变换:把 $\boldsymbol{A}$ 的第 i 列与第 j 列对调($c_i\leftrightarrow c_j$),即

$$\boldsymbol{E}_m(i,j)\boldsymbol{A}=\boldsymbol{B}\Leftrightarrow\boldsymbol{A}\xrightarrow{r_i\leftrightarrow r_j}\boldsymbol{B},$$

$$\boldsymbol{AE}_n(i,j)=\boldsymbol{B}\Leftrightarrow\boldsymbol{A}\xrightarrow{c_i\leftrightarrow c_j}\boldsymbol{B}.$$

例如,在引例中,矩阵 $\boldsymbol{A}$ 的第1,2行互换,就相当于在 $\boldsymbol{A}$ 的左边乘以初等方阵 $\boldsymbol{P}_1$.

2. 以数 $k\neq0$ 乘单位阵的某行(列)

以数 $k\neq0$ 乘单位阵的某行(列),得到初等矩阵

$$E(i(k))=\begin{pmatrix}1&&&&&&\\&\ddots&&&&&\\&&1&&&&\\&&&k&&&\\&&&&1&&\\&&&&&\ddots&\\&&&&&&1\end{pmatrix}\begin{matrix}\\\\\\\leftarrow\text{第 } i \text{ 行};\\\\\\\\\end{matrix}$$

用 $E_m(i(k))$ 左乘矩阵 $A=(a_{ij})_{m\times n}$，其结果相当于用数 k 乘 A 的第 i 行 $(k\times r_i)$，用 $E_n(i(k))$ 右乘矩阵 A，其结果相当于用数 k 乘 A 的第 i 列 $(k\times c_i)$，即

$$E_m(i(k))A=B\Leftrightarrow A\xrightarrow{r_i\times k}B$$

$$AE_n(i(k))=B\Leftrightarrow A\xrightarrow{c_i\times k}B$$

例如，在引例中，矩阵 A 的第 2 行乘以 3，就相当于在 A 的左边乘以初等方阵 P_2.

3. 用数 k 乘单位阵的某一行(列)加到另一行(列)

用数 k 乘单位阵的某一行(列)加到另一行(列)，得到初等矩阵

$$E(i,j(k))=\begin{pmatrix}1&&&&&&\\&\ddots&&&&&\\&&1&\cdots&k&&\\&&&\ddots&\vdots&&\\&&&&1&&\\&&&&&\ddots&\\&&&&&&1\end{pmatrix}\begin{matrix}\\\\\leftarrow\text{第 } i \text{ 行}\\\\\leftarrow\text{第 } j \text{ 行}\\\\\\\end{matrix};$$

用 $E_m(i,j(k))$ 左乘矩阵 $A=(a_{ij})_{m\times n}$，其结果相当于把 A 的第 j 行乘 k 加到第 i 行上 (r_i+kr_j)，用 $E_n(i,j(k))$ 右乘矩阵 A，其结果相当于把 A 的第 i 列乘 k 加到第 j 列上 (c_j+kc_i)，即

$$E_m(i,j(k))A=B\Leftrightarrow A\xrightarrow{r_i+kr_j}B,$$

$$AE_n(i,j(k))=B\Leftrightarrow A\xrightarrow{c_j+kc_i}B.$$

例如，在引例中，矩阵 A 的第 1 行乘以(−2)加到第三行，就相当于在 A 的左边乘以初等方阵 P_3.

综上所述，有如下初等变换与初等矩阵的关系定理：

定理 2　设 A 是一个 $m\times n$ 矩阵，对 A 施行一次初等行变换，相当于在 A 的左边乘以相应的 m 阶初等矩阵；对 A 施行一次初等列变换，相当于在 A 的右边乘以相应的 n 阶初等矩阵.

初等矩阵有下列基本性质：

(1) 初等矩阵都是可逆矩阵，且初等矩阵的逆矩阵仍是初等矩阵. 因为

$$|E(i,j)|=-1\neq0;\quad |E(i(k))|=k\neq0;\quad |E(i,j(k))|=1\neq0,$$

故初等矩阵都可逆,又因为

$$E(i,j)E(i,j)=E,\text{所以 }E^{-1}(i,j)=E(i,j);$$

$$E(i(k))E\left(i\left(\frac{1}{k}\right)\right)=E,\text{所以 }E^{-1}(i(k))=E\left(i\left(\frac{1}{k}\right)\right)\quad(k\neq 0);$$

$$E(i,j(k))E(i,j(-k))=E,\text{所以 }E^{-1}(i,j(k))=E(i,j(-k)).$$

(2)初等矩阵的转置矩阵仍是初等矩阵. 事实上

$$E^{\mathrm{T}}(i,j)=E(i,j);\quad E^{\mathrm{T}}(i(k))=E(i(k));\quad E^{\mathrm{T}}(i,j(k))=E(j,i(k)).$$

2.3.3 用初等变换法求逆矩阵

矩阵的初等变换有多种用途,在这里首先介绍用初等变换求逆矩阵. 在介绍这一方法之前必须说明:任一可逆矩阵都可用初等矩阵来表示.

定理3 矩阵 A 可逆的充要条件:存在有限个初等矩阵 $P_1,P_2,\cdots,P_t$,使得

$$A=P_1P_2\cdots P_t.$$

证 充分性. 设有初等矩阵 $P_1,P_2,\cdots,P_t$,使 $A=P_1P_2\cdots P_t$,因为初等矩阵是可逆矩阵,且可逆矩阵之积还是可逆矩阵,所以 A 可逆.

必要性. 设 A 是 n 阶可逆矩阵,且 A 的标准形矩阵为 F,由于 $F\sim A$,知 F 经有限次初等变换可化为 A,从而有初等矩阵 $P_1,P_2,\cdots,P_t$,使

$$A=P_1\cdots P_sFP_{s+1}\cdots P_t.$$

因 A 可逆,且 $P_1,P_2,\cdots,P_t$ 都可逆,故标准形矩阵 F 可逆,则 $|F|\neq 0$,因此必有 $F=E_n$. 从而

$$A=P_1P_2\cdots P_t.$$

定理4 设 A 为方阵,若 $(A\mid E)\xrightarrow{\text{初等行变换}}(E\mid X)$,则 A 必可逆,且 $X=A^{-1}$.

证 根据已知条件 $(A\mid E)\xrightarrow{\text{初等行变换}}(E\mid X)$,则必存在初等矩阵 $P_1,P_2,\cdots,P_t$ 使得

$$(E\mid X)=P_1P_2\cdots P_t(A\mid E),$$

即有

$$E=P_1P_2\cdots P_tA,X=P_1P_2\cdots P_tE.$$

显然,$E=P_1P_2\cdots P_tA$ 可推 A 可逆,且 $A^{-1}=P_1P_2\cdots P_t$,从而有

$$X=P_1P_2\cdots P_tE=A^{-1}E=A^{-1}.$$

以上定理提供了一种利用初等行变换求 A^{-1} 的方法. 根据初等列变换与初等矩阵之间的关系,可得利用初等列变换求 A^{-1} 的方法:

设 A 为方阵,若 $\begin{pmatrix}A\\ \cdots\\ E\end{pmatrix}\xrightarrow{\text{初等列变换}}\begin{pmatrix}E\\ \cdots\\ X\end{pmatrix}$,则 A 必可逆,且 $X=A^{-1}$.

例 2 设$\boldsymbol{A}=\begin{pmatrix}1&1&-1\\3&2&-2\\5&-2&1\end{pmatrix}$,求$\boldsymbol{A}^{-1}$.

解 $$(\boldsymbol{A}\,\vdots\,\boldsymbol{E})=\left(\begin{array}{ccc:ccc}1&1&-1&1&0&0\\3&2&-2&0&1&0\\5&-2&1&0&0&1\end{array}\right)\xrightarrow[r_3-5r_1]{r_2-3r_1}\left(\begin{array}{ccc:ccc}1&1&-1&1&0&0\\0&-1&1&-3&1&0\\0&-7&6&-5&0&1\end{array}\right)$$

$$\xrightarrow[r_3-7r_2]{r_2\times(-1)}\left(\begin{array}{ccc:ccc}1&1&-1&1&0&0\\0&1&-1&3&-1&0\\0&0&-1&16&-7&1\end{array}\right)\xrightarrow[r_3\times(-1)]{r_1-r_2,\ r_2-r_3}\left(\begin{array}{ccc:ccc}1&0&0&-2&1&0\\0&1&0&-13&6&-1\\0&0&1&-16&7&-1\end{array}\right),$$

所以

$$\boldsymbol{A}^{-1}=\begin{pmatrix}-2&1&0\\-13&6&-1\\-16&7&-1\end{pmatrix}.$$

例 3 设$\boldsymbol{A}=\begin{pmatrix}-1&-2&0\\1&1&0\\1&0&1\end{pmatrix}$,求$\boldsymbol{A}^{-1}$.

解 $$\begin{pmatrix}\boldsymbol{A}\\ \hdashline \boldsymbol{E}\end{pmatrix}=\left(\begin{array}{ccc}-1&-2&0\\1&1&0\\1&0&1\\ \hdashline 1&0&0\\0&1&0\\0&0&1\end{array}\right)\xrightarrow[c_2+2c_1]{c_1\times(-1)}\left(\begin{array}{ccc}1&0&0\\-1&-1&0\\-1&-2&1\\ \hdashline -1&-2&0\\0&1&0\\0&0&1\end{array}\right)$$

$$\xrightarrow[c_1+c_2]{c_2\times(-1)}\left(\begin{array}{ccc}1&0&0\\0&1&0\\1&2&1\\ \hdashline 1&2&0\\-1&-1&0\\0&0&1\end{array}\right)\xrightarrow[c_1-c_3]{c_2-2c_3}\left(\begin{array}{ccc}1&0&0\\0&1&0\\0&0&1\\ \hdashline 1&2&0\\-1&-1&0\\-1&-2&1\end{array}\right),$$

所以

$$\boldsymbol{A}^{-1}=\begin{pmatrix}1&2&0\\-1&-1&0\\-1&-2&1\end{pmatrix}.$$

2.3.4 用初等变换求解矩阵方程

所谓矩阵方程,就是未知元为矩阵的方程.

如方程 $$\begin{pmatrix}2&1\\1&2\end{pmatrix}\boldsymbol{X}=\begin{pmatrix}1&2\\-1&4\end{pmatrix};$$

$$X\begin{pmatrix}1 & -2\\0 & 3\end{pmatrix}=\begin{pmatrix}1 & 3\\0 & 1\\2 & 4\end{pmatrix}.$$

对标准矩阵方程

$$\boldsymbol{AX}=\boldsymbol{B}\quad ①,\quad \boldsymbol{XA}=\boldsymbol{B}\quad ②,\quad \boldsymbol{AXC}=\boldsymbol{B}\quad ③,$$

(设$\boldsymbol{A}$、$\boldsymbol{C}$均可逆),利用矩阵乘法的运算规律和逆矩阵的运算性质，通过在方程两边左乘或右乘相应的矩阵的逆矩阵，可求出其解分别为

$$\boldsymbol{X}=\boldsymbol{A}^{-1}\boldsymbol{B}\quad ①,\quad \boldsymbol{X}=\boldsymbol{BA}^{-1}\quad ②,\quad \boldsymbol{X}=\boldsymbol{A}^{-1}\boldsymbol{BC}^{-1}\quad ③.$$

因此,我们可以先求出$\boldsymbol{A}^{-1}$、$\boldsymbol{C}^{-1}$,再求乘积$\boldsymbol{A}^{-1}\boldsymbol{B}$,$\boldsymbol{BA}^{-1}$,$\boldsymbol{A}^{-1}\boldsymbol{BC}^{-1}$,但计算烦琐.

下面以$\boldsymbol{AX}=\boldsymbol{B}$为例介绍利用初等行变换直接求出$A^{-1}B$的方法.

设$\boldsymbol{A}$可逆,则$\boldsymbol{A}^{-1}$也可逆,由定理3知,存在s个初等矩阵$\boldsymbol{P}_1,\boldsymbol{P}_2,\cdots,\boldsymbol{P}_s$,使得

$$\boldsymbol{P}_s\cdots\boldsymbol{P}_2\boldsymbol{P}_1=\boldsymbol{A}^{-1},$$

上式两边分别同时右乘$\boldsymbol{A}$,$\boldsymbol{B}$,得

$$\boldsymbol{P}_s\cdots\boldsymbol{P}_2\boldsymbol{P}_1\boldsymbol{A}=\boldsymbol{E}_n,\quad \boldsymbol{P}_s\cdots\boldsymbol{P}_2\boldsymbol{P}_1\boldsymbol{B}=\boldsymbol{A}^{-1}\boldsymbol{B},$$

即

$$\boldsymbol{P}_s\cdots\boldsymbol{P}_2\boldsymbol{P}_1(\boldsymbol{A}\mid\boldsymbol{B})=(\boldsymbol{E}_n\mid\boldsymbol{A}^{-1}\boldsymbol{B}).$$

此式表明,若$\boldsymbol{A}$可逆,则矩阵$(\boldsymbol{A}\mid\boldsymbol{B})$经过有限次初等行变换一定可以化为矩阵$(\boldsymbol{E}_n\mid\boldsymbol{A}^{-1}\boldsymbol{B})$. 于是,我们就得到用初等行变换直接求出$\boldsymbol{A}^{-1}\boldsymbol{B}$的方法:

先构造矩阵$(\boldsymbol{A}\mid\boldsymbol{B})$,然后对$(\boldsymbol{A}\mid\boldsymbol{B})$施以初等行变换,将矩阵$\boldsymbol{A}$化为单位矩阵$\boldsymbol{E}_n$,则上述初等行变换同时也将其中的矩阵$\boldsymbol{B}$化为$\boldsymbol{A}^{-1}\boldsymbol{B}$,即

$$(\boldsymbol{A}\mid\boldsymbol{B})\xrightarrow{\text{初等行变换}}(\boldsymbol{E}\mid\boldsymbol{A}^{-1}\boldsymbol{B}).$$

同理,求解矩阵方程$\boldsymbol{XA}=\boldsymbol{B}$,等价于计算矩阵$\boldsymbol{BA}^{-1}$,亦可利用初等列变换求矩阵$\boldsymbol{BA}^{-1}$. 即

$$\begin{pmatrix}\boldsymbol{A}\\\hdashline\boldsymbol{B}\end{pmatrix}\xrightarrow{\text{初等列变换}}\begin{pmatrix}\boldsymbol{E}\\\hdashline\boldsymbol{BA}^{-1}\end{pmatrix}.$$

例4 求矩阵$\boldsymbol{X}$, 使$\boldsymbol{AX}=\boldsymbol{B}$, 其中$\boldsymbol{A}=\begin{pmatrix}1 & 2 & 3\\2 & 2 & 1\\3 & 4 & 3\end{pmatrix}$,$\boldsymbol{B}=\begin{pmatrix}2 & 5\\3 & 1\\4 & 3\end{pmatrix}$.

解 若$\boldsymbol{A}$可逆,则$\boldsymbol{X}=\boldsymbol{A}^{-1}\boldsymbol{B}$.

$$(\boldsymbol{A}\mid\boldsymbol{B})=\left(\begin{array}{ccc:cc}1 & 2 & 3 & 2 & 5\\2 & 2 & 1 & 3 & 1\\3 & 4 & 3 & 4 & 3\end{array}\right)\xrightarrow[r_3-3r_1]{r_2-2r_1}\left(\begin{array}{ccc:cc}1 & 2 & 3 & 2 & 5\\0 & -2 & -5 & -1 & -9\\0 & -2 & -6 & -2 & -12\end{array}\right)$$

$$\xrightarrow[r_3-r_2]{r_1+r_2}\left(\begin{array}{ccc:cc}1 & 0 & -2 & 1 & -4\\0 & -2 & -5 & -1 & -9\\0 & 0 & -1 & -1 & -3\end{array}\right)\xrightarrow[r_2-5r_3]{r_1-2r_3}\left(\begin{array}{ccc:cc}1 & 0 & 0 & 3 & 2\\0 & -2 & 0 & 4 & 6\\0 & 0 & -1 & -1 & -3\end{array}\right)$$

$$\xrightarrow[-r_3]{r_2\times\left(-\frac{1}{2}\right)}\left(\begin{array}{ccc:cc}1 & 0 & 0 & 3 & 2\\0 & 1 & 0 & -2 & -3\\0 & 0 & 1 & 1 & 3\end{array}\right),$$

故$\boldsymbol{X}=\begin{pmatrix}3 & 2\\-2 & -3\\1 & 3\end{pmatrix}$.

例 5　求解矩阵方程 $\boldsymbol{XA}=\boldsymbol{B}$，其中 $\boldsymbol{A}=\begin{pmatrix}1&1&-1\\2&1&0\\1&-1&1\end{pmatrix}$，$\boldsymbol{B}=\begin{pmatrix}1&1&3\\4&3&2\\1&2&5\end{pmatrix}$.

解

$$\begin{pmatrix}\boldsymbol{A}\\ \cdots\\ \boldsymbol{B}\end{pmatrix}=\begin{pmatrix}1&1&-1\\2&1&0\\1&-1&1\\ \hdashline 1&1&3\\4&3&2\\1&2&5\end{pmatrix}\xrightarrow[c_3+c_1]{c_2-c_1}\begin{pmatrix}1&0&0\\2&-1&2\\1&-2&2\\ \hdashline 1&0&4\\4&-1&6\\1&1&6\end{pmatrix}$$

$$\xrightarrow[\substack{c_1+2c_2\\ c_2\times(-1)}]{c_3+2c_2}\begin{pmatrix}1&0&0\\0&1&0\\-3&2&-2\\ \hdashline 1&0&4\\2&1&4\\3&-1&8\end{pmatrix}\xrightarrow[\substack{c_1+\left(-\frac{3}{2}\right)c_3\\ c_3\times\left(-\frac{1}{2}\right)}]{c_2+c_3}\begin{pmatrix}1&0&0\\0&1&0\\0&0&1\\ \hdashline -5&4&-2\\-4&5&-2\\-9&7&-4\end{pmatrix},$$

所以

$$\boldsymbol{X}=\boldsymbol{BA}^{-1}=\begin{pmatrix}-5&4&-2\\-4&5&-2\\-9&7&-4\end{pmatrix}.$$

习　题　2.3

1. 选择题：

(1) 设矩阵 $\boldsymbol{A},\boldsymbol{B}$ 满足 $\boldsymbol{A}=\boldsymbol{E}(1,3)\boldsymbol{E}(5(-2))\boldsymbol{BE}\left(3,2\left(\frac{1}{2}\right)\right)$，则有(　　).

A. $\boldsymbol{B}=\boldsymbol{E}(1,3)\boldsymbol{E}(5(-2))\boldsymbol{AE}\left(3,2\left(\frac{1}{2}\right)\right)$

B. $\boldsymbol{B}=\boldsymbol{E}(1,3)\boldsymbol{E}(5(2))\boldsymbol{AE}\left(3,2\left(\frac{1}{2}\right)\right)$

C. $\boldsymbol{B}=\boldsymbol{E}\left(5\left(-\frac{1}{2}\right)\right)\boldsymbol{E}(1,3)\boldsymbol{AE}\left(3,2\left(-\frac{1}{2}\right)\right)$

D. $\boldsymbol{B}=\boldsymbol{E}(1,3)\boldsymbol{E}\left(5\left(-\frac{1}{2}\right)\right)\boldsymbol{AE}\left(3,2\left(-\frac{1}{2}\right)\right)$

(2) 设同阶矩阵 $\boldsymbol{A},\boldsymbol{B}$ 等价，则下列命题错误的是(　　).

A. 若 $|\boldsymbol{A}|>0$，则 $|\boldsymbol{B}|>0$

B. 若 $|\boldsymbol{A}|\neq 0$，则 $\boldsymbol{B}$ 可逆

C. 若 $\boldsymbol{A}$ 与 $\boldsymbol{E}$ 等价，则 $\boldsymbol{B}$ 与 $\boldsymbol{E}$ 等价

D. 存在可逆矩阵 $\boldsymbol{P},\boldsymbol{Q}$，使得 $\boldsymbol{PAQ}=\boldsymbol{B}$

(3)设$\boldsymbol{A}$为三阶矩阵,将$\boldsymbol{A}$的第2列加到第一列得矩阵$\boldsymbol{B}$,再交换$\boldsymbol{B}$的第2行与第3行得单位矩阵,记$\boldsymbol{P}_1=\begin{pmatrix}1&0&0\\1&1&0\\0&0&1\end{pmatrix}$,$\boldsymbol{P}_2=\begin{pmatrix}1&0&0\\0&0&1\\0&1&0\end{pmatrix}$,则$\boldsymbol{A}=$(　　).

A. $\boldsymbol{P}_1\boldsymbol{P}_2$　　B. $\boldsymbol{P}_1^{-1}\boldsymbol{P}_2$　　C. $\boldsymbol{P}_2\boldsymbol{P}_1$　　D. $\boldsymbol{P}_2\boldsymbol{P}_2^{-1}$

2. 把下列矩阵化为行最简形矩阵及标准形:

(1)$\begin{pmatrix}1&-1&2\\3&2&1\\1&-2&0\end{pmatrix}$;　(2)$\begin{pmatrix}3&4&0&3\\2&3&0&1\\1&2&0&-1\end{pmatrix}$;　(3)$\begin{pmatrix}3&-3&5&-4&1\\2&-2&3&-2&0\\1&-1&3&-4&3\\3&-3&4&-2&-1\end{pmatrix}$.

3. 用初等变换法求下列矩阵的逆矩阵:

(1)$\begin{pmatrix}0&1\\1&4\end{pmatrix}$;　(2)$\begin{pmatrix}2&2&3\\1&-1&0\\-1&2&1\end{pmatrix}$;　(3)$\begin{pmatrix}1&2&3\\0&1&2\\0&0&1\end{pmatrix}$;　(4)$\begin{pmatrix}1&2&3&4\\2&3&1&2\\1&1&1&-1\\1&0&-2&-6\end{pmatrix}$.

4. 解下列矩阵方程$\boldsymbol{X}$:

(1)$\begin{pmatrix}2&5\\1&3\end{pmatrix}\boldsymbol{X}=\begin{pmatrix}4&3\\2&1\end{pmatrix}$;　(2)$\boldsymbol{X}\begin{pmatrix}2&-1&0\\-1&2&-1\\0&-1&2\end{pmatrix}=\begin{pmatrix}1&-1&3\\4&3&2\end{pmatrix}$;

(3)$\begin{pmatrix}1&0&1\\-1&2&0\\3&1&1\end{pmatrix}\boldsymbol{X}=\begin{pmatrix}2&1\\0&3\\1&0\end{pmatrix}$;　(4)$\begin{pmatrix}1&4\\-1&2\end{pmatrix}\boldsymbol{X}\begin{pmatrix}2&0\\-1&1\end{pmatrix}=\begin{pmatrix}3&1\\0&2\end{pmatrix}$;

(5)$\begin{pmatrix}0&1&0\\1&0&0\\0&0&1\end{pmatrix}\boldsymbol{X}\begin{pmatrix}1&0&0\\0&0&1\\0&1&0\end{pmatrix}=\begin{pmatrix}1&-4&3\\2&0&-1\\1&-2&0\end{pmatrix}$.

5. 求解矩阵方程$\boldsymbol{AX}=\boldsymbol{A}+2\boldsymbol{X}$,其中$\boldsymbol{A}=\begin{pmatrix}4&2&3\\1&1&0\\-1&2&3\end{pmatrix}$.

6. 设$\boldsymbol{A}=\begin{pmatrix}2&0&0&0\\1&2&0&0\\1&1&2&0\\1&1&1&2\end{pmatrix}$,满足$\boldsymbol{AB}=\boldsymbol{A}+\boldsymbol{B}$,求$\boldsymbol{B}$.

7. 设四阶矩阵$\boldsymbol{A}$满足$(2\boldsymbol{E}-\boldsymbol{C}^{-1}\boldsymbol{B})\boldsymbol{A}^{\mathrm{T}}=\boldsymbol{C}^{-1}$,其中$\boldsymbol{B}=\begin{pmatrix}1&2&-3&-2\\0&1&2&-3\\0&0&1&2\\0&0&0&1\end{pmatrix}$,$\boldsymbol{C}=\begin{pmatrix}1&2&0&1\\0&1&2&0\\0&0&1&2\\0&0&0&1\end{pmatrix}$,求$\boldsymbol{A}$.

2.4 矩阵的秩

引例　解下列齐次线性方程组

$$\begin{cases}x_1+x_2+x_3+x_4=0\\3x_1+2x_2+x_3=0\\x_2+2x_3+3x_4=0\\5x_1+4x_2+3x_3+2x_4=0\end{cases}. \tag{2.4.1}$$

解　用消元法可把方程组化为同解方程组

$$\begin{cases}x_1-x_3-2x_4=0\\x_2+2x_3+3x_4=0\end{cases} \tag{2.4.2}$$

相应地,方程组的系数矩阵 $\boldsymbol{A}$ 在初等行变换的作用下化为

$$\boldsymbol{A}=\begin{pmatrix}1&1&1&1\\3&2&1&0\\0&1&2&3\\5&4&3&2\end{pmatrix}\longrightarrow\begin{pmatrix}1&0&-1&-2\\0&1&2&3\\0&0&0&0\\0&0&0&0\end{pmatrix}=\boldsymbol{B}.$$

易见,矩阵 $\boldsymbol{B}$ 为矩阵 $\boldsymbol{A}$ 的行阶梯形矩阵,且 $\boldsymbol{B}$ 的非零行数 2 等于方程组(2.4.1)的实际有效方程的个数,也就是方程组(2.4.2)中可以留在方程左边而被其余未知元表示的未知元(称为非自由未知量)个数 2. 显然,这个数字决定了方程组(2.4.1)的解的形式. 由于对矩阵 $\boldsymbol{A}$ 来说,这个数是唯一确定的,我们称之为 $\boldsymbol{A}$ 的“秩”. 本节中,将讨论矩阵的秩的概念及求法.

2.4.1　矩阵的秩的定义

定义 17　在 $m\times n$ 矩阵 $\boldsymbol{A}$ 中,任取 k 行 k 列($k\leqslant m,k\leqslant n$),位于这些行列交叉处的 k^2 个元素,不改变它们在 $\boldsymbol{A}$ 中所处的位置次序而得的 k 阶行列式,称为矩阵 $\boldsymbol{A}$ 的 k **阶子式**.

显然,$m\times n$ 矩阵 $\boldsymbol{A}$ 的 k 阶子式共有 $\mathrm{C}_m^k\mathrm{C}_n^k$ 个.

定义 18　设矩阵 $\boldsymbol{A}$ 中至少有一个不等于零的 r 阶子式 D,且所有 $r+1$ 阶子式(如果存在)全等于零,那么 D 称为矩阵 A 的**最高阶非零子式**,数 r 称为矩阵 $\boldsymbol{A}$ 的**秩**,记作 $R(\boldsymbol{A})$. 并规定零矩阵的秩等于零.

由行列式的性质知,在 $\boldsymbol{A}$ 中若所有 $r+1$ 阶子式全等于零时,所有高于 $r+1$ 阶的子式也全等于零,因此,对于矩阵 $\boldsymbol{A}\neq\boldsymbol{O}$ 我们可以从其一阶子式开始考察,逐阶上升,最后必遇到 $\boldsymbol{A}$ 中有 r 阶子式不等于零,而所有 $r+1$ 阶子式全为零.

由矩阵秩的定义,不难看出矩阵的秩有下述简单性质:

(1) $R(\boldsymbol{A})=R(\boldsymbol{A}^{\mathrm{T}})=R(k\boldsymbol{A})$ (常数 $k\neq0$);

(2) 若矩阵 $\boldsymbol{A}$ 中有某个 s 阶子式不为 0, 则 $R(\boldsymbol{A})\geqslant s$;

(3) 若 $\boldsymbol{A}$ 中所有 t 阶子式全为 0, 则 $R(\boldsymbol{A})<t$;

(4) 设 $\boldsymbol{A}$ 是一个 n 阶方阵,则 $\boldsymbol{A}$ 为非奇异矩阵的充要条件是 $R(\boldsymbol{A})=n$;

(5) 若 $\boldsymbol{A}$ 为 $m\times n$ 矩阵, 则 $0\leqslant R(\boldsymbol{A})\leqslant\min\{m,n\}$.

当 $R(\boldsymbol{A})=\min\{m,n\}$，称矩阵 $\boldsymbol{A}$ 为**满秩矩阵**,否则称为**降秩矩阵**.

例1 求矩阵 $\boldsymbol{A}$ 和 $\boldsymbol{B}$ 的秩,其中

$$\boldsymbol{A}=\begin{pmatrix}-1 & 2 & -2\\ 2 & 4 & 3\\ 0 & 8 & -1\end{pmatrix},\quad \boldsymbol{B}=\begin{pmatrix}1 & -2 & 3 & 0 & 1\\ 0 & 3 & -1 & 4 & 2\\ 0 & 0 & 0 & 5 & -1\\ 0 & 0 & 0 & 0 & 0\end{pmatrix}.$$

解 在 $\boldsymbol{A}$ 中,容易看出一个二阶子式 $\begin{vmatrix}2 & 4\\ 0 & 8\end{vmatrix}\neq 0$,$\boldsymbol{A}$ 的三阶子式只有一个 $|\boldsymbol{A}|$,且 $|\boldsymbol{A}|=0$,因此,$R(\boldsymbol{A})=2$;

$\boldsymbol{B}$ 是一个行阶梯形矩阵,其非零行仅有三行,从而推知,$\boldsymbol{B}$ 的所有四阶子式全为零,而且以3个非零行的第一个非零元为对角元的三阶行列式

$$\begin{vmatrix}1 & -2 & 0\\ 0 & 3 & 4\\ 0 & 0 & 5\end{vmatrix}$$

是一个上三角形行列式,它显然不等于零,因此 $R(\boldsymbol{B})=3$.

对于一般矩阵,当行列数较高时,按定义求秩相当麻烦. 然而,对于行阶梯形矩阵,它的秩就等于非零行的行数. 因此,我们自然联想到用初等变换把矩阵化为行阶梯形矩阵,但这样的两个等价矩阵的秩是否相等?定理5对此给出了肯定回答.

2.4.2 矩阵的秩的求法

定理5 若矩阵 $\boldsymbol{A}\sim\boldsymbol{B}$,则 $R(\boldsymbol{A})=R(\boldsymbol{B})$.

证 先证明若 $\boldsymbol{A}$ 经过一次初等行变换化为 $\boldsymbol{B}$,则 $R(\boldsymbol{A})\leqslant R(\boldsymbol{B})$.

设 $R(\boldsymbol{A})=r$,则有 $\boldsymbol{A}$ 的某个 r 阶子式 $D_r\neq 0$. 当 $\boldsymbol{A}\xrightarrow{r_i\leftrightarrow r_j}\boldsymbol{B}$ 或 $\boldsymbol{A}\xrightarrow{r_i\times k}\boldsymbol{B}$ 时,在 $\boldsymbol{B}$ 中总能找到与 D_r 相对应的子式 $\overline{D}_r$,由于 $\overline{D}_r=D_r$ 或 $\overline{D}_r=-D_r$ 或 $\overline{D}_r=kD_r$,因此 $\overline{D}_r\neq 0$,从而 $R(\boldsymbol{B})\geqslant r$;

当 $\boldsymbol{A}\xrightarrow{r_i+kr_j}\boldsymbol{B}$ 时,分三种情况讨论:

(1) D_r 中不含第 i 行;

(2) D_r 中同时含有第 i 行和第 j 行;

(3) D_r 中含第 i 行但不含第 j 行.

对于(1)、(2)两种情况,显然 $\boldsymbol{B}$ 中与 D_r 对应的子式 $\overline{D}_r=D_r\neq 0$,故 $R(\boldsymbol{B})\geqslant r$;对于情况(3),由

$$\overline{D}_r=\begin{vmatrix}\vdots\\ r_i+kr_j\\ \vdots\end{vmatrix}=\begin{vmatrix}\vdots\\ r_i\\ \vdots\end{vmatrix}+\begin{vmatrix}\vdots\\ kr_j\\ \vdots\end{vmatrix}=\boldsymbol{D}_r+k\hat{\boldsymbol{D}}_r,$$

若 $\hat{D}_r\neq 0$,则因 $\hat{D}_r$ 中不含第 i 行知 $\boldsymbol{A}$ 中有不含第 i 行的 r 阶非零子式,从而根据情况(1)知 $R(\boldsymbol{B})\geqslant r$;若 $\hat{D}_r=0$,则 $\overline{D}_r=D_r\neq 0$,也有 $R(\boldsymbol{B})\geqslant r$.

以上证明表明,若 $\boldsymbol{A}$ 经一次初等行变换化为 $\boldsymbol{B}$,则 $R(\boldsymbol{A})\leqslant R(\boldsymbol{B})$. 由于 $\boldsymbol{B}$ 也可经一次初等行变换化为 $\boldsymbol{A}$,故也有 $R(\boldsymbol{B})\leqslant R(\boldsymbol{A})$. 因此 $R(\boldsymbol{A})=R(\boldsymbol{B})$.

经一次初等行变换,矩阵的秩不变,从而推知,经有限次初等行变换,矩阵的秩也不变.

设 $\boldsymbol{A}$ 经初等列变换化为 $\boldsymbol{B}$,则 $\boldsymbol{A}^{\mathrm{T}}$ 可经初等行变换化为 $\boldsymbol{B}^{\mathrm{T}}$,由上述证明可知 $R(\boldsymbol{A}^{\mathrm{T}})=R(\boldsymbol{B}^{\mathrm{T}})$,而由矩阵的秩的定义,显然有 $R(\boldsymbol{A})=R(\boldsymbol{A}^{\mathrm{T}})$,$R(\boldsymbol{B})=R(\boldsymbol{B}^{\mathrm{T}})$. 因此 $R(\boldsymbol{A})=R(\boldsymbol{B})$.

综上所述,有限次初等变换不改变矩阵的秩.

根据上述定理,为求矩阵的秩,只要把矩阵用初等行变换化成行阶梯形矩阵,而行阶梯形矩阵中非零行的行数即为该矩阵的秩.

推论　设 $\boldsymbol{P}$ 为 m 阶非奇异矩阵,$\boldsymbol{Q}$ 为 n 阶非奇异矩阵,$\boldsymbol{A}$ 为 $m\times n$ 阶矩阵,则 $R(\boldsymbol{PA})=R(\boldsymbol{AQ})=R(\boldsymbol{PAQ})=R(\boldsymbol{A})$,即任何矩阵用非奇异矩阵去乘,其秩不变.

证　只证 $R(\boldsymbol{PA})=R(\boldsymbol{A})$,其他类似可证.

因为 $\boldsymbol{P}$ 为非奇异阵,故 $\boldsymbol{P}$ 可表示成若干初等矩阵之积:

$$\boldsymbol{P}=\boldsymbol{P}_1\boldsymbol{P}_2\cdots\boldsymbol{P}_s,$$

其中,$\boldsymbol{P}_i(i=1,2,\cdots,s)$ 均为初等矩阵. 因而

$$\boldsymbol{PA}=\boldsymbol{P}_1\boldsymbol{P}_2\cdots\boldsymbol{P}_s\boldsymbol{A},$$

即 $\boldsymbol{PA}$ 是 $\boldsymbol{A}$ 经 s 次初等行变换所得. 由定理 1,得 $R(\boldsymbol{PA})=R(\boldsymbol{A})$.

例 2　设 $\boldsymbol{A}=\begin{pmatrix}3&-2&3&6&-1\\2&0&1&5&-3\\3&2&0&5&0\\1&6&-4&-1&4\end{pmatrix}$,求矩阵 $\boldsymbol{A}$ 的秩,并求一个最高阶非零子式.

解　要求 $\boldsymbol{A}$ 的秩,为此对 $\boldsymbol{A}$ 作初等行变换,化成行阶梯形矩阵:

$$\boldsymbol{A}=\begin{pmatrix}3&-2&3&6&-1\\2&0&1&5&-3\\3&2&0&5&0\\1&6&-4&-1&4\end{pmatrix}\xrightarrow[r_4\leftrightarrow r_1]{r_3-r_1}\begin{pmatrix}1&6&-4&-1&4\\2&0&1&5&-3\\0&4&-3&-1&1\\3&-2&3&6&-1\end{pmatrix}$$

$$\xrightarrow[r_4-3r_1]{r_2-2r_1}\begin{pmatrix}1&6&-4&-1&4\\0&-12&9&7&-11\\0&4&-3&-1&1\\0&-20&15&9&-13\end{pmatrix}\xrightarrow{r_3\leftrightarrow r_2}\begin{pmatrix}1&6&-4&-1&4\\0&4&-3&-1&1\\0&-12&9&7&-11\\0&-20&15&9&-13\end{pmatrix}$$

$$\xrightarrow[r_4+5r_2]{r_3+3r_2}\begin{pmatrix}1&6&-4&-1&4\\0&4&-3&-1&1\\0&0&0&4&-8\\0&0&0&4&-8\end{pmatrix}\xrightarrow{r_4-r_3}\begin{pmatrix}1&6&-4&-1&4\\0&4&-3&-1&1\\0&0&0&4&-8\\0&0&0&0&0\end{pmatrix}.$$

因为行阶梯形矩阵有 3 个非零行,所以 $R(\boldsymbol{A})=3$.

再求矩阵 $\boldsymbol{A}$ 的一个最高阶非零子式. 由 $R(\boldsymbol{A})=3$ 知,矩阵 $\boldsymbol{A}$ 的最高阶非零子式为三阶.

根据上述初等行变换可知,由矩阵 $\boldsymbol{A}$ 的第 1,2,4 列元素组成的矩阵 $\boldsymbol{B}=\begin{pmatrix}3&-2&6\\2&0&5\\3&2&5\\1&6&-1\end{pmatrix}$ 的行阶梯形矩阵为 $\begin{pmatrix}1&6&-1\\0&4&-1\\0&0&4\\0&0&0\end{pmatrix}$,所以 $R(\boldsymbol{B})=3$,故 $\boldsymbol{B}$ 中必有三阶非零子式. 计算 $\boldsymbol{B}$ 中前三行构成的子式

$$\begin{vmatrix}3&-2&6\\2&0&5\\3&2&5\end{vmatrix}=\begin{vmatrix}3&-2&6\\2&0&5\\6&0&11\end{vmatrix}=2\begin{vmatrix}2&5\\6&11\end{vmatrix}=-16\neq0,$$

则这个子式就是矩阵 $\boldsymbol{A}$ 的一个最高阶非零子式.

例 3 设 $\boldsymbol{A}=\begin{pmatrix}1&0&2&-1\\3&\lambda&-2&1\\2&1&\mu&2\end{pmatrix}$ 且 $R(\boldsymbol{A})=2$, 求 λ 与 μ 的值.

解 $\boldsymbol{A}\xrightarrow[r_3-2r_1]{r_2-3r_1}\begin{pmatrix}1&0&2&-1\\0&\lambda&-8&4\\0&1&\mu-4&4\end{pmatrix}\xrightarrow{r_3-r_2}\begin{pmatrix}1&-1&1&2\\0&\lambda&-8&4\\0&1-\lambda&\mu+4&0\end{pmatrix}\xrightarrow{r_2+r_3}\begin{pmatrix}1&-1&1&2\\0&1&\mu-4&4\\0&1-\lambda&\mu+4&0\end{pmatrix}$

$$\xrightarrow{r_3+(\lambda-1)r_2}\begin{pmatrix}1&-1&1&2\\0&1&\mu-4&4\\0&0&(\lambda-1)(\mu-4)+\mu+4&4(\lambda-1)\end{pmatrix}.$$

因为 $R(\boldsymbol{A})=2$,所以

$$\begin{cases}(\lambda-1)(\mu-4)+\mu+4=0\\4(\lambda-1)=0\end{cases},$$

即

$$\begin{cases}\lambda=1\\\mu=-4\end{cases}.$$

例 4 设 $\boldsymbol{A}=\begin{pmatrix}a&1&1&1\\1&a&1&a\\1&1&a&a^2\end{pmatrix}$,其中 a 为参数,求 $R(\boldsymbol{A})$.

解 $\boldsymbol{A}\to\begin{pmatrix}1&1&a&a^2\\1&a&1&a\\a&1&1&1\end{pmatrix}\to\begin{pmatrix}1&1&a&a^2\\0&a-1&1-a&a-a^2\\0&1-a&1-a^2&1-a^3\end{pmatrix}$

$$\to\begin{pmatrix}1&1&a&a^2\\0&a-1&1-a&a-a^2\\0&0&(1-a)(a+2)&(1-a)(1+a)^2\end{pmatrix}.$$

(1) 当 $\begin{cases}a-1\neq0\\(1-a)(a+2)\neq0\end{cases}$,即 $a\neq1$ 且 $a\neq-2$ 时,$R(\boldsymbol{A})=3$.

(2) 当 $a=1$ 时,

$$\boldsymbol{A}\to\begin{pmatrix}1&1&1&1\\0&0&0&0\\0&0&0&0\end{pmatrix}$$

所以 $R(\boldsymbol{A})=1$.

(3) 当 $a=-2$ 时,

$$\boldsymbol{A}\to\begin{pmatrix}1&1&-2&4\\0&-3&3&-6\\0&0&0&3\end{pmatrix},$$

所以 $R(\boldsymbol{A})=3$.

习 题 2.4

1. 设 $\boldsymbol{A}$ 是 $m\times n$ 矩阵,$\boldsymbol{C}$ 是 n 阶可逆矩阵,矩阵 $\boldsymbol{A}$ 的秩为 r,矩阵 $\boldsymbol{B}=\boldsymbol{AC}$ 的秩为 r_1,则( ).

   A. $r>r_1$ B. $r<r_1$ C. $r=r_1$ D. r 与 r_1 的关系依 $\boldsymbol{C}$ 而定

2. 设 $\boldsymbol{A}$ 是 4×3 矩阵,且 $R(\boldsymbol{A})=2$,而 $\boldsymbol{B}=\begin{pmatrix}1&0&2\\0&2&0\\-1&0&3\end{pmatrix}$,则 $R(\boldsymbol{AB})=$ ________ .

3. 在秩为 r 的矩阵中,有没有等于0的 $r-1$ 阶子式?有没有等于0的 r 阶子式?

4. 求下列矩阵的秩,并求一个最高阶非零子式:

(1) $\begin{pmatrix}3&1&0&2\\1&-1&2&-1\\1&3&-4&4\end{pmatrix}$;　　(2) $\begin{pmatrix}2&-3&0&7&-5\\1&0&3&2&0\\2&1&8&3&7\\3&-2&5&8&0\end{pmatrix}$;

(3) $\begin{pmatrix}1&0&0&1&4\\0&1&0&2&5\\0&0&1&3&6\\1&2&3&14&32\\4&5&6&32&77\end{pmatrix}$.

5. 设矩阵 $\begin{pmatrix}1&1&1\\a&1&1\\1&1&a\end{pmatrix}$,其中 a 为参数,求矩阵的秩.

6. 设 n 阶方阵 $\boldsymbol{A}=\begin{pmatrix}2&a&\cdots&a\\a&2&\cdots&a\\\vdots&\vdots&&\vdots\\a&a&\cdots&2\end{pmatrix}$,求 $R(\boldsymbol{A})$(a 为常数,$n>1$).

7. 设矩阵 $\boldsymbol{A}=\begin{pmatrix}0&1&0&0\\0&0&1&0\\0&0&0&1\\0&0&0&0\end{pmatrix}$,求 $R(\boldsymbol{A}^3)$.

2.5　分块矩阵

2.5.1　分块矩阵的概念

对行数和列数较高的矩阵 $\boldsymbol{A}$ 进行运算时,经常采用矩阵分块法,将大矩阵的运算化成若干小矩阵的运算.**矩阵分块**是指用若干条纵线和横线将矩阵 $\boldsymbol{A}$ 分成多个小矩阵,称每一个小矩阵为 $\boldsymbol{A}$ 的**子块**,以子块为元素形式的矩阵称为**分块矩阵**.

显然,矩阵分块的具体方式有多种,可根据运算需要而定.例如,矩阵

$$\boldsymbol{A}=\begin{pmatrix}a_{11}&a_{12}&a_{13}&a_{14}\\a_{21}&a_{22}&a_{23}&a_{24}\\a_{31}&a_{32}&a_{33}&a_{34}\end{pmatrix}$$

可分成

$$(1)\left(\begin{array}{cc|cc}a_{11}&a_{12}&a_{13}&a_{14}\\a_{21}&a_{22}&a_{23}&a_{24}\\\hline a_{31}&a_{32}&a_{33}&a_{34}\end{array}\right);\ (2)\left(\begin{array}{c|cc|c}a_{11}&a_{12}&a_{13}&a_{14}\\a_{21}&a_{22}&a_{23}&a_{24}\\\hline a_{31}&a_{32}&a_{33}&a_{34}\end{array}\right);(3)\left(\begin{array}{c|cc|c}a_{11}&a_{12}&a_{13}&a_{14}\\a_{21}&a_{22}&a_{23}&a_{24}\\a_{31}&a_{32}&a_{33}&a_{34}\end{array}\right);\text{等等}.$$

分块(1)可以简记为$\begin{pmatrix} \boldsymbol{A}_{11} & \boldsymbol{A}_{12} \\ \boldsymbol{A}_{21} & \boldsymbol{A}_{22} \end{pmatrix}$,其中$\boldsymbol{A}_{11}=\begin{pmatrix} a_{11} & a_{12} \\ a_{21} & a_{22} \end{pmatrix}$,$\boldsymbol{A}_{12}=\begin{pmatrix} a_{13} & a_{14} \\ a_{23} & a_{24} \end{pmatrix}$,$\boldsymbol{A}_{21}=(a_{31},a_{32})$,$\boldsymbol{A}_{22}=(a_{33},a_{34})$.

类似地,可写出其他分法的分块简记矩阵. 特别地,一个 $m\times n$ 矩阵 $\boldsymbol{A}$ 也可看作以其$m\times n$个元素为一阶子块的分块矩阵.

2.5.2 分块矩阵的运算

分块矩阵运算与普通矩阵运算有类似的运算法则,因而对大型矩阵的运算可在其小型的分块矩阵上进行.

1. 分块矩阵的加法与数乘

设矩阵 $\boldsymbol{A}$ 与 $\boldsymbol{B}$ 的行数和列数相同,采用相同的分块法,有

$$\boldsymbol{A}=\begin{pmatrix} \boldsymbol{A}_{11} & \cdots & \boldsymbol{A}_{1r} \\ \vdots & & \vdots \\ \boldsymbol{A}_{s1} & \cdots & \boldsymbol{A}_{sr} \end{pmatrix},\quad \boldsymbol{B}=\begin{pmatrix} \boldsymbol{B}_{11} & \cdots & \boldsymbol{B}_{1r} \\ \vdots & & \vdots \\ \boldsymbol{B}_{s1} & \cdots & \boldsymbol{B}_{sr} \end{pmatrix},$$

其中,$\boldsymbol{A}_{ij}$和$\boldsymbol{B}_{ij}$的行数和列数相同,那么

$$\boldsymbol{A}+\boldsymbol{B}=\begin{pmatrix} \boldsymbol{A}_{11}+\boldsymbol{B}_{11} & \cdots & \boldsymbol{A}_{1r}+\boldsymbol{B}_{1r} \\ \vdots & & \vdots \\ \boldsymbol{A}_{s1}+\boldsymbol{B}_{s1} & \cdots & \boldsymbol{A}_{sr}+\boldsymbol{B}_{sr} \end{pmatrix},\quad \lambda\boldsymbol{A}=\begin{pmatrix} \lambda\boldsymbol{A}_{11} & \cdots & \lambda\boldsymbol{A}_{1r} \\ \vdots & & \vdots \\ \lambda\boldsymbol{A}_{s1} & \cdots & \lambda\boldsymbol{A}_{sr} \end{pmatrix}.$$

2. 分块矩阵的乘法

设 $\boldsymbol{A}$ 为 $m\times l$ 矩阵,$\boldsymbol{B}$ 为 $l\times n$ 矩阵,分块为

$$\boldsymbol{A}=\begin{pmatrix} \boldsymbol{A}_{11} & \cdots & \boldsymbol{A}_{1t} \\ \vdots & & \vdots \\ \boldsymbol{A}_{s1} & \cdots & \boldsymbol{A}_{st} \end{pmatrix},\quad \boldsymbol{B}=\begin{pmatrix} \boldsymbol{B}_{11} & \cdots & \boldsymbol{B}_{1r} \\ \vdots & & \vdots \\ \boldsymbol{B}_{t1} & \cdots & \boldsymbol{B}_{tr} \end{pmatrix}.$$

其中,$\boldsymbol{A}_{i1},\boldsymbol{A}_{i2},\cdots,\boldsymbol{A}_{it}(1\leqslant i\leqslant s)$的列数分别等于$\boldsymbol{B}_{1j},\boldsymbol{B}_{2j},\cdots,\boldsymbol{B}_{tj}(1\leqslant j\leqslant r)$的行数,那么

$$\boldsymbol{AB}=\begin{pmatrix} \boldsymbol{C}_{11} & \cdots & \boldsymbol{C}_{1r} \\ \vdots & & \vdots \\ \boldsymbol{C}_{s1} & \cdots & \boldsymbol{C}_{sr} \end{pmatrix},$$

其中

$$\boldsymbol{C}_{ij}=\sum_{k=1}^{t}\boldsymbol{A}_{ik}\boldsymbol{B}_{kj}\quad(i=1,2,\cdots,s;j=1,2,\cdots,r).$$

例 1 设$\boldsymbol{A}=\begin{pmatrix} 1 & 0 & 0 & 0 \\ 0 & 1 & 0 & 0 \\ -1 & 2 & 1 & 0 \\ 1 & 1 & 0 & 1 \end{pmatrix}$,$\boldsymbol{B}=\begin{pmatrix} 1 & 0 & 1 & 0 \\ -1 & 2 & 0 & 1 \\ 1 & 0 & 4 & 1 \\ -1 & -1 & 2 & 0 \end{pmatrix}$,求$\boldsymbol{AB}$.

解 对$\boldsymbol{A},\boldsymbol{B}$分块

$$\boldsymbol{A}=\begin{pmatrix} 1 & 0 & 0 & 0 \\ 0 & 1 & 0 & 0 \\ -1 & 2 & 1 & 0 \\ 1 & 1 & 0 & 1 \end{pmatrix}=\begin{pmatrix} \boldsymbol{E} & \boldsymbol{O} \\ \boldsymbol{A}_{21} & \boldsymbol{E} \end{pmatrix},$$

$$\boldsymbol{B}=\begin{pmatrix} 1 & 0 & 1 & 0 \\ -1 & 2 & 0 & 1 \\ 1 & 0 & 4 & 1 \\ -1 & -1 & 2 & 0 \end{pmatrix}=\begin{pmatrix} \boldsymbol{B}_{11} & \boldsymbol{E} \\ \boldsymbol{B}_{21} & \boldsymbol{B}_{22} \end{pmatrix},$$

则
$$AB=\begin{pmatrix}E & O\\A_{21} & E\end{pmatrix}\begin{pmatrix}B_{11} & E\\B_{21} & B_{22}\end{pmatrix}=\begin{pmatrix}B_{11} & E\\A_{21}B_{11}+B_{21} & A_{21}+B_{22}\end{pmatrix}.$$

其中
$$A_{21}B_{11}+B_{21}=\begin{pmatrix}-1 & 2\\1 & 1\end{pmatrix}\begin{pmatrix}1 & 0\\-1 & 2\end{pmatrix}+\begin{pmatrix}1 & 0\\-1 & -1\end{pmatrix}$$
$$=\begin{pmatrix}-3 & 4\\0 & 2\end{pmatrix}+\begin{pmatrix}1 & 0\\-1 & -1\end{pmatrix}=\begin{pmatrix}-2 & 4\\-1 & 1\end{pmatrix},$$
$$A_{21}+B_{22}=\begin{pmatrix}-1 & 2\\1 & 1\end{pmatrix}+\begin{pmatrix}4 & 1\\2 & 0\end{pmatrix}=\begin{pmatrix}3 & 3\\3 & 1\end{pmatrix},$$

于是
$$AB=\begin{pmatrix}1 & 0 & 1 & 0\\-1 & 2 & 0 & 1\\-2 & 4 & 3 & 3\\-1 & 1 & 3 & 1\end{pmatrix}.$$

3. 分块矩阵的转置矩阵

设 $A=\begin{pmatrix}A_{11} & \cdots & A_{1r}\\\vdots & & \vdots\\A_{s1} & \cdots & A_{sr}\end{pmatrix}$,则 $A^{\mathrm{T}}=\begin{pmatrix}A_{11}^{\mathrm{T}} & \cdots & A_{s1}^{\mathrm{T}}\\\vdots & & \vdots\\A_{1r}^{\mathrm{T}} & \cdots & A_{sr}^{\mathrm{T}}\end{pmatrix}$.

4. 分块对角阵

设 A 为 n 阶方阵,若 A 的分块矩阵仅在对角线上有非零子块,其余子块都是零矩阵,且对角线上的子块都是方阵,即

$$A=\begin{pmatrix}A_1 & & & \\ & A_2 & & \\ & & \ddots & \\ & & & A_s\end{pmatrix}.$$

其中,$A_i(i=1,2,\cdots,s)$都是方阵,那么称 A 为**分块对角矩阵**.

分块对角矩阵的行列式满足如下性质:
$$|A|=|A_1||A_2|\cdots|A_s|.$$

由此性质可知,若 $|A_i|\neq 0\ (i=1,2,\cdots,s)$,则 $|A|\neq 0$,并有

$$A^{-1}=\begin{pmatrix}A_1^{-1} & & & \\ & A_2^{-1} & & \\ & & \ddots & \\ & & & A_s^{-1}\end{pmatrix}.$$

$$\begin{pmatrix} & & & A_1\\ & & A_2 & \\ & \iddots & & \\ A_s & & & \end{pmatrix}^{-1}=\begin{pmatrix} & & & A_s^{-1}\\ & & \iddots & \\ & A_2^{-1} & & \\ A_1^{-1} & & & \end{pmatrix}.$$

例 2 设 $A=\begin{pmatrix}3 & 1 & 0\\2 & 1 & 0\\0 & 0 & 5\end{pmatrix}$,求 A^{-1}.

解 $\boldsymbol{A}=\begin{pmatrix}3&1&0\\2&1&0\\0&0&5\end{pmatrix}=\begin{pmatrix}\boldsymbol{A}_1&\boldsymbol{O}\\\boldsymbol{O}&\boldsymbol{A}_2\end{pmatrix}$,

其中
$$\boldsymbol{A}_1=\begin{pmatrix}3&1\\2&1\end{pmatrix}\Rightarrow\boldsymbol{A}_1^{-1}=\begin{pmatrix}1&-1\\-2&3\end{pmatrix},$$
$$\boldsymbol{A}_2=(5)\Rightarrow\boldsymbol{A}_2^{-1}=\left(\frac{1}{5}\right).$$

所以
$$\boldsymbol{A}^{-1}=\begin{pmatrix}1&-1&0\\-2&3&0\\0&0&\frac{1}{5}\end{pmatrix}.$$

例3 设 $\boldsymbol{A}=\begin{pmatrix}9&0&0&0\\2&1&0&0\\0&0&3&4\\0&0&0&2\end{pmatrix}$,求 $|\boldsymbol{A}|$ 及 $\boldsymbol{A}^{-1}$.

解 $|\boldsymbol{A}|=\begin{vmatrix}9&0&0&0\\2&1&0&0\\0&0&3&4\\0&0&0&2\end{vmatrix}=\begin{vmatrix}9&0\\2&1\end{vmatrix}\begin{vmatrix}3&4\\0&2\end{vmatrix}=54.$

$$\boldsymbol{A}^{-1}=\begin{pmatrix}\begin{pmatrix}9&0\\2&1\end{pmatrix}^{-1}&\boldsymbol{O}\\\boldsymbol{O}&\begin{pmatrix}3&4\\0&2\end{pmatrix}^{-1}\end{pmatrix}=\begin{pmatrix}\frac{1}{9}&0&0&0\\-\frac{2}{9}&1&0&0\\0&0&\frac{1}{3}&-\frac{2}{3}\\0&0&0&\frac{1}{2}\end{pmatrix}.$$

对矩阵分块时,有两种分块法应给予重视,这就是按行分块和按列分块.

设 $m\times n$ 矩阵 $\boldsymbol{A}$,若记第 i 行为 $\boldsymbol{\alpha}_i^{\mathrm{T}}=(a_{i1},a_{i2},\cdots,a_{in})$,则矩阵 $\boldsymbol{A}$ 可记为
$$\boldsymbol{A}=\begin{pmatrix}\boldsymbol{\alpha}_1^{\mathrm{T}}\\\boldsymbol{\alpha}_2^{\mathrm{T}}\\\vdots\\\boldsymbol{\alpha}_m^{\mathrm{T}}\end{pmatrix}.$$

类似地,若记第 j 列为 $\boldsymbol{\alpha}_j=\begin{pmatrix}a_{1j}\\a_{2j}\\\vdots\\a_{mj}\end{pmatrix}$,则矩阵 $\boldsymbol{A}$ 可记为
$$\boldsymbol{A}=(\boldsymbol{\alpha}_1,\boldsymbol{\alpha}_2,\cdots,\boldsymbol{\alpha}_n).$$

对于线性方程组
$$\begin{cases}a_{11}x_1+a_{12}x_2+\cdots+a_{1n}x_n=b_1\\a_{21}x_1+a_{22}x_2+\cdots+a_{2n}x_n=b_2\\\cdots\cdots\cdots\cdots\\a_{m1}x_1+a_{m2}x_2+\cdots+a_{mn}x_n=b_m\end{cases},$$

记 $\boldsymbol{A}=(a_{ij})$，$\boldsymbol{x}=\begin{pmatrix}x_1\\x_2\\\vdots\\x_n\end{pmatrix}$，$\boldsymbol{b}=\begin{pmatrix}b_1\\b_2\\\vdots\\b_m\end{pmatrix}$，$\widetilde{\boldsymbol{A}}=\left(\begin{array}{cccc:c}a_{11}&a_{12}&\cdots&a_{1n}&b_1\\a_{21}&a_{22}&\cdots&a_{2n}&b_2\\\vdots&\vdots&&\vdots&\vdots\\a_{m1}&a_{m2}&\cdots&a_{mn}&b_m\end{array}\right)$，其中，$\boldsymbol{A}$ 称为该线性方程组的**系数矩阵**；$\boldsymbol{x}$ 称为**未知数向量**；$\boldsymbol{b}$ 称为**常数项向量**；$\widetilde{\boldsymbol{A}}$ 称为**增广矩阵**．按分块矩阵的记法，可记为

$$\widetilde{\boldsymbol{A}}=(\boldsymbol{A},\boldsymbol{b})=(\boldsymbol{\alpha}_1,\boldsymbol{\alpha}_2,\cdots,\boldsymbol{\alpha}_n,\boldsymbol{b}).$$

利用矩阵乘法，此方程组可记作 $\boldsymbol{Ax}=\boldsymbol{b}$.

若将系数矩阵 $\boldsymbol{A}$ 按行分成 m 块，则线性方程组 $\boldsymbol{Ax}=\boldsymbol{b}$ 可记作

$$\begin{pmatrix}\boldsymbol{\alpha}_1^{\mathrm{T}}\\\boldsymbol{\alpha}_2^{\mathrm{T}}\\\vdots\\\boldsymbol{\alpha}_m^{\mathrm{T}}\end{pmatrix}\boldsymbol{x}=\begin{pmatrix}b_1\\b_2\\\vdots\\b_m\end{pmatrix}.$$

这就相当于把每个方程

$$a_{i1}x_1+a_{i2}x_2+\cdots+a_{in}x_n=b_i$$

记作

$$\boldsymbol{\alpha}_i^{\mathrm{T}}\boldsymbol{x}=\boldsymbol{b}_i\quad(i=1,2,\cdots,m).$$

若把系数矩阵 $\boldsymbol{A}$ 列分成 n 块，则与 $\boldsymbol{A}$ 相乘的 $\boldsymbol{x}$ 应对应地按行分成 n 块，从而记作

$$(\boldsymbol{\alpha}_1,\boldsymbol{\alpha}_2,\cdots,\boldsymbol{\alpha}_n)\begin{pmatrix}x_1\\x_2\\\vdots\\x_n\end{pmatrix}=\boldsymbol{b},$$

即
$$x_1\boldsymbol{\alpha}_1+x_2\boldsymbol{\alpha}_2+\cdots+x_n\boldsymbol{\alpha}_n=\boldsymbol{b}.$$

对于矩阵 $\boldsymbol{A}=(a_{ij})_{m\times s}$ 与 $\boldsymbol{B}=(b_{ij})_{s\times n}$ 的乘积 $\boldsymbol{AB}=\boldsymbol{C}=(c_{ij})_{m\times n}$，若把 $\boldsymbol{A}$ 按行分成 m 块，把 $\boldsymbol{B}$ 按列分成 n 块，便有

$$\boldsymbol{AB}=\begin{pmatrix}\boldsymbol{\alpha}_1^{\mathrm{T}}\\\boldsymbol{\alpha}_2^{\mathrm{T}}\\\vdots\\\boldsymbol{\alpha}_m^{\mathrm{T}}\end{pmatrix}(\boldsymbol{b}_1,\boldsymbol{b}_2,\cdots,\boldsymbol{b}_n)=\begin{pmatrix}\boldsymbol{\alpha}_1^{\mathrm{T}}\boldsymbol{b}_1&\boldsymbol{\alpha}_1^{\mathrm{T}}\boldsymbol{b}_2&\cdots&\boldsymbol{\alpha}_1^{\mathrm{T}}\boldsymbol{b}_n\\\boldsymbol{\alpha}_2^{\mathrm{T}}\boldsymbol{b}_1&\boldsymbol{\alpha}_2^{\mathrm{T}}\boldsymbol{b}_2&\cdots&\boldsymbol{\alpha}_2^{\mathrm{T}}\boldsymbol{b}_n\\\vdots&\vdots&&\vdots\\\boldsymbol{\alpha}_m^{\mathrm{T}}\boldsymbol{b}_1&\boldsymbol{\alpha}_m^{\mathrm{T}}\boldsymbol{b}_2&\cdots&\boldsymbol{\alpha}_m^{\mathrm{T}}\boldsymbol{b}_n\end{pmatrix}=(c_{ij})_{m\times n}.$$

其中，$c_{ij}=\boldsymbol{\alpha}_i^{\mathrm{T}}\boldsymbol{b}_j=(a_{i1},a_{i2},\cdots a_{is})\begin{pmatrix}b_{1j}\\b_{2j}\\\vdots\\b_{sj}\end{pmatrix}=\sum\limits_{k=1}^{s}a_{ik}b_{kj}$.

由此可进一步领会矩阵相乘的定义．

例 4 解矩阵方程 $\boldsymbol{AX}=\boldsymbol{B}$，其中

$$\boldsymbol{A}=\begin{pmatrix}2&3&0&0&0\\3&6&0&0&0\\0&0&4&0&0\\0&0&0&3&2\\0&0&0&7&5\end{pmatrix},\quad\boldsymbol{B}=\begin{pmatrix}-1&2&3&1&0\\-3&6&15&-6&3\\8&0&4&12&-4\\1&2&-3&1&1\\3&1&-2&4&1\end{pmatrix}.$$

解 由 $\boldsymbol{AX}=\boldsymbol{B}$，解得 $\boldsymbol{X}=\boldsymbol{A}^{-1}\boldsymbol{B}$，为求 $\boldsymbol{A}^{-1}$，将 $\boldsymbol{A}$ 作如下分块：

$$\boldsymbol{A}=\begin{pmatrix}2&3&0&0&0\\3&6&0&0&0\\0&0&4&0&0\\0&0&0&3&2\\0&0&0&7&5\end{pmatrix}=\begin{pmatrix}\boldsymbol{A}_1&&\\&\boldsymbol{A}_2&\\&&\boldsymbol{A}_3\end{pmatrix},$$

求出
$$\boldsymbol{A}_1^{-1}=\begin{pmatrix}2&3\\3&6\end{pmatrix}^{-1}=\begin{pmatrix}2&-1\\-1&\frac{2}{3}\end{pmatrix},\quad \boldsymbol{A}_2^{-1}=(4)^{-1}=\left(\frac{1}{4}\right),$$

$$\boldsymbol{A}_3^{-1}=\begin{pmatrix}3&2\\7&5\end{pmatrix}^{-1}=\begin{pmatrix}5&-2\\-7&3\end{pmatrix},$$

所以
$$\boldsymbol{A}^{-1}=\begin{pmatrix}\boldsymbol{A}_1^{-1}&&\\&\boldsymbol{A}_2^{-1}&\\&&\boldsymbol{A}_3^{-1}\end{pmatrix}=\begin{pmatrix}2&-1&0&0&0\\-1&\frac{2}{3}&0&0&0\\0&0&\frac{1}{4}&0&0\\0&0&0&5&-2\\0&0&0&-7&3\end{pmatrix},$$

从而
$$\boldsymbol{X}=\boldsymbol{A}^{-1}\boldsymbol{B}=\begin{pmatrix}1&-2&-9&8&-3\\-1&2&7&-5&2\\2&0&1&3&-1\\-1&8&-11&-3&3\\2&-11&15&5&-4\end{pmatrix}.$$

2.5.3 矩阵秩的常用性质(续)

下面再介绍几个矩阵秩的性质．

(1)设 $\boldsymbol{A}$ 为 $m\times n$ 矩阵，$\boldsymbol{B}$ 为 $k\times l$ 矩阵，则 $R\begin{pmatrix}\boldsymbol{A}&\boldsymbol{O}\\\boldsymbol{O}&\boldsymbol{B}\end{pmatrix}=R(\boldsymbol{A})+R(\boldsymbol{B})$．

证 设 $\boldsymbol{A},\boldsymbol{B}$ 的标准形分别为 $\begin{pmatrix}\boldsymbol{E}_{R(\boldsymbol{A})}&\boldsymbol{O}\\\boldsymbol{O}&\boldsymbol{O}\end{pmatrix}$，$\begin{pmatrix}\boldsymbol{E}_{R(\boldsymbol{B})}&\boldsymbol{O}\\\boldsymbol{O}&\boldsymbol{O}\end{pmatrix}$，在分块矩阵 $\begin{pmatrix}\boldsymbol{A}&\boldsymbol{O}\\\boldsymbol{O}&\boldsymbol{B}\end{pmatrix}$ 中用初等变换分别把 $\boldsymbol{A},\boldsymbol{B}$ 化为标准形，在对 $\boldsymbol{A}$ 作变换时，对 $\boldsymbol{B}$ 没有影响；对 $\boldsymbol{B}$ 作变换时，对 $\boldsymbol{A}$ 没有影响．由定理 5 得

$$R\begin{pmatrix}\boldsymbol{A}&\boldsymbol{O}\\\boldsymbol{O}&\boldsymbol{B}\end{pmatrix}=R\begin{pmatrix}\boldsymbol{E}_{R(\boldsymbol{A})}&\boldsymbol{O}&\boldsymbol{O}&\boldsymbol{O}\\\boldsymbol{O}&\boldsymbol{O}&\boldsymbol{O}&\boldsymbol{O}\\\boldsymbol{O}&\boldsymbol{O}&\boldsymbol{E}_{R(\boldsymbol{B})}&\boldsymbol{O}\\\boldsymbol{O}&\boldsymbol{O}&\boldsymbol{O}&\boldsymbol{O}\end{pmatrix}=R(\boldsymbol{A})+R(\boldsymbol{B}).$$

(2)设 $\boldsymbol{A}$ 为 $m\times n$ 矩阵，$\boldsymbol{B}$ 为 $k\times l$ 矩阵，则

$$R(\boldsymbol{A})+R(\boldsymbol{B})\leqslant R\begin{pmatrix}\boldsymbol{A}&\boldsymbol{C}\\\boldsymbol{O}&\boldsymbol{B}\end{pmatrix},\quad R(\boldsymbol{A})+R(\boldsymbol{B})\leqslant R\begin{pmatrix}\boldsymbol{A}&\boldsymbol{O}\\\boldsymbol{D}&\boldsymbol{B}\end{pmatrix},$$
$$R(\boldsymbol{A})+R(\boldsymbol{B})\leqslant R\begin{pmatrix}\boldsymbol{F}&\boldsymbol{A}\\\boldsymbol{B}&\boldsymbol{O}\end{pmatrix},\quad R(\boldsymbol{A})+R(\boldsymbol{B})\leqslant R\begin{pmatrix}\boldsymbol{O}&\boldsymbol{A}\\\boldsymbol{B}&\boldsymbol{G}\end{pmatrix}.$$

证 设 $\boldsymbol{A},\boldsymbol{B}$ 的标准形分别为 $\begin{pmatrix}\boldsymbol{E}_{R(\boldsymbol{A})}&\boldsymbol{O}\\\boldsymbol{O}&\boldsymbol{O}\end{pmatrix}$，$\begin{pmatrix}\boldsymbol{E}_{R(\boldsymbol{B})}&\boldsymbol{O}\\\boldsymbol{O}&\boldsymbol{O}\end{pmatrix}$，对 $\begin{pmatrix}\boldsymbol{A}&\boldsymbol{C}\\\boldsymbol{O}&\boldsymbol{B}\end{pmatrix}$ 的前 m 行前 n 列作初

等变换,对它的后 k 行后 l 列也作初等变换,可把$\begin{pmatrix} \boldsymbol{A} & \boldsymbol{C} \\ \boldsymbol{O} & \boldsymbol{B} \end{pmatrix}$化成

$$\boldsymbol{M}_1=\begin{pmatrix} \boldsymbol{E}_{R(\boldsymbol{A})} & \boldsymbol{O} & \boldsymbol{C}_1 & \boldsymbol{C}_2 \\ \boldsymbol{O} & \boldsymbol{O} & \boldsymbol{C}_3 & \boldsymbol{C}_4 \\ \boldsymbol{O} & \boldsymbol{O} & \boldsymbol{E}_{R(\boldsymbol{B})} & \boldsymbol{O} \\ \boldsymbol{O} & \boldsymbol{O} & \boldsymbol{O} & \boldsymbol{O} \end{pmatrix}.$$

现在利用 $\boldsymbol{E}_{R(\boldsymbol{A})}$ 中的元素 1 经初等列变换消去 $\boldsymbol{C}_1,\boldsymbol{C}_2$ 中的非零元;再利用 $\boldsymbol{E}_{R(\boldsymbol{B})}$ 中的元素 1 经初等行变换消去 $\boldsymbol{C}_3$ 中的非零元,于是把$\begin{pmatrix} \boldsymbol{A} & \boldsymbol{C} \\ \boldsymbol{O} & \boldsymbol{B} \end{pmatrix}$最终化成

$$\boldsymbol{M}_2=\begin{pmatrix} \boldsymbol{E}_{R(\boldsymbol{A})} & \boldsymbol{O} & \boldsymbol{O} & \boldsymbol{O} \\ \boldsymbol{O} & \boldsymbol{O} & \boldsymbol{O} & \boldsymbol{C}_4 \\ \boldsymbol{O} & \boldsymbol{O} & \boldsymbol{E}_{R(\boldsymbol{B})} & \boldsymbol{O} \\ \boldsymbol{O} & \boldsymbol{O} & \boldsymbol{O} & \boldsymbol{O} \end{pmatrix}.$$

由定理 5 得

$$R\begin{pmatrix} \boldsymbol{A} & \boldsymbol{C} \\ \boldsymbol{O} & \boldsymbol{B} \end{pmatrix}=R(\boldsymbol{M}_1)=R(\boldsymbol{M}_2)=R(\boldsymbol{A})+R(\boldsymbol{B})+R(\boldsymbol{C}_4)\geqslant R(\boldsymbol{A})+R(\boldsymbol{B}).$$

其他类似可证.

(3)设 $\boldsymbol{A},\boldsymbol{B}$ 均为 $m\times n$ 矩阵,则 $R(\boldsymbol{A}+\boldsymbol{B})\leqslant R(\boldsymbol{A})+R(\boldsymbol{B})$.

证 构造分块矩阵$\begin{pmatrix} \boldsymbol{A} & \boldsymbol{O} \\ \boldsymbol{O} & \boldsymbol{B} \end{pmatrix}$,对其作初等变换

$$\begin{pmatrix} \boldsymbol{E}_m & \boldsymbol{E}_m \\ \boldsymbol{O} & \boldsymbol{E}_m \end{pmatrix}\begin{pmatrix} \boldsymbol{A} & \boldsymbol{O} \\ \boldsymbol{O} & \boldsymbol{B} \end{pmatrix}\begin{pmatrix} \boldsymbol{E}_n & \boldsymbol{E}_n \\ \boldsymbol{O} & \boldsymbol{E}_n \end{pmatrix}=\begin{pmatrix} \boldsymbol{A} & \boldsymbol{A}+\boldsymbol{B} \\ \boldsymbol{O} & \boldsymbol{B} \end{pmatrix},$$

由定理 5 得

$$R(\boldsymbol{A})+R(\boldsymbol{B})=R\begin{pmatrix} \boldsymbol{A} & \boldsymbol{O} \\ \boldsymbol{O} & \boldsymbol{B} \end{pmatrix}=R\begin{pmatrix} \boldsymbol{A} & \boldsymbol{A}+\boldsymbol{B} \\ \boldsymbol{O} & \boldsymbol{B} \end{pmatrix}\geqslant R(\boldsymbol{A}+\boldsymbol{B}).$$

(4)设 $\boldsymbol{A}$ 为 $m\times n$ 矩阵,$\boldsymbol{B}$ 为 $n\times k$ 矩阵,则 $R(\boldsymbol{AB})\leqslant\min\{R(\boldsymbol{A}),R(\boldsymbol{B})\}$.

证 设 $R(\boldsymbol{A})=r$,$\boldsymbol{A}$ 的等价标准形为$\begin{pmatrix} \boldsymbol{E}_r & \boldsymbol{O} \\ \boldsymbol{O} & \boldsymbol{O} \end{pmatrix}$,则存在 m 阶可逆矩阵 $\boldsymbol{P}$ 和 n 阶可逆矩阵 $\boldsymbol{Q}$,使得 $\boldsymbol{PAQ}=\begin{pmatrix} \boldsymbol{E}_r & \boldsymbol{O} \\ \boldsymbol{O} & \boldsymbol{O} \end{pmatrix}$,即 $\boldsymbol{A}=\boldsymbol{P}^{-1}\begin{pmatrix} \boldsymbol{E}_r & \boldsymbol{O} \\ \boldsymbol{O} & \boldsymbol{O} \end{pmatrix}\boldsymbol{Q}^{-1}$,所以

$$\boldsymbol{AB}=\boldsymbol{P}^{-1}\begin{pmatrix} \boldsymbol{E}_r & \boldsymbol{O} \\ \boldsymbol{O} & \boldsymbol{O} \end{pmatrix}\boldsymbol{Q}^{-1}\boldsymbol{B}=\boldsymbol{P}^{-1}\begin{pmatrix} \boldsymbol{E}_r & \boldsymbol{O} \\ \boldsymbol{O} & \boldsymbol{O} \end{pmatrix}\begin{pmatrix} \boldsymbol{C}_1 \\ \boldsymbol{C}_2 \end{pmatrix}=\boldsymbol{P}^{-1}\begin{pmatrix} \boldsymbol{C}_1 \\ \boldsymbol{O} \end{pmatrix}.$$

这里把 $\boldsymbol{Q}^{-1}\boldsymbol{B}$ 分成了 $r\times k$ 阶矩阵 $\boldsymbol{C}_1$ 和$(n-r)\times k$ 阶矩阵 $\boldsymbol{C}_2$,则

$$R(\boldsymbol{AB})=R\begin{pmatrix} \boldsymbol{C}_1 \\ \boldsymbol{O} \end{pmatrix}\leqslant r=R(\boldsymbol{A}).$$

由上式可得

$$R(\boldsymbol{AB})=R((\boldsymbol{AB})^{\mathrm{T}})=R(\boldsymbol{B}^{\mathrm{T}}\boldsymbol{A}^{\mathrm{T}})\leqslant R(\boldsymbol{B}^{\mathrm{T}})=R(\boldsymbol{B}).$$

(5)设 $\boldsymbol{A}$ 为 $m\times n$ 矩阵,$\boldsymbol{B}$ 为 $n\times k$ 矩阵,则 $R(\boldsymbol{A})+R(\boldsymbol{B})-n\leqslant R(\boldsymbol{AB})$.

证 构造分块矩阵 $\boldsymbol{C}=\begin{pmatrix} \boldsymbol{E}_n & \boldsymbol{B} \\ \boldsymbol{A} & \boldsymbol{O} \end{pmatrix}$,对其作初等变换

$$\begin{pmatrix} E_n & O \\ -A & E_m \end{pmatrix}\begin{pmatrix} E_n & B \\ A & O \end{pmatrix}\begin{pmatrix} E_n & -B \\ O & E_k \end{pmatrix}=\begin{pmatrix} E_n & O \\ O & -AB \end{pmatrix}.$$

由定理5得

$$R(C)=R(E_n)+R(-AB)=n+R(AB),$$

由矩阵秩的性质(2)知,$R(C)\geqslant R(A)+R(B)$,所以

$$R(A)+R(B)\leqslant n+R(AB).$$

由性质(5)立即可得如下结果:

(6) 设A为$m\times n$矩阵,B为$n\times k$矩阵,若$AB=O$,则$R(A)+R(B)\leqslant n$.

例5 设n阶方阵A满足$A^2=A$, E为n阶单位矩阵, 证明

$$R(A)+R(A-E)=n.$$

证 因为$A(A-E)=A^2-A=O$,由秩的性质(6)可得$R(A)+R(A-E)\leqslant n$.

因为$A+(E-A)=E$,$R(A-E)=R(E-A)$,所以由秩的性质(3)得

$$R(A)+R(A-E)=R(A)+R(E-A)\geqslant R(A+E-A)=R(E)=n,$$

所以$R(A)+R(A-E)=n$.

例6 设A为n阶方阵($n\geqslant 2$), A^*为A的伴随矩阵, 证明

$$R(A^*)=\begin{cases} n, & 当 R(A)=n \\ 1, & 当 R(A)=n-1 \\ 0, & 当 R(A)\leqslant n-2 \end{cases}.$$

证 当$R(A)=n$时,$|A|\neq 0$,故有

$$|A||A^*|=|AA^*|=||A|E|=|A|^n\neq 0,$$

所以 $|A^*|\neq 0$,因而$R(A^*)=n$.

当$R(A)=n-1$时, $|A|=0$,从而有$AA^*=|A|E=O$,由秩的性质(6)可得,$R(A)+R(A^*)\leqslant n$,即$R(A^*)\leqslant 1$. 又由$R(A)=n-1$知,A至少有一个$n-1$阶子式不为0,所以A^*至少有一个元素不为0,故$A^*\neq O$,所以$R(A^*)\geqslant 1$,综上有$R(A^*)=1$.

当$R(A)<n-1$时,A的所有$n-1$阶子式为0,所以$A^*=O$,因而$R(A^*)=0$.

例7 设A为$m\times n$矩阵,B为$m\times k$矩阵,则

$$\max\{R(A),R(B)\}\leqslant R(A\ B)\leqslant R(A)+R(B).$$

特别地,当B为$m\times 1$矩阵时,有

$$R(A)\leqslant R(A\ B)\leqslant R(A)+1.$$

证 因为A的最高阶非零子式总是$(A\ B)$的非零子式,所以$R(A\ B)\geqslant R(A)$. 同理$R(A\ B)\geqslant R(B)$. 故有

$$\max\{R(A),R(B)\}\leqslant R(A\ B).$$

设$R(A)=s$,$R(B)=t$. 对A^{T}和B^{T}分别作初等行变换化为行阶梯形$\tilde{A}$和$\tilde{B}$,则$\begin{pmatrix} A^{\mathrm{T}} \\ B^{\mathrm{T}} \end{pmatrix}\to\begin{pmatrix} \tilde{A} \\ \tilde{B} \end{pmatrix}$. 由于$\begin{pmatrix} \tilde{A} \\ \tilde{B} \end{pmatrix}$中只含$s+t$个非零行,因此$R\begin{pmatrix} \tilde{A} \\ \tilde{B} \end{pmatrix}\leqslant s+t$,而$R(A\quad B)=R\begin{pmatrix} A^{\mathrm{T}} \\ B^{\mathrm{T}} \end{pmatrix}=R\begin{pmatrix} \tilde{A} \\ \tilde{B} \end{pmatrix}$,所以$R(A\ B)\leqslant s+t$,即

$$R(A\ B)\leqslant R(A)+R(B).$$

例 8 设$\boldsymbol{A}=\begin{pmatrix}1&-2&2&-1\\2&-4&8&0\\-2&4&-2&3\end{pmatrix}$,$\boldsymbol{b}=\begin{pmatrix}1\\2\\3\end{pmatrix}$,求$R(\boldsymbol{A})$及$R(\boldsymbol{A}\quad\boldsymbol{b})$.

解 对$\boldsymbol{A}$作初等行变换,变成行阶梯形矩阵

$$(\boldsymbol{A}\mid\boldsymbol{b})=\left(\begin{array}{cccc|c}1&-2&2&-1&1\\2&-4&8&0&2\\-2&4&-2&3&3\end{array}\right)\xrightarrow[r_3+r_2]{r_2-2r_1}\left(\begin{array}{cccc|c}1&-2&2&-1&1\\0&0&4&2&0\\0&0&6&3&5\end{array}\right)$$

$$\xrightarrow[r_3-3r_2]{r_2\times\frac{1}{2}}\left(\begin{array}{cccc|c}1&-2&2&-1&1\\0&0&2&1&0\\0&0&0&0&5\end{array}\right),$$

因此
$$R(\boldsymbol{A})=2,\quad R(\boldsymbol{A}\mid\boldsymbol{b})=3.$$

习 题 2.5

1. 按指定分块的分法,计算下列矩阵运算的结果:

(1)$2\begin{pmatrix}1&0&-2\\4&3&1\\-1&5&6\end{pmatrix}-3\begin{pmatrix}3&1&5\\2&0&7\\1&-3&2\end{pmatrix}$;

(2)设$\boldsymbol{A}=\begin{pmatrix}3&1&0\\2&1&0\\0&0&5\end{pmatrix}=\begin{pmatrix}\boldsymbol{A}_1&\boldsymbol{O}\\\boldsymbol{O}&\boldsymbol{A}_2\end{pmatrix}$,$\boldsymbol{B}=\begin{pmatrix}-1&0\\4&0\\0&6\end{pmatrix}=\begin{pmatrix}\boldsymbol{B}_1&\boldsymbol{O}\\\boldsymbol{O}&\boldsymbol{B}_2\end{pmatrix}$,计算$\boldsymbol{AB}$.

2. 求下列矩阵的逆矩阵:

(1)$\begin{pmatrix}1&2&0&0\\2&5&0&0\\0&0&7&1\\0&0&0&1\end{pmatrix}$; (2)$\begin{pmatrix}1&0&0&0\\1&2&0&0\\1&-1&3&0\\1&2&1&4\end{pmatrix}$; (3)$\begin{pmatrix}0&0&1&3\\0&0&-1&2\\3&7&0&0\\1&4&0&0\end{pmatrix}$.

3. 设n阶矩阵$\boldsymbol{A}$满足$\boldsymbol{A}^2=\boldsymbol{E}$,证明$R(\boldsymbol{A}+\boldsymbol{E})+R(\boldsymbol{A}-\boldsymbol{E})=n$.

4. 设n阶矩阵$\boldsymbol{A}$满足$\boldsymbol{A}^2-3\boldsymbol{A}+2\boldsymbol{E}=\boldsymbol{O}$,证明
$$R(\boldsymbol{A}-\boldsymbol{E})+R(\boldsymbol{A}-2\boldsymbol{E})=n.$$

5. 设$\boldsymbol{A}$、$\boldsymbol{P}$均为三阶矩阵,且$\boldsymbol{P}^{\mathrm{T}}\boldsymbol{AP}=\begin{pmatrix}1&0&0\\0&1&0\\0&0&2\end{pmatrix}$,若$\boldsymbol{P}=(\boldsymbol{\alpha}_1,\boldsymbol{\alpha}_2,\boldsymbol{\alpha}_3)$,$\boldsymbol{Q}=(\boldsymbol{\alpha}_1+\boldsymbol{\alpha}_2,\boldsymbol{\alpha}_2,\boldsymbol{\alpha}_3)$,求$\boldsymbol{Q}^{\mathrm{T}}\boldsymbol{AQ}$.

6. 设$\boldsymbol{A},\boldsymbol{B}$均为二阶矩阵,若$|\boldsymbol{A}|=2$,$|\boldsymbol{B}|=3$,令$\boldsymbol{C}=\begin{pmatrix}\boldsymbol{O}&\boldsymbol{A}\\\boldsymbol{B}&\boldsymbol{O}\end{pmatrix}$,则$\boldsymbol{C}^*=($ $)$.

A. $\begin{pmatrix}\boldsymbol{O}&3\boldsymbol{B}^*\\2\boldsymbol{A}^*&\boldsymbol{O}\end{pmatrix}$ B. $\begin{pmatrix}\boldsymbol{O}&2\boldsymbol{B}^*\\3\boldsymbol{A}^*&\boldsymbol{O}\end{pmatrix}$ C. $\begin{pmatrix}\boldsymbol{O}&3\boldsymbol{A}^*\\2\boldsymbol{B}^*&\boldsymbol{O}\end{pmatrix}$ D. $\begin{pmatrix}\boldsymbol{O}&2\boldsymbol{A}^*\\3\boldsymbol{B}^*&\boldsymbol{O}\end{pmatrix}$

内 容 精 要

1. 基本概念

(1)$m\times n$矩阵,方阵,对角矩阵,三角矩阵,数量矩阵,单位矩阵,阶梯形矩阵,最简形矩

阵,对称矩阵,反对称矩阵;

(2)矩阵的各种运算(加法、减法、数乘、乘法、转置和求逆)及运算律;

(3)方阵的伴随矩阵;

(4)分块矩阵及其运算;

(5)矩阵的初等变换和初等方阵,初等方阵的性质;

(6)等价矩阵与矩阵的等价标准形;

(7)矩阵的秩,满秩矩阵,行满秩矩阵和列满秩矩阵.

2. 主要结论

(1)矩阵的乘法一般不满足交换律和消去律.

(2)反序律:$(\boldsymbol{AB})^{\mathrm{T}}=\boldsymbol{B}^{\mathrm{T}}\boldsymbol{A}^{\mathrm{T}},(\boldsymbol{AB})^{-1}=\boldsymbol{B}^{-1}\boldsymbol{A}^{-1}$.

(3) $|\boldsymbol{A}^{\mathrm{T}}|=|\boldsymbol{A}|,|k\boldsymbol{A}_n|=k^n|\boldsymbol{A}|_n,|\boldsymbol{AB}|=|\boldsymbol{A}||\boldsymbol{B}|$.

(4) $\boldsymbol{AA}^*=\boldsymbol{A}^*\boldsymbol{A}=|\boldsymbol{A}|\boldsymbol{E},|\boldsymbol{A}^*|=|\boldsymbol{A}|^{n-1}$,

$$R(\boldsymbol{A}^*)=\begin{cases}n, & 当\ R(\boldsymbol{A})=n\\ 1, & 当\ R(\boldsymbol{A})=n-1\\ 0, & 当\ R(\boldsymbol{A})\leqslant n-2\end{cases}.$$

(5) n 阶矩阵 $\boldsymbol{A}$ 可逆 $\Leftrightarrow |\boldsymbol{A}|\neq 0$

$\Leftrightarrow \boldsymbol{AB}=\boldsymbol{E}$ 或 $\boldsymbol{BA}=\boldsymbol{E}$

$\Leftrightarrow R(\boldsymbol{A})=n$

$\Leftrightarrow \boldsymbol{A}$ 经过初等变换化为单位方阵

$\Leftrightarrow \boldsymbol{A}$ 可以表示成一些初等方阵的乘积.

(6) $|\boldsymbol{A}^{-1}|=|\boldsymbol{A}|^{-1}$, $\boldsymbol{A}^{-1}=\dfrac{1}{|\boldsymbol{A}|}\boldsymbol{A}^*$.

(7) 两个矩阵等价的充要条件:

① 存在初等方阵 $\boldsymbol{P}_1,\boldsymbol{P}_2,\cdots,\boldsymbol{P}_s,\boldsymbol{Q}_1,\boldsymbol{Q}_2,\cdots,\boldsymbol{Q}_t$,使 $\boldsymbol{B}=\boldsymbol{P}_1\boldsymbol{P}_2\cdots\boldsymbol{P}_s\boldsymbol{A}\boldsymbol{Q}_1\boldsymbol{Q}_2\cdots\boldsymbol{Q}_t$;

② 存在可逆方阵 $\boldsymbol{P},\boldsymbol{Q}$ 使 $\boldsymbol{B}=\boldsymbol{PAQ}$;

③ $\boldsymbol{A},\boldsymbol{B}$ 具有相同的等价标准形;

④ $R(\boldsymbol{A})=R(\boldsymbol{B})$.

(8)矩阵秩的性质:

① 若矩阵 $\boldsymbol{A}$ 中有某个 s 阶子式不为 0, 则 $R(\boldsymbol{A})\geqslant s$;

② 若 $\boldsymbol{A}$ 中所有 t 阶子式全为 0, 则 $R(\boldsymbol{A})<t$;

③ 若 $\boldsymbol{A}$ 为 $m\times n$ 矩阵, 则 $0\leqslant R(\boldsymbol{A})\leqslant\min\{m,n\}$;

④ $R(\boldsymbol{A})=R(\boldsymbol{A}^{\mathrm{T}});R(k\boldsymbol{A})=R(\boldsymbol{A}),k\neq 0;R(\boldsymbol{A})=0\Leftrightarrow\boldsymbol{A}=\boldsymbol{O}$.

⑤ $R\begin{pmatrix}\boldsymbol{A} & \boldsymbol{O}\\ \boldsymbol{O} & \boldsymbol{B}\end{pmatrix}=R(\boldsymbol{A})+R(\boldsymbol{B})$.

⑥ $R(\boldsymbol{A})+R(\boldsymbol{B})\leqslant R\begin{pmatrix}\boldsymbol{A} & \boldsymbol{C}\\ \boldsymbol{O} & \boldsymbol{B}\end{pmatrix},R\begin{pmatrix}\boldsymbol{A} & \boldsymbol{O}\\ \boldsymbol{D} & \boldsymbol{B}\end{pmatrix}$.

⑦ $R(\boldsymbol{A}+\boldsymbol{B})\leqslant R(\boldsymbol{A})+R(\boldsymbol{B})$.

⑧ $R(\boldsymbol{AB})\leqslant\min\{R(\boldsymbol{A}),R(\boldsymbol{B})\}$.

⑨ $R(\boldsymbol{A})+R(\boldsymbol{B})-n\leqslant R(\boldsymbol{AB})$.

⑩ 若 $\boldsymbol{AB}=\boldsymbol{O}$,则 $R(\boldsymbol{A})+R(\boldsymbol{B})\leqslant n$.

3. 基本方法

(1)计算逆矩阵:

① 公式法:$\boldsymbol{A}^{-1}=\frac{1}{|\boldsymbol{A}|}\boldsymbol{A}^*$. 该方法一般适用于二阶矩阵、三阶矩阵的求逆.

② 初等变换法.

$$(\boldsymbol{A}\,\vdots\,\boldsymbol{E})\xrightarrow{\text{初等行变换}}(\boldsymbol{E}\,\vdots\,\boldsymbol{A}^{-1}),\quad \text{或}\begin{pmatrix}\boldsymbol{A}\\ \cdots\\ \boldsymbol{E}\end{pmatrix}\xrightarrow{\text{初等列变换}}\begin{pmatrix}\boldsymbol{E}\\ \cdots\\ \boldsymbol{A}^{-1}\end{pmatrix};$$

(2)用初等变换解矩阵方程:

① $\boldsymbol{AX}=\boldsymbol{B}$,如果 $\boldsymbol{A}$ 可逆,则 $\boldsymbol{X}=\boldsymbol{A}^{-1}\boldsymbol{B}$,

$$(\boldsymbol{A}\,\vdots\,\boldsymbol{B})\xrightarrow{\text{初等行变换}}(\boldsymbol{E}\,\vdots\,\boldsymbol{A}^{-1}\boldsymbol{B}).$$

② $\boldsymbol{XA}=\boldsymbol{B}$,如果 $\boldsymbol{A}$ 可逆,则 $\boldsymbol{X}=\boldsymbol{BA}^{-1}$,

$$\begin{pmatrix}\boldsymbol{A}\\ \cdots\\ \boldsymbol{B}\end{pmatrix}\xrightarrow{\text{初等列变换}}\begin{pmatrix}\boldsymbol{E}\\ \cdots\\ \boldsymbol{BA}^{-1}\end{pmatrix}.$$

(3)求矩阵秩的方法:

① 定义法.

② 初等变换法.

$\boldsymbol{A}\xrightarrow{\text{初等行变换}}\boldsymbol{B}$(行阶梯形),则 $\boldsymbol{B}$ 中非零行的行数即为 $\boldsymbol{A}$ 的秩.

③ 利用求矩阵秩的有关公式.

复习题一

1. 设 $\boldsymbol{A}=(1,2)$, $\boldsymbol{B}=(2,1)$,又 $\boldsymbol{C}=\boldsymbol{A}^{\mathrm{T}}B$,求 $\boldsymbol{C}^{99}$.

2. 设矩阵 $\boldsymbol{A}=\begin{pmatrix}1&0&0\\1&0&1\\0&1&0\end{pmatrix}$.

(1)证明:当 $n\geqslant 3$ 时,有 $\boldsymbol{A}^n=\boldsymbol{A}^{n-2}+\boldsymbol{A}^2-\boldsymbol{E}$;

(2)求 $\boldsymbol{A}^{100}$.

3. 设 $\boldsymbol{A},\boldsymbol{B}$ 都是 n 阶对称阵,证明:$\boldsymbol{AB}$ 是对称阵的充分必要条件是 $\boldsymbol{AB}=\boldsymbol{BA}$.

4. 设矩阵 $\boldsymbol{A}$ 为 3 阶可逆矩阵,且 $|\boldsymbol{A}|=3$,计算 $|-2\boldsymbol{A}^{-1}|$, $|\boldsymbol{A}^*|$, $|(2\boldsymbol{A})^*|$, $|5\boldsymbol{A}^{-1}-2\boldsymbol{A}^*|$.

5. 求下列矩阵的逆矩阵:

(1)$\begin{pmatrix}1&1&1&1\\1&1&-1&-1\\1&-1&1&-1\\1&-1&-1&1\end{pmatrix}$; (2)$\begin{pmatrix}0&a_1&0&\cdots&0&0\\0&0&a_2&\cdots&0&0\\\vdots&\vdots&\vdots&&\vdots&\vdots\\0&0&0&\cdots&0&a_{n-1}\\a_n&0&0&\cdots&0&0\end{pmatrix}$. 其中 $a_i\neq 0(i=1,2,\cdots,n)$.

6. 设 $\boldsymbol{A}$ 是 n 阶方阵,且满足 $\boldsymbol{AA}^{\mathrm{T}}=\boldsymbol{E}$, $|\boldsymbol{A}|<0$,求 $|\boldsymbol{A}+\boldsymbol{E}|$.

7. (1)设方阵 $\boldsymbol{A}$ 满足 $\boldsymbol{A}^3-\boldsymbol{A}^2+3\boldsymbol{A}-2\boldsymbol{E}=\boldsymbol{O}$,求 $\boldsymbol{A}^{-1}$, $(\boldsymbol{E}-\boldsymbol{A})^{-1}$.

(2)设方阵 $\boldsymbol{A}$ 满足 $(\boldsymbol{A}-\boldsymbol{E})^2=2(\boldsymbol{A}+\boldsymbol{E})^2$,求 $\boldsymbol{A}^{-1}$.

8. 设$\boldsymbol{A},\boldsymbol{B},\boldsymbol{C}$均为$n$阶矩阵,$\boldsymbol{E}$是$n$阶单位矩阵,若$\boldsymbol{B}=\boldsymbol{E}+\boldsymbol{AB}$,$\boldsymbol{C}=\boldsymbol{A}+\boldsymbol{CA}$,则$\boldsymbol{B}-\boldsymbol{C}$为(　　).

A. $\boldsymbol{E}$　　B. $-\boldsymbol{E}$　　C. $\boldsymbol{A}$　　D. $-\boldsymbol{A}$

9. 设矩阵$\boldsymbol{A}=\begin{pmatrix}1&0&0\\2&2&0\\4&4&1\end{pmatrix}$的伴随矩阵为$\boldsymbol{A}^*$,则$(\boldsymbol{A}^*)^{-1}=$________.

10. (1)设矩阵$\boldsymbol{A}$可逆,证明其伴随矩阵$\boldsymbol{A}^*$也可逆,且$(\boldsymbol{A}^*)^{-1}=(\boldsymbol{A}^{-1})^*$.

(2)设矩阵$\boldsymbol{A}$可逆,证明$(\boldsymbol{A}^{\mathrm{T}})^{-1}=(\boldsymbol{A}^{-1})^{\mathrm{T}}$.

(3)如果$\boldsymbol{A}^2=\boldsymbol{E}$,则称$\boldsymbol{A}$为对合矩阵.设$\boldsymbol{A},\boldsymbol{B}$都是对合矩阵,证明:$\boldsymbol{AB}$是对合矩阵的充分必要条件是$\boldsymbol{AB}=\boldsymbol{BA}$.

11. 设$\boldsymbol{A}=\begin{pmatrix}0&-1&0\\1&0&0\\0&0&-1\end{pmatrix}$, $\boldsymbol{B}=\boldsymbol{P}^{-1}\boldsymbol{AP}$,其中$\boldsymbol{P}$为三阶可逆矩阵,则$\boldsymbol{B}^{2\,004}-2\boldsymbol{A}^2=$__________.

12. 计算$\begin{pmatrix}0&1&0\\1&0&0\\0&0&1\end{pmatrix}^{2\,013}\begin{pmatrix}1&2&3\\4&5&6\\7&8&9\end{pmatrix}\begin{pmatrix}0&0&1\\0&1&0\\1&0&0\end{pmatrix}^{2\,012}$.

13. 设$\boldsymbol{A}$是三阶方阵,将$\boldsymbol{A}$的第1列与第2列交换得$\boldsymbol{B}$,再把$\boldsymbol{B}$的第2列加到第3列得$\boldsymbol{C}$,求满足$\boldsymbol{AQ}=\boldsymbol{C}$的可逆矩阵$\boldsymbol{Q}$.

14. 设三阶方阵$\boldsymbol{A},\boldsymbol{B}$满足$\boldsymbol{A}^2\boldsymbol{B}-\boldsymbol{A}-\boldsymbol{B}=\boldsymbol{E}$,若$\boldsymbol{A}=\begin{pmatrix}1&0&1\\0&2&0\\-2&0&1\end{pmatrix}$,求$|\boldsymbol{B}|$.

15. 设矩阵$\boldsymbol{A},\boldsymbol{B}$满足$\boldsymbol{A}^*\boldsymbol{BA}=2\boldsymbol{BA}-8\boldsymbol{E}$,若$\boldsymbol{A}=\begin{pmatrix}1&0&0\\0&-2&0\\0&0&1\end{pmatrix}$,求矩阵$\boldsymbol{B}$.

16. 设矩阵$\boldsymbol{A}=\begin{pmatrix}k&-2&3\\-1&2k&3\\1&-2&3k\end{pmatrix}$,问$k$分别取何值时,可使:

(1)$R(\boldsymbol{A})=1$; (2)$R(\boldsymbol{A})=2$; (3)$R(\boldsymbol{A})=3$.

17. 已知$\boldsymbol{A}=\begin{pmatrix}1&2&0\\2&-1&0\\0&0&3\\0&0&3\end{pmatrix}$,求$\boldsymbol{A}^4$与$|\boldsymbol{A}^8|$.

复习题二

1. 设$\boldsymbol{A},\boldsymbol{B}$均为$n$阶方阵,$|\boldsymbol{A}|=2$,$|\boldsymbol{B}|=-3$,求$|\boldsymbol{A}^{-1}\boldsymbol{B}^*-\boldsymbol{A}^*\boldsymbol{B}^{-1}|$;如果$n=3$,求$|3\boldsymbol{A}-(\boldsymbol{A}^*)^*|$.

2. 设$\boldsymbol{A}$是任一$n(n\geqslant 3)$阶方阵,$\boldsymbol{A}^*$是其伴随矩阵,又k为常数,则$(k\boldsymbol{A})^*=$____$\boldsymbol{A}^*$.

3. 设矩阵$\boldsymbol{A}=\begin{pmatrix}2&1&0\\1&2&0\\0&0&1\end{pmatrix}$,矩阵$\boldsymbol{B}$满足$\boldsymbol{ABA}^*=2\boldsymbol{BA}^*+\boldsymbol{E}$,求$|\boldsymbol{B}|$.

4. 设$A=\begin{pmatrix}1&0&0&0\\-2&3&0&0\\0&-4&5&0\\0&0&-6&7\end{pmatrix}$，且$B=(E+A)^{-1}(E-A)$，求$(E+B)^{-1}$.

5. 设矩阵$A=\begin{pmatrix}1&1&-1\\-1&1&1\\1&-1&1\end{pmatrix}$，矩阵$X$满足$A^*X=A^{-1}+2X$，求矩阵$X$.

6. 设矩阵A的伴随矩阵$A^*=\begin{pmatrix}1&0&0&0\\0&1&0&0\\1&0&1&0\\0&-3&0&8\end{pmatrix}$，且$ABA^{-1}=BA^{-1}+3E$，求矩阵$B$.

7. 设$A=\begin{pmatrix}a_1b_1&a_1b_2&\cdots&a_1b_n\\a_2b_1&a_2b_2&\cdots&a_2b_n\\\vdots&\vdots&&\vdots\\a_nb_1&a_nb_2&\cdots&a_nb_n\end{pmatrix}$，其中$a_i\neq0,b_i\neq0(i=1,2,\cdots,n)$，求$R(A)$.

8. 设A为$m\times n$矩阵，B为$n\times m$矩阵，则（　　）.

A. 当$m>n$时，必有$|AB|\neq0$　　B. 当$m>n$时，必有$|AB|=0$

C. 当$n>m$时，必有$|AB|\neq0$　　D. 当$n>m$时，必有$|AB|=0$

9. 已知$Q=\begin{pmatrix}1&2&3\\2&4&t\\3&6&9\end{pmatrix}$，$P$为三阶非零矩阵，且满足$PQ=O$，则（　　）.

A. 当$t=6$时，必有$R(P)=1$　　B. 当$t=6$时，必有$R(P)=2$

C. 当$t\neq6$时，必有$R(P)=1$　　D. 当$t\neq6$时，必有$R(P)=2$

10. 已知$Q=\begin{pmatrix}1&2&-1\\2&a&4\\3&7&a\end{pmatrix}$，$P$为三阶非零矩阵，且满足$PQ^{T}=O$，则$R(P)=$__________.

11. 设A为$n(n\geqslant2)$阶可逆矩阵，交换A的第1行与第2行得矩阵B，则（　　）.

A. 交换A^*的第1列与第2列得B^*　　B. 交换A^*的第1行与第2行得B^*

C. 交换A^*的第1列与第2列得$-B^*$　　D. 交换A^*的第1行与第2行得$-B^*$

12. 设A,B均为三阶矩阵，且$|A|=1$. 记$A=(\alpha_1,\alpha_2,\alpha_3)$，$B=(\alpha_1+\alpha_2+\alpha_3,\alpha_1+2\alpha_2+4\alpha_3,\alpha_1+3\alpha_2+9\alpha_3)$，求$|B|$.

第3章 线性方程组与向量

线性方程组是自然科学、工程技术和管理科学中常用的工具,也是线性代数的重要内容. 第1章利用行列式作为工具,我们讨论了当方程的个数与未知量的个数相同时,线性方程组的求解问题. 在这章中,将要系统地研究一般线性方程组的求解问题.

3.1 线性方程组的基本概念

3.1.1 线性方程组的表示形式

m 个方程 n 个未知量的线性方程组总可表示成(3.1.1)这种形式

$$\begin{cases} a_{11}x_1+a_{12}x_2+\cdots+a_{1n}x_n=b_1 \\ a_{21}x_1+a_{22}x_2+\cdots+a_{2n}x_n=b_2 \\ \cdots\cdots\cdots\cdots \\ a_{m1}x_1+a_{m2}x_2+\cdots+a_{mn}x_n=b_m \end{cases}. \tag{3.1.1}$$

当方程组(3.1.1)等号右端的常数项不全为零时,称为**非齐次线性方程组**. 常数项全为零时,称为**齐次线性方程组**,或称为**非齐次方程组的导出组**.

方程组(3.1.1)中每个变量的系数对齐可以表示成一个 $m\times n$ 维矩阵,记作

$$\boldsymbol{A}=\begin{pmatrix} a_{11} & a_{12} & \cdots & a_{1n} \\ a_{21} & a_{22} & \cdots & a_{2n} \\ \vdots & \vdots & & \vdots \\ a_{m1} & a_{m2} & \cdots & a_{mn} \end{pmatrix},$$

称之为方程组(3.1.1)的**系数矩阵**. 方程组的未知量和常数项也可以分别表示成 $n\times1$ 维和 $m\times1$维矩阵,记作

$$\boldsymbol{x}=\begin{pmatrix} x_1 \\ x_2 \\ \vdots \\ x_n \end{pmatrix}, \quad \boldsymbol{b}=\begin{pmatrix} b_1 \\ b_2 \\ \vdots \\ b_m \end{pmatrix}.$$

方程组的系数和常数项合并在一起,可以表示为 $m\times(n+1)$维矩阵,记作

$$\widetilde{\boldsymbol{A}}=(\boldsymbol{A}\ \vdots\ \boldsymbol{b})=\left(\begin{array}{cccc:c} a_{11} & a_{12} & \cdots & a_{1n} & b_1 \\ a_{21} & a_{22} & \cdots & a_{2n} & b_2 \\ \vdots & \vdots & & \vdots & \vdots \\ a_{m1} & a_{m2} & \cdots & a_{mn} & b_m \end{array}\right)$$

称为方程组(3.1.1)的**增广矩阵**.

例如,线性方程组$\begin{cases}x_1-2x_2+x_3=0\\2x_1-x_3=8\end{cases}$的系数矩阵为$\boldsymbol{A}=\begin{pmatrix}1&-2&1\\2&0&-1\end{pmatrix}$,常数项可记为$\boldsymbol{b}=\begin{pmatrix}0\\8\end{pmatrix}$.
增广矩阵为$\widetilde{\boldsymbol{A}}=(\boldsymbol{A}\mid\boldsymbol{b})=\begin{pmatrix}1&-2&1&0\\2&0&-1&8\end{pmatrix}$.

结合矩阵乘法运算,线性方程组(3.1.1)可表示成**矩阵方程形式**

$$\boldsymbol{Ax}=\boldsymbol{b}. \tag{3.1.2}$$

记系数矩阵$\boldsymbol{A}=(\boldsymbol{\alpha}_1,\boldsymbol{\alpha}_2,\cdots,\boldsymbol{\alpha}_n)$,其中$\boldsymbol{\alpha}_i(i=1,2,\cdots,n)$为系数矩阵$\boldsymbol{A}$的第$i$列元素形成的列矩阵(向量),结合分块矩阵运算,线性方程组(3.1.1)还可表示成**向量方程形式**

$$x_1\boldsymbol{\alpha}_1+x_2\boldsymbol{\alpha}_2+\cdots+x_n\boldsymbol{\alpha}_n=\boldsymbol{b}. \tag{3.1.3}$$

如线性方程组$\begin{cases}x_1-2x_2+x_3=0\\2x_1-x_3=8\end{cases}$的向量方程形式为

$$x_1\begin{pmatrix}1\\2\end{pmatrix}+x_2\begin{pmatrix}-2\\0\end{pmatrix}+x_3\begin{pmatrix}1\\-1\end{pmatrix}=\begin{pmatrix}0\\8\end{pmatrix}.$$

齐次性方程组的各种表示形式分别如下:

一般形式
$$\begin{cases}a_{11}x_1+a_{12}x_2+\cdots+a_{1n}x_n=0\\a_{21}x_1+a_{22}x_2+\cdots+a_{2n}x_n=0\\\cdots\cdots\cdots\cdots\\a_{m1}x_1+a_{m2}x_2+\cdots+a_{mn}x_n=0\end{cases}. \tag{3.1.4}$$

矩阵方程形式为
$$\boldsymbol{Ax}=\boldsymbol{0}. \tag{3.1.5}$$

向量方程形式为
$$x_1\boldsymbol{\alpha}_1+x_2\boldsymbol{\alpha}_2+\cdots+x_n\boldsymbol{\alpha}_n=\boldsymbol{0}. \tag{3.1.6}$$

线性方程组的三种表示形式在解决问题时各有方便之处.

3.1.2　线性方程组的解与解线性方程组

满足线性方程组(3.1.1)的一组数$x_1=k_1,x_2=k_2,\cdots,x_n=k_n$,称为线性方程组(3.1.1)的一个**解**或**特解**. 线性方程组的解一般写成向量形式,记作$\boldsymbol{x}=(k_1,k_2,k_3,\cdots,k_n)^{\mathrm{T}}$,称为方程组(3.1.1)的一个**解向量**. 线性方程组全体解向量的集合,称为方程组的**解集**. 求线性方程组解的过程称为**解线性方程组**. 如果两个线性方程组的解集相同,则称这两个线性方程组为**同解方程组**. 表示线性方程组的全部解的表达式,称为方程组的**通解**.

习　题　3.1

1. 写出线性方程组$\begin{cases}x_1+3x_2=5\\x_2-3x_3=1\\x_1-2x_3=0\end{cases}$的系数矩阵、常数项、增广矩阵,并将其表示为向量方程形式.

2. 设$\boldsymbol{\alpha}_1=\begin{pmatrix}0\\1\\1\\1\end{pmatrix}$,$\boldsymbol{\alpha}_2=\begin{pmatrix}1\\0\\-1\\-1\end{pmatrix}$,$\boldsymbol{\alpha}_3=\begin{pmatrix}1\\-1\\1\\0\end{pmatrix}$,$\boldsymbol{\alpha}_4=\begin{pmatrix}1\\-1\\0\\1\end{pmatrix}$,$\boldsymbol{\beta}=\begin{pmatrix}1\\2\\1\\1\end{pmatrix}$,将$\boldsymbol{\beta}=x_1\boldsymbol{\alpha}_1+x_2\boldsymbol{\alpha}_2+x_3\boldsymbol{\alpha}_3+x_4\boldsymbol{\alpha}_4$表示成线性方程组的一般形式.

3.2 高斯消元法及线性方程组解的判定

如前面引入矩阵初等变换所述,中学介绍的消元法解线性方程组,其求解过程本质上就是对线性方程组的增广矩阵实施初等行变换,化为行最简形(或行阶梯形)矩阵,行最简形(或行阶梯形)对应的线性方程组与原方程组是同解方程组,由该方程组就可以很容易地求得原线性方程组的解．像这样利用矩阵初等行变换求解线性方程组的方法,称为**高斯消元法**.

3.2.1 高斯消元法举例

例1 求解线性方程组$\begin{cases}x_1-2x_2+3x_3-x_4=1\\3x_1-x_2+5x_3-3x_4=2\\2x_1+x_2+2x_3-2x_4=3\end{cases}$.

解 对该方程组的增广矩阵实施初等行变换,将其化成行阶梯形矩阵.

$$\widetilde{A}=(A\mid b)=\left(\begin{array}{cccc:c}1&-2&3&-1&1\\3&-1&5&-3&2\\2&1&2&-2&3\end{array}\right)\xrightarrow[r_3-2r_1]{r_2-3r_1}\left(\begin{array}{cccc:c}1&-2&3&-1&1\\0&5&-4&0&-1\\0&5&-4&0&1\end{array}\right)$$

$$\xrightarrow{r_3-r_2}\left(\begin{array}{cccc:c}1&-2&3&-1&1\\0&5&-4&0&-1\\0&0&0&0&2\end{array}\right)=\widetilde{B}.$$

$\widetilde{B}$ 对应的方程组为 $\begin{cases}x_1-2x_2+3x_3-x_4=1\\5x_2-4x_3=-1\\0=2\end{cases}$,与原方程组同解．其中第三个方程是方程 $0x_1+0x_2+0x_3=2$ 的简写形式,无论变量 x_1,x_2,x_3 取何值,都无法使方程成立,称之为**矛盾方程**,所以原方程组无解.

注意:此例中增广矩阵化为行阶梯形后,系数矩阵对应部分比增广矩阵多出一行全为0的行．即系数矩阵的秩 $R(A)$小于增广矩阵 $\widetilde{A}=(A\mid b)$的秩 $R(\widetilde{A})$也因此有矛盾方程出现,方程组无解.

例2 求解线性方程组$\begin{cases}2x_1-2x_2+x_3=1\\x_1+x_2+x_3=6\\x_1+3x_2-2x_3=1\end{cases}$.

解 对该方程组的增广矩阵实施初等行变换,将其化成行最简形矩阵.

$$\widetilde{A}=(A\mid b)=\left(\begin{array}{ccc:c}2&-2&1&1\\1&1&1&6\\1&3&-2&1\end{array}\right)\xrightarrow{r_1\leftrightarrow r_2}\left(\begin{array}{ccc:c}1&1&1&6\\2&-2&1&1\\1&3&-2&1\end{array}\right)\xrightarrow[r_3-r_1]{r_2-2r_1}\left(\begin{array}{ccc:c}1&1&1&6\\0&-4&-1&-11\\0&2&-3&-5\end{array}\right)$$

$$\xrightarrow{r_2\leftrightarrow r_3}\left(\begin{array}{ccc:c}1&1&1&6\\0&2&-3&-5\\0&-4&-1&-11\end{array}\right)\xrightarrow{r_3+2r_2}\left(\begin{array}{ccc:c}1&1&1&6\\0&2&-3&-5\\0&0&-7&-21\end{array}\right)\xrightarrow{r_3\times(-\frac{1}{7})}\left(\begin{array}{ccc:c}1&1&1&6\\0&2&-3&-5\\0&0&1&3\end{array}\right)$$

$$\xrightarrow{r_2+3r_3}\left(\begin{array}{ccc:c}1&1&0&3\\0&2&0&4\\0&0&1&3\end{array}\right)\xrightarrow[r_1-\frac{1}{2}r_2]{r_2\times\frac{1}{2}}\left(\begin{array}{ccc:c}1&0&0&1\\0&1&0&2\\0&0&1&3\end{array}\right)=\widetilde{\boldsymbol{B}}.$$

$\widetilde{\boldsymbol{B}}$ 对应的线性方程组为 $\begin{cases}x_1=1\\x_2=2\\x_3=3\end{cases}$，即为原方程组的解，原方程组有唯一解．

注意：此例中由系数矩阵的秩 $R(\boldsymbol{A})$ 等于增广矩阵的秩 $R(\widetilde{\boldsymbol{A}})$，可知方程组有解．又由 $R(\boldsymbol{A})=R(\widetilde{\boldsymbol{A}})=3$（未知量的个数），则方程组解是唯一的．

例 3　求解线性方程组 $\begin{cases}x_1-x_2-x_3+x_4=0\\x_1-x_2+x_3-3x_4=2\\x_1-x_2-2x_3+3x_4=-1\end{cases}$．

解　对该方程组的增广矩阵实施初等行变换，将其化成行最简形矩阵．

$$\widetilde{\boldsymbol{A}}=(\boldsymbol{A}\mid\boldsymbol{b})=\left(\begin{array}{cccc:c}1&-1&-1&1&0\\1&-1&1&-3&2\\1&-1&-2&3&-1\end{array}\right)\xrightarrow[r_3-r_1]{r_2-r_1}\left(\begin{array}{cccc:c}1&-1&-1&1&0\\0&0&2&-4&2\\0&0&-1&2&-1\end{array}\right)$$

$$\xrightarrow[r_2\times\left(\frac{1}{2}\right)]{r_3+\frac{1}{2}r_2}\left(\begin{array}{cccc:c}1&-1&-1&1&0\\0&0&1&-2&1\\0&0&0&0&0\end{array}\right)\xrightarrow{r_1+r_2}\left(\begin{array}{cccc:c}1&-1&0&-1&1\\0&0&1&-2&1\\0&0&0&0&0\end{array}\right)=\widetilde{\boldsymbol{B}}.$$

$\widetilde{\boldsymbol{B}}$ 对应的线性方程组为 $\begin{cases}x_1-x_2-x_4=1\\x_3-2x_4=1\end{cases}$，移项得 $\begin{cases}x_1=1+x_2+x_4\\x_3=1+2x_4\end{cases}$，未知量 x_2,x_4 可以任意取值，称为**自由未知量**．另外两个未知量 x_1,x_3 可由自由未知量 x_2,x_4 表示，可知该方程组有无穷多解．

取 $x_2=k_1,x_4=k_2$（k_1,k_2 为任意实数），则得原方程组的通解为 $\begin{cases}x_1=1+k_1+k_2\\x_2=k_1\\x_3=1+2k_2\\x_4=k_2\end{cases}$．

注意：此例中系数矩阵的秩 $R(\boldsymbol{A})$ 等于增广矩阵的秩 $R(\widetilde{\boldsymbol{A}})$，但小于未知量的个数，线性方程组有解并且有无穷多解．

3.2.2　线性方程组解的判定

从上面的三个例子可以看出，方程组系数矩阵的秩 $R(\boldsymbol{A})$、增广矩阵的秩 $R(\widetilde{\boldsymbol{A}})$ 及未知量个数 n 的关系和线性方程组解的情况密切相关．

一般地，若方程组(3.1.1)系数矩阵的秩 $R(\boldsymbol{A})=r$，则其增广矩阵 $\widetilde{\boldsymbol{A}}$ 经行初等变换一定可以化为如式(3.2.1)所示的行最简形．即

$$\widetilde{A}\xrightarrow{\text{行初等变换}}\left(\begin{array}{cccccccc|c}1&0&\cdots&0&c_{1,r+1}&\cdots&c_{1,n}&d_1\\0&1&\cdots&0&c_{2,r+1}&\cdots&c_{2,n}&d_2\\\vdots&\vdots&&\vdots&\vdots&&\vdots&\vdots\\0&0&\cdots&1&c_{r,r+1}&\cdots&c_{r,n}&d_r\\0&0&\cdots&0&0&\cdots&0&d_{r+1}\\0&0&\cdots&0&0&\cdots&0&0\\\vdots&\vdots&&\vdots&\vdots&&\vdots&\vdots\\0&0&\cdots&0&0&\cdots&0&0\end{array}\right)=\widetilde{\boldsymbol{D}}. \tag{3.2.1}$$

$\widetilde{\boldsymbol{D}}$ 对应的线性方程组为

$$\begin{cases}x_1+c_{1,r+1}x_{r+1}+\cdots+c_{1,n}x_n=d_1\\x_2+c_{2,r+1}x_{r+1}+\cdots+c_{2,n}x_n=d_2\\\qquad\cdots\cdots\cdots\cdots\\x_r+c_{r,r+1}x_{r+1}+\cdots+c_{r,n}x_n=d_r\\0=d_{r+1}\end{cases} \tag{3.2.2}$$

方程组(3.2.2)和方程组(3.1.1)是同解方程组．则由矩阵(3.2.1)可讨论方程组(3.1.1)解的情况．结果如下：

(1) 若 $d_{r+1}\neq 0$,则 $R(\boldsymbol{A})<R(\widetilde{\boldsymbol{A}})$,方程组有矛盾方程,此时方程组(3.1.1)**无解**;反之亦成立．

(2) 若 $d_{r+1}=0$,则 $R(\boldsymbol{A})=R(\widetilde{\boldsymbol{A}})=r$,方程组没有矛盾方程,此时方程组(3.1.1)有**解**．特别地，有：

当 $R(\boldsymbol{A})=R(\widetilde{\boldsymbol{A}})=r=n$(未知量的个数)时,方程组没有自由未知量,方程组(3.1.1)有**唯一解**;反之亦成立．

当 $R(\boldsymbol{A})=R(\widetilde{\boldsymbol{A}})=r<n$(未知量的个数)时,方程组有 $n-r$ 个自由未知量,方程组(3.1.1)有**无穷多解**;反之亦成立．

对于齐次线性方程组(3.1.4),显然,$\boldsymbol{x}=(0,0,\cdots,0)^{\mathrm{T}}$ 是它的一个解,称为**零解**或**平凡解**．故齐次线性方程组的解只有以下两种情况：

(1) 当 $R(\boldsymbol{A})=r=n$ 时,齐次线性方程组有**唯一解**,或称**只有零解**．

(2) 当 $R(\boldsymbol{A})=r<n$ 时,齐次线性方程组有**无穷多解**,或称有**非零解**．

综合上述讨论,我们有如下线性方程组解的判定定理：

定理1 非齐次线性方程组(3.1.1)有解的充要条件是它的系数矩阵 $\boldsymbol{A}$ 的秩等于增广矩阵 $\widetilde{\boldsymbol{A}}$ 的秩,即 $R(\boldsymbol{A})=R(\widetilde{\boldsymbol{A}})=r$. 且当 $r=n$(未知量的个数)时,方程组有唯一解;$r<n$ 时,方程组有无穷多解．

定理2 齐次线性方程组(3.1.4)有非零解的充要条件是它的系数矩阵 $\boldsymbol{A}$ 的秩小于未知量的个数,即 $R(\boldsymbol{A})<n$(未知量的个数)．

推论 齐次线性方程组(3.1.4)中,若方程的个数 m 小于未知量的个数 n,则必有非零解．

例 4　讨论当 k 取何值时,齐次线性方程组 $\begin{cases}x_1+x_2+x_3=0\\x_1+kx_2+x_3=0\\x_1+x_2+k^2x_3=0\end{cases}$ 有非零解,并求其通解.

解　法一. 因为齐次线性方程组常数项全为 0,只需对齐次方程组的系数矩阵实施初等行变换,化为行阶梯形矩阵. 有

$$\boldsymbol{A}=\begin{pmatrix}1&1&1\\1&k&1\\1&1&k^2\end{pmatrix}\xrightarrow[r_3-r_1]{r_2-r_1}\begin{pmatrix}1&1&1\\0&k-1&0\\0&0&(k-1)(k+1)\end{pmatrix}=\boldsymbol{B}.$$

当 $(k-1)(k+1)=0$,即 $k=1$ 或 $k=-1$ 时,$R(\boldsymbol{A})<3$(未知量个数),方程组有非零解.

当 $k=1$ 时,$\boldsymbol{B}=\begin{pmatrix}1&1&1\\0&0&0\\0&0&0\end{pmatrix}$,$\boldsymbol{B}$ 对应的齐次线性方程组为 $x_1+x_2+x_3=0$.

移项得 $x_1=-x_2-x_3$,x_2,x_3 为自由未知量,故原方程组的通解为

$$\begin{cases}x_1=-k_1-k_2\\x_2=k_1\\x_3=k_2\end{cases}\quad(k_1,k_2\text{ 为任意实数}).$$

当 $k=-1$ 时,$\boldsymbol{B}=\begin{pmatrix}1&1&1\\0&-2&0\\0&0&0\end{pmatrix}\xrightarrow{r_2\times\left(-\frac{1}{2}\right)}\begin{pmatrix}1&0&1\\0&1&0\\0&0&0\end{pmatrix}=\boldsymbol{C}$,

$\boldsymbol{C}$ 对应的齐次线性方程组为 $\begin{cases}x_1=-x_3\\x_2=0\end{cases}$,$x_3$ 为自由未知量. 故原方程组的通解为

$$\begin{cases}x_1=-k_1\\x_2=0\\x_3=k_1\end{cases}\quad(k_1\text{ 为任意实数}).$$

因为此例中方程的个数与未知量个数相同,结合克莱姆法则,可有如下解法:

法二. 方程组系数行列式为 $|\boldsymbol{A}|=\begin{vmatrix}1&1&1\\1&k&1\\1&1&k^2\end{vmatrix}=(k-1)^2(k+1)$. 根据克莱姆法则,当 $|\boldsymbol{A}|=0$,即 $k=1$ 或 $k=-1$ 时,方程组有非零解. 求通解方法同法一.

例 5　问 a 取何值时,线性方程组 $\begin{cases}x_1+2x_2+x_3=1\\2x_1+3x_2+(a+2)x_3=3\\x_1+ax_2-2x_3=0\end{cases}$ 有唯一解; 无解; 有无穷多解,并在有无穷多解时写出通解.

解　法一. 对方程组增广矩阵实施初等行变换,将其化成行阶梯形矩阵.

$$\widetilde{\boldsymbol{A}}=\left(\begin{array}{ccc:c}1&2&1&1\\2&3&a+2&3\\1&a&-2&0\end{array}\right)\xrightarrow[r_3-r_1]{r_2-2r_1}\left(\begin{array}{ccc:c}1&2&1&1\\0&-1&a&1\\0&a-2&-3&-1\end{array}\right)$$

$$\xrightarrow{r_3+r_2\times(a-2)}\left(\begin{array}{ccc:c}1&2&1&1\\0&-1&a&1\\0&0&(a-3)(a+1)&a-3\end{array}\right)=\widetilde{\boldsymbol{B}}.$$

当$(a-3)(a+1)\neq 0$,即$a\neq -1$且$a\neq 3$时,$R(\boldsymbol{A})=R(\tilde{\boldsymbol{A}})=3$,方程组有唯一解;

当$a=-1$时,$\tilde{\boldsymbol{A}}\to\left(\begin{array}{ccc:c}1&2&1&1\\0&-1&-1&1\\0&0&0&4\end{array}\right)$,$R(\boldsymbol{A})=2$,$R(\tilde{\boldsymbol{A}})=3$,$R(\boldsymbol{A})<R(\tilde{\boldsymbol{A}})$,方程组无解;

当$a=3$时,$\tilde{\boldsymbol{A}}\to\left(\begin{array}{ccc:c}1&2&1&1\\0&-1&3&1\\0&0&0&4\end{array}\right)$,$R(\boldsymbol{A})=R(\tilde{\boldsymbol{A}})=2<3$(未知量个数),方程组有无穷多解.

此时

$$\tilde{\boldsymbol{B}}=\left(\begin{array}{ccc:c}1&2&1&1\\0&-1&3&1\\0&0&0&0\end{array}\right)\xrightarrow[r_2\times(-1)]{r_1+2r_2}\left(\begin{array}{ccc:c}1&0&7&3\\0&1&-3&-1\\0&0&0&0\end{array}\right)=\tilde{\boldsymbol{C}},$$

$\tilde{\boldsymbol{C}}$对应的线性方程组为$\begin{cases}x_1+7x_3=3\\x_2-3x_3=-1\end{cases}$,移项得$\begin{cases}x_1=3-7x_3\\x_2=-1+3x_3\end{cases}$,$x_3$为自由未知量,故原方程组的通解为

$$\begin{cases}x_1=3-7k\\x_2=-1+3k\\x_3=k\end{cases}\quad(k\text{ 为任意实数}).$$

因为所给方程组中方程的个数和未知量的个数相同,利用克莱姆法则,可有如下解法:

法二. 方程组系数行列式为$|\boldsymbol{A}|=\begin{vmatrix}1&2&1\\2&3&a+2\\1&a&-2\end{vmatrix}=-(a-3)(a+1)$. 由克莱姆法则,当$|\boldsymbol{A}|\neq 0$时,即当$a\neq 3$且$a\neq -1$时,方程组有唯一解.

当$a=-1$时,$\tilde{\boldsymbol{A}}=\begin{pmatrix}1&2&1&1\\2&3&1&3\\1&-1&-2&0\end{pmatrix}\xrightarrow[r_3-r_1]{r_2-2r_1}\begin{pmatrix}1&2&1&1\\0&-1&-1&1\\0&-3&-3&-1\end{pmatrix}$

$$\xrightarrow{r_3-3r_2}\begin{pmatrix}1&2&1&1\\0&-1&-1&1\\0&0&0&-4\end{pmatrix},$$

显然$R(\tilde{\boldsymbol{A}})\neq R(\boldsymbol{A})$,方程组无解.

当$a=3$时,$\tilde{\boldsymbol{A}}=\begin{pmatrix}1&2&1&1\\2&3&5&3\\1&3&-2&0\end{pmatrix}\xrightarrow[r_3-r_1]{r_2-2r_1}\begin{pmatrix}1&2&1&1\\0&-1&-3&1\\0&1&3&-1\end{pmatrix}\xrightarrow{r_3+r_2}\begin{pmatrix}1&2&1&1\\0&-1&-3&1\\0&0&0&0\end{pmatrix}$,

显然,$R(\tilde{\boldsymbol{A}})=R(\boldsymbol{A})=2<3$(未知量个数),方程组有无穷多个解. 求通解过程与法一一致.

习　题　3.2

1. 判断下列论述是否正确:

(1)齐次线性方程组有非零解的充要条件是系数矩阵的秩小于未知量的个数;

(2)n元线性方程组$\boldsymbol{Ax}=\boldsymbol{b}$有无穷多个解的充要条件是$R(\boldsymbol{A})=R(\tilde{\boldsymbol{A}})<$方程的个数;

(3)若$\boldsymbol{Ax}=\boldsymbol{0}$只有零解,则$\boldsymbol{Ax}=\boldsymbol{b}$有唯一解;

(4) 若 $\boldsymbol{Ax}=\boldsymbol{0}$ 有非零解，则 $\boldsymbol{Ax}=\boldsymbol{b}$ 有无穷多解；

(5) 若 $\boldsymbol{Ax}=\boldsymbol{b}$ 有无穷多解，则 $\boldsymbol{Ax}=\boldsymbol{0}$ 有非零解．

2. 设线性方程组 $\boldsymbol{Ax}=\boldsymbol{b}$ 有 m 个方程，n 个未知量，且 $R(\boldsymbol{A})=r$，则此方程组(　　)．

A. $r=m$ 时，有解　　　　B. $r=n$ 时，有唯一解

C. $m=n$ 时，有唯一解　　D. $r<n$ 时，有无穷多解

3. 设 $\boldsymbol{A}=\begin{pmatrix}1&2&1\\2&3&a+2\\1&a&-2\end{pmatrix}$，$\boldsymbol{b}=\begin{pmatrix}1\\3\\1\end{pmatrix}$，$\boldsymbol{x}=\begin{pmatrix}x_1\\x_2\\x_3\end{pmatrix}$，若 $\boldsymbol{Ax}=\boldsymbol{0}$ 只有零解，则 a______，若 $\boldsymbol{Ax}=\boldsymbol{b}$ 无解，则 a______．

4. 设 $\boldsymbol{A}=\begin{pmatrix}1&2&-3\\4&t&-1\\2&-3&1\end{pmatrix}$，$\boldsymbol{B}$ 为三阶非零矩阵，且 $\boldsymbol{AB}=\boldsymbol{O}$，则 $t=$______．

5. 判断下列方程组解的情况，并求解：

(1) $\begin{cases}3x_1-5x_2+5x_3-3x_4=2\\x_1-2x_2+3x_3-x_4=1\\2x_1-3x_2+2x_3-2x_4=1\end{cases}$；　(2) $\begin{cases}x_1-2x_2+x_3-x_4+x_5=0\\2x_1+x_2-x_3+2x_4\quad 3x_5=0\\3x_1-2x_2-x_3+x_4-2x_5=0\\2x_1-5x_2+x_3-2x_4+2x_5=0\end{cases}$．

6. 讨论非齐次线性方程组 $\begin{cases}2x_1-x_2+x_3+x_4=1\\x_1+2x_2-x_3+4x_4=2\\x_1+7x_2-4x_3+11x_4=k\end{cases}$ 解的情况，并在有无穷多解时求通解．

7. λ 为何值时，非齐次线性方程组 $\begin{cases}\lambda x_1+x_2+x_3=1\\x_1+\lambda x_2+x_3=\lambda\\x_1+x_2+\lambda x_3=\lambda^2\end{cases}$ 有唯一解？无解？有无穷多解？并在有无穷多解时求通解．

3.3　向量及其线性表示

在第 2 章中，向量作为特殊的矩阵已经介绍过，现再叙述如下：

定义 1　只有一行的矩阵称为**行向量**，只有一列的矩阵称为**列向量**．即向量是 n 个有次序的数 $a_1,a_2,\cdots,a_n$ 所组成的数组，n 称为向量的**维数**，a_i 称为向量的第 i 个**分量**．

我们用黑体字母 $\boldsymbol{\alpha}$，$\boldsymbol{\beta}$ 表示列向量，$\boldsymbol{\alpha}^{\mathrm{T}}$，$\boldsymbol{\beta}^{\mathrm{T}}$ 表示行向量．如无特殊说明，本书中提到的向量均为列向量．

向量作为特殊的矩阵，遵循矩阵的线性运算规则，设 $\boldsymbol{\alpha}=\begin{pmatrix}a_1\\a_2\\\vdots\\a_n\end{pmatrix}$，$\boldsymbol{\beta}=\begin{pmatrix}b_1\\b_2\\\vdots\\b_n\end{pmatrix}$ 是两个 n 维向量，λ 为任意常数，则有

$$\boldsymbol{\alpha}\pm\boldsymbol{\beta}=\begin{pmatrix}a_1\\a_2\\\vdots\\a_n\end{pmatrix}\pm\begin{pmatrix}b_1\\b_2\\\vdots\\b_n\end{pmatrix}=\begin{pmatrix}a_1\pm b_1\\a_2\pm b_2\\\vdots\\a_n\pm b_n\end{pmatrix},\quad \lambda\boldsymbol{\alpha}=\begin{pmatrix}\lambda a_1\\\lambda a_2\\\vdots\\\lambda a_n\end{pmatrix}.$$

定义 2 若干同维数的列向量(或同维数的行向量)$\boldsymbol{\alpha}_1,\boldsymbol{\alpha}_2,\cdots,\boldsymbol{\alpha}_m$ 所组成的集合称为**向量组**, 记作 $\boldsymbol{A}$.

对于给定的 n 维向量组 $\boldsymbol{A}:\boldsymbol{\alpha}_1,\boldsymbol{\alpha}_2,\cdots,\boldsymbol{\alpha}_m$, 以每个向量为矩阵的列,它可以构成一个 $n\times m$ 矩阵, 记作

$$\boldsymbol{A}=(\boldsymbol{\alpha}_1,\boldsymbol{\alpha}_2,\cdots,\boldsymbol{\alpha}_m).$$

反之, 任意 $n\times m$ 矩阵都可以看作 m 个 n 维向量构成的矩阵, 即含有有限个向量的有序向量组可以与矩阵一一对应.

定义 3 对于给定的向量组 $\boldsymbol{A}:\boldsymbol{\alpha}_1,\boldsymbol{\alpha}_2,\cdots,\boldsymbol{\alpha}_m$, 以及任意一组实数 $k_1,k_2,\cdots,k_m$, 表达式

$$k_1\boldsymbol{\alpha}_1+k_2\boldsymbol{\alpha}_2+\cdots+k_m\boldsymbol{\alpha}_m$$

称为向量组 $\boldsymbol{A}$ 的**线性组合**, 实数 $k_1,k_2,\cdots,k_m$ 称为这个线性组合的**系数**.

定义 4 对于给定的向量组 $\boldsymbol{A}:\boldsymbol{\alpha}_1,\boldsymbol{\alpha}_2,\cdots,\boldsymbol{\alpha}_m$ 以及向量 $\boldsymbol{\beta}$, 若存在实数 $k_1,k_2,\cdots,k_m$, 使得

$$\boldsymbol{\beta}=k_1\boldsymbol{\alpha}_1+k_2\boldsymbol{\alpha}_2+\cdots+k_m\boldsymbol{\alpha}_m,$$

则称向量 $\boldsymbol{\beta}$ 是向量组 $\boldsymbol{A}$ 的**线性组合**, 或称 $\boldsymbol{\beta}$ 可由向量组 $\boldsymbol{A}$ **线性表示**.

例 1 n 维向量空间中的 n 个向量 $\boldsymbol{\varepsilon}_1=\begin{pmatrix}1\\0\\\vdots\\0\end{pmatrix},\boldsymbol{\varepsilon}_2=\begin{pmatrix}0\\1\\\vdots\\0\end{pmatrix},\cdots,\boldsymbol{\varepsilon}_n=\begin{pmatrix}0\\0\\\vdots\\1\end{pmatrix}$称为**单位向量组**. 显然, 任意 n 维向量 $\boldsymbol{\alpha}=\begin{pmatrix}a_1\\a_2\\\vdots\\a_n\end{pmatrix}$都可以由单位向量组线性表示,即 $\boldsymbol{\alpha}=a_1\boldsymbol{\varepsilon}_1+a_2\boldsymbol{\varepsilon}_2+\cdots+a_n\boldsymbol{\varepsilon}_n$.

定义 5 设有两个向量组 $\boldsymbol{A}:\boldsymbol{\alpha}_1,\boldsymbol{\alpha}_2,\cdots,\boldsymbol{\alpha}_m$ 及 $\boldsymbol{B}:\boldsymbol{\beta}_1,\boldsymbol{\beta}_2,\cdots,\boldsymbol{\beta}_l$, 若 $\boldsymbol{B}$ 中每个向量都可以由向量组 $\boldsymbol{A}$ 线性表示, 则称向量组 $\boldsymbol{B}$ 可以由向量组 $\boldsymbol{A}$ **线性表示**. 若向量组 $\boldsymbol{A}$ 与向量组 $\boldsymbol{B}$ 可以相互线性表示, 则称这两个向量组**等价**, 记作 $\boldsymbol{A}\sim\boldsymbol{B}$.

向量组之间的等价关系具有以下性质:

(1)**反身性**:每一个向量组都与它自身等价;

(2)**对称性**:如果向量组 $\boldsymbol{A}$ 与向量组 $\boldsymbol{B}$ 等价, 则向量组 $\boldsymbol{B}$ 也与向量组 $\boldsymbol{A}$ 等价;

(3)**传递性**:如果向量组 $\boldsymbol{A}$ 与向量组 $\boldsymbol{B}$ 等价, 向量组 $\boldsymbol{B}$ 与向量组 $\boldsymbol{C}$ 等价, 则向量组 $\boldsymbol{A}$ 与向量组 $\boldsymbol{C}$ 等价.

对于向量组 $\boldsymbol{A}:\boldsymbol{\alpha}_j=\begin{pmatrix}a_{1j}\\a_{2j}\\\vdots\\a_{nj}\end{pmatrix}(j=1,2,\cdots,m)$, $\boldsymbol{\beta}=\begin{pmatrix}b_1\\b_2\\\vdots\\b_n\end{pmatrix}$, 若 $\boldsymbol{\beta}$ 可由向量组 $\boldsymbol{A}$ 线性表示,由定义 4 知,即存在实数 $k_1,k_2,\cdots,k_m$, 使得 $\boldsymbol{\beta}=k_1\boldsymbol{\alpha}_1+k_2\boldsymbol{\alpha}_2+\cdots+k_m\boldsymbol{\alpha}_m$. 根据线性方程组的向量方程形式知, 这等价于线性方程组

$$\begin{cases} a_{11}x_1+a_{12}x_2+\cdots+a_{1m}x_m=b_1 \\ a_{21}x_1+a_{22}x_2+\cdots+a_{2m}x_m=b_2 \\ \cdots\cdots\cdots\cdots \\ a_{n1}x_1+a_{n2}x_2+\cdots+a_{nm}x_m=b_n \end{cases}$$

有解．由线性方程组的解的判定定理．得：

定理 3　向量 $\boldsymbol{\beta}$ 可以由向量组 $\boldsymbol{A}:\boldsymbol{\alpha}_j(j=1,2,\cdots,m)$ 线性表示的充要条件是矩阵 $(\boldsymbol{\alpha}_1,\boldsymbol{\alpha}_2,\cdots,\boldsymbol{\alpha}_m)$ 的秩等于矩阵 $(\boldsymbol{\alpha}_1,\boldsymbol{\alpha}_2,\cdots,\boldsymbol{\alpha}_m,\boldsymbol{\beta})$ 的秩，而表示法唯一的充要条件是

$$R(\boldsymbol{\alpha}_1,\boldsymbol{\alpha}_2,\cdots,\boldsymbol{\alpha}_m)=R(\boldsymbol{\alpha}_1,\boldsymbol{\alpha}_2,\cdots,\boldsymbol{\alpha}_m,\boldsymbol{\beta})=m(\text{向量组}\boldsymbol{A}\text{包含向量的个数})$$

下面讨论若向量组 $\boldsymbol{B}:\boldsymbol{\beta}_1,\boldsymbol{\beta}_2,\cdots,\boldsymbol{\beta}_l$ 可以由向量组 $\boldsymbol{A}:\boldsymbol{\alpha}_1,\boldsymbol{\alpha}_2,\cdots,\boldsymbol{\alpha}_m$ 线性表示，则 $\boldsymbol{\beta}_1$ 可由 $\boldsymbol{A}$ 线性表示，由定理 3 知,当且仅当

$$R(\boldsymbol{\alpha}_1,\boldsymbol{\alpha}_2,\cdots,\boldsymbol{\alpha}_m)=R(\boldsymbol{\alpha}_1,\boldsymbol{\alpha}_2,\cdots,\boldsymbol{\alpha}_m,\boldsymbol{\beta}_1).$$

由于 $\boldsymbol{\beta}_2$ 可由 $\boldsymbol{A}$ 线性表示,显然也可由向量组 $\boldsymbol{\alpha}_1,\boldsymbol{\alpha}_2,\cdots,\boldsymbol{\alpha}_m,\boldsymbol{\beta}_1$ 线性表示，由定理 3 知,当且仅当

$R(\boldsymbol{\alpha}_1,\boldsymbol{\alpha}_2,\cdots,\boldsymbol{\alpha}_m,\boldsymbol{\beta}_1)=R(\boldsymbol{\alpha}_1,\boldsymbol{\alpha}_2,\cdots,\boldsymbol{\alpha}_m,\boldsymbol{\beta}_1,\boldsymbol{\beta}_2)$. 从而 $R(\boldsymbol{\alpha}_1,\boldsymbol{\alpha}_2,\cdots,\boldsymbol{\alpha}_m)=R(\boldsymbol{\alpha}_1,\boldsymbol{\alpha}_2,\cdots,\boldsymbol{\alpha}_m,\boldsymbol{\beta}_1,\boldsymbol{\beta}_2)$
依此类推,从而有以下定理：

定理 4　向量组 $\boldsymbol{B}:\boldsymbol{\beta}_1,\boldsymbol{\beta}_2,\cdots,\boldsymbol{\beta}_l$ 可以由向量组 $\boldsymbol{A}:\boldsymbol{\alpha}_1,\boldsymbol{\alpha}_2,\cdots,\boldsymbol{\alpha}_m$ 线性表示的充要条件是 $R(\boldsymbol{\alpha}_1,\boldsymbol{\alpha}_2,\cdots,\boldsymbol{\alpha}_m)=R(\boldsymbol{\alpha}_1,\boldsymbol{\alpha}_2,\cdots,\boldsymbol{\alpha}_m,\boldsymbol{\beta}_1,\boldsymbol{\beta}_2,\cdots,\boldsymbol{\beta}_l)$.

记 $\boldsymbol{A}=(\boldsymbol{\alpha}_1,\boldsymbol{\alpha}_2,\cdots,\boldsymbol{\alpha}_m)\boldsymbol{B}=(\boldsymbol{\beta}_1,\boldsymbol{\beta}_2,\cdots,\boldsymbol{\beta}_l)$ 则有：

推论 1　若向量组 $\boldsymbol{B}$ 可以由向量组 $\boldsymbol{A}$ 线性表示，则 $R(\boldsymbol{B})\leqslant R(\boldsymbol{A})$.

证　由定理 4 知 $R(\boldsymbol{A}\ \ \boldsymbol{B})=R(\boldsymbol{A})$，而 $R(\boldsymbol{B})\leqslant R(\boldsymbol{A}\ \ \boldsymbol{B})$，得证．

推论 2　向量组 $\boldsymbol{A}$ 与向量组 $\boldsymbol{B}$ 等价的充要条件是 $R(\boldsymbol{A})=R(\boldsymbol{B})=R(\boldsymbol{A}\ \ \boldsymbol{B})$.

例 2　设 $\boldsymbol{\alpha}_1=\begin{pmatrix}1\\0\\-1\end{pmatrix}$，$\boldsymbol{\alpha}_2=\begin{pmatrix}1\\1\\1\end{pmatrix}$，$\boldsymbol{\alpha}_3=\begin{pmatrix}3\\1\\-1\end{pmatrix}$，$\boldsymbol{\beta}=\begin{pmatrix}5\\3\\1\end{pmatrix}$，判断 $\boldsymbol{\beta}$ 可否由 $\boldsymbol{\alpha}_1,\boldsymbol{\alpha}_2,\boldsymbol{\alpha}_3$ 线性表示．

解　根据定理 3，即证矩阵 $\boldsymbol{A}=(\boldsymbol{\alpha}_1,\boldsymbol{\alpha}_2,\boldsymbol{\alpha}_3)$ 的秩是否等于矩阵 $\boldsymbol{B}=(\boldsymbol{\alpha}_1,\boldsymbol{\alpha}_2,\boldsymbol{\alpha}_3,\boldsymbol{\beta})$ 的秩．为此，将矩阵 $\boldsymbol{B}$ 化为行阶梯形矩阵

$$\boldsymbol{B}=\begin{pmatrix}1&1&3&5\\0&1&1&3\\-1&1&-1&1\end{pmatrix}\to\begin{pmatrix}1&1&3&5\\0&1&1&3\\0&0&0&0\end{pmatrix}.$$

可见 $R(\boldsymbol{A})=R(\boldsymbol{B})$，因此向量 $\boldsymbol{\beta}$ 可由 $\boldsymbol{\alpha}_1,\boldsymbol{\alpha}_2,\boldsymbol{\alpha}_3$ 线性表示．

例 3　设 $\boldsymbol{\alpha}_1=\begin{pmatrix}1\\-1\\1\\-1\end{pmatrix}$，$\boldsymbol{\alpha}_2=\begin{pmatrix}3\\1\\1\\3\end{pmatrix}$，$\boldsymbol{\beta}_1=\begin{pmatrix}2\\0\\1\\1\end{pmatrix}$，$\boldsymbol{\beta}_2=\begin{pmatrix}1\\1\\0\\2\end{pmatrix}$，$\boldsymbol{\beta}_3=\begin{pmatrix}3\\-1\\2\\0\end{pmatrix}$，证明向量组 $\boldsymbol{\alpha}_1$，$\boldsymbol{\alpha}_2$ 与向量组 $\boldsymbol{\beta}_1$，$\boldsymbol{\beta}_2$，$\boldsymbol{\beta}_3$ 等价．

证　记 $\boldsymbol{A}$，$\boldsymbol{B}$ 分别为矩阵 $(\boldsymbol{\alpha}_1,\boldsymbol{\alpha}_2)$，$(\boldsymbol{\beta}_1,\boldsymbol{\beta}_2,\boldsymbol{\beta}_3)$，根据推论 2，只要证明

$$R(\boldsymbol{A})=R(\boldsymbol{B})=R(\boldsymbol{A}\ \ \boldsymbol{B})$$

即可为此，将矩阵 $(\boldsymbol{A}\ \ \boldsymbol{B})$ 化成行阶梯形矩阵

$$(\boldsymbol{A}\ \ \boldsymbol{B})=\begin{pmatrix}1&3&2&1&3\\-1&1&0&1&-1\\1&1&1&0&2\\-1&3&1&2&0\end{pmatrix}\to\begin{pmatrix}1&3&2&1&3\\0&2&1&1&1\\0&0&0&0&0\\0&0&0&0&0\end{pmatrix}.$$

可见 $R(\boldsymbol{A})=2$, $R(\boldsymbol{A}\ \ \boldsymbol{B})=2$, $R(\boldsymbol{B})\leqslant 2$.

易见,矩阵 $\boldsymbol{B}$ 中有非零的二阶子式, 故 $R(\boldsymbol{B})\geqslant 2$. 综上 $R(\boldsymbol{B})=2$, 因此

$$R(\boldsymbol{A})=R(\boldsymbol{B})=R(\boldsymbol{A}\ \ \boldsymbol{B}).$$

习 题 3.3

1. 设向量组 $\boldsymbol{A}:\boldsymbol{\alpha}_1,\boldsymbol{\alpha}_2$, 向量组 $\boldsymbol{B}:\boldsymbol{\beta}_1,\boldsymbol{\beta}_2$, 其中

$$\boldsymbol{\alpha}_1=\begin{pmatrix}1\\-1\\2\\4\end{pmatrix},\ \boldsymbol{\alpha}_2=\begin{pmatrix}0\\3\\1\\2\end{pmatrix},\ \boldsymbol{\beta}_1=\begin{pmatrix}3\\0\\7\\14\end{pmatrix},\ \boldsymbol{\beta}_2=\begin{pmatrix}2\\1\\5\\10\end{pmatrix}.$$

证明向量组 $\boldsymbol{A}$ 和 $\boldsymbol{B}$ 等价.

2. 已知向量组

$$\boldsymbol{A}:\boldsymbol{\alpha}_1=\begin{pmatrix}0\\1\\2\\3\end{pmatrix},\ \boldsymbol{\alpha}_2=\begin{pmatrix}3\\0\\1\\2\end{pmatrix},\ \boldsymbol{\alpha}_3=\begin{pmatrix}2\\3\\0\\1\end{pmatrix};\quad \boldsymbol{B}:\boldsymbol{\beta}_1=\begin{pmatrix}2\\1\\1\\2\end{pmatrix},\ \boldsymbol{\beta}_2=\begin{pmatrix}0\\-2\\1\\1\end{pmatrix},\ \boldsymbol{\beta}_3=\begin{pmatrix}4\\4\\1\\3\end{pmatrix}.$$

证明向量组 $\boldsymbol{B}$ 能由 $\boldsymbol{A}$ 线性表示, 但 $\boldsymbol{A}$ 不能由 $\boldsymbol{B}$ 线性表示.

3.4 向量组的线性相关性

3.4.1 向量组的线性相关与线性无关

定义 6 对于给定的向量组 $\boldsymbol{A}:\boldsymbol{\alpha}_1,\boldsymbol{\alpha}_2,\cdots,\boldsymbol{\alpha}_m$, 若存在不全为零的实数 $k_1,k_2,\cdots,k_m$, 使得

$$k_1\boldsymbol{\alpha}_1+k_2\boldsymbol{\alpha}_2+\cdots+k_m\boldsymbol{\alpha}_m=0,$$

则称向量组 $\boldsymbol{A}$ **线性相关**, 否则称向量组 $\boldsymbol{A}$ **线性无关**. 即当且仅当 $k_1=k_2=\cdots=k_m=0$ 时,才有 $k_1\boldsymbol{\alpha}_1+k_2\boldsymbol{\alpha}_2+\cdots+k_m\boldsymbol{\alpha}_m=0$.

易见, 向量组 $\boldsymbol{A}:\boldsymbol{\alpha}_j=\begin{pmatrix}a_{1j}\\a_{2j}\\\vdots\\a_{nj}\end{pmatrix}(j=1,2,\cdots,m)$ 线性相关等价于齐次线性方程组

$$\begin{cases}a_{11}x_1+a_{12}x_2+\cdots+a_{1m}x_m=0\\a_{21}x_1+a_{22}x_2+\cdots+a_{2m}x_m=0\\\cdots\cdots\cdots\cdots\\a_{n1}x_1+a_{n2}x_2+\cdots+a_{nm}x_m=0\end{cases}$$

有非零解; 向量组 $\boldsymbol{A}$ 线性无关等价于此方程组只有零解. 由线性方程组解的判定定理得:

定理 5 向量组 $\boldsymbol{A}:\boldsymbol{\alpha}_j=\begin{pmatrix}a_{1j}\\a_{2j}\\\vdots\\a_{nj}\end{pmatrix}(j=1,2,\cdots,m)$ 线性无关当且仅当矩阵 $\boldsymbol{A}=(\boldsymbol{\alpha}_1,\boldsymbol{\alpha}_2,\cdots,\boldsymbol{\alpha}_m)$ 的

秩 $R(\boldsymbol{A})=m$；向量组 $\boldsymbol{A}$ 线性相关当且仅当 $R(\boldsymbol{A})<m$.

推论　m 个 n 维向量组成的向量组，当维数 n 小于向量个数 m 时一定线性相关．特别地，$n+1$ 个 n 维向量一定线性相关．

例 1　已知 $\boldsymbol{\alpha}_1=\begin{pmatrix}1+c\\1\\1\end{pmatrix}$，$\boldsymbol{\alpha}_2=\begin{pmatrix}1\\1+c\\1\end{pmatrix}$，$\boldsymbol{\alpha}_3=\begin{pmatrix}1\\1\\1+c\end{pmatrix}$，试问当 c 取何值时（1）向量组 $\boldsymbol{\alpha}_1$，$\boldsymbol{\alpha}_2$，$\boldsymbol{\alpha}_3$ 线性无关；（2）向量组 $\boldsymbol{\alpha}_1$，$\boldsymbol{\alpha}_2$，$\boldsymbol{\alpha}_3$ 线性相关．

解　由线性无关的定义知，向量组 $\boldsymbol{\alpha}_1$，$\boldsymbol{\alpha}_2$，$\boldsymbol{\alpha}_3$ 线性无关等价于

$$k_1\boldsymbol{\alpha}_1+k_2\boldsymbol{\alpha}_2+k_3\boldsymbol{\alpha}_3=\boldsymbol{0}$$

只有零解，即齐次线性方程组

$$\begin{cases}(1+c)k_1+k_2+k_3=0\\k_1+(1+c)k_2+k_3=0\\k_1+k_2+(1+c)k_3=0\end{cases}$$

只有零解．其系数行列式

$$D=\begin{vmatrix}1+c&1&1\\1&1+c&1\\1&1&1+c\end{vmatrix}=c^2(3+c).$$

由克莱姆法则可得：

（1）当 $D\neq0$ 时，即当 $c\neq0$ 且 $c\neq-3$ 时，方程组只有零解，向量组 $\boldsymbol{\alpha}_1$，$\boldsymbol{\alpha}_2$，$\boldsymbol{\alpha}_3$ 线性无关；

（2）当 $D=0$ 时，即当 $c=0$ 或 $c=-3$ 时，方程组有非零解，向量组 $\boldsymbol{\alpha}_1$，$\boldsymbol{\alpha}_2$，$\boldsymbol{\alpha}_3$ 线性相关．

例 2　已知向量组 $\boldsymbol{\alpha}_1$，$\boldsymbol{\alpha}_2$，$\boldsymbol{\alpha}_3$ 线性无关，试证明：

（1）$\boldsymbol{\beta}_1=\boldsymbol{\alpha}_1+\boldsymbol{\alpha}_2$，$\boldsymbol{\beta}_2=\boldsymbol{\alpha}_2+\boldsymbol{\alpha}_3$，$\boldsymbol{\beta}_3=\boldsymbol{\alpha}_3+\boldsymbol{\alpha}_1$ 线性无关；

（2）$\boldsymbol{\gamma}_1=\boldsymbol{\alpha}_1-\boldsymbol{\alpha}_2$，$\boldsymbol{\gamma}_2=\boldsymbol{\alpha}_2-\boldsymbol{\alpha}_3$，$\boldsymbol{\gamma}_3=\boldsymbol{\alpha}_3-\boldsymbol{\alpha}_1$ 线性相关．

证　(1)法一．假设 $k_1\boldsymbol{\beta}_1+k_2\boldsymbol{\beta}_2+k_3\boldsymbol{\beta}_3=\boldsymbol{0}$，即得

$$k_1(\boldsymbol{\alpha}_1+\boldsymbol{\alpha}_2)+k_2(\boldsymbol{\alpha}_2+\boldsymbol{\alpha}_3)+k_3(\boldsymbol{\alpha}_3+\boldsymbol{\alpha}_1)=\boldsymbol{0};$$
$$(k_1+k_3)\boldsymbol{\alpha}_1+(k_1+k_2)\boldsymbol{\alpha}_2+(k_2+k_3)\boldsymbol{\alpha}_3=\boldsymbol{0}.$$

因为 $\boldsymbol{\alpha}_1$，$\boldsymbol{\alpha}_2$，$\boldsymbol{\alpha}_3$ 线性无关，所以 $\begin{cases}k_1+k_3=0\\k_1+k_2=0\\k_2+k_3=0\end{cases}$，解得 $k_1=k_2=k_3=0$，故 $\boldsymbol{\beta}_1$，$\boldsymbol{\beta}_2$，$\boldsymbol{\beta}_3$ 线性无关．

法二．由向量组 $\boldsymbol{\alpha}_1,\boldsymbol{\alpha}_2,\boldsymbol{\alpha}_3$ 线性无关，知 $R(\boldsymbol{\alpha}_1,\boldsymbol{\alpha}_2,\boldsymbol{\alpha}_3)=3$，由矩阵乘法运算，

$$\begin{aligned}(\boldsymbol{\beta}_1,\boldsymbol{\beta}_2,\boldsymbol{\beta}_3)&=(\boldsymbol{\alpha}_1+\boldsymbol{\alpha}_2,\boldsymbol{\alpha}_2+\boldsymbol{\alpha}_3,\boldsymbol{\alpha}_3+\boldsymbol{\alpha}_1)\\&=(\boldsymbol{\alpha}_1,\boldsymbol{\alpha}_2,\boldsymbol{\alpha}_3)\begin{pmatrix}1&0&1\\1&1&0\\0&1&1\end{pmatrix}.\end{aligned}$$

因为 $\begin{vmatrix}1&0&1\\1&1&0\\0&1&1\end{vmatrix}=2\neq0$，所以 $R(\boldsymbol{\beta}_1,\boldsymbol{\beta}_2,\boldsymbol{\beta}_3)=R(\boldsymbol{\alpha}_1,\boldsymbol{\alpha}_2,\boldsymbol{\alpha}_3)=3.$

由定理 5，得 $\boldsymbol{\beta}_1,\boldsymbol{\beta}_2,\boldsymbol{\beta}_3$ 是线性无关的．

(2)取 $k_1=k_2=k_3=1$，则

$$k_1\boldsymbol{\gamma}_1+k_2\boldsymbol{\gamma}_2+k_3\boldsymbol{\gamma}_3=(\boldsymbol{\alpha}_1-\boldsymbol{\alpha}_2)+(\boldsymbol{\alpha}_2-\boldsymbol{\alpha}_3)+(\boldsymbol{\alpha}_3-\boldsymbol{\alpha}_1)=\boldsymbol{0},$$

所以 $\boldsymbol{\gamma}_1$, $\boldsymbol{\gamma}_2$, $\boldsymbol{\gamma}_3$ 线性相关.

注意:

(1)包含零向量的向量组一定是线性相关的;

(2)若向量组只含有一个向量 $\boldsymbol{\alpha}$, 则此向量组线性相关的充要条件是 $\boldsymbol{\alpha}=\mathbf{0}$;

(3)对于只含两个向量 $\boldsymbol{\alpha}_1$, $\boldsymbol{\alpha}_2$ 的向量组, 它线性相关的充要条件是 $\boldsymbol{\alpha}_1$, $\boldsymbol{\alpha}_2$ 的分量对应成比例, 其几何意义是两向量共线; 三个向量线性相关的几何意义是三向量共面.

定理6 向量组 $\boldsymbol{A}:\boldsymbol{\alpha}_1,\boldsymbol{\alpha}_2,\cdots,\boldsymbol{\alpha}_m(m\geqslant 2)$ 线性相关的充要条件是向量组中至少有一个向量可由其余向量线性表示.

证 充分性. 设 $\boldsymbol{\alpha}_1,\boldsymbol{\alpha}_2,\cdots,\boldsymbol{\alpha}_m$ 中至少有一个向量可由其余向量线性表示, 不妨设 $\boldsymbol{\alpha}_i(1\leqslant i\leqslant m)$ 可由其余向量线性表示, 即

$$\boldsymbol{\alpha}_i=k_1\boldsymbol{\alpha}_1+\cdots+k_{i-1}\boldsymbol{\alpha}_{i-1}+k_{i+1}\boldsymbol{\alpha}_{i+1}+\cdots+k_m\boldsymbol{\alpha}_m,$$

则有

$$-\boldsymbol{\alpha}_i+k_1\boldsymbol{\alpha}_1+\cdots+k_{i-1}\boldsymbol{\alpha}_{i-1}+k_{i+1}\boldsymbol{\alpha}_{i+1}+\cdots+k_m\boldsymbol{\alpha}_m=\mathbf{0}.$$

因为 $-1,k_1,\cdots,k_{i-1},k_{i+1},\cdots,k_m$ 不全为0, 所以向量组 $\boldsymbol{A}$ 线性相关.

必要性. 设向量组 $\boldsymbol{A}:\boldsymbol{\alpha}_1,\boldsymbol{\alpha}_2,\cdots,\boldsymbol{\alpha}_m(m\geqslant 2)$ 线性相关, 则存在不全为0的数 $k_1,k_2,\cdots,k_m$, 使得

$$k_1\boldsymbol{\alpha}_1+k_2\boldsymbol{\alpha}_2+\cdots+k_m\boldsymbol{\alpha}_m=\mathbf{0}.$$

不妨设 $k_1\neq 0$, 于是便有

$$\boldsymbol{\alpha}_1=-\frac{1}{k_1}(k_2\boldsymbol{\alpha}_2+\cdots+k_m\boldsymbol{\alpha}_m),$$

即此时至少有 $\boldsymbol{\alpha}_1$ 可以由 $\boldsymbol{\alpha}_2,\cdots,\boldsymbol{\alpha}_m$ 线性表示.

定理7 设向量组 $\boldsymbol{A}:\boldsymbol{\alpha}_1,\boldsymbol{\alpha}_2,\cdots,\boldsymbol{\alpha}_m$ 线性无关, 而向量组 $\boldsymbol{\alpha}_1,\boldsymbol{\alpha}_2,\cdots,\boldsymbol{\alpha}_m,\boldsymbol{\beta}$ 线性相关, 则向量 $\boldsymbol{\beta}$ 必可以由向量组 $\boldsymbol{A}$ 线性表示, 且表示式是唯一的.

证 由于向量组 $\boldsymbol{\alpha}_1,\boldsymbol{\alpha}_2,\cdots,\boldsymbol{\alpha}_m,\boldsymbol{\beta}$ 是线性相关的, 则存在不全为零的实数 $k_1,k_2,\cdots,k_m,k$ 使得

$$k_1\boldsymbol{\alpha}_1+k_2\boldsymbol{\alpha}_2+\cdots+k_m\boldsymbol{\alpha}_m+k\boldsymbol{\beta}=\mathbf{0}.$$

若 $k=0$, 则有 $k_1\boldsymbol{\alpha}_1+k_2\boldsymbol{\alpha}_2+\cdots+k_m\boldsymbol{\alpha}_m=\mathbf{0}$, 且 $k_1,k_2,\cdots,k_m$ 不全为零, 这与向量组 $\boldsymbol{A}$ 线性无关矛盾, 所以必有 $k\neq 0$, 从而有

$$\boldsymbol{\beta}=-\frac{1}{k}(k_1\boldsymbol{\alpha}_1+k_2\boldsymbol{\alpha}_2+\cdots+k_m\boldsymbol{\alpha}_m).$$

下面证明表示式的唯一性.

设 $\boldsymbol{\beta}=x_1\boldsymbol{\alpha}_1+x_2\boldsymbol{\alpha}_2+\cdots+x_m\boldsymbol{\alpha}_m$ 及 $\boldsymbol{\beta}=y_1\boldsymbol{\alpha}_1+y_2\boldsymbol{\alpha}_2+\cdots+y_m\boldsymbol{\alpha}_m$ 都是向量 $\boldsymbol{\beta}$ 的表示式, 则有

$$(x_1-y_1)\boldsymbol{\alpha}_1+(x_2-y_2)\boldsymbol{\alpha}_2+\cdots+(x_m-y_m)\boldsymbol{\alpha}_m=\mathbf{0}.$$

由于向量组 $\boldsymbol{A}$ 线性无关, 所以

$$x_i-y_i=0\quad(1\leqslant i\leqslant m),$$

即 $x_i=y_i(1\leqslant i\leqslant m)$, 从而 $\boldsymbol{\beta}$ 的表示式是唯一的.

定理8 (1) 如果向量组中有部分向量组线性相关, 则整个向量组线性相关; 其逆否命题是:如果一个向量组线性无关, 则其任一部分向量组也线性无关.

(2) 如果向量组 $\boldsymbol{A}:\boldsymbol{\alpha}_j=\begin{pmatrix}a_{1j}\\a_{2j}\\\vdots\\a_{nj}\end{pmatrix}(j=1,2,\cdots,m)$ 线性无关，在其每个向量上添加一个分量所得的 $n+1$ 维向量组 $\boldsymbol{B}:\boldsymbol{\beta}_j=\begin{pmatrix}a_{1j}\\a_{2j}\\\vdots\\a_{nj}\\a_{n+1,j}\end{pmatrix}(j=1,2,\cdots,m)$ 也是线性无关的；其逆否命题是：若向量组 $\boldsymbol{B}$ 线性相关，则向量组 $\boldsymbol{A}$ 线性相关.

证　(1) 不妨设向量组 $\boldsymbol{A}:\boldsymbol{\alpha}_1,\boldsymbol{\alpha}_2,\cdots,\boldsymbol{\alpha}_m$ 中的部分组 $\boldsymbol{\alpha}_1,\boldsymbol{\alpha}_2,\cdots,\boldsymbol{\alpha}_r(r<m)$ 线性相关，则存在不全为零的实数 $k_1,k_2,\cdots,k_r$ 使得

$$k_1\boldsymbol{\alpha}_1+k_2\boldsymbol{\alpha}_2+\cdots+k_r\boldsymbol{\alpha}_r=\boldsymbol{0}.$$

令 $k_{r+1}=k_{r+2}=\cdots=k_m=0$，则有

$$k_1\boldsymbol{\alpha}_1+k_2\boldsymbol{\alpha}_2+\cdots+k_r\boldsymbol{\alpha}_r+k_{r+1}\boldsymbol{\alpha}_{r+1}+\cdots+k_m\boldsymbol{\alpha}_m=\boldsymbol{0}.$$

则向量组 $\boldsymbol{A}$ 线性相关.

(2) 设 $x_1\boldsymbol{\beta}_1+x_2\boldsymbol{\beta}_2+\cdots+x_m\boldsymbol{\beta}_m=\boldsymbol{0}$，即得齐次线性方程组

$$\begin{cases}a_{11}x_1+a_{12}x_2+\cdots+a_{1m}x_m=0\\a_{21}x_1+a_{22}x_2+\cdots+a_{2m}x_m=0\\\cdots\cdots\cdots\cdots\\a_{n1}x_1+a_{n2}x_2+\cdots+a_{nm}x_m=0\\a_{n+1,1}x_1+a_{n+1,2}x_2+\cdots+a_{n+1,m}x_m=0\end{cases}.\tag{3.4.1}$$

由于向量组 $\boldsymbol{A}$ 线性无关，所以以下方程组只有零解

$$\begin{cases}a_{11}x_1+a_{12}x_2+\cdots+a_{1m}x_m=0\\a_{21}x_1+a_{22}x_2+\cdots+a_{2m}x_m=0\\\cdots\cdots\cdots\cdots\\a_{n1}x_1+a_{n2}x_2+\cdots+a_{nm}x_m=0\end{cases}.\tag{3.4.2}$$

由于方程组(3.4.1)的解必定是方程组(3.4.2)的解，所以方程组(3.4.1)只有零解，向量组 $\boldsymbol{B}$ 线性无关.

定理 9　若向量组 $\boldsymbol{\alpha}_1,\boldsymbol{\alpha}_2,\cdots,\boldsymbol{\alpha}_s$ 可由向量组 $\boldsymbol{\beta}_1,\boldsymbol{\beta}_2,\cdots,\boldsymbol{\beta}_t$ 线性表示，且 $s>t$，则 $\boldsymbol{\alpha}_1,\boldsymbol{\alpha}_2,\cdots,\boldsymbol{\alpha}_s$ 线性相关.

证　由于向量组 $\boldsymbol{\alpha}_1,\boldsymbol{\alpha}_2,\cdots,\boldsymbol{\alpha}_s$ 可由向量组 $\boldsymbol{\beta}_1,\boldsymbol{\beta}_2,\cdots,\boldsymbol{\beta}_t$ 线性表示，由 3.3 节推论 1 知 $R(\boldsymbol{\alpha}_1,\boldsymbol{\alpha}_2,\cdots,\boldsymbol{\alpha}_s)\leqslant R(\boldsymbol{\beta}_1,\boldsymbol{\beta}_2,\cdots,\boldsymbol{\beta}_t)\leqslant t<s$，由定理 5 知向量组 $\boldsymbol{\alpha}_1,\boldsymbol{\alpha}_2,\cdots,\boldsymbol{\alpha}_s$ 线性相关.

推论　若向量组 $\boldsymbol{\alpha}_1,\boldsymbol{\alpha}_2,\cdots,\boldsymbol{\alpha}_s$ 可由向量组 $\boldsymbol{\beta}_1,\boldsymbol{\beta}_2,\cdots,\boldsymbol{\beta}_t$ 线性表示，且 $\boldsymbol{\alpha}_1,\boldsymbol{\alpha}_2,\cdots,\boldsymbol{\alpha}_s$ 线性无关，则 $s\leqslant t$.

例 3　设向量组 $\boldsymbol{\alpha}_1,\boldsymbol{\alpha}_2,\boldsymbol{\alpha}_3$ 线性相关，向量组 $\boldsymbol{\alpha}_2,\boldsymbol{\alpha}_3,\boldsymbol{\alpha}_4$ 线性无关，证明：

(1) $\boldsymbol{\alpha}_1$ 能由 $\boldsymbol{\alpha}_2,\boldsymbol{\alpha}_3$ 线性表示；

(2) $\boldsymbol{\alpha}_4$ 不能由 $\boldsymbol{\alpha}_1,\boldsymbol{\alpha}_2,\boldsymbol{\alpha}_3$ 线性表示.

证　(1) 因为向量组 $\boldsymbol{\alpha}_2,\boldsymbol{\alpha}_3,\boldsymbol{\alpha}_4$ 线性无关，由定理 8(1) 知，$\boldsymbol{\alpha}_2,\boldsymbol{\alpha}_3$ 线性无关. 又因为 $\boldsymbol{\alpha}_1$,

$\boldsymbol{\alpha}_2,\boldsymbol{\alpha}_3$ 线性相关，由定理 7 知，$\boldsymbol{\alpha}_1$ 能由 $\boldsymbol{\alpha}_2,\boldsymbol{\alpha}_3$ 线性表示.

(2)反证法. 设 $\boldsymbol{\alpha}_4$ 可以由 $\boldsymbol{\alpha}_1,\boldsymbol{\alpha}_2,\boldsymbol{\alpha}_3$ 线性表示，由(1)知 $\boldsymbol{\alpha}_1$ 可以由 $\boldsymbol{\alpha}_2,\boldsymbol{\alpha}_3$ 线性表示，所以 $\boldsymbol{\alpha}_4$ 可以由 $\boldsymbol{\alpha}_2,\boldsymbol{\alpha}_3$ 线性表示，这与已知 $\boldsymbol{\alpha}_2,\boldsymbol{\alpha}_3,\boldsymbol{\alpha}_4$ 线性无关矛盾.

3.4.2 向量组的极大无关组与秩

定义 7 设有向量组 $\boldsymbol{A}$，如果在 $\boldsymbol{A}$ 中能选出 r 个向量 $\boldsymbol{\alpha}_1,\boldsymbol{\alpha}_2,\cdots,\boldsymbol{\alpha}_r$，满足

(1)向量组 $\boldsymbol{A}_0:\boldsymbol{\alpha}_1,\boldsymbol{\alpha}_2,\cdots,\boldsymbol{\alpha}_r$ 线性无关；

(2)向量组 $\boldsymbol{A}$ 中任意 $r+1$ 个向量(如果 $\boldsymbol{A}$ 中有 $r+1$ 个向量)都线性相关，即向量组 $\boldsymbol{A}$ 中任意向量都能由向量组 $\boldsymbol{A}_0$ 线性表示，那么称向量组 $\boldsymbol{A}_0$ 是向量组 $\boldsymbol{A}$ 的一个最大线性无关向量组(极大无关组)；极大无关组中向量的个数 r 称为向量组 $\boldsymbol{A}$ 的**秩**，记作$R(\boldsymbol{A})$.

注意：

(1)只含零向量的向量组没有极大无关组，规定它的秩为 0；

(2)一个线性无关向量组的极大线性无关组就是该向量组本身；

(3)一般向量组的极大无关组不唯一，但由于不同的极大无关组是等价的，因此所含向量的个数相同.

定理 10 向量组 $\boldsymbol{A}$ 与它的极大无关组 $\boldsymbol{A}_0$ 等价.

定理 11 对于给定的向量组 $\boldsymbol{A}:\boldsymbol{\alpha}_1,\boldsymbol{\alpha}_2,\cdots,\boldsymbol{\alpha}_m$，若矩阵 $\boldsymbol{A}$ 中存在某个 r 阶子式 $D_r\neq 0$，则矩阵 $\boldsymbol{A}$ 中 D_r 所在的 r 个列向量线性无关；反之，若 $\boldsymbol{A}$ 中所有 r 阶子式 $D_r=0$，则向量组 $\boldsymbol{A}$ 中任意 r 个向量线性相关.

证 若矩阵 $\boldsymbol{A}$ 中存在某个 r 阶子式 $D_r\neq 0$，设矩阵 $\boldsymbol{A}$ 中 D_r 所在的 r 个列向量为 $\boldsymbol{\alpha}_{i_1},\boldsymbol{\alpha}_{i_2},\cdots,\boldsymbol{\alpha}_{i_r}$，则矩阵 $\boldsymbol{A}_1=(\boldsymbol{\alpha}_{i_1},\boldsymbol{\alpha}_{i_2},\cdots,\boldsymbol{\alpha}_{i_r})$ 的秩为 r，由定理 5 知，这 r 个向量线性无关；

若 $\boldsymbol{A}$ 中所有 r 阶子式 $D_r=0$，在向量组 $\boldsymbol{A}:\boldsymbol{\alpha}_1,\boldsymbol{\alpha}_2,\cdots,\boldsymbol{\alpha}_m$ 中任取 r 个向量 $\boldsymbol{\alpha}_{i_1},\boldsymbol{\alpha}_{i_2},\cdots,\boldsymbol{\alpha}_{i_r}$，则矩阵 $\boldsymbol{A}_r=(\boldsymbol{\alpha}_{i_1},\boldsymbol{\alpha}_{i_2},\cdots,\boldsymbol{\alpha}_{i_r})$ 的秩小于 r，由定理 5 知，这 r 个向量线性相关.

定理 12 对于给定的向量组 $\boldsymbol{A}:\boldsymbol{\alpha}_1,\boldsymbol{\alpha}_2,\cdots,\boldsymbol{\alpha}_m$，若矩阵 $\boldsymbol{A}=(\boldsymbol{\alpha}_1,\boldsymbol{\alpha}_2,\cdots,\boldsymbol{\alpha}_m)$ 的秩 $R(\boldsymbol{A})=r$，则：

(1)向量组 $\boldsymbol{A}$ 的秩等于 r；

(2)若矩阵 $\boldsymbol{A}$ 中某个 r 阶子式 $D_r\neq 0$，则矩阵 $\boldsymbol{A}$ 中 D_r 所在的 r 个列向量是向量组 $\boldsymbol{A}$ 的极大无关组.

证 根据定理 11 的结论，读者可自行证明.

例 4 已知向量组 $\boldsymbol{\alpha}_1=\begin{pmatrix}3\\4\\-1\\2\end{pmatrix}$，$\boldsymbol{\alpha}_2=\begin{pmatrix}5\\2\\-3\\1\end{pmatrix}$，$\boldsymbol{\alpha}_3=\begin{pmatrix}4\\1\\-2\\3\end{pmatrix}$，$\boldsymbol{\alpha}_4=\begin{pmatrix}1\\1\\-1\\-2\end{pmatrix}$. 求向量组的秩和一个极大无关组，并将其余向量用该极大无关组线性表示.

解 对矩阵 $\boldsymbol{A}=(\boldsymbol{\alpha}_1,\boldsymbol{\alpha}_2,\boldsymbol{\alpha}_3,\boldsymbol{\alpha}_4)$ 实施初等行变换，化为行最简形矩阵.

$$A=\begin{pmatrix}3&5&4&1\\4&2&1&1\\-1&-3&-2&-1\\2&1&3&-2\end{pmatrix}\xrightarrow{r_1\leftrightarrow r_3}\begin{pmatrix}-1&-3&-2&-1\\4&2&1&1\\3&5&4&1\\2&1&3&-2\end{pmatrix}\xrightarrow[\substack{r_4+2r_1\\ r_1\times(-1)}]{\substack{r_2+4r_1\\ r_3+3r_1}}\begin{pmatrix}1&3&2&1\\0&-10&-7&-3\\0&-4&-2&-2\\0&-5&-1&-4\end{pmatrix}$$

$$\xrightarrow[\substack{r_4-\frac{1}{2}r_2\\ r_2\times\left(-\frac{1}{10}\right)}]{\substack{r_1+\frac{3}{10}r_2\\ r_3-\frac{2}{5}r_2}}\begin{pmatrix}1&0&-\frac{1}{10}&\frac{1}{10}\\0&1&\frac{7}{10}&\frac{3}{10}\\0&0&\frac{4}{5}&-\frac{4}{5}\\0&0&\frac{5}{2}&-\frac{5}{2}\end{pmatrix}\xrightarrow[\substack{r_4-\frac{25}{8}r_3\\ r_3\times\frac{5}{4}}]{\substack{r_1+\frac{1}{8}r_3\\ r_2-\frac{7}{8}r_3}}\begin{pmatrix}1&0&0&0\\0&1&0&1\\0&0&1&-1\\0&0&0&0\end{pmatrix},$$

所以 $R(A)=3$，$\boldsymbol{\alpha}_1$，$\boldsymbol{\alpha}_2$，$\boldsymbol{\alpha}_3$ 是一个极大无关组，用 $\boldsymbol{\alpha}_1$，$\boldsymbol{\alpha}_2$，$\boldsymbol{\alpha}_3$ 线性表示 $\boldsymbol{\alpha}_4$，设 $\boldsymbol{\alpha}_4=x_1\boldsymbol{\alpha}_1+x_2\boldsymbol{\alpha}_2+x_3\boldsymbol{\alpha}_3$，即找如下线性方程组

$$\begin{cases}3x_1+5x_2+4x_3=1\\4x_1+2x_2+x_3=1\\-x_1-3x_2-2x_3=-1\\2x_1+x_2+3x_3=-2\end{cases}$$

的一个解．其增广矩阵就是 $A=(\boldsymbol{\alpha}_1,\boldsymbol{\alpha}_2,\boldsymbol{\alpha}_3,\boldsymbol{\alpha}_4)$，由上述对矩阵 A 进行行变换得到的行最简形，可得方程组的解为 $\begin{cases}x_1=0\\x_2=1\\x_3=-1\end{cases}$，所以有 $\boldsymbol{\alpha}_4=0\boldsymbol{\alpha}_1+\boldsymbol{\alpha}_2-\boldsymbol{\alpha}_3=\boldsymbol{\alpha}_2-\boldsymbol{\alpha}_3$.

例 5　已知向量组 $\boldsymbol{\alpha}_1=(2,1,-1,2,6)$，$\boldsymbol{\alpha}_2=(4,3,-3,1,7)$，$\boldsymbol{\alpha}_3=(0,-1,1,3,5)$，$\boldsymbol{\alpha}_4=(6,6,-6,-3,3)$．求向量组的秩和一个极大无关组，并将其余向量用该极大无关组线性表示．

解　对矩阵 $A=(\boldsymbol{\alpha}_1^{\mathrm T},\boldsymbol{\alpha}_2^{\mathrm T},\boldsymbol{\alpha}_3^{\mathrm T},\boldsymbol{\alpha}_4^{\mathrm T})$ 实施初等行变换，化为行最简形矩阵．

$$A=\begin{pmatrix}2&4&0&6\\1&3&-1&6\\-1&-3&1&-6\\2&1&3&-3\\6&7&5&3\end{pmatrix}\xrightarrow{r_1\leftrightarrow r_2}\begin{pmatrix}1&3&-1&6\\2&4&0&6\\-1&-3&1&-6\\2&1&3&-3\\6&7&5&3\end{pmatrix}\xrightarrow[\substack{r_4-2r_1\\ r_4-6r_1}]{\substack{r_2-2r_1\\ r_3+r_1}}\begin{pmatrix}1&3&-1&6\\0&-2&2&-6\\0&0&0&0\\0&-5&5&-15\\0&-11&11&-33\end{pmatrix}$$

$$\xrightarrow[\substack{r_4-\frac{11}{5}r_3\\ r_3-\frac{5}{2}r_2}]{-\frac{1}{2}r_2}\begin{pmatrix}1&3&-1&6\\0&1&-1&3\\0&0&0&0\\0&0&0&0\\0&0&0&0\end{pmatrix}\xrightarrow{r_1-3r_2}\begin{pmatrix}1&0&2&-3\\0&1&-1&3\\0&0&0&0\\0&0&0&0\\0&0&0&0\end{pmatrix},$$

所以 $R(A)=2$，$\boldsymbol{\alpha}_1$，$\boldsymbol{\alpha}_2$ 是一个极大无关组，用 $\boldsymbol{\alpha}_1$，$\boldsymbol{\alpha}_2$ 分别线性表示 $\boldsymbol{\alpha}_3,\boldsymbol{\alpha}_4$，设 $\boldsymbol{\alpha}_3=x_1\boldsymbol{\alpha}_1+x_2\boldsymbol{\alpha}_2$，则有 $\boldsymbol{\alpha}_3^{\mathrm T}=x_1\boldsymbol{\alpha}_1^{\mathrm T}+x_2\boldsymbol{\alpha}_2^{\mathrm T}$，即找如下线性方程组

$$\begin{cases}2x_1+4x_2=0\\x_1+3x_2=-1\\-x_1-3x_2=1\\2x_1+x_2=3\\6x_1+7x_2=5\end{cases}$$

的一个解．其增广矩阵为$(\boldsymbol{\alpha}_1^{\mathrm{T}},\boldsymbol{\alpha}_2^{\mathrm{T}},\boldsymbol{\alpha}_3^{\mathrm{T}})$，由上述对矩阵 $\boldsymbol{A}$ 进行行变换得到的行最简形,知

$$(\boldsymbol{\alpha}_1^{\mathrm{T}},\boldsymbol{\alpha}_2^{\mathrm{T}},\boldsymbol{\alpha}_3^{\mathrm{T}})\xrightarrow{\text{行变换}}\begin{pmatrix}1&0&2\\0&1&-1\\0&0&0\\0&0&0\\0&0&0\end{pmatrix},\text{所以方程组的解为}\begin{cases}x_1=2\\x_2=-1\end{cases},\text{所以 }\boldsymbol{\alpha}_3=2\boldsymbol{\alpha}_1-\boldsymbol{\alpha}_2.$$

同理可得

$$\boldsymbol{\alpha}_4=-3\boldsymbol{\alpha}_1+3\boldsymbol{\alpha}_2.$$

习　题　3.4

1. 设 $\boldsymbol{\alpha}_1$, $\boldsymbol{\alpha}_2$, $\boldsymbol{\alpha}_3$ 线性无关，则以下向量组中也线性无关的是(　　).

   A. $\boldsymbol{\alpha}_1+\boldsymbol{\alpha}_2$, $\boldsymbol{\alpha}_2+\boldsymbol{\alpha}_3$, $\boldsymbol{\alpha}_3-\boldsymbol{\alpha}_1$

   B. $\boldsymbol{\alpha}_1+\boldsymbol{\alpha}_2$, $\boldsymbol{\alpha}_2+\boldsymbol{\alpha}_3$, $\boldsymbol{\alpha}_1+2\boldsymbol{\alpha}_2+\boldsymbol{\alpha}_3$

   C. $\boldsymbol{\alpha}_1+2\boldsymbol{\alpha}_2$, $2\boldsymbol{\alpha}_2+3\boldsymbol{\alpha}_3$, $3\boldsymbol{\alpha}_3+\boldsymbol{\alpha}_1$

   D. $\boldsymbol{\alpha}_1+\boldsymbol{\alpha}_2+\boldsymbol{\alpha}_3$, $2\boldsymbol{\alpha}_1-3\boldsymbol{\alpha}_2+22\boldsymbol{\alpha}_3$, $3\boldsymbol{\alpha}_1+5\boldsymbol{\alpha}_2-5\boldsymbol{\alpha}_3$

2. 已知向量组 $\boldsymbol{\alpha}_1=\begin{pmatrix}2\\1\\1\\1\end{pmatrix}$, $\boldsymbol{\alpha}_2=\begin{pmatrix}2\\1\\a\\a\end{pmatrix}$, $\boldsymbol{\alpha}_3=\begin{pmatrix}3\\2\\1\\a\end{pmatrix}$, $\boldsymbol{\alpha}_4=\begin{pmatrix}4\\3\\2\\1\end{pmatrix}$线性相关，$a\neq1$，求 a.

3. 已知 $\boldsymbol{\alpha}_1=\begin{pmatrix}1\\2\\3\\4\end{pmatrix}$, $\boldsymbol{\alpha}_2=\begin{pmatrix}0\\1\\0\\1\end{pmatrix}$, $\boldsymbol{\alpha}_3=\begin{pmatrix}-2\\1\\1\\-1\end{pmatrix}$, $\boldsymbol{\beta}=\begin{pmatrix}3\\2\\2\\6\end{pmatrix}$. 证明:$\boldsymbol{\alpha}_1$, $\boldsymbol{\alpha}_2$, $\boldsymbol{\alpha}_3$ 线性无关；$\boldsymbol{\alpha}_1$, $\boldsymbol{\alpha}_2$, $\boldsymbol{\alpha}_3$, $\boldsymbol{\beta}$ 线性相关.

4. 设 $\boldsymbol{\alpha}_1=\begin{pmatrix}1+\lambda\\1\\1\end{pmatrix}$, $\boldsymbol{\alpha}_2=\begin{pmatrix}1\\1+\lambda\\1\end{pmatrix}$, $\boldsymbol{\alpha}_3=\begin{pmatrix}1\\1\\1+\lambda\end{pmatrix}$, $\boldsymbol{\beta}=\begin{pmatrix}0\\\lambda\\\lambda^2\end{pmatrix}$.

   (1) λ 为何值时，$\boldsymbol{\beta}$ 可用 $\boldsymbol{\alpha}_1,\boldsymbol{\alpha}_2,\boldsymbol{\alpha}_3$ 唯一表示?

   (2) λ 为何值时，$\boldsymbol{\beta}$ 可用 $\boldsymbol{\alpha}_1,\boldsymbol{\alpha}_2,\boldsymbol{\alpha}_3$ 表示，且表示方式不唯一?

   (3) λ 为何值时，$\boldsymbol{\beta}$ 不可用 $\boldsymbol{\alpha}_1,\boldsymbol{\alpha}_2,\boldsymbol{\alpha}_3$ 表示?

5. 设矩阵 $\boldsymbol{A}=\begin{pmatrix}2&-1&-1&1&2\\1&1&-2&1&4\\4&-6&2&-2&4\\3&6&-9&7&9\end{pmatrix}$，求矩阵 $\boldsymbol{A}$ 的列向量组的一个最大无关组，并把不属于最大无关组的列向量用最大无关组线性表示.

6. 设 $\boldsymbol{\alpha}_1=\begin{pmatrix}1\\-1\\2\\4\end{pmatrix}$，$\boldsymbol{\alpha}_2=\begin{pmatrix}0\\3\\1\\2\end{pmatrix}$，$\boldsymbol{\alpha}_3=\begin{pmatrix}3\\0\\7\\14\end{pmatrix}$，$\boldsymbol{\alpha}_4=\begin{pmatrix}1\\-2\\2\\0\end{pmatrix}$，$\boldsymbol{\alpha}_5=\begin{pmatrix}2\\1\\5\\10\end{pmatrix}$.

(1) 求 $r(\boldsymbol{\alpha}_1,\boldsymbol{\alpha}_2,\boldsymbol{\alpha}_3,\boldsymbol{\alpha}_4,\boldsymbol{\alpha}_5)$，找出一个极大无关组，并把其他向量用此极大无关组线性表示.

(2) 判断下列部分组中哪几个是极大无关组：

① $\boldsymbol{\alpha}_1,\boldsymbol{\alpha}_2,\boldsymbol{\alpha}_3$；② $\boldsymbol{\alpha}_1,\boldsymbol{\alpha}_3,\boldsymbol{\alpha}_4$；③ $\boldsymbol{\alpha}_1,\boldsymbol{\alpha}_3,\boldsymbol{\alpha}_5$；④ $\boldsymbol{\alpha}_1,\boldsymbol{\alpha}_4,\boldsymbol{\alpha}_5$.

3.5 线性方程组解的结构

本节我们结合向量的理论讨论线性方程组解的性质和结构.

3.5.1 齐次线性方程组解的性质及结构

性质 1　设 $\boldsymbol{\xi}_1,\boldsymbol{\xi}_2$ 是齐次线性方程组 $\boldsymbol{Ax}=\boldsymbol{0}$ 的两个解,则 $k_1\boldsymbol{\xi}_1+k_2\boldsymbol{\xi}_2$($k_1,k_2$ 是任意实数)也是它的解.

证　因为 $\boldsymbol{A}(k_1\boldsymbol{\xi}_1+k_2\boldsymbol{\xi}_2)=k_1\boldsymbol{A}\boldsymbol{\xi}_1+k_2\boldsymbol{A}\boldsymbol{\xi}_2=\boldsymbol{0}$,所以 $k_1\boldsymbol{\xi}_1+k_2\boldsymbol{\xi}_2$ 也是 $\boldsymbol{Ax}=\boldsymbol{0}$ 的解.

注意:本结论可推广到有限多个解的组合情况,即若 $\boldsymbol{\xi}_1,\boldsymbol{\xi}_2,\cdots,\boldsymbol{\xi}_n$ 是 $\boldsymbol{Ax}=\boldsymbol{0}$ 的解,则 $k_1\boldsymbol{\xi}_1+k_2\boldsymbol{\xi}_2+\cdots+k_n\boldsymbol{\xi}_n$($k_1,k_2,\cdots,k_n$ 是任意实数)也是它的解.

齐次线性方程组在有非零解的情况下,我们有以下定义:

定义 8　设 $\boldsymbol{\xi}_1,\boldsymbol{\xi}_2,\cdots,\boldsymbol{\xi}_s$ 是齐次线性方程组 $\boldsymbol{Ax}=\boldsymbol{0}$ 的解向量,如果:

(1)$\boldsymbol{\xi}_1,\boldsymbol{\xi}_2,\cdots,\boldsymbol{\xi}_s$ 线性无关;

(2)$\boldsymbol{Ax}=\boldsymbol{0}$ 的任一个解向量可由 $\boldsymbol{\xi}_1,\boldsymbol{\xi}_2,\cdots,\boldsymbol{\xi}_s$ 线性表示,

则称 $\boldsymbol{\xi}_1,\boldsymbol{\xi}_2,\cdots,\boldsymbol{\xi}_s$ 为 $\boldsymbol{Ax}=\boldsymbol{0}$ 的一个**基础解系**.

注意:若 $\boldsymbol{\xi}_1,\boldsymbol{\xi}_2,\cdots,\boldsymbol{\xi}_s$ 为齐次线性方程组的一个基础解系,则齐次线性方程组的通解为 $\boldsymbol{x}=k_1\boldsymbol{\xi}_1+k_2\boldsymbol{\xi}_2+\cdots+k_s\boldsymbol{\xi}_s$($k_1,k_2,\cdots,k_s$ 为任意实数).

下面讨论怎样求齐次线性方程组的基础解系.

定理 13　如果齐次线性方程组(3.1.4)有非零解,则它一定有基础解系,并且基础解系所含解向量的个数等于 $n-r$,其中 r 为(3.1.4)的系数矩阵 $\boldsymbol{A}$ 的秩,$n-r$ 就是自由未知量的个数.

证　由 3.2 节讨论知,若齐次线性方程组(3.1.4)系数矩阵的秩 $R(\boldsymbol{A})=r$,则齐次线性方程组(3.1.4)与线性方程组

$$\begin{cases}x_1+c_{1,r+1}x_{r+1}+\cdots+c_{1n}x_n=0\\x_2+c_{2,r+1}x_{r+1}+\cdots+c_{2n}x_n=0\\\cdots\cdots\cdots\cdots\\x_r+c_{r,r+1}x_{r+1}+\cdots+c_{rn}x_n=0\end{cases}$$

同解. 移项,整理得

$$\begin{cases}x_1=-c_{1,r+1}x_{r+1}-\cdots-c_{1n}x_n\\x_2=-c_{2,r+1}x_{r+1}-\cdots-c_{2n}x_n\\\cdots\cdots\cdots\cdots\\x_r=-c_{r,r+1}x_{r+1}-\cdots-c_{rn}x_n\end{cases}$$

其中 $x_{r+1},x_{r+2},\cdots,x_n$ 为自由未知量，共 $n-r$ 个．

设 $x_{r+1}=k_1,x_{r+2}=k_2,\cdots,x_n=k_{n-r}$（$k_1,k_2,\cdots,k_{n-r}$ 为任意实数）．则齐次线性方程组(3.1.4)的通解为

$$\begin{cases} x_1=-k_1c_{1,r+1}-k_2c_{1,r+2}-\cdots-k_{n-r}c_{1n} \\ x_2=-k_1c_{2,r+1}-k_2c_{2,r+2}-\cdots-k_{n-r}c_{2n} \\ \qquad\cdots\cdots\cdots\cdots \\ x_r=-k_1c_{r,r+1}-k_2c_{r,r+2}-\cdots-k_{n-r}c_{rn} \\ x_{r+1}=k_1 \\ x_{r+2}=\qquad k_2 \\ \qquad\qquad\ddots \\ x_n=\qquad\qquad k_{n-r} \end{cases},$$

写作解向量形式为

$$\boldsymbol{x}=\begin{pmatrix} -k_1c_{1,r+1}-k_2c_{1,r+2}-\cdots-k_{n-r}c_{1n} \\ -k_1c_{2,r+1}-k_2c_{2,r+2}-\cdots-k_{n-r}c_{2n} \\ \vdots \\ -k_1c_{r,r+1}-k_2c_{r,r+2}-\cdots-k_{n-r}c_{rn} \\ k_1 \\ k_2 \\ \ddots \\ k_{n-r} \end{pmatrix},$$

可写成向量组合形式为

$$\boldsymbol{x}=k_1\begin{pmatrix} -c_{1,r+1} \\ -c_{2,r+1} \\ \vdots \\ -c_{r,r+1} \\ 1 \\ 0 \\ \vdots \\ 0 \end{pmatrix}+k_2\begin{pmatrix} -c_{1,r+2} \\ -c_{2,r+2} \\ \vdots \\ -c_{r,r+2} \\ 0 \\ 1 \\ \vdots \\ 0 \end{pmatrix}+\cdots+k_{n-r}\begin{pmatrix} -c_{1n} \\ -c_{2n} \\ \vdots \\ -c_{rn} \\ 0 \\ 0 \\ \vdots \\ 1 \end{pmatrix}.$$

若令

$$\boldsymbol{\xi}_1=\begin{pmatrix} -c_{1,r+1} \\ -c_{2,r+1} \\ \vdots \\ -c_{r,r+1} \\ 1 \\ 0 \\ \vdots \\ 0 \end{pmatrix},\quad \boldsymbol{\xi}_2=\begin{pmatrix} -c_{1,r+2} \\ -c_{2,r+2} \\ \vdots \\ -c_{r,r+2} \\ 0 \\ 1 \\ \vdots \\ 0 \end{pmatrix},\quad \cdots,\quad \boldsymbol{\xi}_{n-r}=\begin{pmatrix} -c_{1n} \\ -c_{2n} \\ \vdots \\ -c_{rn} \\ 0 \\ 0 \\ \vdots \\ 1 \end{pmatrix},$$

则齐次线性方程组(3.1.4)的通解又可写作 $x=k_1\boldsymbol{\xi}_1+k_2\boldsymbol{\xi}_2+\cdots+k_{n-r}\boldsymbol{\xi}_{n-r}$．　　(3.5.1)

对于向量组 $\boldsymbol{\xi}_1,\boldsymbol{\xi}_2,\cdots,\boldsymbol{\xi}_{n-r}$，截取后 $n-r$ 维部分分量得到 $\begin{pmatrix}1\\0\\\vdots\\0\end{pmatrix},\begin{pmatrix}0\\1\\\vdots\\0\end{pmatrix},\cdots,\begin{pmatrix}0\\0\\\vdots\\1\end{pmatrix}$，恰是 $n-r$ 维单位矩阵的列向量，是线性无关的，根据定理 8(2)，$\boldsymbol{\xi}_1,\boldsymbol{\xi}_2,\cdots,\boldsymbol{\xi}_{n-r}$ 也线性无关．由(3.5.1)可知，齐次线性方程组(3.1.4)的任意一个解均可由 $\boldsymbol{\xi}_1,\boldsymbol{\xi}_2,\cdots,\boldsymbol{\xi}_{n-r}$ 线性表示．根据基础解系的定义，$\boldsymbol{\xi}_1,\boldsymbol{\xi}_2,\cdots,\boldsymbol{\xi}_{n-r}$ 就是齐次线性方程组(3.1.4)的一个基础解系．

从证明过程可以看出基础解系 $\boldsymbol{\xi}_1,\boldsymbol{\xi}_2,\cdots,\boldsymbol{\xi}_{n-r}$ 恰是齐次线性方程组的 $n-r$ 个线性无关的解向量．由向量理论可知，齐次线性方程组的任意 $n-r$ 个线性无关的解向量都是它的一个基础解系，所以齐次线性方程组的基础解系不唯一．

定理的证明过程，实际上给出了求解齐次线性方程组基础解系和通解的方法．

例 1　求齐次方程组 $\begin{cases}x_1-x_2-x_3+x_4=0\\x_1-x_2-2x_3+\dfrac{1}{2}x_4=0\\x_1-x_2+x_3+2x_4=0\end{cases}$ 的基础解系及通解．

解　对系数矩阵 $\boldsymbol{A}$ 实施初等行变换化为行最简形矩阵．

$$\boldsymbol{A}=\begin{pmatrix}1&-1&-1&1\\1&-1&-2&\dfrac{1}{2}\\1&-1&1&2\end{pmatrix}\xrightarrow[r_3-r_1]{r_2-r_1}\begin{pmatrix}1&-1&-1&1\\0&0&-1&-\dfrac{1}{2}\\0&0&2&1\end{pmatrix}\xrightarrow[\substack{r_3+2\times r_2\\r_1-r_2}]{r_2\times(-1)}\begin{pmatrix}1&-1&0&\dfrac{3}{2}\\0&0&1&\dfrac{1}{2}\\0&0&0&0\end{pmatrix}=\boldsymbol{B}.$$

$\boldsymbol{B}$ 对应的齐次线性方程组为 $\begin{cases}x_1-x_2+\dfrac{3}{2}x_4=0\\x_3+\dfrac{1}{2}x_4=0\end{cases}$，移项得

$$\begin{cases}x_1=x_2-\dfrac{3}{2}x_4\\x_3=-\dfrac{1}{2}x_4\end{cases}\quad(x_2,x_4\text{ 为自由未知量}).\tag{3.5.2}$$

法一．令 $x_2=k_1,x_4=k_2(k_1,k_2$ 为任意实数)，可得原方程组的解为 $\begin{cases}x_1=k_1-\dfrac{3}{2}k_2\\x_2=k_1\\x_3=-\dfrac{1}{2}k_2\\x_4=k_2\end{cases}$，改写为向量形式为 $\boldsymbol{x}=\begin{pmatrix}x_1\\x_2\\x_3\\x_4\end{pmatrix}=\begin{pmatrix}k_1-\dfrac{3}{2}k_2\\k_1\\-\dfrac{1}{2}k_2\\k_2\end{pmatrix}=k_1\begin{pmatrix}1\\1\\0\\0\end{pmatrix}+k_2\begin{pmatrix}-\dfrac{3}{2}\\0\\-\dfrac{1}{2}\\1\end{pmatrix}$ $(k_1,k_2$ 为任意实数)，即为原方程组的通解．

取 $\boldsymbol{\xi}_1=\begin{pmatrix}1\\1\\0\\0\end{pmatrix}, \boldsymbol{\xi}_2=\begin{pmatrix}-\frac{3}{2}\\0\\-\frac{1}{2}\\1\end{pmatrix}$,即为原方程组的一个基础解系.

法二. 取 $\begin{pmatrix}x_2\\x_4\end{pmatrix}$ 分别为 $\begin{pmatrix}1\\0\end{pmatrix},\begin{pmatrix}0\\1\end{pmatrix}$,代入式(3.5.2)得 $\begin{pmatrix}x_1\\x_3\end{pmatrix}$ 分别为 $\begin{pmatrix}1\\0\end{pmatrix},\begin{pmatrix}-\frac{3}{2}\\-\frac{1}{2}\end{pmatrix}$,从而得原方程组的一组线性无关解 $\boldsymbol{\xi}_1=\begin{pmatrix}1\\1\\0\\0\end{pmatrix}, \boldsymbol{\xi}_2=\begin{pmatrix}-\frac{3}{2}\\0\\-\frac{1}{2}\\1\end{pmatrix}$,即为原方程组的一个基础解系. 从而方程组的通解为 $\boldsymbol{x}=k_1\boldsymbol{\xi}_1+k_2\boldsymbol{\xi}_2$($k_1,k_2$ 为任意实数).

注意:例 1 法二中,对自由变量赋值时,只要保证得到的解向量是线性无关的,可有多种赋值形式. 例如,可取 $\begin{pmatrix}x_2\\x_4\end{pmatrix}$ 分别为 $\begin{pmatrix}1\\0\end{pmatrix},\begin{pmatrix}0\\2\end{pmatrix}$,代入式(3.5.2)得 $\begin{pmatrix}x_1\\x_3\end{pmatrix}$ 分别为 $\begin{pmatrix}1\\0\end{pmatrix},\begin{pmatrix}-3\\-1\end{pmatrix}$,得原方程组的另一组线性无关解 $\boldsymbol{\xi}_1=\begin{pmatrix}1\\1\\0\\0\end{pmatrix}, \boldsymbol{\xi}_2=\begin{pmatrix}-3\\0\\-1\\2\end{pmatrix}$,也是原方程组的一个基础解系.

例 2 求齐次方程组 $\begin{cases}x_1-2x_2+4x_3-7x_4=0\\2x_1+x_2-2x_3+x_4=0\\3x_1-x_2+2x_3-4x_4=0\end{cases}$ 的一个基础解系.

解 对系数矩阵 $\boldsymbol{A}$ 实施初等行变换化为行最简形矩阵.

$$\boldsymbol{A}=\begin{pmatrix}1&-2&4&-7\\2&1&-2&1\\3&-1&2&4\end{pmatrix}\xrightarrow[r_3-3r_1]{r_2-2r_1}\begin{pmatrix}1&-2&4&-7\\0&5&-10&15\\0&5&-10&17\end{pmatrix}\xrightarrow{r_3-r_2}\begin{pmatrix}1&-2&4&-7\\0&5&-10&15\\0&0&0&2\end{pmatrix}$$

$$\xrightarrow{\frac{1}{5}r_2}\begin{pmatrix}1&-2&4&-7\\0&1&-2&3\\0&0&0&2\end{pmatrix}\xrightarrow[\frac{1}{2}r_3]{r_1+2r_2}\begin{pmatrix}1&0&0&-1\\0&1&-2&3\\0&0&0&1\end{pmatrix}\xrightarrow[r_1+r_3]{r_2-3r_3}\begin{pmatrix}1&0&0&0\\0&1&-2&0\\0&0&0&1\end{pmatrix}=\boldsymbol{B}.$$

$\boldsymbol{B}$ 对应的齐次线性方程组为 $\begin{cases}x_1=0\\x_2-2x_3=0\\x_4=0\end{cases}$,移项,整理得 $\begin{cases}x_1=0\\x_2=2x_3\\x_4=0\end{cases}$.

令 $x_3=1$,得原方程组的一个非零解 $\boldsymbol{\xi}=\begin{pmatrix}0\\2\\1\\0\end{pmatrix}$,即为原方程组的一个基础解系.

3.5.2　非齐次线性方程组解的性质及结构

性质 2　设 $\boldsymbol{\xi}_1,\boldsymbol{\xi}_2$ 是 $\boldsymbol{Ax}=\boldsymbol{b}$ 的两个解，则 $\boldsymbol{\xi}_1-\boldsymbol{\xi}_2$ 为其对应的齐次线性方程 $\boldsymbol{Ax}=\boldsymbol{0}$ 的解.

证　因为 $\boldsymbol{A}(\boldsymbol{\xi}_1-\boldsymbol{\xi}_2)=\boldsymbol{A}\boldsymbol{\xi}_1-\boldsymbol{A}\boldsymbol{\xi}_2=\boldsymbol{b}-\boldsymbol{b}=\boldsymbol{0}$，所以 $\boldsymbol{\xi}_1-\boldsymbol{\xi}_2$ 为 $\boldsymbol{Ax}=\boldsymbol{0}$ 的解.

性质 3　设 $\boldsymbol{\eta}$ 是 $\boldsymbol{Ax}=\boldsymbol{b}$ 的解，$\boldsymbol{\xi}$ 为其对应的齐次线性方程 $\boldsymbol{Ax}=\boldsymbol{0}$的解，则 $\boldsymbol{\xi}+\boldsymbol{\eta}$ 也是 $\boldsymbol{Ax}=\boldsymbol{b}$ 的解.

证　因为 $\boldsymbol{A}(\boldsymbol{\xi}+\boldsymbol{\eta})=\boldsymbol{A}\boldsymbol{\xi}+\boldsymbol{A}\boldsymbol{\eta}=\boldsymbol{0}+\boldsymbol{b}=\boldsymbol{b}$，所以 $\boldsymbol{\xi}+\boldsymbol{\eta}$ 为 $\boldsymbol{Ax}=\boldsymbol{b}$ 的解.

设 $\boldsymbol{\eta}^*$ 是 $\boldsymbol{Ax}=\boldsymbol{b}$ 的一个特解，$\boldsymbol{\eta}$ 为其任一解，由性质 2，$\boldsymbol{\eta}-\boldsymbol{\eta}^*$ 为其对应的齐次线性方程组 $\boldsymbol{Ax}=\boldsymbol{0}$ 的一个解，设 $\boldsymbol{Ax}=\boldsymbol{0}$ 的基础解系为 $\boldsymbol{\xi}_1,\boldsymbol{\xi}_2,\cdots,\boldsymbol{\xi}_{n-r}$，则非齐次线性方程组的任一解 $\boldsymbol{\eta}$ 可表示为

$$\boldsymbol{\eta}^*+k_1\boldsymbol{\xi}_1+k_2\boldsymbol{\xi}_2+\cdots+k_{n-r}\boldsymbol{\xi}_{n-r}\quad(k_1,k_2,\cdots,k_{n-r}\text{为任意实数}).$$

综上讨论可得：

定理 14　设 $\boldsymbol{\eta}^*$ 是 $\boldsymbol{Ax}=\boldsymbol{b}$ 的一个特解，对应的齐次线性方程组 $\boldsymbol{Ax}=\boldsymbol{0}$ 的基础解系为 $\boldsymbol{\xi}_1,\boldsymbol{\xi}_2,\cdots,\boldsymbol{\xi}_{n-r}$，则非齐次线性方程组通解为

$$\boldsymbol{x}=\boldsymbol{\eta}^*+k_1\boldsymbol{\xi}_1+k_2\boldsymbol{\xi}_2+\cdots+k_{n-r}\boldsymbol{\xi}_{n-r}\quad(k_1,k_2,\cdots,k_{n-r}\text{为任意实数}).$$

定理 14 实质上给出了求非齐次线性方程组通解的步骤：

(1) 求出非齐次线性方程组对应的齐次方程组的基础解系 $\boldsymbol{\xi}_1,\boldsymbol{\xi}_2,\cdots,\boldsymbol{\xi}_{n-r}$；

(2) 求非齐次线性方程组的一个特解 $\boldsymbol{\eta}^*$；

(3) 给出非齐次线性方程组的通解

$$\boldsymbol{x}=\boldsymbol{\eta}^*+k_1\boldsymbol{\xi}_1+k_2\boldsymbol{\xi}_2+\cdots+k_{n-r}\boldsymbol{\xi}_{n-r}\quad(k_1,k_2,\cdots,k_{n-r}\text{为任意实数}).$$

例 3　求非齐次方程组 $\begin{cases}x_1+x_3-x_4-3x_5=-2\\x_1+2x_2-x_3-x_5=1\\4x_1+6x_2-2x_3-4x_4+3x_5=7\\2x_1-2x_2+4x_3-7x_4+4x_5=1\end{cases}$ 的通解.

解　对线性方程组的增广矩阵 $\widetilde{\boldsymbol{A}}$ 实施初等行变换化为行最简形矩阵.

$$\widetilde{\boldsymbol{A}}=\begin{pmatrix}1&0&1&-1&-3&-2\\1&2&-1&0&-1&1\\4&6&-2&-4&3&7\\2&-2&4&-7&4&1\end{pmatrix}\xrightarrow[r_4-2r_1]{\substack{r_2-r_1\\r_3-4r_1}}\begin{pmatrix}1&0&1&-1&-3&-2\\0&2&-2&1&2&3\\0&6&-6&0&15&15\\0&-2&2&-5&10&5\end{pmatrix}$$

$$\xrightarrow{\substack{r_3-3r_2\\r_4+r_2}}\begin{pmatrix}1&0&1&-1&-3&-2\\0&2&-2&1&2&3\\0&0&0&-3&9&6\\0&0&0&-4&12&8\end{pmatrix}\xrightarrow[r_4+4r_3]{r_3\times-\frac{1}{3}}\begin{pmatrix}1&0&1&-1&-3&-2\\0&2&-2&1&2&3\\0&0&0&1&-3&-2\\0&0&0&0&0&0\end{pmatrix}$$

$$\xrightarrow[\substack{r_1+r_3\\r_2\times\frac{1}{2}}]{r_2-r_3}\begin{pmatrix}1&0&1&0&-6&-4\\0&1&-1&0&\frac{5}{2}&\frac{5}{2}\\0&0&0&1&-3&-2\\0&0&0&0&0&0\end{pmatrix}=\widetilde{\boldsymbol{B}}$$

$\widetilde{\boldsymbol{B}}$ 对应的线性方程组为$\begin{cases}x_1+x_3-6x_5=-4\\ x_2-x_3+\dfrac{5}{2}x_5=\dfrac{5}{2}\\ x_4-3x_5=-2\end{cases}$,移项得

$$\begin{cases}x_1=-4-x_3+6x_5\\ x_2=\dfrac{5}{2}+x_3-\dfrac{5}{2}x_5.\\ x_4=-2+3x_5\end{cases}\quad (x_3,x_5\text{ 为自由未知量}) \tag{3.5.3}$$

先求方程组(3.5.3)对应的齐次方程组$\begin{cases}x_1=-x_3+6x_5\\ x_2=x_3-\dfrac{5}{2}x_5\\ x_4=3x_5\end{cases}$的基础解系.

取$\begin{pmatrix}x_3\\x_5\end{pmatrix}$分别为$\begin{pmatrix}1\\0\end{pmatrix}$,$\begin{pmatrix}0\\1\end{pmatrix}$,对应$\begin{pmatrix}x_1\\x_2\\x_4\end{pmatrix}$分别为$\begin{pmatrix}-1\\1\\0\end{pmatrix}$,$\begin{pmatrix}6\\-\dfrac{5}{2}\\3\end{pmatrix}$,则齐次方程组的基础解系为

$$\boldsymbol{\xi}_1=\begin{pmatrix}-1\\1\\1\\0\\0\end{pmatrix},\quad \boldsymbol{\xi}_2=\begin{pmatrix}6\\-\dfrac{5}{2}\\0\\3\\1\end{pmatrix}.$$

再求方程组(3.5.3)的一个特解.

取 $x_3=0,x_5=0$,代入方程组(3.5.3),得 $x_1=-4,x_2=\dfrac{5}{2},x_4=-2$,所以该非齐次线性方程组的一个特解为 $\boldsymbol{\eta}^*=\begin{pmatrix}-4\\\dfrac{5}{2}\\0\\-2\\0\end{pmatrix}$.

综上,原方程组的通解为 $x=k_1\boldsymbol{\xi}_1+k_2\boldsymbol{\xi}_2+\boldsymbol{\eta}^*$($k_1,k_2$ 为任意实数).

例 4 设 $\boldsymbol{\xi}_1=\begin{pmatrix}1\\0\\0\end{pmatrix}$,$\boldsymbol{\xi}_2=\begin{pmatrix}1\\1\\0\end{pmatrix}$,$\boldsymbol{\xi}_3=\begin{pmatrix}1\\1\\1\end{pmatrix}$为非齐次线性方程组 $\boldsymbol{Ax}=\boldsymbol{b}$ 的三个解向量,且 $\boldsymbol{A}\neq\boldsymbol{O}$.

(1)求其对应的齐次方程组 $\boldsymbol{Ax}=\boldsymbol{0}$ 的通解;

(2)求 $\boldsymbol{Ax}=\boldsymbol{b}$ 的通解.

解 (1)由题设条件知方程组有 3 个未知量,解不唯一,且 $\boldsymbol{A}\neq 0$,所以 $1\leqslant R(\boldsymbol{A})<3$. 由非齐次方程组解的性质可知

$$\boldsymbol{\alpha}_1=\boldsymbol{\xi}_2-\boldsymbol{\xi}_1=\begin{pmatrix}0\\1\\0\end{pmatrix},\qquad \boldsymbol{\alpha}_2=\boldsymbol{\xi}_3-\boldsymbol{\xi}_2=\begin{pmatrix}0\\0\\1\end{pmatrix},$$

为其对应齐次方程组 $\boldsymbol{A}\boldsymbol{x}=\boldsymbol{0}$ 的两个解．又 $\boldsymbol{\alpha}_1,\boldsymbol{\alpha}_2$ 线性无关，所以 $R(\boldsymbol{A})=3-2=1$．则 $\boldsymbol{\alpha}_1,\boldsymbol{\alpha}_2$ 为 $\boldsymbol{A}\boldsymbol{x}=\boldsymbol{0}$ 的一个基础解系，齐次线性方程组的通解为 $\boldsymbol{x}=k_1\boldsymbol{\alpha}_1+k_2\boldsymbol{\alpha}_2$（$k_1,k_2$ 为任意实数）．

（2）由非齐次方程组解的结构可知，$\boldsymbol{A}\boldsymbol{x}=\boldsymbol{b}$ 的通解为 $k_1\boldsymbol{\alpha}_1+k_2\boldsymbol{\alpha}_2+\boldsymbol{\xi}_1$（$k_1,k_2$ 为任意实数）．

习　题　3.5

1. 判断下列论述是否正确：

（1）线性方程组的两个解向量的和还是这个方程组的解向量；

（2）如果一个 n 元齐次线性方程组系数矩阵的秩为 $n-2$，那么它的任意两个非零解就是它的一个基础解系；

（3）如果齐次线性方程组有非零解，那么其系数矩阵的秩与自由未知量的个数相等．

2. 已知 $\boldsymbol{\alpha}_1,\boldsymbol{\alpha}_2,\cdots,\boldsymbol{\alpha}_t$ 是方程组 $\boldsymbol{A}\boldsymbol{x}=\boldsymbol{b}$ 的解，当 $c_1+c_2+\cdots+c_t=$ ______ 时，$c_1\boldsymbol{\alpha}_1+c_2\boldsymbol{\alpha}_2+\cdots+c_t\boldsymbol{\alpha}_t$ 仍是 $\boldsymbol{A}\boldsymbol{x}=\boldsymbol{b}$ 的解．

3. 设 $\boldsymbol{n}$ 阶矩阵 $\boldsymbol{A}$ 的各行元素之和均为零，且 $R(\boldsymbol{A})=n-1$，则线性方程组 $\boldsymbol{A}\boldsymbol{x}=\boldsymbol{0}$ 的通解为 ________．

4. 方程 $x_1-4x_2+2x_3-3x_4+6x_5=4$ 的通解为 ________．

5. 求下列齐次线性方程组的基础解系及其通解：

（1）$\begin{cases}x_1+x_2+2x_3-x_4=0\\2x_1+x_2+x_3-x_4=0\\2x_1+2x_2+x_3+2x_4=0\end{cases}$；　（2）$\begin{cases}3x_1+4x_2+x_3+2x_4+3x_5=0\\4x_1+5x_2+2x_3+x_4+5x_5=0\\5x_1+7x_2+x_3+3x_4+4x_5=0\\7x_1+10x_2+x_3+6x_4+5x_5=0\end{cases}$．

6. 求下列非齐次线性方程组的通解：

（1）$\begin{cases}3x_1-5x_2+5x_3-3x_4=2\\x_1-2x_2+3x_3-x_4=1\\2x_1-3x_2+2x_3-2x_4=1\end{cases}$；　（2）$\begin{cases}2x_1+x_2-x_3+x_4=1\\x_1+2x_2+x_3-x_4=2\\x_1+x_2+2x_3+x_4=3\end{cases}$．

7. 已知 $\boldsymbol{\xi}_1,\boldsymbol{\xi}_2,\boldsymbol{\xi}_3$ 是 4 元非齐次线性方程组 $\boldsymbol{A}\boldsymbol{x}=\boldsymbol{b}$ 的三个解，$R(\boldsymbol{A})=3$，且 $\boldsymbol{\xi}_1=\begin{pmatrix}1\\0\\2\\3\end{pmatrix}$，$\boldsymbol{\xi}_2+\boldsymbol{\xi}_3=\begin{pmatrix}4\\2\\-6\\0\end{pmatrix}$，求方程组 $\boldsymbol{A}\boldsymbol{x}=\boldsymbol{b}$ 的通解．

8. 设 $\boldsymbol{A}=\begin{pmatrix}2&1&1&2\\0&1&3&1\\1&\lambda&\mu&1\end{pmatrix}$，$\boldsymbol{b}=\begin{pmatrix}0\\1\\0\end{pmatrix}$，$\boldsymbol{\xi}=\begin{pmatrix}1\\-1\\1\\-1\end{pmatrix}$，如果 $\boldsymbol{\xi}$ 是方程组 $\boldsymbol{A}\boldsymbol{x}=\boldsymbol{b}$ 的一个解，试求方程组 $\boldsymbol{A}\boldsymbol{x}=\boldsymbol{b}$ 的全部解．

内容精要

1. 线性方程组与向量的基本概念

(1) 非齐次线性方程组,齐次线性方程组,系数矩阵,增广矩阵,解线性方程组,同解线性方程组,特解,通解;

(2) 高斯消元法;

(3) 基础解系;

(4) 向量,向量组,线性组合,线性表示,向量组等价;

(5) 线性相关,线性无关,极大无关组,秩.

2. 主要结论

(1) 非齐次线性方程组解的判定:

设 $\boldsymbol{A}$ 是一个 $m\times n$ 的矩阵,线性方程组 $\boldsymbol{Ax}=\boldsymbol{b}$,$\widetilde{\boldsymbol{A}}=(\boldsymbol{A} \mid \boldsymbol{b})$

有唯一解$\Leftrightarrow R(\boldsymbol{A})=R(\widetilde{\boldsymbol{A}})=n$;

有无穷多解$\Leftrightarrow R(\boldsymbol{A})=R(\widetilde{\boldsymbol{A}})<n$;

无解$\Leftrightarrow R(\boldsymbol{A})<R(\widetilde{\boldsymbol{A}})\Leftrightarrow b$ 不能由 $\boldsymbol{A}$ 的列向量组成的向量组线性表示.

(2) 齐次线性方程组解的判定:

设 $\boldsymbol{A}$ 是一个 $m\times n$ 的矩阵,方程组 $\boldsymbol{Ax}=\boldsymbol{0}$

只有零解$\Leftrightarrow R(\boldsymbol{A})=n$;

存在非零解$\Leftrightarrow R(\boldsymbol{A})<n$;

(3)线性方程组解的结构和性质:

当 $\boldsymbol{Ax}=\boldsymbol{0}$ 有非零解时,记 $R(\boldsymbol{A})=r$,其任意 $n-r$ 个线性无关的解向量 $\boldsymbol{\xi}_1,\boldsymbol{\xi}_2,\cdots,\boldsymbol{\xi}_{n-r}$ 构成它的一个基础解系,方程组的通解为 $\boldsymbol{x}=k_1\boldsymbol{\xi}_1+k_2\boldsymbol{\xi}_2+\cdots+k_{n-r}\boldsymbol{\xi}_{n-r}$($k_1,k_2,\cdots,k_{n-r}$为任意实数).

当 $\boldsymbol{Ax}=\boldsymbol{b}$ 有无穷多解时,记 $R(\boldsymbol{A})=r$,其通解为 $k_1\boldsymbol{\xi}_1+k_2\boldsymbol{\xi}_2+\cdots+k_{n-r}\boldsymbol{\xi}_{n-r}+\boldsymbol{\eta}^*$,其中 $\boldsymbol{\xi}_1,\boldsymbol{\xi}_2,\cdots,\boldsymbol{\xi}_{n-r}$为 $\boldsymbol{Ax}=\boldsymbol{0}$ 的基础解系,$\boldsymbol{\eta}^*$为 $\boldsymbol{Ax}=\boldsymbol{b}$ 的一个特解,$k_1,k_2,\cdots,k_{n-r}$为任意实数.

若$\boldsymbol{\xi}_1,\boldsymbol{\xi}_2,\cdots,\boldsymbol{\xi}_n$ 是 $\boldsymbol{Ax}=\boldsymbol{0}$ 的解,则 $k_1\boldsymbol{\xi}_1+k_2\boldsymbol{\xi}_2+\cdots+k_n\boldsymbol{\xi}_n$($k_1,k_2,\cdots,k_n$ 是任意实数)也是它的解.

设$\boldsymbol{\xi}_1,\boldsymbol{\xi}_2$ 是 $\boldsymbol{Ax}=\boldsymbol{b}$ 的两个解,则 $\boldsymbol{\xi}_1-\boldsymbol{\xi}_2$ 齐次线性方程 $\boldsymbol{Ax}=\boldsymbol{0}$ 的解.

设 $\boldsymbol{\eta}$ 是 $\boldsymbol{Ax}=\boldsymbol{b}$ 的解,$\boldsymbol{\xi}$ 为齐次线性方程 $\boldsymbol{Ax}=\boldsymbol{0}$ 的解,则 $\boldsymbol{\xi}+\boldsymbol{\eta}$ 也是 $\boldsymbol{Ax}=\boldsymbol{b}$ 的解.

若$\boldsymbol{\xi}_1,\boldsymbol{\xi}_2,\cdots,\boldsymbol{\xi}_n$ 是 $\boldsymbol{Ax}=\boldsymbol{b}$ 的解,$k_1,k_2,\cdots,k_n$ 是任意实数,当 $k_1+k_2+\cdots+k_n=1$ 时,$k_1\boldsymbol{\xi}_1+k_2\boldsymbol{\xi}_2+\cdots+k_n\boldsymbol{\xi}_n$ 也是 $\boldsymbol{Ax}=\boldsymbol{b}$ 的解. 当 $k_1+k_2+\cdots+k_n=0$ 时,$k_1\boldsymbol{\xi}_1+k_2\boldsymbol{\xi}_2+\cdots+k_n\boldsymbol{\xi}_n$ 也是$\boldsymbol{Ax}=\boldsymbol{0}$的解.

(4) 向量(组)线性表示的相关结论

向量$\boldsymbol{\beta}$ 可由向量组 $\boldsymbol{A}:\boldsymbol{\alpha}_1,\boldsymbol{\alpha}_2,\cdots,\boldsymbol{\alpha}_m$ 线性表示

$\Leftrightarrow$线性方程组 $\boldsymbol{\alpha}_1x_1+\boldsymbol{\alpha}_2x_2+\cdots+\boldsymbol{\alpha}_mx_m=\boldsymbol{\beta}$ 有解

$\Leftrightarrow R(\boldsymbol{\alpha}_1,\boldsymbol{\alpha}_2,\cdots,\boldsymbol{\alpha}_m)=R(\boldsymbol{\alpha}_1,\boldsymbol{\alpha}_2,\cdots,\boldsymbol{\alpha}_m,\boldsymbol{\beta})$

特别地,

向量$\boldsymbol{\beta}$ 可由向量组 $\boldsymbol{A}:\boldsymbol{\alpha}_1,\boldsymbol{\alpha}_2,\cdots,\boldsymbol{\alpha}_m$ 线性表示,且表示法唯一

$\Leftrightarrow$线性方程组 $\boldsymbol{\alpha}_1x_1+\boldsymbol{\alpha}_2x_2+\cdots+\boldsymbol{\alpha}_mx_m=\boldsymbol{\beta}$ 有唯一解

$\Leftrightarrow R(\boldsymbol{\alpha}_1,\boldsymbol{\alpha}_2,\cdots,\boldsymbol{\alpha}_m)=R(\boldsymbol{\alpha}_1,\boldsymbol{\alpha}_2,\cdots,\boldsymbol{\alpha}_m,\boldsymbol{\beta})=m$

向量 $\boldsymbol{\beta}$ 不能由向量组 $\boldsymbol{A}:\boldsymbol{\alpha}_1,\boldsymbol{\alpha}_2,\cdots,\boldsymbol{\alpha}_m$ 线性表示

$\Leftrightarrow$线性方程组 $\boldsymbol{\alpha}_1x_1+\boldsymbol{\alpha}_2x_2+\cdots+\boldsymbol{\alpha}_mx_m=\boldsymbol{\beta}$ 无解

$\Leftrightarrow R(\boldsymbol{\alpha}_1,\boldsymbol{\alpha}_2,\cdots,\boldsymbol{\alpha}_m)<R(\boldsymbol{\alpha}_1,\boldsymbol{\alpha}_2,\cdots,\boldsymbol{\alpha}_m,\boldsymbol{\beta})$.

向量组 $\boldsymbol{B}:\boldsymbol{\beta}_1,\boldsymbol{\beta}_2,\cdots,\boldsymbol{\beta}_l$ 可以由向量组 $\boldsymbol{A}:\boldsymbol{\alpha}_1,\boldsymbol{\alpha}_2,\cdots,\boldsymbol{\alpha}_m$ 线性表示的充要条件是 $R(\boldsymbol{B})\leqslant R(\boldsymbol{A}\ \ \boldsymbol{B})=R(\boldsymbol{A})$.

向量组 $\boldsymbol{A}$ 与向量组 $\boldsymbol{B}$ 等价的充要条件是 $R(\boldsymbol{A})=R(\boldsymbol{B})=R(\boldsymbol{A}\ \ \boldsymbol{B})$.

(5) 向量组线性相关的充分必要条件：

向量组 $\boldsymbol{A}:\boldsymbol{\alpha}_1,\boldsymbol{\alpha}_2,\cdots,\boldsymbol{\alpha}_m$ 线性相关

$\Leftrightarrow$向量组中至少有一个向量可由其余向量线性表示

$\Leftrightarrow$齐次线性方程组 $\boldsymbol{\alpha}_1x_1+\boldsymbol{\alpha}_2x_2+\cdots+\boldsymbol{\alpha}_mx_m=\boldsymbol{0}$ 有非零解

$\Leftrightarrow R(\boldsymbol{\alpha}_1,\boldsymbol{\alpha}_2,\cdots,\boldsymbol{\alpha}_m)<m$.

(6) 向量组线性无关的充分必要条件：

向量组 $\boldsymbol{A}:\boldsymbol{\alpha}_1,\boldsymbol{\alpha}_2,\cdots,\boldsymbol{\alpha}_m$ 线性无关

$\Leftrightarrow$向量组中每一个向量都不能用其余 $m-1$ 个向量线性表示

$\Leftrightarrow$齐次线性方程组 $\boldsymbol{\alpha}_1x_1+\boldsymbol{\alpha}_2x_2+\cdots+\boldsymbol{\alpha}_mx_m=\boldsymbol{0}$ 只有零解

$\Leftrightarrow R(\boldsymbol{\alpha}_1,\boldsymbol{\alpha}_2,\cdots,\boldsymbol{\alpha}_m)=m$.

(7) 向量组线性相关的重要结论：

如果向量组中有部分向量组线性相关，则整个向量组线性相关；其逆否命题显然成立，即如果一个向量组线性无关，则其任一部分向量组也线性无关；

如果向量组 $\boldsymbol{A}:\boldsymbol{\alpha}_j=\begin{pmatrix}a_{1j}\\a_{2j}\\\vdots\\a_{nj}\end{pmatrix}(j=1,2,\cdots,m)$ 线性无关，在其每个向量上添加一个分量所得的 $n+1$ 维向量组 $\boldsymbol{B}:\boldsymbol{\beta}_j=\begin{pmatrix}a_{1j}\\a_{2j}\\\vdots\\a_{nj}\\a_{n+1,j}\end{pmatrix}(j=1,2,\cdots,m)$ 也是线性无关的；其逆否命题显然成立，即若向量组 $\boldsymbol{B}$ 线性相关，则向量组 $\boldsymbol{A}$ 线性相关.

(8) 向量组的线性相关性与线性表示的关系：

设向量组 $\boldsymbol{A}:\boldsymbol{\alpha}_1,\boldsymbol{\alpha}_2,\cdots,\boldsymbol{\alpha}_m$ 线性无关，而向量组 $\boldsymbol{\alpha}_1,\boldsymbol{\alpha}_2,\cdots,\boldsymbol{\alpha}_m,\boldsymbol{\beta}$ 线性相关，则向量 $\boldsymbol{\beta}$ 必可以由向量组 $\boldsymbol{A}$ 线性表示，且表示式唯一.

若向量组 $\boldsymbol{\alpha}_1,\boldsymbol{\alpha}_2,\cdots,\boldsymbol{\alpha}_s$ 可由向量组 $\boldsymbol{\beta}_1,\boldsymbol{\beta}_2,\cdots,\boldsymbol{\beta}_t$ 线性表示，且 $s>t$，则 $\boldsymbol{\alpha}_1,\boldsymbol{\alpha}_2,\cdots,\boldsymbol{\alpha}_s$ 线性相关.

若向量组 $\boldsymbol{\alpha}_1,\boldsymbol{\alpha}_2,\cdots,\boldsymbol{\alpha}_s$ 可由向量组 $\boldsymbol{\beta}_1,\boldsymbol{\beta}_2,\cdots,\boldsymbol{\beta}_t$ 线性表示，且 $\boldsymbol{\alpha}_1,\boldsymbol{\alpha}_2,\cdots,\boldsymbol{\alpha}_s$ 线性无关，则 $s\leqslant t$.

(9) 向量组的秩与极大无关组：

向量组$\boldsymbol{A}$与它的极大无关组$\boldsymbol{A}_0$等价.

对于给定的向量组$\boldsymbol{A}:\boldsymbol{\alpha}_1,\boldsymbol{\alpha}_2,\cdots,\boldsymbol{\alpha}_m$，若矩阵$\boldsymbol{A}$中存在某个$r$阶子式$D_r\neq0$，则矩阵$\boldsymbol{A}$中$D_r$所在的$r$个列向量线性无关；反之，若$\boldsymbol{A}$中所有$r$阶子式$D_r=0$，则向量组$\boldsymbol{A}$中任意$r$个向量线性相关.

对于给定的向量组$\boldsymbol{A}:\boldsymbol{\alpha}_1,\boldsymbol{\alpha}_2,\cdots,\boldsymbol{\alpha}_m$，若矩阵$\boldsymbol{A}=(\boldsymbol{\alpha}_1,\boldsymbol{\alpha}_2,\cdots,\boldsymbol{\alpha}_m)$的秩$R(\boldsymbol{A})=r$，则向量组$\boldsymbol{A}$的秩等于$r$，若矩阵$\boldsymbol{A}$中某个$r$阶子式$D_r\neq0$，则矩阵$\boldsymbol{A}$中$D_r$所在的$r$个列向量是向量组$\boldsymbol{A}$的极大无关组.

复习题一

1. 当非齐次线性方程组$\boldsymbol{Ax}=\boldsymbol{b}$满足条件(　　)时,此方程组有解.

A. $R(\boldsymbol{A}\mid\boldsymbol{b})\geqslant n$　　B. $R(\boldsymbol{A}\mid\boldsymbol{b})\leqslant R(\boldsymbol{A})$

C. $R(\boldsymbol{A}\mid\boldsymbol{b})\leqslant n$　　D. $R(\boldsymbol{A}\mid\boldsymbol{b})\geqslant R(\boldsymbol{A})$

2. 设$\boldsymbol{A}$为n阶方阵,$R(\boldsymbol{A})=n-1$,$\boldsymbol{\alpha}_1,\boldsymbol{\alpha}_2$为$\boldsymbol{Ax}=\boldsymbol{b}$的两个不同的解向量,则$\boldsymbol{Ax}=\boldsymbol{0}$的通解为(　　).

A. $k\boldsymbol{\alpha}_1$　　B. $k\boldsymbol{\alpha}_2$　　C. $k(\boldsymbol{\alpha}_1-\boldsymbol{\alpha}_2)$　　D. $k_1\boldsymbol{\alpha}_1+k_2\boldsymbol{\alpha}_2$

3. 设齐次方程组$\begin{cases}\lambda x_1+x_2+\lambda^2x_3=0\\x_1+\lambda x_2+x_3=0\\x_1+x_2+\lambda x_3=0\end{cases}$的系数矩阵为$\boldsymbol{A}$,且存在三阶方阵$\boldsymbol{B}\neq\boldsymbol{O}$,使$\boldsymbol{AB}=\boldsymbol{O}$,则(　　).

A. $\lambda=-2$且$|\boldsymbol{B}|=0$　　B. $\lambda=-2$且$|\boldsymbol{B}|\neq0$

C. $\lambda=1$且$|\boldsymbol{B}|\neq0$　　D. $\lambda=1$且$|\boldsymbol{B}|=0$

4. 齐次线性方程组$\boldsymbol{Ax}=\boldsymbol{0}$只有零解的充要条件是(　　).

A. $\boldsymbol{A}$的列向量组线性无关　　B. $\boldsymbol{A}$的列向量组线性相关

C. $\boldsymbol{A}$的行向量组线性无关　　D. $\boldsymbol{A}$的行向量组线性相关

5. 齐次线性方程组$\boldsymbol{Ax}=\boldsymbol{0}$有非零解的充要条件是(　　).

A. $\boldsymbol{A}$的任意两个列向量线性相关

B. $\boldsymbol{A}$的任意两个列向量线性相关

C. $\boldsymbol{A}$中必有一列是其余列向量的线性组合

D. $\boldsymbol{A}$中任意一列都是其余列向量的线性组合

6. 设齐次线性方程组$\boldsymbol{Ax}=\boldsymbol{0}$的一个基础解系$\boldsymbol{\alpha}_1,\boldsymbol{\alpha}_2,\boldsymbol{\alpha}_3,\boldsymbol{\alpha}_4$,是则此方程组的另一个基础解系是(　　).

A. $\boldsymbol{\alpha}_1+\boldsymbol{\alpha}_2,\boldsymbol{\alpha}_2+\boldsymbol{\alpha}_3,\boldsymbol{\alpha}_3+\boldsymbol{\alpha}_4,\boldsymbol{\alpha}_4+\boldsymbol{\alpha}_1$

B. $\boldsymbol{\alpha}_1+\boldsymbol{\alpha}_2,\boldsymbol{\alpha}_2+\boldsymbol{\alpha}_3,\boldsymbol{\alpha}_3-\boldsymbol{\alpha}_4,\boldsymbol{\alpha}_4-\boldsymbol{\alpha}_1$

C. 与$\boldsymbol{\alpha}_1,\boldsymbol{\alpha}_2,\boldsymbol{\alpha}_3,\boldsymbol{\alpha}_4$等价的向量组$\boldsymbol{\beta}_1,\boldsymbol{\beta}_2,\boldsymbol{\beta}_3,\boldsymbol{\beta}_4$

D. 与$\boldsymbol{\alpha}_1,\boldsymbol{\alpha}_2,\boldsymbol{\alpha}_3,\boldsymbol{\alpha}_4$等秩的向量组$\boldsymbol{\beta}_1,\boldsymbol{\beta}_2,\boldsymbol{\beta}_3,\boldsymbol{\beta}_4$

7. 讨论a,b取何值时,线性方程组$\begin{cases}ax_1+x_2+x_3=4\\x_1+bx_2+x_3=3\\x_1+2bx_2+x_3=4\end{cases}$无解,有唯一解,有无穷多解,并求通解.

8. 证明线性方程组$\begin{cases}x_1+2x_2=a_1\\x_2+2x_3=a_2\\x_3+2x_4=a_3\\x_1+3x_2+x_3-2x_4=a_4\end{cases}$有解的充分必要条件是 $a_1+a_2=a_3+a_4$.

9. 证明以下两个向量组等价：

$$\boldsymbol{A}:\boldsymbol{\alpha}_1=\begin{pmatrix}1\\1\\0\\0\end{pmatrix},\boldsymbol{\alpha}_2=\begin{pmatrix}1\\0\\1\\1\end{pmatrix};\quad \boldsymbol{B}:\boldsymbol{\beta}_1=\begin{pmatrix}2\\-1\\3\\3\end{pmatrix},\boldsymbol{\beta}_2=\begin{pmatrix}0\\1\\-1\\-1\end{pmatrix}.$$

10. 已知 $\boldsymbol{\alpha}_1=\begin{pmatrix}1\\-1\\1\end{pmatrix},\boldsymbol{\alpha}_2=\begin{pmatrix}1\\t\\-1\end{pmatrix},\boldsymbol{\alpha}_3=\begin{pmatrix}t\\1\\2\end{pmatrix},\boldsymbol{\beta}=\begin{pmatrix}4\\t^2\\-4\end{pmatrix}$，若 $\boldsymbol{\beta}$ 可以由 $\boldsymbol{\alpha}_1,\boldsymbol{\alpha}_2,\boldsymbol{\alpha}_3$ 线性表示且表示法不唯一，求 t 及 $\boldsymbol{\beta}$ 的表达式.

11. 设向量组 $\boldsymbol{\alpha}_1,\boldsymbol{\alpha}_2,\boldsymbol{\alpha}_3$ 线性无关，又 $\boldsymbol{\beta}_1=\boldsymbol{\alpha}_1-\boldsymbol{\alpha}_2+2\boldsymbol{\alpha}_3,\boldsymbol{\beta}_2=\boldsymbol{\alpha}_2-\boldsymbol{\alpha}_3,\boldsymbol{\beta}_3=2\boldsymbol{\alpha}_1-\boldsymbol{\alpha}_2+\boldsymbol{\alpha}_3$，证明 $\boldsymbol{\beta}_1,\boldsymbol{\beta}_2,\boldsymbol{\beta}_3$ 线性无关.

12. 求向量组 $\boldsymbol{\alpha}_1=(1,-1,0,0),\boldsymbol{\alpha}_2=(-1,2,1,-1),\boldsymbol{\alpha}_3=(0,1,1,-1),\boldsymbol{\alpha}_4=(-1,3,2,1),\boldsymbol{\alpha}_5=(-2,6,4,1)$ 的一个极大无关组，并将其余向量用该极大无关组表示出来.

13. 求 x,y 的值，使向量组 $\boldsymbol{\alpha}_1=(1,3,0,5),\boldsymbol{\alpha}_2=(1,2,1,4),\boldsymbol{\alpha}_3=(1,1,2,3),\boldsymbol{\alpha}_4=(1,x,3,y)$ 的秩等于 2.

复 习 题 二

1. 设 $\boldsymbol{A}=\begin{pmatrix}1&1&2\\2&2&4\\3&3&6\end{pmatrix}$，求一个秩为 2 的三阶方阵 $\boldsymbol{x}$，使得 $\boldsymbol{Ax}=\boldsymbol{0}$.

注意：本质上是求 $\boldsymbol{Ax}=\boldsymbol{0}$ 的基础解系.

2. 设有齐次线性方程组$\begin{cases}(1+a)x_1+x_2+\cdots+x_n=0\\2x_1+(2+a)x_2+\cdots+2x_n=0\\\cdots\cdots\cdots\cdots\\nx_1+nx_2+\cdots+(n+a)x_n=0\end{cases}$$(n\geqslant 2)$，试问 a 取何值时，该方程组有非零解，并求出其通解.

3. 设有线性方程组$\begin{cases}x_1+a_1x_2+a_1^2x_3=a_1^3\\x_1+a_2x_2+a_2^2x_3=a_2^3\\x_1+a_3x_2+a_3^2x_3=a_3^3\\x_1+a_4x_2+a_4^2x_3=a_4^3\end{cases}$，证明：若 a_1,a_2,a_3,a_4 两两不相等，则此线性方程组无解.

4. 设线性方程组$\begin{cases}x_1+x_2+x_3=0\\x_1+2x_2+ax_3=0\\x_1+4x_2+a^2x_3=0\end{cases}$ (1) 与方程 $x_1+2x_2+x_3=a-1$ (2) 有公共解，求 a 的值及所有公共解.

5. 设四元齐次线性方程组(Ⅰ):$\begin{cases}x_1+x_2=0\\x_2-x_4=0\end{cases}$,又已知某齐次线性方程组的(Ⅱ)的通解为$k_1\begin{pmatrix}0\\1\\1\\0\end{pmatrix}+k_2\begin{pmatrix}-1\\2\\2\\1\end{pmatrix}$.

(1)求线性方程组(Ⅰ)的通解;(2)问两个方程组有没有公共的非零解?若有,求出所有公共非零解;若没有,说明理由.

6. 求一个齐次线性方程组,使得它的基础解系为$\boldsymbol{\xi}_1=\begin{pmatrix}0\\1\\2\\3\end{pmatrix},\boldsymbol{\xi}_2=\begin{pmatrix}3\\2\\1\\0\end{pmatrix}$.

注意:本质上是求以$(\boldsymbol{\xi}_1,\boldsymbol{\xi}_2)^{\mathrm{T}}\boldsymbol{x}=\boldsymbol{0}$的解向量为系数矩阵的方程组.

7. 已知线性方程组$\begin{cases}x_1+x_2-2x_3+3x_4=0\\2x_1+x_2-6x_3+4x_4=-1\\3x_1+2x_2+px_3+7x_4=-1\\x_1-x_2-6x_3-x_4=t\end{cases}$,讨论参数$p,t$分别取何值时,方程组有唯一解、无穷多解、无解.并在无穷多解时写出通解.

8. 已知$\boldsymbol{\beta}$可用$\boldsymbol{\alpha}_1,\boldsymbol{\alpha}_2,\cdots,\boldsymbol{\alpha}_m$线性表示,但不能用$\boldsymbol{\alpha}_1,\boldsymbol{\alpha}_2,\cdots,\boldsymbol{\alpha}_{m-1}$线性表示,试判断:

(1)$\boldsymbol{\alpha}_m$能否用$\boldsymbol{\alpha}_1,\boldsymbol{\alpha}_2,\cdots,\boldsymbol{\alpha}_{m-1},\boldsymbol{\beta}$线性表示;

(2)$\boldsymbol{\alpha}_m$能否用$\boldsymbol{\alpha}_1,\boldsymbol{\alpha}_2,\cdots,\boldsymbol{\alpha}_{m-1}$线性表示,并说明理由.

9. 讨论当a,b为何值时,向量$\boldsymbol{\beta}=\begin{pmatrix}1\\1\\b+3\\5\end{pmatrix}$可以由向量组$\boldsymbol{\alpha}_1=\begin{pmatrix}1\\0\\2\\3\end{pmatrix},\boldsymbol{\alpha}_2=\begin{pmatrix}1\\1\\3\\5\end{pmatrix},\boldsymbol{\alpha}_3=\begin{pmatrix}1\\-1\\a+2\\1\end{pmatrix}$,$\boldsymbol{\alpha}_4=\begin{pmatrix}1\\2\\4\\a+8\end{pmatrix}$线性表示并写出其线性表示式.

10. 当a,b满足什么条件时,向量组$\boldsymbol{\alpha}_1=\begin{pmatrix}1\\1\\1\\1\end{pmatrix},\boldsymbol{\alpha}_2=\begin{pmatrix}1\\2\\1\\1\end{pmatrix},\boldsymbol{\alpha}_3=\begin{pmatrix}1\\1\\-3\\a\end{pmatrix},\boldsymbol{\alpha}_4=\begin{pmatrix}a\\1\\1\\b\end{pmatrix}$线性相关.

11. 求出向量组$\boldsymbol{\alpha}_1=\begin{pmatrix}1\\-1\\2\\3\end{pmatrix},\boldsymbol{\alpha}_2=\begin{pmatrix}0\\2\\5\\8\end{pmatrix},\boldsymbol{\alpha}_3=\begin{pmatrix}2\\2\\0\\-1\end{pmatrix},\boldsymbol{\alpha}_4=\begin{pmatrix}-1\\7\\-1\\-2\end{pmatrix}$的所有极大无关组.

12. 设4维向量组$\boldsymbol{\alpha}_1=\begin{pmatrix}1+a\\1\\1\\1\end{pmatrix},\boldsymbol{\alpha}_2=\begin{pmatrix}2\\2+a\\2\\2\end{pmatrix},\boldsymbol{\alpha}_3=\begin{pmatrix}3\\3\\3+a\\3\end{pmatrix},\boldsymbol{\alpha}_4=\begin{pmatrix}4\\4\\4\\4+a\end{pmatrix}$,问$a$为何值时,$\boldsymbol{\alpha}_1,\boldsymbol{\alpha}_2$,

$\boldsymbol{\alpha}_3,\boldsymbol{\alpha}_4$ 线性相关？当 $\boldsymbol{\alpha}_1,\boldsymbol{\alpha}_2,\boldsymbol{\alpha}_3,\boldsymbol{\alpha}_4$ 线性相关时，求其一个极大无关组，并将其余向量用该极大无关组线性表示．

13. 设 $\boldsymbol{A}$ 是 n 阶矩阵，若存在正整数 k，使线性方程组 $\boldsymbol{A}^k\boldsymbol{x}=\boldsymbol{0}$ 有解向量 $\boldsymbol{\alpha}$，且 $\boldsymbol{A}^{k-1}\boldsymbol{\alpha}\neq\boldsymbol{0}$，证明向量组 $\boldsymbol{\alpha},\boldsymbol{A\alpha},\cdots,\boldsymbol{A}^{k-1}\boldsymbol{\alpha}$ 线性无关．

第4章 矩阵的特征值与特征向量

矩阵的特征值、特征向量、对角化是矩阵理论的主要组成部分，在科学研究、工程技术、经济等领域有着广泛的应用．本章主要论述矩阵的特征值、特征向量、对角化等问题．

4.1 向量的内积与正交向量组

4.1.1 向量的内积

定义 1 设有 n 维向量 $\boldsymbol{\alpha}=\begin{pmatrix}a_1\\a_2\\\vdots\\a_n\end{pmatrix}$，$\boldsymbol{\beta}=\begin{pmatrix}b_1\\b_2\\\vdots\\b_n\end{pmatrix}$，令 $[\boldsymbol{\alpha},\boldsymbol{\beta}]=a_1b_1+a_2b_2+\cdots+a_nb_n$，$[\boldsymbol{\alpha},\boldsymbol{\beta}]$（或表示为 $[\boldsymbol{\beta},\boldsymbol{\alpha}]$）称为向量 $\boldsymbol{\alpha}$ 与 $\boldsymbol{\beta}$ 的**内积**．

在高等数学的空间解析几何中，有数量积：$\boldsymbol{\alpha}\cdot\boldsymbol{\beta}=a_1b_1+a_2b_2+a_3b_3$，可见数量积是 n 维向量的内积的一种．

注意：内积运算结果是一个数，当 $\boldsymbol{\alpha}$ 与 $\boldsymbol{\beta}$ 都是列向量时，有

$$[\boldsymbol{\alpha},\boldsymbol{\beta}]=\boldsymbol{\alpha}^{\mathrm{T}}\boldsymbol{\beta}.$$

内积具有下列性质（其中 $\boldsymbol{\alpha},\boldsymbol{\beta},\boldsymbol{\gamma}$ 为 n 维向量，λ 为实数）：

(1) 交换：$[\boldsymbol{\alpha},\boldsymbol{\beta}]=[\boldsymbol{\beta},\boldsymbol{\alpha}]$；

(2) 数乘：$[\lambda\boldsymbol{\alpha},\boldsymbol{\beta}]=\lambda[\boldsymbol{\alpha},\boldsymbol{\beta}]$；

(3) 拆分：$[\boldsymbol{\alpha}+\boldsymbol{\beta},\boldsymbol{\gamma}]=[\boldsymbol{\alpha},\boldsymbol{\gamma}]+[\boldsymbol{\beta},\boldsymbol{\gamma}]$；

(4) 当 $\boldsymbol{\alpha}=\mathbf{0}$ 时，$[\boldsymbol{\alpha},\boldsymbol{\alpha}]=\mathbf{0}$；当 $\boldsymbol{\alpha}\neq\mathbf{0}$ 时，$[\boldsymbol{\alpha},\boldsymbol{\alpha}]>\mathbf{0}$.

这些性质可根据定义直接得出，这里就不证明了．

例 1 设有两个四维向量 $\boldsymbol{\alpha}=\begin{pmatrix}1\\2\\-1\\5\end{pmatrix}$，$\boldsymbol{\beta}=\begin{pmatrix}-3\\0\\6\\-5\end{pmatrix}$．求 $[\boldsymbol{\alpha},\boldsymbol{\beta}]$ 及 $[\boldsymbol{\alpha},\boldsymbol{\alpha}]$.

解 $[\boldsymbol{\alpha},\boldsymbol{\beta}]=-3+0-6-25=-34$；

$[\boldsymbol{\alpha},\boldsymbol{\alpha}]=1+4+1+25=31$.

定义 2 对任意 n 维的向量 $\boldsymbol{\alpha}=\begin{pmatrix}a_1\\a_2\\\vdots\\a_n\end{pmatrix}$，令

$$\|\boldsymbol{\alpha}\|=\sqrt{[\boldsymbol{\alpha},\boldsymbol{\alpha}]}=\sqrt{a_1^2+a_2^2+\cdots+a_n^2},$$

则称 $\|\boldsymbol{\alpha}\|$ 为 n 维向量 $\boldsymbol{\alpha}$ 的**长度**(或**范数**). 当 $\|\boldsymbol{\alpha}\|=1$ 时,称 α 为**单位向量**.

向量的长度(范数)具有下列性质:

(1)非负性:当 $\boldsymbol{\alpha}\neq\mathbf{0}$ 时, $\|\boldsymbol{\alpha}\|>0$,当 $\boldsymbol{\alpha}=0$时, $\|\boldsymbol{\alpha}\|=0$;

(2)齐次性: $\|\lambda\boldsymbol{\alpha}\|=|\lambda|\,\|\boldsymbol{\alpha}\|$;

(3)三角不等式: $\|\boldsymbol{\alpha}+\boldsymbol{\beta}\|\leqslant\|\boldsymbol{\alpha}\|+\|\boldsymbol{\beta}\|$;

(4)向量的内积满足施瓦茨(Schwartz)不等式 $[\boldsymbol{\alpha},\boldsymbol{\beta}]^2\leqslant[\boldsymbol{\alpha},\boldsymbol{\alpha}]\cdot[\boldsymbol{\beta},\boldsymbol{\beta}]$;

(5)非零向量 $\boldsymbol{\alpha}$ 的单位向量为 $\dfrac{1}{\|\boldsymbol{\alpha}\|}\boldsymbol{\alpha}$.

定义 3　设 $\boldsymbol{\alpha},\boldsymbol{\beta}$ 为两个 n 维的向量,令

$$d(\boldsymbol{\alpha},\boldsymbol{\beta})=\|\boldsymbol{\alpha}-\boldsymbol{\beta}\|,$$

称 $d(\boldsymbol{\alpha},\boldsymbol{\beta})$ 为向量 $\boldsymbol{\alpha}$ 与 $\boldsymbol{\beta}$ 的**距离**.

由施瓦茨不等式,我们可以得到 $-1\leqslant\dfrac{[\boldsymbol{\alpha},\boldsymbol{\beta}]}{\|\boldsymbol{\alpha}\|\cdot\|\boldsymbol{\beta}\|}\leqslant1$,所以可以给出下面的定义:

定义 4　设 $\boldsymbol{\alpha}$ 与 $\boldsymbol{\beta}$ 是两个非零向量,定义 $\boldsymbol{\alpha}$ 与 $\boldsymbol{\beta}$ 的夹角 θ 在闭区间 $[0,\pi]$ 上,且

$$\cos\theta=\frac{[\boldsymbol{\alpha},\boldsymbol{\beta}]}{\|\boldsymbol{\alpha}\|\cdot\|\boldsymbol{\beta}\|}.$$

例 2　求向量 $\boldsymbol{\alpha}=\begin{pmatrix}1\\2\\2\\3\end{pmatrix},\boldsymbol{\beta}=\begin{pmatrix}3\\1\\5\\1\end{pmatrix}$ 的夹角.

解　由 $\|\boldsymbol{\alpha}\|=\sqrt{1^2+2^2+2^2+3^2}=\sqrt{18}=3\sqrt{2}$;

$$\|\boldsymbol{\beta}\|=\sqrt{3^2+1^2+5^2+1^2}=\sqrt{36}=6;$$

$$[\boldsymbol{\alpha},\boldsymbol{\beta}]=1\times3+2\times1+2\times5+3\times1=18;$$

得 $\cos\theta=\dfrac{[\boldsymbol{\alpha},\boldsymbol{\beta}]}{\|\boldsymbol{\alpha}\|\cdot\|\boldsymbol{\beta}\|}=\dfrac{18}{3\sqrt{2}\times6}=\dfrac{\sqrt{2}}{2}$,即 $\theta=\dfrac{\pi}{4}$.

4.1.2　正交向量组

定义 5　若两向量 $\boldsymbol{\alpha}$ 与 $\boldsymbol{\beta}$ 的内积等于零,即

$$[\boldsymbol{\alpha},\boldsymbol{\beta}]=0,$$

则称向量 $\boldsymbol{\alpha}$ 与 $\boldsymbol{\beta}$ **正交**,记作 $\boldsymbol{\alpha}\perp\boldsymbol{\beta}$.

显然,若 $\boldsymbol{\alpha}=\mathbf{0}$,则 $\boldsymbol{\alpha}$ 与任何向量正交.

定义 6　若 n 维向量组 $\boldsymbol{A}:\boldsymbol{\alpha}_1,\boldsymbol{\alpha}_2,\cdots,\boldsymbol{\alpha}_s$ 中无零向量,且 $\boldsymbol{\alpha}_1,\boldsymbol{\alpha}_2,\cdots,\boldsymbol{\alpha}_s$ 中的向量两两正交,则称该向量组 $\boldsymbol{A}$ 为**正交向量组**;若同时满足 $\|\boldsymbol{\alpha}_i\|=1(i=1,2,\cdots,s)$,则称该向量组 $\boldsymbol{A}$ 为**标准正交向量组**.

例如,对 $\mathbf{R}^n$ 中单位向量组 $\boldsymbol{E}:\boldsymbol{\varepsilon}_1=\begin{pmatrix}1\\0\\\vdots\\0\end{pmatrix},\boldsymbol{\varepsilon}_2=\begin{pmatrix}0\\1\\\vdots\\0\end{pmatrix},\cdots,\boldsymbol{\varepsilon}_n=\begin{pmatrix}0\\0\\\vdots\\1\end{pmatrix}$, 因为其任意两个向量 $\boldsymbol{\varepsilon}_i$,

$\boldsymbol{\varepsilon}_j$ 的内积$[\boldsymbol{\varepsilon}_i,\boldsymbol{\varepsilon}_j]=0\ (i\neq j)$,所以是两两正交的,即单位向量组 $\boldsymbol{E}$ 为正交向量组.

例 3 已知两个三维向量 $\boldsymbol{\alpha}_1=\begin{pmatrix}1\\1\\-1\end{pmatrix}$,$\boldsymbol{\alpha}_2=\begin{pmatrix}-1\\2\\1\end{pmatrix}$ 正交,求单位向量 $\boldsymbol{\alpha}_3$,使 $\boldsymbol{\alpha}_1,\boldsymbol{\alpha}_2,\boldsymbol{\alpha}_3$ 为正交向量组.

解 设 $\boldsymbol{\alpha}=\begin{pmatrix}x\\y\\z\end{pmatrix}$ 使得 $\boldsymbol{\alpha}_1\perp\boldsymbol{\alpha}$,,$\boldsymbol{\alpha}_2\perp\boldsymbol{\alpha}$,则有 $\begin{cases}[\boldsymbol{\alpha}_1,\boldsymbol{\alpha}]=0\\ [\boldsymbol{\alpha}_2,\boldsymbol{\alpha}]=0\end{cases}$,即 $\begin{cases}x+y-z=0\\ -x+2y+z=0\end{cases}$,解得 $\begin{cases}x=z\\ y=0\end{cases}$,取 $z=\pm1$,得 $\boldsymbol{\alpha}=\pm\begin{pmatrix}1\\0\\1\end{pmatrix}$,而 $\|\boldsymbol{\alpha}\|=\sqrt{2}$,故 $\boldsymbol{\alpha}_3=\dfrac{1}{\|\boldsymbol{\alpha}\|}\boldsymbol{\alpha}=\pm\begin{pmatrix}\frac{\sqrt{2}}{2}\\0\\\frac{\sqrt{2}}{2}\end{pmatrix}$.

设向量组 $\boldsymbol{A}:\boldsymbol{\alpha}_1,\boldsymbol{\alpha}_2,\cdots,\boldsymbol{\alpha}_s$ 线性无关,我们可以求出与 $\boldsymbol{A}$ 等价的正交向量组 $\boldsymbol{B}:\boldsymbol{\beta}_1,\boldsymbol{\beta}_2,\cdots,\boldsymbol{\beta}_s$,具体过程如下:

令 $\boldsymbol{\beta}_1=\boldsymbol{\alpha}_1$;

$$\boldsymbol{\beta}_2=\boldsymbol{\alpha}_2-\frac{[\boldsymbol{\beta}_1,\boldsymbol{\alpha}_2]}{[\boldsymbol{\beta}_1,\boldsymbol{\beta}_1]}\boldsymbol{\beta}_1;$$

$$\boldsymbol{\beta}_3=\boldsymbol{\alpha}_3-\frac{[\boldsymbol{\beta}_1,\boldsymbol{\alpha}_3]}{[\boldsymbol{\beta}_1,\boldsymbol{\beta}_1]}\boldsymbol{\beta}_1-\frac{[\boldsymbol{\beta}_2,\boldsymbol{\alpha}_3]}{[\boldsymbol{\beta}_2,\boldsymbol{\beta}_2]}\boldsymbol{\beta}_2;$$

…………

$$\boldsymbol{\beta}_s=\boldsymbol{\alpha}_s-\frac{[\boldsymbol{\beta}_1,\boldsymbol{\alpha}_s]}{[\boldsymbol{\beta}_1,\boldsymbol{\beta}_1]}\boldsymbol{\beta}_1-\frac{[\boldsymbol{\beta}_2,\boldsymbol{\alpha}_s]}{[\boldsymbol{\beta}_2,\boldsymbol{\beta}_2]}\boldsymbol{\beta}_2-\cdots-\frac{[\boldsymbol{\beta}_{s-1},\boldsymbol{\alpha}_s]}{[\boldsymbol{\beta}_{s-1},\boldsymbol{\beta}_{s-1}]}\boldsymbol{\beta}_{s-1}.$$

上述过程称为**施密特**(Schimidt)**正交化过程**.

容易证明,如此求出的向量组 $\boldsymbol{\beta}_1,\boldsymbol{\beta}_2,\cdots,\boldsymbol{\beta}_s$ 是一个正交向量组,且与线性无关的向量组 $\boldsymbol{A}:\boldsymbol{\alpha}_1,\boldsymbol{\alpha}_2,\cdots,\boldsymbol{\alpha}_s$ 等价.

例 4 设 $\boldsymbol{\alpha}_1=\begin{pmatrix}1\\1\\1\end{pmatrix}$,$\boldsymbol{\alpha}_2=\begin{pmatrix}0\\1\\1\end{pmatrix}$,$\boldsymbol{\alpha}_3=\begin{pmatrix}0\\0\\1\end{pmatrix}$,把该向量组标准正交化.

解 取 $\boldsymbol{\beta}_1=\boldsymbol{\alpha}_1$;

$$\boldsymbol{\beta}_2=\boldsymbol{\alpha}_2-\frac{[\boldsymbol{\beta}_1,\boldsymbol{\alpha}_2]}{[\boldsymbol{\beta}_1,\boldsymbol{\beta}_1]}\boldsymbol{\beta}_1=\begin{pmatrix}0\\1\\1\end{pmatrix}-\frac{2}{3}\begin{pmatrix}1\\1\\1\end{pmatrix}=\frac{1}{3}\begin{pmatrix}-2\\1\\1\end{pmatrix};$$

$$\boldsymbol{\beta}_3=\boldsymbol{\alpha}_3-\frac{[\boldsymbol{\beta}_1,\boldsymbol{\alpha}_3]}{[\boldsymbol{\beta}_1,\boldsymbol{\beta}_1]}\boldsymbol{\beta}_1-\frac{[\boldsymbol{\beta}_2,\boldsymbol{\alpha}_3]}{[\boldsymbol{\beta}_2,\boldsymbol{\beta}_2]}\boldsymbol{\beta}_2=\begin{pmatrix}0\\0\\1\end{pmatrix}-\frac{1}{3}\begin{pmatrix}1\\1\\1\end{pmatrix}-\frac{1}{6}\begin{pmatrix}-2\\1\\1\end{pmatrix}=\frac{1}{2}\begin{pmatrix}0\\-1\\1\end{pmatrix};$$

再把它们单位化,取

$$\boldsymbol{e}_1=\frac{\boldsymbol{\beta}_1}{\|\boldsymbol{\beta}_1\|}=\frac{1}{\sqrt{3}}\begin{pmatrix}1\\1\\1\end{pmatrix},\quad \boldsymbol{e}_2=\frac{\boldsymbol{\beta}_2}{\|\boldsymbol{\beta}_2\|}=\frac{1}{\sqrt{6}}\begin{pmatrix}-2\\1\\1\end{pmatrix},\quad \boldsymbol{e}_3=\frac{\boldsymbol{\beta}_3}{\|\boldsymbol{\beta}_3\|}=\frac{1}{\sqrt{2}}\begin{pmatrix}0\\-1\\1\end{pmatrix}$$

$\boldsymbol{e}_1,\boldsymbol{e}_2,\boldsymbol{e}_3$ 即为所求.

习 题 4.1

1. 已知 $\boldsymbol{\alpha}_1=(1,1,1,0)$，$\boldsymbol{\alpha}_2=(1,1,0,1)$，$\boldsymbol{\alpha}_3=(1,0,1,1)$，$\boldsymbol{\alpha}_4=(0,1,1,1)$.

(1)求向量 $\boldsymbol{\alpha}_1$ 的长度，以及 $\boldsymbol{\alpha}_1$ 与 $\boldsymbol{\alpha}_2$ 的距离；(2)求 $\boldsymbol{\alpha}_3,\boldsymbol{\alpha}_4$ 的夹角.

2. 已知 $\boldsymbol{\alpha}_1=\begin{pmatrix}1\\1\\2\\3\end{pmatrix}$，$\boldsymbol{\alpha}_2=\begin{pmatrix}-1\\1\\4\\-1\end{pmatrix}$，求与 $\boldsymbol{\alpha}_1,\boldsymbol{\alpha}_2$ 都正交的向量.

3. 已知三维向量空间中两个向量 $\boldsymbol{\alpha}_1=\begin{pmatrix}1\\1\\1\end{pmatrix}$，$\boldsymbol{\alpha}_2=\begin{pmatrix}1\\-2\\1\end{pmatrix}$ 正交，试求 $\boldsymbol{\alpha}_3$，使 $\boldsymbol{\alpha}_1,\boldsymbol{\alpha}_2,\boldsymbol{\alpha}_3$ 构成三维空间的一个正交基.

4. 设 $\boldsymbol{\alpha}_1=\begin{pmatrix}1\\2\\-1\end{pmatrix}$，$\boldsymbol{\alpha}_2=\begin{pmatrix}-1\\3\\1\end{pmatrix}$，$\boldsymbol{\alpha}_3=\begin{pmatrix}4\\-1\\0\end{pmatrix}$，试用施密特正交化方法，将向量组正交规范化.

5. 用施密特正交化方法，将向量组正交规范化：

$$\boldsymbol{\alpha}_1=(1,1,1,1),\quad \boldsymbol{\alpha}_2=(1,-1,0,4),\quad \boldsymbol{\alpha}_3=(3,5,1,-1).$$

6. 已知 $\boldsymbol{\alpha}_1=\begin{pmatrix}1\\1\\1\end{pmatrix}$，求一组非零向量 $\boldsymbol{\alpha}_2,\boldsymbol{\alpha}_3$，使 $\boldsymbol{\alpha}_1,\boldsymbol{\alpha}_2,\boldsymbol{\alpha}_3$ 两两正交.

7. 用施密特正交化方法将下列向量组正交化：

(1) $(\boldsymbol{\alpha}_1,\boldsymbol{\alpha}_2,\boldsymbol{\alpha}_3)=\begin{pmatrix}1&1&1\\1&2&4\\1&3&9\end{pmatrix}$；

(2) $(\boldsymbol{\alpha}_1,\boldsymbol{\alpha}_2,\boldsymbol{\alpha}_3)=\begin{pmatrix}1&1&-1\\0&-1&1\\-1&0&1\\1&1&0\end{pmatrix}$.

8. 设 $\boldsymbol{\alpha}_1=\begin{pmatrix}0\\1\\1\end{pmatrix}$，$\boldsymbol{\alpha}_2=\begin{pmatrix}1\\0\\1\end{pmatrix}$，$\boldsymbol{\alpha}_3=\begin{pmatrix}1\\1\\0\end{pmatrix}$，使用施密特正交化方，将向量组正交规范化.

4.2 方阵的特征值与特征向量

特征值和特征向量是线性代数中的两个重要概念，它不仅在理论上很重要，而且也可直接用来解决实际问题，工程技术中的振动问题和稳定性问题，都往往归结为求一个方阵的特征值和特征向量问题.

4.2.1 基本概念和性质

定义 7 设 $\boldsymbol{A}$ 是 n 阶方阵,如果数λ和 n 维非零向量 $\boldsymbol{x}$ 使关系式

$$\boldsymbol{Ax}=\lambda\boldsymbol{x} \tag{4.2.1}$$

成立,那么,数 λ 称为方阵 $\boldsymbol{A}$ 的**特征值(特征根)**,非零向量 $\boldsymbol{x}$ 称为方阵 $\boldsymbol{A}$ 对应于特征值 λ 的**特征向量**.

式(4.2.1)也可写成

$$(\boldsymbol{A}-\lambda\boldsymbol{E})\boldsymbol{x}=\boldsymbol{0}. \tag{4.2.2}$$

式(4.2.2)有非零解的充分必要条件是系数行列式

$$|\boldsymbol{A}-\lambda\boldsymbol{E}|=0, \tag{4.2.3}$$

即
$$\begin{vmatrix} a_{11}-\lambda & a_{12} & \cdots & a_{1n} \\ a_{21} & a_{22}-\lambda & \cdots & a_{2n} \\ \vdots & \vdots & & \vdots \\ a_{n1} & a_{n2} & \cdots & a_{nn}-\lambda \end{vmatrix}=0\ .$$

上式是以 λ 为未知数的一元 n 次方程,称为方阵 $\boldsymbol{A}$ 的**特征方程**. 其左端$|\boldsymbol{A}-\lambda\boldsymbol{E}|$是 λ 的 n 次多项式,记作$f(\lambda)$,称为方阵 A 的**特征多项式**.

注意:特征方程$|\boldsymbol{A}-\lambda\boldsymbol{E}|=0$ 与特征方程$|\lambda\boldsymbol{E}-\boldsymbol{A}|=0$ 有相同的特征根;$\boldsymbol{A}$ 的对应于特征值$(\boldsymbol{A}-\lambda\boldsymbol{E})\boldsymbol{x}=\boldsymbol{0}$ 的特征向量是齐次方程组的**非零解**,也是方程组$(\lambda\boldsymbol{E}-\boldsymbol{A})\boldsymbol{x}=\boldsymbol{0}$的非零解. 因此,在实际计算特征值和特征向量时,以上两种形式均可采用.

由特征值,特征向量的定义可推出如下性质:

性质 1 (1)若 $\boldsymbol{\xi}$ 是 $\boldsymbol{A}$ 的一个特征向量,则 $\boldsymbol{\xi}$ 只能对应唯一一个特征值;

(2)对应某特征值 λ_0 的特征向量有无穷多个.

证 (1)设$\boldsymbol{\xi}\neq\boldsymbol{0}$,满足$\boldsymbol{A\xi}=\lambda_1\boldsymbol{\xi}$,$\boldsymbol{A\xi}=\lambda_2\boldsymbol{\xi}$,两式相减得

$$\lambda_1\boldsymbol{\xi}-\lambda_2\boldsymbol{\xi}=\boldsymbol{0}\Rightarrow\left.\begin{matrix}(\lambda_1-\lambda_2)\boldsymbol{\xi}=\boldsymbol{0}\\ \boldsymbol{\xi}\neq\boldsymbol{0}\end{matrix}\right\}\Rightarrow\lambda_1-\lambda_2=0\Rightarrow\lambda_1=\lambda_2.$$

(2)设 $\boldsymbol{\xi}$ 是方阵 $\boldsymbol{A}$ 的对应特征值 λ_0 的特征向量,则对任意 $k\neq0$ 有,$k\boldsymbol{\xi}\neq\boldsymbol{0}$.

$\boldsymbol{A}(k\boldsymbol{\xi})=k\boldsymbol{A\xi}=k(\lambda_0\boldsymbol{\xi})=\lambda_0(k\boldsymbol{\xi})\Rightarrow k\boldsymbol{\xi}$ 也是 $\boldsymbol{A}$ 的对应特征值 λ_0 的特征向量.

易知,当 $k_1\neq k_2$ 时,有 $k_1\boldsymbol{\xi}\neq k_2\boldsymbol{\xi}$,故 $\boldsymbol{A}$ 的对应特征值 λ_0 的特征向量有无穷多个.

性质 2 若 λ 是 $\boldsymbol{A}$ 的特征值,则$-\lambda$ 是$-\boldsymbol{A}$ 的特征值.

证 由 $\boldsymbol{A\xi}=\lambda\boldsymbol{\xi}$,可推出$(-\boldsymbol{A})\boldsymbol{\xi}=(-\lambda)\boldsymbol{\xi}$.

性质 3 若 λ 是 $\boldsymbol{A}$ 的特征值,则 λ^2 是 $\boldsymbol{A}^2$ 的特征值.

证 由 $\boldsymbol{A\xi}=\lambda\boldsymbol{\xi}$,可得 $\boldsymbol{A}^2\boldsymbol{\xi}=\boldsymbol{A}(\lambda\boldsymbol{\xi})=\lambda(\boldsymbol{A\xi})=\lambda^2\boldsymbol{\xi}$.

性质 4 0 是方阵 $\boldsymbol{A}$ 的特征值的充分必要条件是 $|\boldsymbol{A}|=0$.

证 $|\boldsymbol{A}|=0\Leftrightarrow\lambda=0$ 是特征方程$|\boldsymbol{A}-\lambda\boldsymbol{E}|=0$ 的根,即 $\lambda=0$ 是 $\boldsymbol{A}$ 的特征值.

性质 5 若 λ 是可逆矩阵 $\boldsymbol{A}$ 的特征值,则$\dfrac{1}{\lambda}$是 $\boldsymbol{A}^{-1}$的特征值.

证 由性质 4 可知,$\boldsymbol{A}$ 可逆时 $\lambda\neq0$,故由 $\boldsymbol{A\xi}=\lambda\boldsymbol{\xi}$ 可得

$$\boldsymbol{A}^{-1}(\boldsymbol{A\xi})=\boldsymbol{A}^{-1}(\lambda\boldsymbol{\xi}),$$

所以 $\boldsymbol{\xi}=\lambda\boldsymbol{A}^{-1}\boldsymbol{\xi}$ 即 $\boldsymbol{A}^{-1}\boldsymbol{\xi}=\dfrac{1}{\lambda}\boldsymbol{\xi}$.

性质 6　对角矩阵 $D=\begin{pmatrix} a_1 & & & \\ & a_2 & & \\ & & \ddots & \\ & & & a_n \end{pmatrix}$ 的全部特征值是 $a_1,a_2,\cdots,a_n$.

证　D 的特征方程是

$$|D-\lambda E|=\begin{vmatrix} a_1-\lambda & & & \\ & a_2-\lambda & & \\ & & \ddots & \\ & & & a_n-\lambda \end{vmatrix}$$

$$=(a_1-\lambda)(a_2-\lambda)\cdots(a_n-\lambda)=0,$$

解得　$\lambda_1=a_1,\lambda_2=a_2,\cdots,\lambda_n=a_n$.

性质 7　设 n 维方阵 A 的 n 个特征值为 $\lambda_1,\lambda_2,\cdots,\lambda_n$，则：

(1) $\lambda_1\lambda_2\cdots\lambda_n=|A|$；

(2) $\lambda_1+\lambda_2+\cdots+\lambda_n=a_{11}+a_{22}+\cdots+a_{nn}$.

证　当 $\lambda_i(i=1,2,\cdots,n)$ 是 A 的特征值时，A 的特征多项式为

$$f(\lambda)=|\lambda E-A|=\begin{vmatrix} \lambda-a_{11} & -a_{12} & \cdots & -a_{1n} \\ -a_{21} & \lambda-a_{22} & \cdots & -a_{2n} \\ \vdots & \vdots & & \vdots \\ -a_{n1} & -a_{n2} & \cdots & \lambda-a_{nn} \end{vmatrix}.$$

如果只写出特征多项式的前两项和常数项，就有

$$f(\lambda)=|\lambda E-A|=\lambda^n-(a_{11}+a_{22}+\cdots+a_{nn})\lambda^{n-1}+\cdots+(-1)^n|A|.$$

设 $\lambda_1,\lambda_2,\cdots,\lambda_n$ 是 A 的 n 个特征值，则

$$f(\lambda)=(\lambda-\lambda_1)(\lambda-\lambda_2)\cdots(\lambda-\lambda_n).$$

由 n 次代数方程根与系数之间的关系可得上述等式成立 .

4.2.2　特征值和特征向量的求法

A 的特征值即是特征多项式的根，亦即特征方程的解，特征方程在复数范围内恒有解，其解的个数等于方程的次数(重根按重数计算). 因此，n 阶方阵在复数域内有 n 个特征值 .

设 $\xi\neq 0$ 是 n 阶方阵 A 的属于特征值 λ_0 的特征向量，于是有 $A\xi=\lambda_0\xi$，即 $(A-\lambda_0E)\xi=0$，从而线性方程组

$$(A-\lambda_0E)x=0 \tag{4.2.4}$$

有非零解 ξ；反之，若方程组(4.2.4)有非零解 ξ，则 $(A-\lambda_0E)\xi=0$，从而 $A\xi=\lambda_0\xi$，即向量 ξ 就是 A 的属于特征值 λ_0 的特征向量 .

综上所述，可得下述重要定理：

定理 1　(1) λ_0 是 A 的一个特征值的充要条件为 λ_0 是 A 的特征多项式 $f(\lambda)$ 的一个根，即 $|A-\lambda_0E|=0$.

(2)若 λ_0 是 A 的一个特征值，则属于 λ_0 的特征向量的全体是齐次线性方程组 $(A-\lambda_0E)x=0$ 的所有非零解 .

例 1　求 $A=\begin{pmatrix} 3 & -1 \\ -1 & 3 \end{pmatrix}$ 的特征值与特征向量 .

解 $\boldsymbol{A}$ 的特征方程为 $|\boldsymbol{A}-\lambda\boldsymbol{E}|=0$ 即

$$\begin{vmatrix}3-\lambda & -1\\ -1 & 3-\lambda\end{vmatrix}=(3-\lambda)^2-1=(4-\lambda)(2-\lambda)=0.$$

所以 $\boldsymbol{A}$ 的特征值为 $\lambda_1=2,\lambda_2=4$.

当 $\lambda_1=2$ 时,解方程$(\boldsymbol{A}-2\boldsymbol{E})\boldsymbol{x}=\boldsymbol{0}$,因

$$\boldsymbol{A}-2\boldsymbol{E}=\begin{pmatrix}1 & -1\\ -1 & 1\end{pmatrix}\xrightarrow{\text{初等行变换}}\begin{pmatrix}1 & -1\\ 0 & 0\end{pmatrix}=\widetilde{\boldsymbol{B}}.$$

$\widetilde{\boldsymbol{B}}$ 对应的线性方程为 $x_1-x_2=0$,取$(x_2=1)$,对应$\begin{pmatrix}x_1\\ x_2\end{pmatrix}$为$\begin{pmatrix}1\\ 1\end{pmatrix}$.

取 $\boldsymbol{p}_1=\begin{pmatrix}1\\ 1\end{pmatrix}$,$k_1$ 为任意非零常数, 则 $k_1\boldsymbol{p}_1(k_1\neq0)$是对应于 $\lambda_1=2$ 的全部特征向量.

当 $\lambda_2=4$ 时,解方程$(\boldsymbol{A}-4\boldsymbol{E})\boldsymbol{x}=\boldsymbol{0}$,因

$$\boldsymbol{A}-4\boldsymbol{E}=\begin{pmatrix}-1 & -1\\ -1 & -1\end{pmatrix}\xrightarrow{\text{初等行变换}}\begin{pmatrix}1 & 1\\ 0 & 0\end{pmatrix}=\widetilde{\boldsymbol{C}}.$$

$\widetilde{\boldsymbol{C}}$ 对应的线性方程为 $x_1+x_2=0$,取$(x_2=1)$,对应$\begin{pmatrix}x_1\\ x_2\end{pmatrix}$为$\begin{pmatrix}1\\ 1\end{pmatrix}$,

得方程组的通解为$\begin{cases}x_1=-x_2\\ x_2=x_2\end{cases}$($x_2$ 为自由未知量),即$\begin{pmatrix}x_1\\ x_2\end{pmatrix}=x_2\begin{pmatrix}-1\\ 1\end{pmatrix}$.

取 $\boldsymbol{p}_2=\begin{pmatrix}-1\\ 1\end{pmatrix}$,$k_2$ 为任意非零常数,则 $k_2\boldsymbol{p}_2(k_2\neq0)$是对应于 $\lambda_2=4$ 的全部特征向量.

例 2 求矩阵 $\boldsymbol{A}=\begin{pmatrix}-1 & 1 & 0\\ -4 & 3 & 0\\ 1 & 0 & 2\end{pmatrix}$的特征值与特征向量.

解 $$|\boldsymbol{A}-\lambda\boldsymbol{E}|=\begin{vmatrix}-1-\lambda & 1 & 0\\ -4 & 3-\lambda & 0\\ 1 & 0 & 2-\lambda\end{vmatrix}=(2-\lambda)(1-\lambda)^2=0.$$

故 $\boldsymbol{A}$ 的特征值为 $\lambda_1=2,\lambda_2=\lambda_3=1$.

当 $\lambda_1=2$ 时,解方程组$(\boldsymbol{A}-2\boldsymbol{E})\boldsymbol{x}=\boldsymbol{0}$,因

$$\boldsymbol{A}-2\boldsymbol{E}=\begin{pmatrix}-3 & 1 & 0\\ -4 & 1 & 0\\ 1 & 0 & 0\end{pmatrix}\xrightarrow{\text{初等行变换}}\begin{pmatrix}1 & 0 & 0\\ 0 & 1 & 0\\ 0 & 0 & 0\end{pmatrix}=\widetilde{\boldsymbol{B}}.$$

$\widetilde{\boldsymbol{B}}$ 对应的线性方程组为$\begin{cases}x_1=0\\ x_2=0\end{cases}$($x_3$ 为自由未知量),取$(x_3=1)$,对应$\begin{pmatrix}x_1\\ x_2\\ x_3\end{pmatrix}$为$\begin{pmatrix}0\\ 0\\ 1\end{pmatrix}$.

取 $\boldsymbol{p}_1=\begin{pmatrix}0\\ 0\\ 1\end{pmatrix}$,$k_1$ 为任意非零常数,则 $k_1\boldsymbol{p}_1(k_1\neq0)$是对应于 $\lambda_1=2$ 的全部特征向量.

当 $\lambda_2=\lambda_3=1$ 时,解方程$(\boldsymbol{A}-\boldsymbol{E})\boldsymbol{x}=\boldsymbol{0}$,因

$$\boldsymbol{A}-\boldsymbol{E}=\begin{pmatrix}-2 & 1 & 0\\ -4 & 2 & 0\\ 1 & 0 & 1\end{pmatrix}\xrightarrow{\text{初等行变换}}\begin{pmatrix}1 & 0 & 1\\ 0 & 1 & 2\\ 0 & 0 & 0\end{pmatrix}=\widetilde{\boldsymbol{C}}.$$

$\tilde{\boldsymbol{B}}$ 对应的线性方程组为$\begin{cases}x_1+x_3=0\\x_2+2x_3=0\end{cases}$,取$(x_3=1)$,对应$\begin{pmatrix}x_1\\x_2\\x_3\end{pmatrix}$为$\begin{pmatrix}-1\\-2\\1\end{pmatrix}$.

取 $\boldsymbol{p}_2=\begin{pmatrix}-1\\-2\\1\end{pmatrix}$,$k_2$ 为任意非零常数,则 $k_2\boldsymbol{p}_2(k_2\neq0)$是对应于 $\lambda_2=\lambda_3=1$ 的全部特征向量.

例 3　求矩阵 $\boldsymbol{A}=\begin{pmatrix}-2&1&1\\0&2&0\\-4&1&3\end{pmatrix}$的特征值与特征向量.

解　$\boldsymbol{A}$ 的特征方程为$|\boldsymbol{A}-\lambda\boldsymbol{E}|=0$,即

$$|\boldsymbol{A}-\lambda\boldsymbol{E}|=\begin{vmatrix}-2-\lambda&1&1\\0&2-\lambda&0\\-4&1&3-\lambda\end{vmatrix}=(2-\lambda)\begin{vmatrix}-2-\lambda&1\\-4&3-\lambda\end{vmatrix}$$
$$=(2-\lambda)(\lambda^2-\lambda-2)=-(\lambda+1)(\lambda-2)^2=0.$$

故 $\boldsymbol{A}$ 的特征值为 $\lambda_1=-1,\lambda_2=\lambda_3=2$.

当 $\lambda_1=-1$ 时,解方程$(\boldsymbol{A}+\boldsymbol{E})\boldsymbol{x}=\boldsymbol{0}$,因

$$\boldsymbol{A}+\boldsymbol{E}=\begin{pmatrix}-1&1&1\\0&3&0\\-4&1&4\end{pmatrix}\xrightarrow{\text{初等行变换}}\begin{pmatrix}1&0&-1\\0&1&0\\0&0&0\end{pmatrix}=\tilde{\boldsymbol{B}}.$$

$\tilde{\boldsymbol{B}}$ 对应的线性方程组为$\begin{cases}x_1-x_3=0\\x_2=0\end{cases}$,取$(x_3=1)$,对应$\begin{pmatrix}x_1\\x_2\\x_3\end{pmatrix}$为$\begin{pmatrix}1\\0\\1\end{pmatrix}$.

取 $\boldsymbol{p}_1=\begin{pmatrix}1\\0\\1\end{pmatrix}$,$k_1$ 为任意非零常数,则 $k_1\boldsymbol{p}_1(k_1\neq0)$是对应于 $\lambda_1=-1$ 的全部特征向量.

当 $\lambda_2=\lambda_3=2$ 时,解方程$(\boldsymbol{A}-2\boldsymbol{E})\boldsymbol{x}=\boldsymbol{0}$,因

$$\boldsymbol{A}-2\boldsymbol{E}=\begin{pmatrix}-4&1&1\\0&0&0\\-4&1&1\end{pmatrix}\xrightarrow{\text{初等行变换}}\begin{pmatrix}1&-\frac{1}{4}&-\frac{1}{4}\\0&0&0\\0&0&0\end{pmatrix}=\tilde{\boldsymbol{C}}.$$

$\tilde{\boldsymbol{C}}$ 对应的线性方程为 $x_1-\frac{1}{4}x_2-\frac{1}{4}x_3=0$,取$\begin{pmatrix}x_2\\x_3\end{pmatrix}$为$\begin{pmatrix}1\\0\end{pmatrix}$与$\begin{pmatrix}0\\1\end{pmatrix}$,对应$\begin{pmatrix}x_1\\x_2\\x_3\end{pmatrix}$为$\begin{pmatrix}\frac{1}{4}\\1\\0\end{pmatrix}$与$\begin{pmatrix}\frac{1}{4}\\0\\1\end{pmatrix}$,取

$\boldsymbol{p}_2=\begin{pmatrix}\frac{1}{4}\\1\\0\end{pmatrix}$,$\boldsymbol{p}_3=\begin{pmatrix}\frac{1}{4}\\0\\1\end{pmatrix}$,$k_2,k_3$ 为不同时为零的常数,则 $k_2\boldsymbol{p}_2+k_3\boldsymbol{p}_3(k_2,k_3$ 不同时为零$)$是对应于 $\lambda_2=\lambda_3=2$ 的全部特征向量.

例 4　求矩阵 $\boldsymbol{A}=\begin{pmatrix}a&0&0\\0&a&0\\0&0&a\end{pmatrix}$的特征值与特征向量.

解 因为 $|\boldsymbol{A}-\lambda\boldsymbol{E}|=\begin{vmatrix} a-\lambda & 0 & 0 \\ 0 & a-\lambda & 0 \\ 0 & 0 & a-\lambda \end{vmatrix}=(a-\lambda)^3=0$,

所以 $\boldsymbol{A}$ 的特征值为 $\lambda_1=\lambda_2=\lambda_3=a$.

当 $\lambda=a$ 时,解方程 $(\boldsymbol{A}-a\boldsymbol{E})\boldsymbol{x}=\boldsymbol{0}$,因

$$\boldsymbol{A}-a\boldsymbol{E}=\begin{pmatrix} 0 & 0 & 0 \\ 0 & 0 & 0 \\ 0 & 0 & 0 \end{pmatrix}=\boldsymbol{0}.$$

其对应的线性方程组为 $\begin{cases} x_1=0 \\ x_2=0 \\ x_3=0 \end{cases}$,取 $\begin{pmatrix} x_1 \\ x_2 \\ x_3 \end{pmatrix}$ 为 $\begin{pmatrix} 1 \\ 0 \\ 0 \end{pmatrix},\begin{pmatrix} 0 \\ 1 \\ 0 \end{pmatrix},\begin{pmatrix} 0 \\ 0 \\ 1 \end{pmatrix}$,

取
$$\boldsymbol{p}_1=\begin{pmatrix} 1 \\ 0 \\ 0 \end{pmatrix},\boldsymbol{p}_2=\begin{pmatrix} 0 \\ 1 \\ 0 \end{pmatrix},\boldsymbol{p}_3=\begin{pmatrix} 0 \\ 0 \\ 1 \end{pmatrix},$$

可得 $\boldsymbol{A}$ 的全部特征向量为 $k_1\boldsymbol{p}_1+k_2\boldsymbol{p}_2+k_3\boldsymbol{p}_3$($k_1,k_2,k_3$ 不全为零). 即任一非零的三维向量都是 $\boldsymbol{A}$ 的特征向量.

习 题 4.2

1. 求下列矩阵 $\boldsymbol{A}$ 的特征值和特征向量:

(1) $\begin{pmatrix} 1 & -1 \\ 2 & 4 \end{pmatrix}$; (2) $\begin{pmatrix} 1 & 2 & 3 \\ 2 & 1 & 3 \\ 3 & 3 & 6 \end{pmatrix}$; (3) $\begin{pmatrix} 2 & -1 & 2 \\ 5 & -3 & 3 \\ -1 & 0 & -2 \end{pmatrix}$; (4) $\begin{pmatrix} 1 & 1 & 1 & 1 \\ 1 & 1 & -1 & -1 \\ 1 & -1 & 1 & -1 \\ 1 & -1 & -1 & 1 \end{pmatrix}$.

2. 设矩阵 $\boldsymbol{A}=\begin{pmatrix} 1 & -3 & 3 \\ 3 & x & 3 \\ 6 & -6 & y \end{pmatrix}$ 有特征值为 $\lambda_1=-2$, $\lambda_2=4$,求 x 和 y.

3. 已知 0 是矩阵 $\boldsymbol{A}=\begin{pmatrix} 1 & 0 & 1 \\ 0 & 2 & 0 \\ 1 & 0 & a \end{pmatrix}$ 的特征值,求 $\boldsymbol{A}$ 的特征值和特征向量.

4. 已知矩阵 $\boldsymbol{A}=\begin{pmatrix} -1 & 1 & 0 \\ -4 & a & 0 \\ 1 & 0 & b \end{pmatrix}$ 有一个特征向量 $\boldsymbol{x}=(1,2,-1)^{\mathrm{T}}$,试确定参数 a,b 及特征向量 $\boldsymbol{x}$ 所对应的特征值.

5. 设 $\boldsymbol{A}=\begin{pmatrix} -2 & 1 & 1 \\ 0 & 2 & 0 \\ -4 & 1 & 3 \end{pmatrix}$,求 $\boldsymbol{A}$ 的特征值与特征向量.

6. 求 n 阶数量矩阵 $\boldsymbol{A}=\begin{pmatrix} a & 0 & \cdots & 0 \\ 0 & a & \cdots & 0 \\ \vdots & \vdots & & \vdots \\ 0 & 0 & \cdots & a \end{pmatrix}$ 的特征值与特征向量.

7. 设 $\boldsymbol{A}=\begin{pmatrix} 1 & -1 & 0 \\ 2 & 0 & 1 \\ 1 & a & 0 \end{pmatrix}$,且存在非零向量 $\boldsymbol{\alpha}$,使得 $\boldsymbol{A}\boldsymbol{\alpha}=2\boldsymbol{\alpha}$,求 a.

8. 设 $\boldsymbol{A}=\begin{pmatrix}1&-1&2\\4&a&0\\-3&1&b\end{pmatrix}$，且 $\boldsymbol{\alpha}=\begin{pmatrix}1\\1\\1\end{pmatrix}$ 为矩阵 $\boldsymbol{A}$ 的一个特征向量，求 a,b 及 $\boldsymbol{\alpha}$ 所对应的特征值 .

4.3 相似矩阵

4.3.1 相似关系的定义与性质

定义 8　设 $\boldsymbol{A},\boldsymbol{B}$ 是两个 n 阶方阵，若存在可逆方阵 $\boldsymbol{P}$，使 $\boldsymbol{P}^{-1}\boldsymbol{AP}=\boldsymbol{B}$，则称 $\boldsymbol{B}$ 是 $\boldsymbol{A}$ 的**相似矩阵**，或称矩阵 $\boldsymbol{A}$ 与 $\boldsymbol{B}$ **相似**，记作 $\boldsymbol{A}\sim\boldsymbol{B}$，对 $\boldsymbol{A}$ 进行的 $\boldsymbol{P}^{-1}\boldsymbol{AP}$ 运算称为对 $\boldsymbol{A}$ 进行相似变换，称可逆矩阵 $\boldsymbol{P}$ 为**相似因子**或**相似变换矩阵** .

性质 8　假设矩阵 $\boldsymbol{A},\boldsymbol{B},\boldsymbol{C}$ 均是 n 阶方阵，其相似关系满足：

(1) **自反性**：对任意方阵 $\boldsymbol{A}$，都有 $\boldsymbol{A}\sim\boldsymbol{A}$；

(2) **对称性**：若 $\boldsymbol{A}\sim\boldsymbol{B}$，则 $\boldsymbol{B}\sim\boldsymbol{A}$；

(3) **传递性**：若 $\boldsymbol{A}\sim\boldsymbol{B},\boldsymbol{B}\sim\boldsymbol{C}$，则 $\boldsymbol{A}\sim\boldsymbol{C}$.

证　(1) 因为 $\boldsymbol{A}=\boldsymbol{E}^{-1}\boldsymbol{AE}$，所以 $\boldsymbol{A}\sim\boldsymbol{A}$.

(2) 若 $\boldsymbol{A}\sim\boldsymbol{B}$，则存在可逆矩阵 $\boldsymbol{P}$，使得 $\boldsymbol{P}^{-1}\boldsymbol{AP}=\boldsymbol{B}$，因此 $\boldsymbol{A}=\boldsymbol{PBP}^{-1}=(\boldsymbol{P}^{-1})^{-1}\boldsymbol{B}(\boldsymbol{P}^{-1})$，所以 $\boldsymbol{B}\sim\boldsymbol{A}$.

(3) 因为 $\boldsymbol{A}\sim\boldsymbol{B},\boldsymbol{B}\sim\boldsymbol{C}$，由定义可知分别存在可逆矩阵 $\boldsymbol{P}$ 和 $\boldsymbol{Q}$，使得

$$\boldsymbol{P}^{-1}\boldsymbol{AP}=\boldsymbol{B},\quad \boldsymbol{Q}^{-1}\boldsymbol{BQ}=\boldsymbol{C},$$

因此　$\boldsymbol{C}=\boldsymbol{Q}^{-1}\boldsymbol{BQ}=\boldsymbol{Q}^{-1}(\boldsymbol{P}^{-1}\boldsymbol{AP})\boldsymbol{Q}=(\boldsymbol{Q}^{-1}\boldsymbol{P}^{-1})\boldsymbol{A}(\boldsymbol{PQ})=(\boldsymbol{PQ})^{-1}\boldsymbol{A}(\boldsymbol{PQ})$，

所以　$\boldsymbol{A}\sim\boldsymbol{C}$.

性质 9　若 $\boldsymbol{A}\sim\boldsymbol{B}$，则：(1) $R(\boldsymbol{A})=R(\boldsymbol{B})$；(2) $|\boldsymbol{A}|=|\boldsymbol{B}|$.

证 (1) 因为相似变换矩阵可逆，所以结论(1)成立 .

(2) $\boldsymbol{P}^{-1}\boldsymbol{AP}=\boldsymbol{B}\Rightarrow|\boldsymbol{P}^{-1}\boldsymbol{AP}|=|\boldsymbol{B}|\Rightarrow|\boldsymbol{P}^{-1}||\boldsymbol{A}||\boldsymbol{P}|=|\boldsymbol{B}|\Rightarrow|\boldsymbol{P}^{-1}||\boldsymbol{P}||\boldsymbol{A}|=|\boldsymbol{B}|\Rightarrow|\boldsymbol{P}^{-1}\boldsymbol{P}||\boldsymbol{A}|\Rightarrow|\boldsymbol{E}||\boldsymbol{A}|=|\boldsymbol{B}|\Rightarrow|\boldsymbol{A}|=|\boldsymbol{B}|$.

性质 10　如果 $\boldsymbol{A}\sim\boldsymbol{B}$，则 $\boldsymbol{A}$ 与 $\boldsymbol{B}$ 的特征多项式相同，从而 $\boldsymbol{A}$ 与 $\boldsymbol{B}$ 的特征值相同 .

证　由于 $\boldsymbol{A}\sim\boldsymbol{B}$，则存在可逆矩阵 $\boldsymbol{P}$ 使 $\boldsymbol{P}^{-1}\boldsymbol{AP}=\boldsymbol{B}$，从而

$$|\boldsymbol{B}-\lambda\boldsymbol{E}|=|\boldsymbol{P}^{-1}\boldsymbol{AP}-\lambda\boldsymbol{E}|=|\boldsymbol{P}^{-1}(\boldsymbol{A}-\lambda\boldsymbol{E})\boldsymbol{P}|=|\boldsymbol{P}^{-1}||\boldsymbol{A}-\lambda\boldsymbol{E}||\boldsymbol{P}|=|\boldsymbol{A}-\lambda\boldsymbol{E}|.$$

推论　如果方阵 $\boldsymbol{A}$ 相似于一个对角阵 $\boldsymbol{D}$，则对角阵 $\boldsymbol{D}$ 的主对角线上的元素就是 $\boldsymbol{A}$ 的全部特征值，即若 $\boldsymbol{D}=\begin{pmatrix}\lambda_1&0&\cdots&0\\0&\lambda_2&\cdots&0\\\vdots&\vdots&&\vdots\\0&0&\cdots&\lambda_n\end{pmatrix}$ 与 $\boldsymbol{A}$ 相似，则 $\lambda_i(i=1,2,\cdots,n)$ 为 $\boldsymbol{A}$ 的全部特征值 .

4.3.2 相似对角化及其应用

定义 9　若方阵 $\boldsymbol{A}$ 相似于对角阵 $\boldsymbol{D}$，则称方阵 $\boldsymbol{A}$ **可相似对角化** .

定理2 n 阶方阵 $\boldsymbol{A}$ 相似于一个对角阵 $\boldsymbol{D}$ 的充分必要条件是 $\boldsymbol{A}$ 有 n 个线性无关的特征向量.

证 充分性. 设 $\boldsymbol{A}$ 的 n 个特征向量 $\boldsymbol{\xi}_1,\boldsymbol{\xi}_2,\cdots,\boldsymbol{\xi}_n$ 线性无关,它们对应的特征值分别是 $\lambda_1,\lambda_2,\cdots,\lambda_n$,

即
$$\boldsymbol{A\xi}_1=\lambda_1\boldsymbol{\xi}_1,\quad \boldsymbol{A\xi}_2=\lambda_2\boldsymbol{\xi}_2,\quad \cdots,\quad \boldsymbol{A\xi}_n=\lambda_n\boldsymbol{\xi}_n,$$
所以有
$$\boldsymbol{A}(\boldsymbol{\xi}_1,\boldsymbol{\xi}_2,\cdots,\boldsymbol{\xi}_n)=(\lambda_1\boldsymbol{\xi}_1,\lambda_2\boldsymbol{\xi}_2,\cdots,\lambda_n\boldsymbol{\xi}_n).$$

记矩阵 $\boldsymbol{P}=(\boldsymbol{\xi}_1,\boldsymbol{\xi}_2,\cdots,\boldsymbol{\xi}_n)$,$\boldsymbol{D}=\begin{pmatrix}\lambda_1 & & & \\ & \lambda_2 & & \\ & & \ddots & \\ & & & \lambda_n\end{pmatrix}$,因为 $\boldsymbol{\xi}_1,\boldsymbol{\xi}_2,\cdots,\boldsymbol{\xi}_n$ 线性无关,所以 $\boldsymbol{P}$ 可逆,且 $\boldsymbol{AP}=\boldsymbol{PD}$,故 $\boldsymbol{P}^{-1}\boldsymbol{AP}=\boldsymbol{D}$.

必要性. 设 $\boldsymbol{A}$ 相似于对角阵 $\boldsymbol{D}$,且 $\boldsymbol{D}=\begin{pmatrix}d_1 & & & \\ & d_2 & & \\ & & \ddots & \\ & & & d_n\end{pmatrix}$,则存在可逆矩阵 $\boldsymbol{B}$,使得 $\boldsymbol{B}^{-1}\boldsymbol{AB}=\boldsymbol{D}$,即 $\boldsymbol{AB}=\boldsymbol{BD}$. 记 $\boldsymbol{B}=(\boldsymbol{\eta}_1,\boldsymbol{\eta}_2,\cdots,\boldsymbol{\eta}_n)$,我们有
$$\boldsymbol{A}(\boldsymbol{\eta}_1,\boldsymbol{\eta}_2,\cdots,\boldsymbol{\eta}_n)=(d_1\boldsymbol{\eta}_1,d_2\boldsymbol{\eta}_2,\cdots,d_n\boldsymbol{\eta}_n),$$
所以 $\boldsymbol{A\eta}_1=d_1\boldsymbol{\eta}_1,\boldsymbol{A\eta}_2=d_2\boldsymbol{\eta}_2,\cdots,\boldsymbol{A\eta}_n=d_n\boldsymbol{\eta}_n$.

由矩阵 $\boldsymbol{B}$ 可逆,知 $\boldsymbol{\eta}_1,\boldsymbol{\eta}_2,\cdots,\boldsymbol{\eta}_n$ 都是非零向量,因而都是 $\boldsymbol{A}$ 的特征向量. 又因为矩阵 $\boldsymbol{B}$ 可逆,所以 $\boldsymbol{\eta}_1,\boldsymbol{\eta}_2,\cdots,\boldsymbol{\eta}_n$ 线性无关.

推论 如果 n 阶方阵 $\boldsymbol{A}$ 的特征值 $\lambda_1,\lambda_2,\cdots,\lambda_n$ 互不相同,则 $\boldsymbol{A}$ 相似于一个对角阵
$$\boldsymbol{D}=\begin{pmatrix}\lambda_1 & & & \\ & \lambda_2 & & \\ & & \ddots & \\ & & & \lambda_n\end{pmatrix}.$$

以下是相似对角化的一个直接应用的例子.

例1 设 $\boldsymbol{A}=\begin{pmatrix}1 & 2\\ 3 & -4\end{pmatrix}$. (1)求 $\boldsymbol{A}$ 的特征值,并判断 $\boldsymbol{A}$ 能否相似于对角阵? (2)求 $\boldsymbol{A}^{50}$.

解 (1)$\boldsymbol{A}$ 的特征多项式为
$$|\boldsymbol{A}-\lambda\boldsymbol{E}|=\begin{vmatrix}1-\lambda & 2\\ 3 & -4-\lambda\end{vmatrix}=\lambda^2+3\lambda-10=(\lambda+5)(\lambda-2)=0.$$
所以 $\boldsymbol{A}$ 的特征值 $\lambda_1=-5,\lambda_2=2$,两个特征值不相等,根据上述推论,可知 $\boldsymbol{A}$ 能相似于对角阵.

(2)当 $\lambda_1=-5$ 时,相应的特征向量为 $\boldsymbol{\xi}_1^{\mathrm{T}}=\left(-\dfrac{1}{3},1\right)$;

当 $\lambda_2=2$ 时,相应的特征向量为 $\boldsymbol{\xi}_2^{\mathrm{T}}=(2,1)$.

令 $\boldsymbol{P}=(\boldsymbol{\xi}_1,\boldsymbol{\xi}_2)=\begin{pmatrix}-\dfrac{1}{3} & 2\\ 1 & 1\end{pmatrix}$,则 $\boldsymbol{P}^{-1}=\begin{pmatrix}-\dfrac{3}{7} & \dfrac{6}{7}\\ \dfrac{3}{7} & \dfrac{1}{7}\end{pmatrix}$,因而 $\boldsymbol{P}^{-1}\boldsymbol{AP}=\begin{pmatrix}-5 & 0\\ 0 & 2\end{pmatrix}$,于是 $\boldsymbol{A}=\boldsymbol{P}\begin{pmatrix}-5 & 0\\ 0 & 2\end{pmatrix}\boldsymbol{P}^{-1}$,类推即得

$$A^2=P\begin{pmatrix}-5&0\\0&2\end{pmatrix}^2P^{-1},\quad A^3=P\begin{pmatrix}-5&0\\0&2\end{pmatrix}^3P^{-1},\quad \cdots\quad ,A^{50}=P\begin{pmatrix}-5&0\\0&2\end{pmatrix}^{50}P^{-1}.$$

$$A^{50}=P\begin{pmatrix}(-5)^{50}&0\\0&2^{50}\end{pmatrix}P^{-1}=\begin{pmatrix}\frac{(-5)^{50}}{7}+\frac{6}{7}\times2^{50} & -\frac{2}{7}\times(-5)^{50}+\frac{2}{7}\times2^{50}\\ -\frac{3}{7}\times(-5)^{50}+\frac{3}{7}\times2^{50} & \frac{6}{7}\times(-5)^{50}+\frac{1}{7}\times2^{50}\end{pmatrix}.$$

例 2　用相似变换把矩阵 $A=\begin{pmatrix}-8&-12&0\\6&10&0\\6&12&-2\end{pmatrix}$ 化为对角矩阵 .

解　A 的特征方程 $|A-\lambda E|=0$,即

$$|A-\lambda E|=\begin{vmatrix}-8-\lambda&-12&0\\6&10-\lambda&0\\6&12&-2-\lambda\end{vmatrix}=(\lambda+2)^2(\lambda-4)=0.$$

得 A 的特征值 $\lambda_1=\lambda_2=-2,\lambda_3=4$.

当 $\lambda_1=\lambda_2=-2$ 时,相应的特征向量为 $\xi_1=(-2,1,0)^T,\xi_2=(0,0,1)^T$.

当 $\lambda_3=4$ 时,相应地特征向量为 $\xi_3=(-1,1,1)^T$.

因为 ξ_1,ξ_2,ξ_3 组成的行列式 $|\xi_1\quad\xi_2\quad\xi_3|=\begin{vmatrix}-2&0&-1\\1&0&1\\0&1&1\end{vmatrix}=1\neq0$,所以 ξ_1,ξ_2,ξ_3 线性无关 .

令 $P=(\xi_1,\xi_2,\xi_3)=\begin{pmatrix}-2&0&-1\\1&0&1\\0&1&1\end{pmatrix}$,得 $P^{-1}=\begin{pmatrix}-1&-1&0\\-1&-2&1\\1&2&0\end{pmatrix}$,使得

$$P^{-1}AP=\begin{pmatrix}-2&0&0\\0&-2&0\\0&0&4\end{pmatrix}.$$

习　题　4.3

1. 求可逆矩阵 P,使矩阵 $P^{-1}AP$ 为对角矩阵:

(1) $A=\begin{pmatrix}4&6&0\\-3&-5&0\\-3&-6&1\end{pmatrix}$;　　　(2) $A=\begin{pmatrix}-1&-2&2\\0&1&0\\0&0&1\end{pmatrix}$.

2. 设 $A=\begin{pmatrix}-1&1&0\\-2&2&0\\4&-2&1\end{pmatrix}$,求 A^{100}.

3. 判断矩阵 $A=\begin{pmatrix}1&-2&2\\-2&-2&4\\2&4&-2\end{pmatrix}$ 能否化为对角阵? 若能,请写出对角阵 .

4. 设 $A=\begin{pmatrix}0&0&1\\1&1&a\\1&0&0\end{pmatrix}$, 问 a 为何值时, 方阵 A 能相似对角化?

5. 设$A=\begin{pmatrix}2&2&0\\8&2&a\\0&0&6\end{pmatrix}$相似于对角矩阵，求常数 a，并求可逆矩阵 P 使得 $P^{-1}AP$ 为对角矩阵.

6. 设$A=\begin{pmatrix}1&-1&1\\2&4&-2\\-3&-3&a\end{pmatrix}$，$B=\begin{pmatrix}2&0&0\\0&2&0\\0&0&b\end{pmatrix}$，且 $A\sim B$，求可逆矩阵 P，使得 $P^{-1}AP=B$.

4.4 对称矩阵的正交对角化

4.4.1 正交矩阵

定义 10 如果 n 阶方阵 A 满足 $A^{\mathrm{T}}A=E$，则称 A 为**正交矩阵**.

设 $A=(\alpha_1,\alpha_2,\cdots,\alpha_n)$（其中 α_i 为 A 的列向量）是一个正交矩阵，则

$$A^{\mathrm{T}}A=\begin{pmatrix}\alpha_1^{\mathrm{T}}\\\alpha_2^{\mathrm{T}}\\\vdots\\\alpha_n^{\mathrm{T}}\end{pmatrix}(\alpha_1,\alpha_2,\cdots,\alpha_n).$$

所以 $\alpha_i^{\mathrm{T}}\alpha_j=\begin{cases}1, & 当 i=j\\0, & 当 i\neq j\end{cases}$. 此时若 A 为正交矩阵，则其列向量组为一组两两正交的单位向量组；反之，若 $\alpha_1,\alpha_2,\cdots,\alpha_n$ 是一组两两正交的单位列向量，则 $A=(\alpha_1,\alpha_2,\cdots,\alpha_n)$ 是一个正交矩阵.

由于 $A^{\mathrm{T}}A=E$，则 $AA^{\mathrm{T}}=E$，同理可得 A 是正交矩阵当且仅当 A 的行向量组也为一组两两正交的单位行向量组.

n 阶正交矩阵 P 还有下列性质：

(1) 对任意向量 n 维向量 α，$\|P\alpha\|=\|\alpha\|$；

(2) 如果 $\varepsilon_1,\varepsilon_2,\cdots,\varepsilon_n$ 是标准正交向量组，则 $P\varepsilon_1,P\varepsilon_2,\cdots,P\varepsilon_n$ 也是标准正交向量组.

证 (1) $\|P\alpha\|=\sqrt{(P\alpha)^{\mathrm{T}}P\alpha}=\sqrt{\alpha^{\mathrm{T}}P^{\mathrm{T}}P\alpha}=\sqrt{\alpha^{\mathrm{T}}E\alpha}=\sqrt{\alpha^{\mathrm{T}}\alpha}=\|\alpha\|$.

(2) 因为 $\varepsilon_1,\varepsilon_2,\cdots,\varepsilon_n$ 是标准正交向量组，则

$$\varepsilon_i\varepsilon_j=\begin{cases}1, & 当 i=j\\0, & 当 \neq j\end{cases},$$

而

$$(P\varepsilon_i)^{\mathrm{T}}(P\varepsilon_j)=\varepsilon_i^{\mathrm{T}}(P^{\mathrm{T}}P)\varepsilon_j=\varepsilon_i^{\mathrm{T}}\varepsilon_j=\begin{cases}1, & 当 i=j\\0, & 当 \neq j\end{cases},$$

故 $P\varepsilon_1,P\varepsilon_2,\cdots,P\varepsilon_n$ 也是标准正交向量组.

4.4.2　实对称矩阵的正交对角化

将对称方阵 $\boldsymbol{A}$ 正交对角化就是求一个正交矩阵 $\boldsymbol{U}$，使 $\boldsymbol{U}^{-1}\boldsymbol{A}\boldsymbol{U}=\boldsymbol{U}^{\mathrm{T}}\boldsymbol{A}\boldsymbol{U}=\boldsymbol{D}$ 是一个对角阵．

由 4.3 节可知，若 n 阶方阵 $\boldsymbol{A}$ 有 n 个线性无关的特征向量 $\boldsymbol{\xi}_1,\boldsymbol{\xi}_2,\cdots,\boldsymbol{\xi}_n$，则 $\boldsymbol{A}$ 可化为对角阵 $\boldsymbol{D}=\begin{pmatrix}\lambda_1 & & & \\ & \lambda_2 & & \\ & & \ddots & \\ & & & \lambda_3\end{pmatrix}$，且 $\boldsymbol{P}^{-1}\boldsymbol{A}\boldsymbol{P}=\boldsymbol{D}$ 中的可逆矩阵 $\boldsymbol{P}=(\boldsymbol{\xi}_1,\boldsymbol{\xi}_2,\cdots,\boldsymbol{\xi}_n)$，$\boldsymbol{D}$ 中主对角线上的元素 $\lambda_1,\lambda_2,\cdots,\lambda_n$ 就是 $\boldsymbol{A}$ 的对应于特征向量 $\boldsymbol{\xi}_1,\boldsymbol{\xi}_2,\cdots,\boldsymbol{\xi}_n$ 的特征值．在本节中，将会进一步介绍：任意一个实对称矩阵都一定能够正交对角化．首先给出实对称矩阵的一些性质．

性质 11　实对称矩阵的特征值为实数．

证　在复数范围内考虑实对称矩阵 $\boldsymbol{A}$ 的任一特征值 λ，设复向量 $\boldsymbol{x}$ 为对应于 λ 的特征向量，则有 $\boldsymbol{A}\boldsymbol{x}=\lambda\boldsymbol{x}(\boldsymbol{x}\neq\boldsymbol{0})$．

设 $\overline{\lambda}$ 是 λ 的共轭复数，$\overline{\boldsymbol{x}}$ 为 $\boldsymbol{x}$ 的共轭复向量，因为 $\boldsymbol{A}$ 是实对称矩阵，所以有 $\boldsymbol{A}\ \overline{\boldsymbol{x}}=\overline{\boldsymbol{A}}\ \overline{\boldsymbol{x}}=\overline{\boldsymbol{A}\boldsymbol{x}}=\overline{\lambda\boldsymbol{x}}=\overline{\lambda}\ \overline{\boldsymbol{x}}$，于是

$$\boldsymbol{x}^{\mathrm{T}}\boldsymbol{A}\ \overline{\boldsymbol{x}}=\boldsymbol{x}^{\mathrm{T}}\overline{\lambda}\ \overline{\boldsymbol{x}}=\overline{\lambda}\boldsymbol{x}^{\mathrm{T}}\overline{\boldsymbol{x}}.$$

而由 $\boldsymbol{A}=\boldsymbol{A}^{\mathrm{T}}$，得

$$\boldsymbol{x}^{\mathrm{T}}\boldsymbol{A}\ \overline{\boldsymbol{x}}=\boldsymbol{x}^{\mathrm{T}}\boldsymbol{A}^{\mathrm{T}}\overline{\boldsymbol{x}}=(\boldsymbol{A}\boldsymbol{x})^{\mathrm{T}}\overline{\boldsymbol{x}}=(\lambda\boldsymbol{x})^{\mathrm{T}}\overline{\boldsymbol{x}}=\lambda\boldsymbol{x}^{\mathrm{T}}\overline{\boldsymbol{x}}.$$

因此 $\overline{\lambda}\boldsymbol{x}^{\mathrm{T}}\overline{\boldsymbol{x}}=\lambda\boldsymbol{x}^{\mathrm{T}}\overline{\boldsymbol{x}}$，于是 $(\lambda-\overline{\lambda})\boldsymbol{x}^{\mathrm{T}}\overline{\boldsymbol{x}}=\boldsymbol{0}$，由 $\boldsymbol{x}\neq\boldsymbol{0}$ 知 $\boldsymbol{x}^{\mathrm{T}}\overline{\boldsymbol{x}}\neq\boldsymbol{0}$（事实上，设 $\boldsymbol{x}=(a_1,a_2,\cdots,a_n)^{\mathrm{T}}$，则 $\boldsymbol{x}^{\mathrm{T}}\overline{\boldsymbol{x}}=\sum\limits_{i=1}^{n}a_i\overline{a}_i>0$），所以 $\lambda=\overline{\lambda}$.

定理 3　设 $\boldsymbol{A}$ 为 n 阶实对称矩阵，则必有正交矩阵 $\boldsymbol{P}$，使

$$\boldsymbol{P}^{-1}\boldsymbol{A}\boldsymbol{P}=\boldsymbol{P}^{\mathrm{T}}\boldsymbol{A}\boldsymbol{P}=\begin{pmatrix}\lambda_1 & & & \\ & \lambda_2 & & \\ & & \ddots & \\ & & & \lambda_n\end{pmatrix}=\boldsymbol{D}$$

为对角矩阵，其中 $\lambda_1,\lambda_2,\cdots,\lambda_n$ 是 $\boldsymbol{A}$ 的特征值．

定理 4　实对称矩阵对应于不同特征值的特征向量正交．

证　设 $\boldsymbol{A}$ 为 n 阶实对称矩阵，$\boldsymbol{\xi}_1,\boldsymbol{\xi}_2$ 分别是 $\boldsymbol{A}$ 的对应于不同特征值 λ_1,λ_2 的特征向量，于是 $\boldsymbol{A}\boldsymbol{\xi}_1=\lambda_1\boldsymbol{\xi}_1,\boldsymbol{A}\boldsymbol{\xi}_2=\lambda_2\boldsymbol{\xi}_2$，其中 $\lambda_1\neq\lambda_2$.

因为 $\boldsymbol{A}$ 为实对称矩阵，所以 $\lambda_1\boldsymbol{\xi}_1^{\mathrm{T}}=(\lambda_1\boldsymbol{\xi}_1)^{\mathrm{T}}=(\boldsymbol{A}\boldsymbol{\xi}_1)^{\mathrm{T}}=\boldsymbol{\xi}_1^{\mathrm{T}}\boldsymbol{A}^{\mathrm{T}}=\boldsymbol{\xi}_1^{\mathrm{T}}\boldsymbol{A}$，

于是

$$\lambda_1\boldsymbol{\xi}_1^{\mathrm{T}}\boldsymbol{\xi}_2=(\boldsymbol{\xi}_1^{\mathrm{T}}\boldsymbol{A})\boldsymbol{\xi}_2=\boldsymbol{\xi}_1^{\mathrm{T}}(\boldsymbol{A}\boldsymbol{\xi}_2)=\boldsymbol{\xi}_1^{\mathrm{T}}(\lambda_2\boldsymbol{\xi}_2)=\lambda_2\boldsymbol{\xi}_1^{\mathrm{T}}\boldsymbol{\xi}_2,$$

$$(\lambda_1-\lambda_2)\boldsymbol{\xi}_1^{\mathrm{T}}\boldsymbol{\xi}_2=\boldsymbol{0}.$$

因为 $\lambda_1\neq\lambda_2$，所以 $\boldsymbol{\xi}_1^{\mathrm{T}}\boldsymbol{\xi}_2=\boldsymbol{0}$，即 $\boldsymbol{\xi}_1$ 与 $\boldsymbol{\xi}_2$ 正交．

定理 4 说明，把 $\boldsymbol{A}$ 的每个特征子空间的标准正交基全求出来，合在一起就构成 $\mathbf{R}^n$ 的一组标准正交基，以它们为列构成的矩阵是一个 n 阶正交阵，通过它可以把 $\boldsymbol{A}$ 化为对角阵．

下面通过例题给出正交矩阵 $\boldsymbol{P}$ 的求法．

例　设对称阵

$$A=\begin{pmatrix}4&0&0\\0&3&1\\0&1&3\end{pmatrix},$$

求一个正交矩阵 P,使 $P^{T}AP=D$ 为对角阵.

解 $|A-\lambda E|=\begin{vmatrix}4-\lambda&0&0\\0&3-\lambda&1\\0&1&3-\lambda\end{vmatrix}=-(\lambda-2)(\lambda-4)^2=0$,得特征值 $\lambda_1=2,\lambda_2=\lambda_3=4$.

当 $\lambda_1=2$ 时,由 $\begin{pmatrix}2&0&0\\0&1&1\\0&1&1\end{pmatrix}\begin{pmatrix}x_1\\x_2\\x_3\end{pmatrix}=\mathbf{0}$,解得 $\lambda_1=2$ 对应的特征向量 $\xi_1=\begin{pmatrix}0\\1\\-1\end{pmatrix}$,单位化得

$p_1=\begin{pmatrix}0\\\frac{1}{\sqrt2}\\-\frac{1}{\sqrt2}\end{pmatrix}$;

当 $\lambda_2=\lambda_3=4$ 时,由 $\begin{pmatrix}0&0&0\\0&-1&1\\0&1&-1\end{pmatrix}\begin{pmatrix}x_1\\x_2\\x_3\end{pmatrix}=\mathbf{0}$,得 λ_2,λ_3 对应的两个线性无关的特征向量 $\xi_2=\begin{pmatrix}1\\1\\1\end{pmatrix},\xi_3=\begin{pmatrix}-1\\1\\1\end{pmatrix}$;

将其正交化得

$$\eta_1=\xi_2,\quad \eta_2=\xi_3-\frac{\xi_2^{T}\xi_3}{\xi_2^{T}\xi_2}\xi_2=\frac{2}{3}\begin{pmatrix}-2\\1\\1\end{pmatrix};$$

再将其单位化得

$$p_2=\frac{1}{\|\eta_1\|}\eta_1=\frac{1}{\sqrt3}\begin{pmatrix}1\\1\\1\end{pmatrix},\quad p_3=\frac{1}{\|\eta_2\|}\eta_2=\frac{1}{\sqrt6}\begin{pmatrix}-2\\1\\1\end{pmatrix}.$$

于是 $P=\begin{pmatrix}0&\frac{1}{\sqrt3}&-\frac{2}{\sqrt6}\\\frac{1}{\sqrt2}&\frac{1}{\sqrt3}&\frac{1}{\sqrt6}\\-\frac{1}{\sqrt2}&\frac{1}{\sqrt3}&\frac{1}{\sqrt6}\end{pmatrix}$,使得 $P^{-1}AP=\begin{pmatrix}2&0&0\\0&4&0\\0&0&4\end{pmatrix}$.

对角阵的求法如下:

(1)求出 A 的 n 个特征根:$\lambda_1,\lambda_2,\cdots,\lambda_n$(其中可能有重根);

(2)对所有特征根求出一组线性无关的特征向量;

(3)对线性无关的特征向量组施密特正交化,求出一组正交的单位向量.

以这些正交的单位向量为列向量即所求正交矩阵 P.

其实正交矩阵并不唯一,在上例中对应于 $\lambda_2=\lambda_3=4$,由

$$\begin{pmatrix} 0 & 0 & 0 \\ 0 & -1 & 1 \\ 0 & 1 & -1 \end{pmatrix}\begin{pmatrix} x_1 \\ x_2 \\ x_3 \end{pmatrix}=\mathbf{0}$$

解得特征向量：$\begin{pmatrix} 1 \\ 0 \\ 0 \end{pmatrix},\begin{pmatrix} 0 \\ 1 \\ 1 \end{pmatrix}$.

这两个向量显然正交,所以只将其单位化即可得到

$$\boldsymbol{p}_2=\begin{pmatrix} 1 \\ 0 \\ 0 \end{pmatrix},\quad \boldsymbol{p}_3=\begin{pmatrix} 0 \\ \frac{1}{\sqrt{2}} \\ \frac{1}{\sqrt{2}} \end{pmatrix},$$

于是得正交矩阵

$$\boldsymbol{P}=(\boldsymbol{p}_1,\boldsymbol{p}_2,\boldsymbol{p}_3)=\begin{pmatrix} 0 & 1 & 0 \\ \frac{1}{\sqrt{2}} & 0 & \frac{1}{\sqrt{2}} \\ -\frac{1}{\sqrt{2}} & 0 & \frac{1}{\sqrt{2}} \end{pmatrix},$$

则有

$$\boldsymbol{P}^{-1}\boldsymbol{A}\boldsymbol{P}=\begin{pmatrix} 2 & 0 & 0 \\ 0 & 4 & 0 \\ 0 & 0 & 4 \end{pmatrix}.$$

这就说明正交矩阵 $\boldsymbol{P}$ 不唯一.

习　题　4.4

1. 设实对称矩阵 $\boldsymbol{A}=\begin{pmatrix} 1 & -2 & 0 \\ -2 & 2 & -2 \\ 0 & -2 & 3 \end{pmatrix}$，求正交矩阵 $\boldsymbol{P}$，使 $\boldsymbol{P}^{\mathrm{T}}\boldsymbol{A}\boldsymbol{P}$ 为对角矩阵.

2. 设有对称矩阵 $\boldsymbol{A}=\begin{pmatrix} 4 & 0 & 0 \\ 0 & 3 & 1 \\ 0 & 1 & 3 \end{pmatrix}$，试求出正交矩阵 $\boldsymbol{P}$，使 $\boldsymbol{P}^{\mathrm{T}}\boldsymbol{A}\boldsymbol{P}$ 为对角阵.

3. 已知 $\boldsymbol{A}=\begin{pmatrix} 2 & 0 & 0 \\ 0 & a & 2 \\ 0 & 2 & a \end{pmatrix}$(其中 $a>0$)有一特征值为 1，求使得 $\boldsymbol{P}^{-1}\boldsymbol{A}\boldsymbol{P}$ 为对角矩阵的正交矩阵 $\boldsymbol{P}$.

4. 设 $\boldsymbol{A}=\begin{pmatrix} 2 & -1 \\ -1 & 2 \end{pmatrix}$，求 $\boldsymbol{A}^n$.

5. 已知方阵 $\boldsymbol{A}$ 的特征值 $\lambda_1=0,\lambda_2=1,\lambda_3=3$，相应的特征向量 $\boldsymbol{\eta}_1=\begin{pmatrix} 1 \\ 1 \\ 1 \end{pmatrix},\boldsymbol{\eta}_2=\begin{pmatrix} 1 \\ 0 \\ -1 \end{pmatrix}$,

$\boldsymbol{\eta}_3=\begin{pmatrix}1\\-2\\1\end{pmatrix}$,求矩阵$\boldsymbol{A}$.

6. 设$\boldsymbol{A}=\begin{pmatrix}2&-2&0\\-2&1&-2\\0&-2&0\end{pmatrix}$,求正交矩阵$\boldsymbol{P}$,使得$\boldsymbol{P}^{\mathrm{T}}\boldsymbol{AP}$为对角阵.

7. 设$\boldsymbol{A}=\begin{pmatrix}3&-2&-4\\-2&6&-2\\-4&-2&3\end{pmatrix}$,求正交矩阵$\boldsymbol{Q}$,使得$\boldsymbol{Q}^{\mathrm{T}}\boldsymbol{AQ}$为对角矩阵.

8. 设三阶实对称矩阵$\boldsymbol{A}$的各行元素之和为3,向量$\boldsymbol{\alpha}_1=(-1,2,-1)^{\mathrm{T}}$,$\boldsymbol{\alpha}_2=(0,-1,1)^{\mathrm{T}}$是方程组$\boldsymbol{AX}=0$的两个解.

(1)求$\boldsymbol{A}$的特征值和特征向量;

(2)求正交矩阵$\boldsymbol{Q}$和对角矩阵$\boldsymbol{\Lambda}$,使得$\boldsymbol{Q}^{\mathrm{T}}\boldsymbol{AQ}=\boldsymbol{\Lambda}$.

内 容 精 要

1. 基本概念

(1)内积,向量的长度,向量间的距离,向量正交;

(2)特征值,特征向量,特征方程,特征多项式;

(3)矩阵相似,相似对角化;

(4)正交矩阵.

2. 主要结论与性质

(1) 内积的运算性质(其中$\boldsymbol{x},\boldsymbol{y},\boldsymbol{z}$为$n$维向量,$\lambda\in\mathbf{R}$):

① $[\boldsymbol{x},\boldsymbol{y}]=[\boldsymbol{y},\boldsymbol{x}]$;

② $[\lambda\boldsymbol{x},\boldsymbol{y}]=\lambda[\boldsymbol{x},\boldsymbol{y}]$;

③ $[\boldsymbol{x}+\boldsymbol{y},\boldsymbol{z}]=[\boldsymbol{x},\boldsymbol{z}]+[\boldsymbol{y},\boldsymbol{z}]$;

④ $[\boldsymbol{x},\boldsymbol{x}]\geqslant0$; 当且仅当$\boldsymbol{x}=\mathbf{0}$时, $[\boldsymbol{x},\boldsymbol{x}]=0$.

(2)向量的长度(范数)具有下列性质:

① 非负性:当$\boldsymbol{\alpha}\neq\mathbf{0}$时,$\|\boldsymbol{\alpha}\|>0$,当$\boldsymbol{\alpha}=\mathbf{0}$时,$\|\boldsymbol{\alpha}\|=0$;

② 齐次性:$\|\lambda\boldsymbol{\alpha}\|=|\lambda|\,\|\boldsymbol{\alpha}\|$;

③ 三角不等式 $\|\boldsymbol{\alpha}+\boldsymbol{\beta}\|\leqslant\|\boldsymbol{\alpha}\|+\|\boldsymbol{\beta}\|$;

④ 向量的内积满足施瓦茨不等式 $[\boldsymbol{\alpha},\boldsymbol{\beta}]^2\leqslant[\boldsymbol{\alpha},\boldsymbol{\alpha}]\cdot[\boldsymbol{\beta},\boldsymbol{\beta}]$;

⑤ 非零向量$\boldsymbol{\alpha}$的单位向量为$\dfrac{1}{\|\boldsymbol{\alpha}\|}\boldsymbol{\alpha}$.

(3)特征值和特征向量的性质:

① 若$\boldsymbol{\xi}$是$\boldsymbol{A}$的一个特征向量,则$\boldsymbol{\xi}$只能对应唯一的特征值;而对应某特征值λ_0的特征向量有无穷多个.

② 若λ是$\boldsymbol{A}$的特征值,则$-\lambda$是$-\boldsymbol{A}$的特征值.

③ 若λ是$\boldsymbol{A}$的特征值,则λ^2是$\boldsymbol{A}^2$的特征值.

④ 0是方阵$\boldsymbol{A}$的特征值的充分必要条件是$|\boldsymbol{A}|=0$.

⑤ 若λ是可逆矩阵$\boldsymbol{A}$的特征值，则$\dfrac{1}{\lambda}$是$\boldsymbol{A}^{-1}$的特征值.

⑥ 对角矩阵$\boldsymbol{D}=\begin{pmatrix} a_1 & & & \\ & a_2 & & \\ & & \ddots & \\ & & & a_n \end{pmatrix}$的全部特征值是$a_1,a_2,\cdots,a_n$.

(4)矩阵的相似关系满足：

① 自反性：对任意n阶矩阵$\boldsymbol{A}$，有$\boldsymbol{A}\sim\boldsymbol{A}$；

② 对称性：若$\boldsymbol{A}\sim\boldsymbol{B}$，则$\boldsymbol{B}\sim\boldsymbol{A}$；

③ 传递性：若$\boldsymbol{A}\sim\boldsymbol{B}$，$\boldsymbol{B}\sim\boldsymbol{C}$，则$\boldsymbol{A}\sim\boldsymbol{C}$.

(5)若$\boldsymbol{A}\sim\boldsymbol{B}$，则：① $R(\boldsymbol{A})=R(\boldsymbol{B})$；② $|\boldsymbol{A}|=|\boldsymbol{B}|$.

(6)如果$\boldsymbol{A}\sim\boldsymbol{B}$，则$\boldsymbol{A}$与$\boldsymbol{B}$的特征多项式相同，因而特征值相同.

(7)正交矩阵$\boldsymbol{P}$有下列性质：

① 对任意向量$\boldsymbol{\alpha}$，$\|\boldsymbol{P\alpha}\|=\|\boldsymbol{\alpha}\|$.

② 如果$\boldsymbol{\varepsilon}_1,\boldsymbol{\varepsilon}_2,\cdots,\boldsymbol{\varepsilon}_n$是标准正交向量组，则$\boldsymbol{P\varepsilon}_1,\boldsymbol{P\varepsilon}_2,\cdots,\boldsymbol{P\varepsilon}_n$也是标准正交向量组.

3. 基本方法

(1)规范正交基的求法：

设$\boldsymbol{\alpha}_1,\cdots,\boldsymbol{\alpha}_r$是向量空间$V$的一个基，要求$V$的一个规范正交基，也就是要找一组两两正交的单位向量$\boldsymbol{e}_1,\boldsymbol{e}_2,\cdots,\boldsymbol{e}_r$，使$\boldsymbol{e}_1,\boldsymbol{e}_2,\cdots,\boldsymbol{e}_r$与$\boldsymbol{\alpha}_1,\boldsymbol{\alpha}_2,\cdots,\boldsymbol{\alpha}_r$等价．这样一个问题，称为把$\boldsymbol{\alpha}_1,\boldsymbol{\alpha}_2,\cdots,\boldsymbol{\alpha}_r$这个基规范正交化，可按如下两个步骤进行：

① 正交化：

$\boldsymbol{\beta}_1=\boldsymbol{\alpha}_1$；

$\boldsymbol{\beta}_2=\boldsymbol{\alpha}_2-\dfrac{[\boldsymbol{\beta}_1,\boldsymbol{\alpha}_2]}{[\boldsymbol{\beta}_1,\boldsymbol{\beta}_1]}\boldsymbol{\beta}_1$；

…………

$\boldsymbol{\beta}_r=\boldsymbol{\alpha}_r-\dfrac{[\boldsymbol{\beta}_1,\boldsymbol{\alpha}_r]}{[\boldsymbol{\beta}_1,\boldsymbol{\beta}_1]}\boldsymbol{\beta}_1-\dfrac{[\boldsymbol{\beta}_2,\boldsymbol{\alpha}_r]}{[\boldsymbol{\beta}_2,\boldsymbol{\beta}_2]}\boldsymbol{\beta}_2-\dfrac{[\boldsymbol{\beta}_{r-1},\boldsymbol{\alpha}_r]}{[\boldsymbol{\beta}_{r-1},\boldsymbol{\beta}_{r-1}]}\boldsymbol{\beta}_{r-1}$.

容易验证$\boldsymbol{\beta}_1,\boldsymbol{\beta}_2,\cdots,\boldsymbol{\beta}_r$两两正交，且$\boldsymbol{\beta}_1,\boldsymbol{\beta}_2,\cdots,\boldsymbol{\beta}_r$与$\boldsymbol{\alpha}_1,\boldsymbol{\alpha}_2,\cdots,\boldsymbol{\alpha}_r$等价.

② 单位化：

取
$$\boldsymbol{e}_1=\frac{\boldsymbol{\beta}_1}{\|\boldsymbol{\beta}_1\|},\quad \boldsymbol{e}_2=\frac{\boldsymbol{\beta}_2}{\|\boldsymbol{\beta}_2\|},\quad \cdots,\quad \boldsymbol{e}_r=\frac{\boldsymbol{\beta}_r}{\|\boldsymbol{\beta}_r\|},$$
则$\boldsymbol{e}_1,\boldsymbol{e}_2,\cdots,\boldsymbol{e}_r$是$V$的一个规范正交基.

(2)特征值和特征向量：

n阶方阵$\boldsymbol{A}$的特征值λ，就是使齐次线性方程组
$$(\lambda\boldsymbol{E}-\boldsymbol{A})\boldsymbol{x}=\boldsymbol{0}$$
有非零解的值，即满足方程
$$|\lambda\boldsymbol{E}-\boldsymbol{A}|=0$$
的λ都是矩阵$\boldsymbol{A}$的特征值.

称关于λ的一元n次方程$|\lambda\boldsymbol{E}-\boldsymbol{A}|=0$为矩阵$\boldsymbol{A}$的特征方程，称$\lambda$的一元$n$次多项式

$$f(\lambda)=|\lambda \boldsymbol{E}-\boldsymbol{A}|$$

为矩阵 $\boldsymbol{A}$ 的特征多项式.

根据上述定义,即可给出特征向量的求法:

设 $\lambda=\lambda_i$ 为方阵 $\boldsymbol{A}$ 的一个特征值,则由齐次线性方程组

$$(\lambda_i \boldsymbol{E}-\boldsymbol{A})\boldsymbol{x}=\boldsymbol{0},$$

可求得非零解 $\boldsymbol{p}_i$,那么 $\boldsymbol{p}_i$ 就是 $\boldsymbol{A}$ 的对应于特征值 λ_i 的特征向量,且 $\boldsymbol{A}$ 的对应于特征值 λ_i 的特征向量全体是方程组 $(\lambda_i \boldsymbol{E}-\boldsymbol{A})\boldsymbol{x}=\boldsymbol{0}$ 的全体非零解. 即设 $\boldsymbol{p}_1,\boldsymbol{p}_2,\cdots,\boldsymbol{p}_s$ 为 $(\lambda_i \boldsymbol{E}-\boldsymbol{A})\boldsymbol{X}=\boldsymbol{0}$ 的基础解系,则 $\boldsymbol{A}$ 的对应于特征值 λ_i 的特征向量全体是

$$\boldsymbol{p}=k_1\boldsymbol{p}_1+k_2\boldsymbol{p}_2+\cdots+k_s\boldsymbol{p}_s \quad (k_1,\cdots,k_s \text{不同时} 0).$$

(3)矩阵对角化:

若矩阵可对角化,则可按下列步骤来实现:

① 求出 $\boldsymbol{A}$ 的全部特征值 $\lambda_1,\lambda_2,\cdots,\lambda_s$;

② 对每一个特征值 λ_i,设其重数为 n_i,则对应齐次方程组

$$(\lambda_i \boldsymbol{E}-\boldsymbol{A})\boldsymbol{x}=\boldsymbol{0}$$

的基础解系由 n_i 个向量 $\boldsymbol{\xi}_{i1},\boldsymbol{\xi}_{i2},\cdots,\boldsymbol{\xi}_{in_i}$ 构成, 即 $\boldsymbol{\xi}_{i1},\boldsymbol{\xi}_{i2},\cdots,\boldsymbol{\xi}_{in_i}$ 为 λ_i 对应的线性无关的特征向量;

③ 上面求出的特征向量

$$\boldsymbol{\xi}_{11},\boldsymbol{\xi}_{12},\cdots,\boldsymbol{\xi}_{1n_1},\boldsymbol{\xi}_{21},\boldsymbol{\xi}_{22},\cdots,\boldsymbol{\xi}_{2n_2},\cdots,\boldsymbol{\xi}_{s1},\boldsymbol{\xi}_{s2},\cdots,\boldsymbol{\xi}_{sn_s}$$

恰好为矩阵 $\boldsymbol{A}$ 的 n 个线性无关的特征向量;

④ 令 $\boldsymbol{P}=(\boldsymbol{\xi}_{11},\boldsymbol{\xi}_{12},\cdots,\boldsymbol{\xi}_{1n_1},\boldsymbol{\xi}_{21},\boldsymbol{\xi}_{22},\cdots,\boldsymbol{\xi}_{2n_2},\cdots,\boldsymbol{\xi}_{s1},\boldsymbol{\xi}_{s2},\cdots,\boldsymbol{\xi}_{sn_s})$, 则

$$\boldsymbol{P}^{-1}\boldsymbol{A}\boldsymbol{P}=\boldsymbol{D}=\begin{pmatrix}\lambda_1 &&&&&&&& \\ & \ddots &&&&&&& \\ && \lambda_1 &&&&&& \\ &&& \lambda_2 &&&&& \\ &&&& \ddots &&&& \\ &&&&& \lambda_2 &&& \\ &&&&&& \ddots && \\ &&&&&&& \lambda_s & \\ &&&&&&&& \ddots & \\ &&&&&&&&& \lambda_s\end{pmatrix}.$$

(4)正交变换矩阵 $\boldsymbol{P}$ 将实对称矩阵 $\boldsymbol{A}$ 对角化的步骤为:

① 求出 $\boldsymbol{A}$ 的全部特征值 $\lambda_1,\lambda_2,\cdots,\lambda_s$;

② 对每一个特征值 λ_i, 由 $(\lambda_i \boldsymbol{E}-\boldsymbol{A})\boldsymbol{x}=\boldsymbol{0}$ 求出基础解系(特征向量);

③ 将基础解系(特征向量)正交化,再单位化;

④ 以这些单位向量作为列向量构成一个正交矩阵 $\boldsymbol{P}$,使 $\boldsymbol{P}^{-1}\boldsymbol{A}\boldsymbol{P}=\boldsymbol{D}$.

复 习 题 一

1. 已知 $\boldsymbol{A}=\begin{pmatrix}1&1&1&1\\1&1&1&1\\1&1&1&1\\1&1&1&1\end{pmatrix}$,求 $\boldsymbol{A}$ 的非零特征值.

2. 设矩阵 $\boldsymbol{A}=\begin{pmatrix}1 & -3 & 3\\ 3 & a & 3\\ 6 & -6 & b\end{pmatrix}$ 有特征值 $\lambda_1=-2,\lambda_2=4$，试求参数 a,b 的值.

3. 已知 $\boldsymbol{A}=\begin{pmatrix}0 & 0 & 1\\ x & 1 & 0\\ 1 & 0 & 0\end{pmatrix}$ 有三个线性无关的特征向量，求 x.

4. 设矩阵 $\boldsymbol{A}$ 与 $\boldsymbol{B}$ 相似，且

$$\boldsymbol{A}=\begin{pmatrix}1 & -1 & 1\\ 2 & 4 & -2\\ -3 & -3 & a\end{pmatrix},\quad \boldsymbol{B}=\begin{pmatrix}2 & 0 & 0\\ 0 & 2 & 0\\ 0 & 0 & b\end{pmatrix}.$$

(1) 求参数 a,b 的值；

(2) 求可逆矩阵 $\boldsymbol{P}$，使得 $\boldsymbol{P}^{-1}\boldsymbol{AP}=\boldsymbol{B}$.

5. 已知 $\boldsymbol{\xi}=\begin{pmatrix}1\\ 1\\ -1\end{pmatrix}$ 是 $\boldsymbol{A}=\begin{pmatrix}a & -1 & 2\\ 5 & b & 3\\ -1 & 0 & -2\end{pmatrix}$ 的特征向量，求 a,b 的值，并证明 $\boldsymbol{A}$ 的任一特征向量均能由 $\boldsymbol{\xi}$ 线性表示.

6. 已知三阶矩阵 $\boldsymbol{A}$ 的特征值是 $1,-2,3$，求 $(2\boldsymbol{A})^{-1}$ 的特征值.

7. 已知可逆矩阵 $\boldsymbol{A}$ 的特征值为 $1,2,-2$，则 $\boldsymbol{A}^*$ 的三个特征值是多少？$|\boldsymbol{A}|$ 的代数余子式 $A_{11}+A_{22}+A_{33}$ 为多少？

8. $\boldsymbol{A}$ 为 n 阶方阵，$|\boldsymbol{A}|=3$，$2\boldsymbol{A}+\boldsymbol{E}$ 不可逆，求伴随矩阵 $\boldsymbol{A}^*$ 的一个特征值.

9. 设 $\boldsymbol{A}$ 为三阶实对称矩阵，$\boldsymbol{A}$ 的特征值是 $1,2,3$. 若 $\boldsymbol{A}$ 属于特征值 $1,2$ 的特征向量分别是 $\boldsymbol{\alpha}_1=(-1,-1,1)^{\mathrm{T}}$，$\boldsymbol{\alpha}_2=(1,-2,-1)^{\mathrm{T}}$，求 $\boldsymbol{A}$ 属于特征值 3 的特征向量.

10. 假设 $\boldsymbol{A}$ 满足方程 $\boldsymbol{A}^2-5\boldsymbol{A}+6\boldsymbol{E}=\boldsymbol{0}$，其中 $\boldsymbol{E}$ 为单位矩阵，求 $\boldsymbol{A}$ 的特征值.

11. $\boldsymbol{A}$ 是三阶实对称矩阵，$\boldsymbol{A}$ 的特征值是 $1,-1,0$，其中 $\lambda=1$ 与 $\lambda=0$ 的特征向量分别是 $(1,a,1)^{\mathrm{T}}$ 及 $(a,a+1,1)^{\mathrm{T}}$，求矩阵 $\boldsymbol{A}$.

12. 设三阶实对称矩阵 $\boldsymbol{A}$ 的特征值 $\lambda=-1,\lambda_2=\lambda_3=1$，对应于 λ_1 的特征向量为 $\boldsymbol{\alpha}_1=\begin{pmatrix}0\\ 1\\ 1\end{pmatrix}$，求属于特征值 $\lambda_2=\lambda_3=1$ 的特征向量及 $\boldsymbol{A}$.

13. 已知矩阵 $\boldsymbol{A}=\begin{pmatrix}2 & 0 & 0\\ 0 & 0 & 1\\ 0 & 1 & x\end{pmatrix}$，$\boldsymbol{B}=\begin{pmatrix}2 & 0 & 0\\ 0 & y & 0\\ 0 & 0 & -1\end{pmatrix}$ 相似，求 x,y 的数值.

14. 已知 $\boldsymbol{A}=\begin{pmatrix}-1 & 1 & 0\\ -2 & 2 & 0\\ 4 & x & 1\end{pmatrix}$ 能对角化，求 $\boldsymbol{A}^n$.

15. 设矩阵 $\boldsymbol{A}$ 是幂等矩阵（$\boldsymbol{A}^2=\boldsymbol{A}$），试证明 $\boldsymbol{A}$ 的特征值只有 0 和 1.

16. 已知三阶矩阵 $\boldsymbol{A}$ 的特征值为 $1,-1,2$，设矩阵 $\boldsymbol{B}=\boldsymbol{A}^3-5\boldsymbol{A}^2$，试计算：

(1) $|\boldsymbol{B}|$；(2) $|\boldsymbol{A}-5\boldsymbol{E}|$.

复习题二

1. 设矩阵$\boldsymbol{A}=\begin{pmatrix}1&0&1\\0&2&0\\1&0&1\end{pmatrix}$,矩阵$\boldsymbol{B}=(k\boldsymbol{E}+\boldsymbol{A})^2$,其中$k$为实数,$\boldsymbol{E}$为单位矩阵．求对角矩阵$\boldsymbol{D}$,使$\boldsymbol{B}$与$\boldsymbol{D}$相似,并求$k$为何值时,$\boldsymbol{B}$为正定．

2. 设矩阵$\boldsymbol{A}=\begin{pmatrix}2&1&1\\1&2&1\\1&1&a\end{pmatrix}$可逆,向量$\boldsymbol{\alpha}=\begin{pmatrix}1\\b\\1\end{pmatrix}$是矩阵$\boldsymbol{A}^*$的一个特征向量,$\lambda$是$\boldsymbol{\alpha}$对应的特征值,其中$\boldsymbol{A}^*$是矩阵$\boldsymbol{A}$的伴随矩阵,试求$a,b$和$\lambda$的值．

3. 设矩阵$\boldsymbol{A}=\begin{pmatrix}3&2&2\\2&3&2\\2&2&3\end{pmatrix}$,$\boldsymbol{P}=\begin{pmatrix}0&1&0\\1&0&1\\0&0&1\end{pmatrix}$,$\boldsymbol{B}=\boldsymbol{P}^{-1}\boldsymbol{A}^*\boldsymbol{P}$,求$\boldsymbol{B}+2\boldsymbol{E}$的特征值与特征向量,其中$\boldsymbol{A}^*$为$\boldsymbol{A}$的伴随矩阵,$\boldsymbol{E}$为三阶单位矩阵．

4. 设三阶实对称矩阵$\boldsymbol{A}$的特征值是1,2,3,矩阵$\boldsymbol{A}$的属于特征值1,2的特征向量分别是$\boldsymbol{\alpha}_1=(-1,-1,1)^{\mathrm{T}}$,$\boldsymbol{\alpha}_2=(1,-2,-1)^{\mathrm{T}}$.

(1) 求$\boldsymbol{A}$的属于特征值3的特征向量;

(2) 求矩阵$\boldsymbol{A}$.

5. 若矩阵$\boldsymbol{A}=\begin{pmatrix}2&2&0\\8&2&a\\0&0&6\end{pmatrix}$相似于对角矩阵$\boldsymbol{D}$,试确定常数$a$的值,并求可逆矩阵$\boldsymbol{P}$使$\boldsymbol{P}^{-1}\boldsymbol{A}\boldsymbol{P}=\boldsymbol{D}$.

6. 设实对称矩阵$\boldsymbol{A}=\begin{pmatrix}a&1&1\\1&a&-1\\1&-1&a\end{pmatrix}$,求可逆矩阵$\boldsymbol{P}$,使$\boldsymbol{P}^{-1}\boldsymbol{A}\boldsymbol{P}$为对角矩阵,并计算行列式$|\boldsymbol{A}-\boldsymbol{E}|$的值．

7. 设矩阵$\boldsymbol{A}=\begin{pmatrix}0&1&0&0\\1&0&0&0\\0&0&y&1\\0&0&1&2\end{pmatrix}$.

(1) 已知$\boldsymbol{A}$的一个特征值为3,试求y;

(2) 求矩阵$\boldsymbol{P}$,使$(\boldsymbol{A}\boldsymbol{P})^{\mathrm{T}}(\boldsymbol{A}\boldsymbol{P})$为对角矩阵．

8. 设矩阵$\boldsymbol{A}=\begin{pmatrix}3&2&-2\\-k&-1&k\\4&2&-3\end{pmatrix}$,问$k$取何值时,$\boldsymbol{A}$相似于对角矩阵？在$\boldsymbol{A}$可对角化时,求可逆矩阵$\boldsymbol{P}$,使$\boldsymbol{P}^{-1}\boldsymbol{A}\boldsymbol{P}$成对角矩阵．

9. 设$\boldsymbol{A}=\begin{pmatrix}1&4&2\\0&-3&4\\0&4&3\end{pmatrix}$,求$\boldsymbol{A}^{100}$.

10. 设$\boldsymbol{A}=\begin{pmatrix}3&-2\\-2&3\end{pmatrix}$,求$\varphi(\boldsymbol{A})=\boldsymbol{A}^{10}-5\boldsymbol{A}^9$.

第5章 二 次 型

在解析几何中,为了便于研究二次曲线

$$ax^2+bxy+cy^2=1$$

的几何性质,可以选择适当的坐标旋转变换:

$$\begin{cases}x=x'\cos\theta-y'\sin\theta\\ y=x'\sin\theta+y'\cos\theta\end{cases},$$

把方程化为标准形式 $mx'^2+ny'^2=1$.

这类问题具有普遍性,在许多理论问题和实际问题中常会遇到,本章将把这类问题一般化,讨论 n 个变量的二次多项式的化简问题.

5.1 二次型的概念

定义 1 含有 n 个变量 $x_1,x_2,\cdots,x_n$ 的二次齐次函数

$$\begin{aligned}f(x_1,x_2,\cdots,x_n)=&a_{11}x_1^2+2a_{12}x_1x_2+2a_{13}x_1x_3+\cdots+2a_{1n}x_1x_n+\\&a_{22}x_2^2+2a_{23}x_2x_3+\cdots+2a_{2n}x_2x_n+\\&\cdots+\\&a_{nn}x_n^2\end{aligned}\tag{5.1.1}$$

称为一个 n 元**二次型**.

取 $a_{ij}=a_{ji}$,则 $2a_{ij}x_ix_j=a_{ij}x_ix_j+a_{ji}x_jx_i$. 于是式(5.1.1)可写成

$$\begin{aligned}f=&a_{11}x_1^2+a_{12}x_1x_2+\cdots+a_{1n}x_1x_n+\\&a_{21}x_2x_1+a_{22}x_2^2+\cdots+a_{2n}x_2x_n+\\&\cdots+a_{n1}x_nx_1+a_{n2}x_nx_2+\cdots+a_{nn}x_n^2\\=&\sum_{i,j=1}^{n}a_{ij}x_ix_j.\end{aligned}\tag{5.1.2}$$

当 a_{ij} 为复数时,f 称为**复二次型**;当 a_{ij} 为实数时,f 称为**实二次型**. 这里,仅讨论实二次型.

利用矩阵乘法和相等的定义,式(5.1.2)可表示为

$$\begin{aligned}f=&x_1(a_{11}x_1+a_{12}x_2+\cdots+a_{1n}x_n)+\\&x_2(a_{21}x_1+a_{22}x_2+\cdots+a_{2n}x_n)+\\&\cdots+x_n(a_{n1}x_1+a_{n2}x_2+\cdots+a_{nn}x_n)\end{aligned}$$

$$=(x_1,x_2,\cdots,x_n)\begin{pmatrix}a_{11}x_1+a_{12}x_2+\cdots+a_{1n}x_n\\a_{21}x_1+a_{22}x_2+\cdots+a_{2n}x_n\\\vdots\\a_{n1}x_1+a_{n2}x_2+\cdots+a_{nn}x_n\end{pmatrix}$$

$$=(x_1,x_2,\cdots,x_n)\begin{pmatrix}a_{11}&a_{12}&\cdots&a_{1n}\\a_{21}&a_{22}&\cdots&a_{2n}\\\vdots&\vdots&&\vdots\\a_{n1}&a_{n2}&\cdots&a_{nn}\end{pmatrix}\begin{pmatrix}x_1\\x_2\\\vdots\\x_n\end{pmatrix}.$$

记

$$A=\begin{pmatrix}a_{11}&a_{12}&\cdots&a_{1n}\\a_{21}&a_{22}&\cdots&a_{2n}\\\vdots&\vdots&&\vdots\\a_{n1}&a_{n2}&\cdots&a_{nn}\end{pmatrix},\quad x=\begin{pmatrix}x_1\\x_2\\\vdots\\x_n\end{pmatrix},$$

则二次型可记为

$$f=\boldsymbol{x}^{\mathrm{T}}\boldsymbol{A}\boldsymbol{x}\ . \tag{5.1.3}$$

其中,$\boldsymbol{A}$ 为对称矩阵．显然,任给一个二次型,就会唯一地确定一个对称矩阵;反之,任给一个对称矩阵,也可以唯一地确定一个二次型．如此看来,二次型与对称矩阵之间存在着一一对应的关系．因此,我们把对称矩阵 $\boldsymbol{A}$ 称为二次型 f 的**矩阵**,也把 f 称为对称矩阵 $\boldsymbol{A}$ 的**二次型**,对称矩阵 $\boldsymbol{A}$ 的秩就称为二次型 f 的**秩**．

例如,有二次型

$$\begin{aligned}f&=3x_1^2+x_2^2-x_3^2+2x_1x_2-x_1x_3+4x_2x_3\\&=3x_1^2+x_1x_2-\frac{1}{2}x_1x_3+x_2x_1+x_2^2+2x_2x_3-\frac{1}{2}x_3x_1+2x_3x_2-x_3^2\\&=x_1\left(3x_1+x_2-\frac{1}{2}x_3\right)+x_2(x_1+x_2+2x_3)+x_3\left(-\frac{1}{2}x_1+2x_2-x_3\right)\\&=(x_1,x_2,x_3)\begin{pmatrix}3&1&-\frac{1}{2}\\1&1&2\\-\frac{1}{2}&2&-1\end{pmatrix}\begin{pmatrix}x_1\\x_2\\x_3\end{pmatrix},\end{aligned}$$

所以三元二次型 $f(x_1,x_2,x_3)$ 的矩阵 $\boldsymbol{A}=\begin{pmatrix}3&1&-\frac{1}{2}\\1&1&2\\-\frac{1}{2}&2&-1\end{pmatrix}$.

例 1 已知二次型 $f(x,y,z)=x^2+8xy-6xz-4yz+2z^2$,试求 $f(x,y,z)$ 对应的对称矩阵,并将二次型用矩阵式表示．

解 $f(x,y,z)$ 对应的对称矩阵为

$$\boldsymbol{A}=\begin{pmatrix}1&4&-3\\4&0&-2\\-3&-2&2\end{pmatrix}.$$

其矩阵表示式为

$$f(x,y,z)=(x,y,z)\begin{pmatrix}1&4&-3\\4&0&-2\\-3&-2&2\end{pmatrix}\begin{pmatrix}x\\y\\z\end{pmatrix}.$$

例 2 已知对称矩阵

$$\boldsymbol{A}=\begin{pmatrix}1&2&-3\\2&4&5\\-3&5&9\end{pmatrix},$$

试求 $\boldsymbol{A}$ 对应的二次型 $f(x_1,x_2,x_3)$.

解 $f(x_1,x_2,x_3)=(x_1,x_2,x_3)\begin{pmatrix}1&2&-3\\2&4&5\\-3&5&9\end{pmatrix}\begin{pmatrix}x_1\\x_2\\x_3\end{pmatrix}$

$$=x_1^2+4x_2^2+9x_3^2+4x_1x_2-6x_1x_3+10x_2x_3.$$

习 题 5.1

1. 写出下列二次型所对应的实对称矩阵并将二次型改写成矩阵形式：

(1) $f=x_1^2+4x_1x_2+4x_2^2+2x_1x_3+x_3^2+4x_2x_3$；

(2) $f=x_1^2+2x_1x_2+4x_1x_3+3x_2^2+6x_2x_3+7x_3^2$；

(3) $f=x_1^2+x_2^2+x_3^2+x_4^2-2x_1x_2+6x_2x_3+4x_1x_3-2x_1x_4-4x_2x_4$.

2. 写出下列实对称矩阵对应的二次型：

(1) $\boldsymbol{A}=\begin{pmatrix}1&-1\\-1&2\end{pmatrix}$； (2) $\boldsymbol{A}=\begin{pmatrix}1&2&4\\2&2&-1\\4&-1&3\end{pmatrix}$；

(3) $\boldsymbol{A}=\begin{pmatrix}1&-1&-2&1\\-1&3&4&0\\-2&4&5&6\\1&0&6&7\end{pmatrix}$.

5.2 标 准 形

5.2.1 二次型的标准形

先介绍线性变换的概念.

设 $\boldsymbol{x}=(x_1,x_2,\cdots,x_n)^{\mathrm{T}}$, $\boldsymbol{y}=(y_1,y_2,\cdots,y_n)^{\mathrm{T}}$, $\boldsymbol{A}$ 为 n 阶非零方阵. 则：

定义 2 若 $\boldsymbol{x}=\boldsymbol{A}\boldsymbol{y}$,则称 $\boldsymbol{x}$ 与 $\boldsymbol{y}$ 确定了一个 n 维线性变换,$\boldsymbol{A}$ 称为**变换矩阵**.

定义 3 当 $\boldsymbol{A}$ 为可逆矩阵时,称 $\boldsymbol{x}=\boldsymbol{A}\boldsymbol{y}$ 为**可逆变换**. 当 $\boldsymbol{A}$ 为正交矩阵时,称 $\boldsymbol{x}=\boldsymbol{A}\boldsymbol{y}$ 为**正交变换**.

例如,线性变换

$$\begin{cases}x_1=y_1+2y_2+3y_3\\x_2=4y_2+5y_3\\x_3=6y_3\end{cases}$$

可以表示为

$$\begin{pmatrix}x_1\\x_2\\x_3\end{pmatrix}=\begin{pmatrix}1&2&3\\0&4&5\\0&0&6\end{pmatrix}\begin{pmatrix}y_1\\y_2\\y_3\end{pmatrix},$$

其中,变换矩阵为$\boldsymbol{A}=\begin{pmatrix}1&2&3\\0&4&5\\0&0&6\end{pmatrix}$.

由于$\boldsymbol{A}$是可逆矩阵,故$\boldsymbol{x}=\boldsymbol{A}\boldsymbol{y}$是可逆变换.

主要问题是:对于二次型$f=\boldsymbol{x}^{\mathrm{T}}\boldsymbol{A}\boldsymbol{x}$,如何寻求可逆的实系数线性变换

$$\begin{cases}x_1=c_{11}y_1+c_{12}y_2+\cdots+c_{1n}y_n\\x_2=c_{21}y_1+c_{22}y_2+\cdots+c_{2n}y_n\\\cdots\cdots\cdots\cdots\\x_n=c_{n1}y_1+c_{n2}y_2+\cdots+c_{nn}y_n\end{cases}\tag{5.2.1}$$

使得二次型化简后只含有平方项;也就是把式(5.2.1)代入二次型$f=\boldsymbol{x}^{\mathrm{T}}\boldsymbol{A}\boldsymbol{x}$中,使得

$$f=k_1y_1^2+k_2y_2^2+\cdots+k_ny_n^2.$$

这种只含平方项的二次型,称为二次型的**标准形**.

记

$$\boldsymbol{C}=\begin{pmatrix}c_{11}&c_{12}&\cdots&c_{1n}\\c_{21}&c_{22}&\cdots&c_{2n}\\\vdots&\vdots&&\vdots\\c_{n1}&c_{n2}&\cdots&c_{nn}\end{pmatrix},\quad \boldsymbol{y}=\begin{pmatrix}y_1\\y_2\\\vdots\\y_n\end{pmatrix}.\tag{5.2.2}$$

则可逆变换(5.2.1)可表示为

$$\boldsymbol{x}=\boldsymbol{C}\boldsymbol{y}.$$

代入二次型中,有

$$f=\boldsymbol{x}^{\mathrm{T}}\boldsymbol{A}\boldsymbol{x}=(\boldsymbol{C}\boldsymbol{y})^{\mathrm{T}}\boldsymbol{A}(\boldsymbol{C}\boldsymbol{y})=\boldsymbol{y}^{\mathrm{T}}(\boldsymbol{C}^{\mathrm{T}}\boldsymbol{A}\boldsymbol{C})\boldsymbol{y}.$$

关于矩阵$\boldsymbol{A}$与$\boldsymbol{C}^{\mathrm{T}}\boldsymbol{A}\boldsymbol{C}$的关系,我们给出如下定义:

定义4 设$\boldsymbol{A},\boldsymbol{B}$为两个$n$阶方阵,如果存在$n$阶可逆矩阵$\boldsymbol{C}$,使得$\boldsymbol{C}^{\mathrm{T}}\boldsymbol{A}\boldsymbol{C}=\boldsymbol{B}$,则称矩阵$\boldsymbol{A}$**合同于**矩阵$\boldsymbol{B}$,或者$\boldsymbol{A}$与$\boldsymbol{B}$**合同**,记作$\boldsymbol{A}\simeq\boldsymbol{B}$.

矩阵合同的性质:

(1)**自反性**: 对于任意的方阵$\boldsymbol{A}$,$\boldsymbol{A}$合同于$\boldsymbol{A}$.

这是因为$\boldsymbol{E}^{\mathrm{T}}\boldsymbol{A}\boldsymbol{E}=\boldsymbol{A}$.

(2)**对称性**: 若$\boldsymbol{A}$合同于$\boldsymbol{B}$,则$\boldsymbol{B}$合同于$\boldsymbol{A}$.

这是因为若$\boldsymbol{B}=\boldsymbol{C}^{\mathrm{T}}\boldsymbol{A}\boldsymbol{C}$,则$\boldsymbol{A}=(\boldsymbol{C}^{\mathrm{T}})^{-1}\boldsymbol{B}\boldsymbol{C}^{-1}=(\boldsymbol{C}^{-1})^{\mathrm{T}}\boldsymbol{B}\boldsymbol{C}^{-1}$.

(3)**传递性**: 若$\boldsymbol{A}$合同于$\boldsymbol{B}$,$\boldsymbol{B}$合同于$\boldsymbol{C}$,则$\boldsymbol{A}$合同于$\boldsymbol{C}$.

这是因为若$\boldsymbol{B}=\boldsymbol{C}_1^{\mathrm{T}}\boldsymbol{A}\boldsymbol{C}_1$,$\boldsymbol{C}=\boldsymbol{C}_2^{\mathrm{T}}\boldsymbol{B}\boldsymbol{C}_2$,则$\boldsymbol{C}=\boldsymbol{C}_2^{\mathrm{T}}\boldsymbol{B}\boldsymbol{C}_2=\boldsymbol{C}_2^{\mathrm{T}}\boldsymbol{C}_1^{\mathrm{T}}\boldsymbol{A}\boldsymbol{C}_1\boldsymbol{C}_2=(\boldsymbol{C}_1\boldsymbol{C}_2)^{\mathrm{T}}\boldsymbol{A}(\boldsymbol{C}_1\boldsymbol{C}_2)$.

先证明以下结论:

定理1 任给可逆矩阵$\boldsymbol{C}$,令$\boldsymbol{B}=\boldsymbol{C}^{\mathrm{T}}\boldsymbol{A}\boldsymbol{C}$,如果$\boldsymbol{A}$为对称矩阵,则$\boldsymbol{B}$也为对称矩阵,且有$R(\boldsymbol{B})=R(\boldsymbol{A})$.

证　因为 $\boldsymbol{A}$ 为对称矩阵，即 $\boldsymbol{A}^{\mathrm{T}}=\boldsymbol{A}$，于是

$$\boldsymbol{B}^{\mathrm{T}}=(\boldsymbol{C}^{\mathrm{T}}\boldsymbol{A}\boldsymbol{C})^{\mathrm{T}}=\boldsymbol{C}^{\mathrm{T}}\boldsymbol{A}^{\mathrm{T}}\boldsymbol{C}=\boldsymbol{C}^{\mathrm{T}}\boldsymbol{A}\boldsymbol{C}=\boldsymbol{B},$$

所以 $\boldsymbol{B}$ 是对称矩阵．

因为 $\boldsymbol{C}$ 为可逆矩阵，所以有 $R(\boldsymbol{B})=R(\boldsymbol{A})$．

由定理 1 可知，经过可逆变换 $\boldsymbol{x}=\boldsymbol{C}\boldsymbol{y}$ 后，二次型 f 的矩阵由 $\boldsymbol{A}$ 变为 $\boldsymbol{B}(\boldsymbol{B}=\boldsymbol{C}^{\mathrm{T}}\boldsymbol{A}\boldsymbol{C})$，则 $\boldsymbol{A}$ 合同于 $\boldsymbol{B}$，且二次型的秩不变．要使得二次型在此变换下变为标准形，就是要使

$$\boldsymbol{y}^{\mathrm{T}}\boldsymbol{C}^{\mathrm{T}}\boldsymbol{A}\boldsymbol{C}\boldsymbol{y}=\boldsymbol{y}^{\mathrm{T}}\boldsymbol{B}\boldsymbol{y}=k_1y_1^2+k_2y_2^2+\cdots+k_ny_n^2$$

$$=(y_1,y_2,\cdots,y_n)\begin{pmatrix}k_1&&&\\&k_2&&\\&&\ddots&\\&&&k_n\end{pmatrix}\begin{pmatrix}y_1\\y_2\\\vdots\\y_n\end{pmatrix}.$$

也就是要使 $\boldsymbol{C}^{\mathrm{T}}\boldsymbol{A}\boldsymbol{C}$ 成为对角矩阵．于是，主要问题就转化为：如何寻求可逆矩阵 $\boldsymbol{C}$，使 $\boldsymbol{C}^{\mathrm{T}}\boldsymbol{A}\boldsymbol{C}$ 为对角矩阵．

5.2.2　化二次型为标准形

1.配方法

首先给出一个基本定理．

定理 2　任意二次型 $f=\boldsymbol{x}^{\mathrm{T}}\boldsymbol{A}\boldsymbol{x}$ 都可以通过可逆变换转化为标准形．

详细证明此处从略．

对于任意二次型 $f=\boldsymbol{x}^{\mathrm{T}}\boldsymbol{A}\boldsymbol{x}$，总存在可逆变换 $\boldsymbol{x}=\boldsymbol{C}\boldsymbol{y}$，使得

$$f=d_1y_1^2+d_2y_2^2+\cdots+d_ny_n^2.$$

下面介绍如何利用配方法化二次型为标准形：

(1) 若二次型含有 x_i 的平方项，则先把含有 x_i 的乘积项集中，然后配方，再对其余的变量重复上述过程，直到所有变量都配方成平方项为止，经过可逆线性变换，即得标准形．

(2) 若二次型中不含有平方项，但是 $a_{ij}\neq0(i\neq j)$，则先作可逆变换

$$\begin{cases}x_i=y_i-y_j\\x_j=y_i+y_j\\x_k=y_k\end{cases}\quad(k=1,2,\cdots,n\text{ 且 }k\neq i,j),$$

化二次型为含有平方项的二次型，然后按照(1)中的方法配方．

下面，我们通过例题来说明配方法的思想方法．

例 1　化二次型 $f(x_1,x_2,x_3)=4x_1^2-20x_1x_2+12x_2x_3$ 为标准形，并写出所用的可逆线性变换．

解　先把 x_1,x_2 配平方得

$$f=(4x_1^2-20x_1x_2+25x_2^2)-25x_2^2+12x_2x_3,$$

再把 x_2,x_3 配平方得

$$f=(2x_1-5x_2)^2-\left[(5x_2)^2-12x_2x_3+\frac{36}{25}x_3^2\right]+\frac{36}{25}x_3^2$$

$$=(2x_1-5x_2)^2-\left(5x_2-\frac{6}{5}x_3\right)^2+\left(\frac{6}{5}x_3\right)^2.$$

于是令

$$\begin{cases}y_1=2x_1-5x_2\\ y_2=5x_2-\frac{6}{5}x_3,\\ y_3=\frac{6}{5}x_3\end{cases}\quad 可得\begin{cases}x_1=\frac{1}{2}y_1+\frac{1}{2}y_2+\frac{1}{2}y_3\\ x_2=\frac{1}{5}y_2+\frac{1}{5}y_3\\ x_3=\frac{5}{6}y_3\end{cases},$$

则二次型 f 在上述可逆线性变换之下就可化为标准形

$$f=y_1^2-y_2^2+y_3^2=\boldsymbol{y}^{\mathrm T}\boldsymbol{D}\boldsymbol{y},$$

其中 $\boldsymbol{D}=\begin{pmatrix}1&0&0\\0&-1&0\\0&0&1\end{pmatrix}=\mathrm{diag}(1,-1,1)$，$\boldsymbol{y}=\begin{pmatrix}y_1\\y_2\\y_3\end{pmatrix}$，$\boldsymbol{y}^{\mathrm T}=(y_1,y_2,y_3)$.

所用的可逆线性变换为

$$\begin{pmatrix}x_1\\x_2\\x_3\end{pmatrix}=\begin{pmatrix}\frac{1}{2}&\frac{1}{2}&\frac{1}{2}\\0&\frac{1}{5}&\frac{1}{5}\\0&0&\frac{5}{6}\end{pmatrix}\begin{pmatrix}y_1\\y_2\\y_3\end{pmatrix}.$$

例 2 化二次型 $f=2x_1x_2+2x_1x_3-6x_2x_3$ 为标准形,并求所用的变换矩阵 $\boldsymbol{C}$.

解 由于 f 中不含有平方项,故不易配方,但由于含有 x_1x_2 乘积项,故可先令

$$\begin{cases}x_1=y_1+y_2\\ x_2=y_1-y_2,\\ x_3=y_3\end{cases}$$

代入 f 中可得

$$f=2y_1^2-2y_2^2-4y_1y_3+8y_2y_3.$$

再配方得

$$f=2(y_1-y_3)^2-2(y_2-2y_3)^2+6y_3^2.$$

令 $\begin{cases}z_1=y_1-y_3\\ z_2=y_2-2y_3,\\ z_3=y_3\end{cases}$ 即 $\begin{cases}y_1=z_1+z_3\\ y_2=z_2+2z_3\\ y_3=z_3\end{cases}$，则有 $f=2z_1^2-2z_2^2+6z_3^2$.

所用变换矩阵为

$$\boldsymbol{C}=\begin{pmatrix}1&1&0\\1&-1&0\\0&0&1\end{pmatrix}\begin{pmatrix}1&0&1\\0&1&2\\0&0&1\end{pmatrix}=\begin{pmatrix}1&1&3\\1&-1&-1\\0&0&1\end{pmatrix}.$$

因为 $|\boldsymbol{C}|=-2\neq0$,所以 $\boldsymbol{C}$ 可逆.

由上易知:任何二次型都可用上面方法找到一个可逆变换,将其化为标准形. 由定理 1 可知标准形中含有的项数就是二次型的秩.

当变量个数很多时,这种用配方法化二次型为标准形的方法是相当烦琐的,下面给出一种初等变换化二次型为标准形的方法.

2. 初等变换法(也称合同变换法)

定理 3　对任意一实对称矩阵 $\boldsymbol{A}$,存在可逆矩阵 $\boldsymbol{C}$,使得 $\boldsymbol{B}=\boldsymbol{C}^{\mathrm{T}}\boldsymbol{A}\boldsymbol{C}$ 为对角矩阵. 即任一实对称矩阵都与一个对角矩阵合同.

设二次型 $f=\boldsymbol{x}^{\mathrm{T}}\boldsymbol{A}\boldsymbol{x}$ 经过可逆线性变换 $\boldsymbol{x}=\boldsymbol{C}\boldsymbol{y}$ 化为标准形 $\boldsymbol{y}^{\mathrm{T}}\boldsymbol{B}\boldsymbol{y}$,其中 $\boldsymbol{B}=\boldsymbol{C}^{\mathrm{T}}\boldsymbol{A}\boldsymbol{C}$ 为对角矩阵. 任意可逆矩阵都可以表示成若干初等矩阵的乘积,所以对于可逆矩阵 $\boldsymbol{C}$ 总存在初等矩阵 $\boldsymbol{P}_1,\boldsymbol{P}_2,\cdots,\boldsymbol{P}_s$,使得 $\boldsymbol{C}=\boldsymbol{P}_1\boldsymbol{P}_2\cdots,\boldsymbol{P}_s$. 即 $\boldsymbol{C}=\boldsymbol{E}\boldsymbol{P}_1\boldsymbol{P}_2,\cdots,\boldsymbol{P}_s$.

于是 $\boldsymbol{C}^{\mathrm{T}}\boldsymbol{A}\boldsymbol{C}=(\boldsymbol{P}_1\boldsymbol{P}_2,\cdots,\boldsymbol{P}_s)^{\mathrm{T}}\boldsymbol{A}(\boldsymbol{P}_1\boldsymbol{P}_2,\cdots,\boldsymbol{P}_s)=\boldsymbol{P}_s^{\mathrm{T}},\cdots,\boldsymbol{P}_2^{\mathrm{T}}\boldsymbol{P}_1{}^{\mathrm{T}}\boldsymbol{A}\boldsymbol{P}_1\boldsymbol{P}_2,\cdots,\boldsymbol{P}_s=\boldsymbol{B}$,$\boldsymbol{B}$ 为对角矩阵.

可见,对于 $2n\times n$ 矩阵 $\begin{pmatrix}\boldsymbol{A}\\ \boldsymbol{E}\end{pmatrix}$ 施以相应于右乘 $\boldsymbol{P}_1\boldsymbol{P}_2,\cdots,\boldsymbol{P}_s$ 的初等列变换,再对 $\boldsymbol{A}$ 施以相应于左乘 $\boldsymbol{P}_1^{\mathrm{T}}\boldsymbol{P}_2^{\mathrm{T}},\cdots,\boldsymbol{P}_s^{\mathrm{T}}$ 的初等行变换,则矩阵 $\boldsymbol{A}$ 变成对角矩阵 $\boldsymbol{B}$,而单位矩阵 $\boldsymbol{E}$ 就变为所要求的可逆矩阵 $\boldsymbol{C}$.

定义 5　若对方阵 $\boldsymbol{A}$ 作一次初等行变换,接着对所得矩阵作一次相同的初等列变换,则称对 $\boldsymbol{A}$ 进行了一次**合同变换**.

例 3　求可逆矩阵 $\boldsymbol{C}$,使得 $\boldsymbol{C}^{\mathrm{T}}\boldsymbol{A}\boldsymbol{C}$ 为对角矩阵,其中 $\boldsymbol{A}=\begin{pmatrix}1&1&1\\1&2&2\\1&2&1\end{pmatrix}$.

解　首先写出二次型 f 的矩阵 $\boldsymbol{A}$,然后构造矩阵 $\begin{pmatrix}\boldsymbol{A}\\ \boldsymbol{E}\end{pmatrix}$,应用合同变换化对角矩阵,对 $\boldsymbol{E}$ 只作相应的初等列变换.

$$\begin{pmatrix}\boldsymbol{A}\\ \hdashline \boldsymbol{E}\end{pmatrix}=\begin{pmatrix}1&1&1\\1&2&2\\1&2&1\\ \hdashline 1&0&0\\0&1&0\\0&0&1\end{pmatrix}\xrightarrow[c_3+(-1)c_1]{c_2+(-1)c_1}\begin{pmatrix}1&0&0\\1&1&1\\1&1&0\\ \hdashline 1&-1&-1\\0&1&0\\0&0&1\end{pmatrix}\xrightarrow[r_3+(-1)r_1]{r_2+(-1)r_1}\begin{pmatrix}1&0&0\\0&1&1\\0&1&0\\ \hdashline 1&-1&-1\\0&1&0\\0&0&1\end{pmatrix}$$

$$\xrightarrow{c_3+(-1)c_2}\begin{pmatrix}1&0&0\\0&1&0\\0&1&-1\\ \hdashline 1&-1&0\\0&1&-1\\0&0&1\end{pmatrix}\xrightarrow{r_3+(-1)r_2}\begin{pmatrix}1&0&0\\0&1&0\\0&0&-1\\ \hdashline 1&-1&0\\0&1&-1\\0&0&1\end{pmatrix}.$$

因此
$$\boldsymbol{C}=\begin{pmatrix}1&-1&0\\0&1&-1\\0&0&1\end{pmatrix},\quad \boldsymbol{C}^{\mathrm{T}}\boldsymbol{A}\boldsymbol{C}=\begin{pmatrix}1&0&0\\0&1&0\\0&0&-1\end{pmatrix}.$$

例 4　化二次型 $f(x_1,x_2,x_3)=2x_1x_2+2x_1x_3-4x_2x_3$ 为标准形.

解　首先写出二次型 f 的矩阵 $\boldsymbol{A}$,然后构造矩阵 $\begin{pmatrix}\boldsymbol{A}\\ \boldsymbol{E}\end{pmatrix}$,应用合同变换化对角矩阵,对 $\boldsymbol{E}$ 只作相应的初等列变换.

$$\begin{pmatrix} A \\ E \end{pmatrix}=\begin{pmatrix} 0 & 1 & 1 \\ 1 & 0 & -2 \\ 1 & -2 & 0 \\ \hdashline 1 & 0 & 0 \\ 0 & 1 & 0 \\ 0 & 0 & 1 \end{pmatrix}\xrightarrow{c_1+c_2}\begin{pmatrix} 1 & 1 & 1 \\ 1 & 0 & -2 \\ -1 & -2 & 0 \\ \hdashline 1 & 0 & 1 \\ 1 & 1 & 0 \\ 0 & 0 & 1 \end{pmatrix}\xrightarrow{r_1+r_2}\begin{pmatrix} 2 & 1 & -1 \\ 1 & 0 & -2 \\ -1 & -2 & 0 \\ \hdashline 1 & 0 & 0 \\ 1 & 1 & 0 \\ 0 & 0 & 1 \end{pmatrix}$$

$$\xrightarrow[c_3+\frac{1}{2}c_1]{c_2+(-\frac{1}{2})}\begin{pmatrix} 2 & 0 & 0 \\ 1 & -\frac{1}{2} & -\frac{3}{2} \\ -1 & -\frac{3}{2} & -\frac{1}{2} \\ \hdashline 1 & -\frac{1}{2} & \frac{1}{2} \\ 1 & \frac{1}{2} & \frac{1}{2} \\ 0 & 0 & 1 \end{pmatrix}\xrightarrow[r_3+\frac{1}{2}r_1]{r_2+(-\frac{1}{2})r_1}\begin{pmatrix} 2 & 0 & 0 \\ 0 & -\frac{1}{2} & -\frac{3}{2} \\ 0 & -\frac{3}{2} & -\frac{1}{2} \\ \hdashline 1 & -\frac{1}{2} & \frac{1}{2} \\ 1 & \frac{1}{2} & \frac{1}{2} \\ 0 & 0 & 1 \end{pmatrix}$$

$$\xrightarrow{c_3+(-3)c_2}\begin{pmatrix} 2 & 0 & 0 \\ 0 & -\frac{1}{2} & 0 \\ 0 & -\frac{3}{2} & 4 \\ \hdashline 1 & -\frac{1}{2} & 2 \\ 1 & \frac{1}{2} & -1 \\ 0 & 0 & 1 \end{pmatrix}\xrightarrow{r_3+(-3)r_2}\begin{pmatrix} 2 & 0 & 0 \\ 0 & -\frac{1}{2} & 0 \\ 0 & 0 & 4 \\ \hdashline 1 & -\frac{1}{2} & 2 \\ 1 & \frac{1}{2} & -1 \\ 0 & 0 & 1 \end{pmatrix}.$$

所以有可逆矩阵

$$C=\begin{pmatrix} 1 & -\frac{1}{2} & 2 \\ 1 & \frac{1}{2} & -1 \\ 0 & 0 & 1 \end{pmatrix}.$$

令 $\begin{cases} x_1=y_1-\frac{1}{2}y_2+2y_3 \\ x_2=y_1+\frac{1}{2}y_2-y_3 \\ x_3=y_3 \end{cases}$,则标准形为 $f=2y_1^2-\frac{1}{2}y_2^2+4y_3^2$.

3. 正交变换法

定理 4 任给二次型 $f=\boldsymbol{x}^{\mathrm{T}}\boldsymbol{A}\boldsymbol{x}$,总有正交变换 $\boldsymbol{x}=\boldsymbol{P}\boldsymbol{y}$(即 $\boldsymbol{P}$ 为正交矩阵),使二次型 f 化为标

准形

$$f=\lambda_1 y_1^2+\lambda_2 y_2^2+\cdots+\lambda_n y_n^2,$$

其中 $\lambda_1,\lambda_2,\cdots,\lambda_n$ 是 f 的矩阵 $\boldsymbol{A}$ 的特征值.

证 因为对于实对称矩阵 $\boldsymbol{A}$,总有正交矩阵 $\boldsymbol{P}$,使

$$\boldsymbol{P}^{-1}\boldsymbol{A}\boldsymbol{P}=\boldsymbol{D}=\begin{pmatrix}\lambda_1 & & & \\ & \lambda_2 & & \\ & & \ddots & \\ & & & \lambda_n\end{pmatrix},$$

其中,$\lambda_1,\lambda_2,\cdots,\lambda_n$ 是 $\boldsymbol{A}$ 的 n 个特征值.

因 $\boldsymbol{P}$ 是正交矩阵,故有 $\boldsymbol{P}^{-1}=\boldsymbol{P}^{\mathrm{T}}$,则有

$$\boldsymbol{P}^{\mathrm{T}}\boldsymbol{A}\boldsymbol{P}=\boldsymbol{D}.$$

取正交变换 $\boldsymbol{x}=\boldsymbol{P}\boldsymbol{y}$,则二次型化为

$$f=\boldsymbol{x}^{\mathrm{T}}\boldsymbol{A}\boldsymbol{x}=\boldsymbol{y}^{\mathrm{T}}\boldsymbol{P}^{\mathrm{T}}\boldsymbol{A}\boldsymbol{P}\boldsymbol{y}=\boldsymbol{y}^{\mathrm{T}}\boldsymbol{D}\boldsymbol{y}=\lambda_1\boldsymbol{y}_1^2+\lambda_2\boldsymbol{y}_2^2+\cdots+\lambda_n\boldsymbol{y}_n^2.$$

例 5 求一个正交变换 $x=Py$,把二次型

$$f(x_1,x_2,x_3)=3x_1^2+3x_2^2+2x_1x_2+4x_1x_3-4x_2x_3$$

化为标准形.

解 二次型 $f(x_1,x_2,x_3)$ 的矩阵是

$$\boldsymbol{A}=\begin{pmatrix}3 & 1 & 2\\ 1 & 3 & -2\\ 2 & -2 & 0\end{pmatrix}.$$

$\boldsymbol{A}$ 的特征多项式为

$$|\boldsymbol{A}-\lambda\boldsymbol{E}|=\begin{vmatrix}3-\lambda & 1 & 2\\ 1 & 3-\lambda & -2\\ 2 & -2 & -\lambda\end{vmatrix}=\begin{vmatrix}4-\lambda & 4-\lambda & 0\\ 1 & 3-\lambda & -2\\ 2 & -2 & -\lambda\end{vmatrix}=\begin{vmatrix}4-\lambda & 0 & 0\\ 1 & 2-\lambda & -2\\ 2 & -4 & -\lambda\end{vmatrix}$$

$$=(4-\lambda)\begin{vmatrix}2-\lambda & -2\\ -4 & -\lambda\end{vmatrix}=-(\lambda-4)^2(\lambda+2).$$

于是 $\boldsymbol{A}$ 的全部特征值为 $\lambda_1=\lambda_2=4,\lambda_3=-2$.

对于 $\lambda_1=\lambda_2=4$,求解齐次线性方程组 $(\boldsymbol{A}-4\boldsymbol{E})\boldsymbol{x}=\boldsymbol{0}$.

由于

$$\boldsymbol{A}-4\boldsymbol{E}=\begin{pmatrix}-1 & 1 & 2\\ 1 & -1 & -2\\ 2 & -2 & -4\end{pmatrix}\to\begin{pmatrix}1 & -1 & -2\\ 0 & 0 & 0\\ 0 & 0 & 0\end{pmatrix},$$

所以,令自由未知量 (x_2,x_3) 依次取 $(1,0)$,$(0,1)$,得到一个基础解系为

$$\boldsymbol{\xi}_1=(1,1,0)^{\mathrm{T}},\quad \boldsymbol{\xi}_2=(2,0,1)^{\mathrm{T}}.$$

正交化得

$$\boldsymbol{\eta}_1=\boldsymbol{\xi}_1=(1,1,0)^{\mathrm{T}},$$

$$\boldsymbol{\eta}_2=\boldsymbol{\xi}_2-\frac{[\boldsymbol{\xi}_2,\boldsymbol{\eta}_1]}{[\boldsymbol{\eta}_1,\boldsymbol{\eta}_1]}\boldsymbol{\eta}_1=(1,-1,1)^{\mathrm{T}}.$$

再单位化,得 $\boldsymbol{p}_1=\dfrac{\boldsymbol{\eta}_1}{\|\boldsymbol{\eta}_1\|}=\dfrac{\sqrt{2}}{2}(1,1,0)^{\mathrm{T}}$,$\boldsymbol{p}_2=\dfrac{\boldsymbol{\eta}_2}{\|\boldsymbol{\eta}_2\|}=\dfrac{\sqrt{3}}{3}(1,-1,1)^{\mathrm{T}}$.

对于 $\lambda_3=-2$,求解齐次线性方程组 $(\boldsymbol{A}+2\boldsymbol{E})\boldsymbol{x}=0$.

由 $\boldsymbol{A}+2\boldsymbol{E}=\begin{pmatrix}5&1&2\\1&5&-2\\2&-2&2\end{pmatrix}\to\begin{pmatrix}-1&-5&2\\0&2&-1\\0&0&0\end{pmatrix}$,可得一个基础解系 $\boldsymbol{\xi}_3=(-1,1,2)^{\mathrm{T}}$.

单位化可得 $\boldsymbol{p}_3=\dfrac{\boldsymbol{\xi}_3}{\|\boldsymbol{\xi}_3\|}=\dfrac{\sqrt{6}}{6}(-1,1,2)^{\mathrm{T}}$.

令 $\boldsymbol{P}=(\boldsymbol{p}_1,\boldsymbol{p}_2,\boldsymbol{p}_3)=\begin{pmatrix}\dfrac{\sqrt{2}}{2}&\dfrac{\sqrt{3}}{3}&-\dfrac{\sqrt{6}}{6}\\\dfrac{\sqrt{2}}{2}&-\dfrac{\sqrt{3}}{3}&\dfrac{\sqrt{6}}{6}\\0&\dfrac{\sqrt{3}}{3}&\dfrac{\sqrt{6}}{3}\end{pmatrix}$,则 $\boldsymbol{P}$ 为正交矩阵,且有 $\boldsymbol{P}^{\mathrm{T}}\boldsymbol{AP}=\begin{pmatrix}4&0&0\\0&4&0\\0&0&-2\end{pmatrix}$.

于是令 $\boldsymbol{x}=\boldsymbol{Py}$,可得 $f=4y_1^2+4y_2^2-2y_3^2$.

例 6 求一个正交变换 $\boldsymbol{x}=\boldsymbol{Py}$,把二次型

$$f(x_1,x_2,x_3,x_4)=4x_1x_2+4x_1x_3-4x_1x_4-4x_2x_3+4x_2x_4+4x_3x_4$$

化为标准形.

解 二次型的矩阵为

$$\boldsymbol{A}=\begin{pmatrix}0&2&2&-2\\2&0&-2&2\\2&-2&0&2\\-2&2&2&0\end{pmatrix}.$$

$\boldsymbol{A}$ 的特征多项式为

$$|\boldsymbol{A}-\lambda\boldsymbol{E}|=\begin{vmatrix}0-\lambda&2&2&-2\\2&0-\lambda&-2&2\\2&-2&0-\lambda&2\\-2&2&2&0-\lambda\end{vmatrix}=\begin{vmatrix}2-\lambda&2&2&-2\\2-\lambda&-\lambda&-2&2\\2-\lambda&-2&-\lambda&2\\2-\lambda&2&2&-\lambda\end{vmatrix}$$

$$=(2-\lambda)\begin{vmatrix}1&2&2&-2\\1&-\lambda&-2&2\\1&-2&-\lambda&2\\1&2&2&-\lambda\end{vmatrix}$$

$$=-(\lambda+6)(\lambda-2)^3.$$

于是 $\boldsymbol{A}$ 的特征值为 $\lambda_1=-6,\lambda_2=\lambda_3=\lambda_4=2$.

当 $\lambda_1=-6$ 时,解方程 $(\boldsymbol{A}+6\boldsymbol{E})\boldsymbol{x}=\boldsymbol{0}$,因此

$$\boldsymbol{A}+6\boldsymbol{E}=\begin{pmatrix}6&2&2&-2\\2&6&-2&2\\2&-2&6&2\\-2&2&2&6\end{pmatrix}\xrightarrow{r_1+r_2+r_3+r_4}\begin{pmatrix}8&8&8&8\\2&6&-2&2\\2&-2&6&2\\-2&2&2&6\end{pmatrix},$$

依次转化为最简形$\begin{pmatrix}1&0&1&0\\0&1&-1&0\\0&0&1&1\\0&0&0&0\end{pmatrix}$,得基础解系$\boldsymbol{\xi}_1=\begin{pmatrix}1\\-1\\-1\\1\end{pmatrix}$,单位化得$\boldsymbol{p}_1=\frac{1}{2}\begin{pmatrix}1\\-1\\-1\\1\end{pmatrix}$.

当$\lambda_2=\lambda_3=\lambda_4=2$时,解方程$(\boldsymbol{A}-2\boldsymbol{E})\boldsymbol{x}=\boldsymbol{0}$. 因为

$$\boldsymbol{A}-2\boldsymbol{E}=\begin{pmatrix}-2&2&2&-2\\2&-2&-2&2\\2&-2&-2&2\\-2&2&2&-2\end{pmatrix}\to\begin{pmatrix}1&-1&-1&1\\0&0&0&0\\0&0&0&0\\0&0&0&0\end{pmatrix},$$

所以令自由未知量(x_2,x_3,x_4)依次取$(1,0,0)$,$(0,1,0)$,$(0,0,1)$,可得基础解系

$$\boldsymbol{\xi}_2=\begin{pmatrix}1\\1\\0\\0\end{pmatrix},\quad\boldsymbol{\xi}_3=\begin{pmatrix}1\\0\\1\\0\end{pmatrix},\quad\boldsymbol{\xi}_4=\begin{pmatrix}-1\\0\\0\\1\end{pmatrix}.$$

正交化得

$$\boldsymbol{\eta}_2=\boldsymbol{\xi}_2=(1,1,0,0)^{\mathrm{T}},$$

$$\boldsymbol{\eta}_3=\boldsymbol{\xi}_3-\frac{[\boldsymbol{\xi}_3,\boldsymbol{\eta}_2]}{[\boldsymbol{\eta}_2,\boldsymbol{\eta}_2]}\boldsymbol{\eta}_2=\left(\frac{1}{2},-\frac{1}{2},1,0\right)^{\mathrm{T}},$$

$$\boldsymbol{\eta}_4=\boldsymbol{\xi}_4-\frac{[\boldsymbol{\xi}_4,\boldsymbol{\eta}_2]}{[\boldsymbol{\eta}_2,\boldsymbol{\eta}_2]}\boldsymbol{\eta}_2-\frac{[\boldsymbol{\xi}_4,\boldsymbol{\eta}_3]}{[\boldsymbol{\eta}_3,\boldsymbol{\eta}_3]}\boldsymbol{\eta}_3=\left(-\frac{1}{3},\frac{1}{3},\frac{1}{3},1\right)^{\mathrm{T}}.$$

单位化即得

$$\boldsymbol{p}_2=\frac{\boldsymbol{\eta}_2}{\|\boldsymbol{\eta}_2\|}=\frac{\sqrt{2}}{2}(1,1,0,0)^{\mathrm{T}},$$

$$\boldsymbol{p}_3=\frac{\boldsymbol{\eta}_3}{\|\boldsymbol{\eta}_3\|}=\frac{\sqrt{6}}{3}\left(\frac{1}{2},-\frac{1}{2},1,0\right)^{\mathrm{T}},$$

$$\boldsymbol{p}_4=\frac{\boldsymbol{\eta}_4}{\|\boldsymbol{\eta}_4\|}=\frac{\sqrt{3}}{2}\left(-\frac{1}{3},\frac{1}{3},\frac{1}{3},1\right)^{\mathrm{T}}.$$

于是所求正交变换为

$$\begin{pmatrix}x_1\\x_2\\x_3\\x_4\end{pmatrix}=\begin{pmatrix}\frac{1}{2}&\frac{\sqrt{2}}{2}&\frac{\sqrt{6}}{6}&-\frac{\sqrt{3}}{6}\\-\frac{1}{2}&\frac{\sqrt{2}}{2}&-\frac{\sqrt{6}}{6}&\frac{\sqrt{3}}{6}\\-\frac{1}{2}&0&\frac{\sqrt{6}}{3}&\frac{\sqrt{3}}{6}\\\frac{1}{2}&0&0&\frac{\sqrt{3}}{2}\end{pmatrix}\begin{pmatrix}y_1\\y_2\\y_3\\y_4\end{pmatrix}.$$

在此变换下,原二次型化为

$$f=-6y_1^2+2y_2^2+2y_3^2+2y_4^2.$$

习 题 5.2

1.用配方法化下列二次型为标准形：

(1) $f=x_1^2+5x_2^2+5x_3^2+2x_1x_2-4x_1x_3$；

(2) $f=2x_1^2+5x_2^2+5x_3^2+4x_1x_2-4x_1x_3-8x_2x_3$；

(3) $f=2x_1x_2+4x_1x_3$；

(4) $f=x_1x_2+x_1x_3+2x_2x_3$.

2.用初等变换法化下列二次型为标准形：

(1) $f=2x_1^2+3x_2^2+4x_3^2-6x_2x_3$；

(2) $f=x_1^2+2x_2^2+3x_3^2+2x_1x_2+2x_1x_3+2x_2x_3$；

(3) $f=2x_1x_2+2x_1x_3+6x_2x_3$；

(4) $f=x_1x_2+x_2x_3$.

3.用正交变换法化下列二次型为标准形：

(1) $f=x_1^2+4x_2^2+4x_3^2-4x_1x_2+4x_1x_3-8x_2x_3$；

(2) $f=4x_2^2-3x_3^2+4x_1x_2-4x_1x_3+8x_2x_3$；

(3) $f=2x_1x_2-2x_1x_3+2x_2x_3$；

(4) $f=x_1x_2+x_1x_3+x_2x_3$.

4. 已知 $\boldsymbol{A},\boldsymbol{B}$ 都是正交矩阵,且 $|\boldsymbol{A}|+|\boldsymbol{B}|=0$,证明 $|\boldsymbol{A}+\boldsymbol{B}|=0$.

5. 设二次型 $f(x_1,x_2,x_3)=2(a_1x_1+a_2x_2+a_3x_3)^2+(b_1x_1+b_2x_2+b_3x_3)^2$,记 $\boldsymbol{\alpha}=(a_1,a_2,a_3)^{\mathrm{T}}$, $\boldsymbol{\beta}=(b_1,b_2,b_3)^{\mathrm{T}}$.

(1)证明:二次型 f 的矩阵为 $2\boldsymbol{\alpha}\boldsymbol{\alpha}^{\mathrm{T}}+\boldsymbol{\beta}\boldsymbol{\beta}^{\mathrm{T}}$.

(2)若 $\boldsymbol{\alpha},\boldsymbol{\beta}$ 正交且为单位向量,证明:f 在正交变换下标准形为 $2y_1^2+y_2^2$.

6. 设二次型 $f(x_1,x_2,x_3)=\boldsymbol{x}^{\mathrm{T}}\boldsymbol{A}\boldsymbol{x}$,其中 $\boldsymbol{A}=(a_{ij})_{3\times3}$ 为实对称矩阵,且 $\sum\limits_{i=1}^{3}a_{ii}=2$,矩阵 $\boldsymbol{A}$ 的行向量与矩阵 $\boldsymbol{B}$ 的列向量均正交,其中 $\boldsymbol{B}=\begin{pmatrix}1&-1&0\\1&1&2\\1&0&1\end{pmatrix}$.

(1)用正交变换化二次型为标准形,并求所作的正交变换；

(2)求该二次型.

5.3 正定二次型

5.3.1 二次型的规范形与惯性定理

把二次型化 $f(x_1,x_2\cdots,x_n)$ 为标准形,就是作可逆变换 $\boldsymbol{x}=\boldsymbol{C}\boldsymbol{y}$,使得 $\boldsymbol{C}^{\mathrm{T}}\boldsymbol{A}\boldsymbol{C}$ 为对角矩阵. 由于 $\boldsymbol{C}$ 为可逆矩阵,所以 $R(\boldsymbol{C}^{\mathrm{T}}\boldsymbol{A}\boldsymbol{C})=R(\boldsymbol{A})=r$. 因此对角矩阵 $\boldsymbol{C}^{\mathrm{T}}\boldsymbol{A}\boldsymbol{C}$ 中有 r 非零元,则在二次型 f 的标准形中就会有 r 项. 如果把这 r 项重新排序,相当于再作一次可逆变换,使得这个标准形为

$$d_1y_1^2+d_2y_2^2+\cdots+d_py_p^2-d_{p+1}y_{p+1}^2-\cdots-d_ry_r^2,\quad 其中\ d_i>0(i=1,2,\cdots,r).$$

再作可逆线性变换

$$\begin{cases} y_i=\dfrac{z_i}{\sqrt{d_i}} & (i=1,2,\cdots,r) \\ y_j=z_j & (j=r+1,r+2,\cdots,n) \end{cases},\tag{5.3.1}$$

则二次型就化为 $z_1^2+z_2^2+\cdots+z_p^2-z_{p+1}^2-\cdots-z_r^2$,我们把这种形式的二次型称为二次型的**规范形**.

定理 5　二次型 f 的标准形中系数不为零的平方项的个数是唯一确定的,与所作的可逆变换无关.

证　设二次型 $f(x_1,x_2,\cdots,x_n)$ 的矩阵为 $\boldsymbol{A}$,设 $\boldsymbol{x}=\boldsymbol{C}\boldsymbol{y}$,$\boldsymbol{C}$ 为可逆矩阵,把 $\boldsymbol{A}$ 化为标准形,即 $f(x_1,x_2,\cdots,x_n)=d_1y_1^2+d_2y_2^2+\cdots+d_ry_r^2,(d_i\neq 0,i=1,2,\cdots,r)$.

由于 $\boldsymbol{C}$ 为可逆矩阵,故 $R(\boldsymbol{A})=R(\boldsymbol{C}^{\mathrm{T}}\boldsymbol{A}\boldsymbol{C})=r$.

r 为二次型 $f(x_1,x_2,\cdots,x_n)$ 的矩阵 $\boldsymbol{A}$ 的秩,是唯一确定的,与所作的可逆变换无关.

不同的可逆变换,可以得出不同的二次型的标准形,但是不同的标准形中不为零的平方项的个数是相同的,那么它们的正项个数、负项个数是否也相同呢?给出如下定理.

定义 6　二次型 f 的标准形中,系数为正的平方项的个数 p 称为 f 的**正惯性指数**,系数为负的平方项的个数 $r-p$ 称为 f 的**负惯性指数**. 其中 r 为二次型 f 的秩. 正惯性指数与负惯性指数之差称为**符号差**.

定理 6(惯性定理)　二次型 f 的任一标准形中,系数为正的平方项的个数是唯一确定的,它等于 f 的正惯性指数,系数为负的平方项的个数也是唯一确定的,它等于 f 的负惯性指数.

定理 7　任何二次型都可通过可逆线性变换化为规范形,且规范形是唯一的,与所作的可逆线性变换无关.

例 1　求二次型 $f=x_1x_2+x_3x_4+\cdots+x_{2n-1}x_{2n}$ 的秩和正负惯性指数.

解　作满秩变换

$$\begin{cases} x_1=y_1-y_2 \\ x_2=y_1+y_2 \\ x_3=y_3-y_4 \\ x_4=y_3+y_4 \\ \cdots\cdots\cdots\cdots \\ x_{2n-1}=y_{2n-1}-y_{2n} \\ x_{2n}=y_{2n-1}+y_{2n} \end{cases},$$

则二次型化为　$$f=y_1^2-y_2^2+y_3^2-y_4^2+\cdots+y_{2n-1}^2-y_{2n}^2.$$

所以该二次型的秩为 $2n$,正惯性指数为 n,负惯性指数也为 n.

5.3.2　正定二次型

定义 7　对于实二次型 $f(\boldsymbol{x})=\boldsymbol{x}^{\mathrm{T}}\boldsymbol{A}\boldsymbol{x}$,如果对于任何 $\boldsymbol{x}\neq\boldsymbol{0}$,都有 $f(\boldsymbol{x})>0$,则称 f 为**正定二次型**,并称其对称矩阵 $\boldsymbol{A}$ 是**正定矩阵**;如果对于任何 $\boldsymbol{x}\neq\boldsymbol{0}$,都有 $f(\boldsymbol{x})<0$,则称 f 为**负定二次型**,并称其对称矩阵 $\boldsymbol{A}$ 是**负定矩阵**.

定理 8　二次型 $f(x_1,x_2,\cdots,x_n)=a_1x_1^2+a_2x_2^2+\cdots+a_nx_n^2$ 是正定的充分必要条件是:$a_1,a_2,$

$\cdots,a_n$ 都大于零.

证 必要性. 若 $f(x_1,x_2,\cdots,x_n)=a_1x_1^2+a_2x_2^2+\cdots+a_nx_n^2$ 是正定的.

令 $x_1=x_2=\cdots=x_{i-1}=0,x_i=1,x_{i+1}=x_{i+2}=\cdots=x_n=0$ 代入得

$$f(0,0,\cdots,1,0,\cdots,0)=a_i>0.$$

当 $i=1,2,\cdots,n$ 时,可得 $a_1,a_2,\cdots,a_n$ 都大于零.

充分性. 若 $a_1,a_2,\cdots,a_n$ 都大于零,则对于任意一组不全为零的实数 $c_1,c_2,\cdots,c_n$,都有

$$f(c_1,c_2,\cdots,c_n)=a_1c_1^2+a_2c_2^2+\cdots+a_nc_n^2.$$

因为至少有一个 $c_j\neq 0$,所以可得 $a_jc_j^2>0$,故

$$f(c_1,c_2,\cdots,c_n)=a_1c_1^2+a_2c_2^2+\cdots+a_nc_n^2>0.$$

因此 $f(x_1,x_2,\cdots,x_n)=a_1x_1^2+a_2x_2^2+\cdots+a_nx_n^2$ 是正定的.

因为任意给定一个二次型,都可以经由可逆变换化为标准形,那么经过可逆变换后二次型的正定性是否会改变呢？给出如下定理:

定理 9 可逆变换不改变二次型的正定性.

证 设二次型 $f(x_1,x_2,\cdots,x_n)$ 经过可逆变换 $\boldsymbol{x}=\boldsymbol{C}\boldsymbol{y}$ 变成的新二次型为 $g(y_1,y_2,\cdots,y_n)$.

设 $f(x_1,x_2,\cdots,x_n)$ 是正定的,只需证 $g(y_1,y_2,\cdots,y_n)$ 也是正定的即可. 即要证对于任意一组不全为零的数 $l_1,l_2,\cdots,l_n$ 时,有 $g(l_1,l_2,\cdots,l_n)>0$.

因为 $\boldsymbol{x}=\boldsymbol{C}\boldsymbol{y}$,即

$$\begin{pmatrix}x_1\\x_2\\\vdots\\x_n\end{pmatrix}=\boldsymbol{C}\begin{pmatrix}y_1\\y_2\\\vdots\\y_n\end{pmatrix}. \tag{5.3.2}$$

当 $y_1,y_2,\cdots,y_n$ 取任意一组不全为零的实数 $l_1,l_2,\cdots,l_n$ 时,代入式(5.3.2)可得

$$\begin{pmatrix}k_1\\k_2\\\vdots\\k_n\end{pmatrix}=\boldsymbol{C}\begin{pmatrix}l_1\\l_2\\\vdots\\l_n\end{pmatrix}. \tag{5.3.3}$$

因为 $l_1,l_2,\cdots,l_n$ 不全为零,$\boldsymbol{C}$ 为可逆矩阵,所以 $k_1,k_2,\cdots,k_n$ 也一定不全为零,由于 $f(x_1,x_2,\cdots,x_n)$ 正定,所以 $f(k_1,k_2,\cdots,k_n)>0$.

因为
$$g(y_1,y_2,\cdots,y_n)=f(x_1,x_2,\cdots,x_n),$$
其中 $\boldsymbol{x}=\boldsymbol{C}\boldsymbol{y}$,由式(5.3.3),得

$$g(l_1,l_2,\cdots,l_n)=f(k_1,k_2,\cdots,k_n)>0.$$

因此 $g(y_1,y_2,\cdots,y_n)$ 是正定的. 因此可逆变换不改变二次型的正定性.

5.3.3 正定二次型的判定

定理 10 n 元二次型 $f(x_1,x_2,\cdots,x_n)$ 正定的充分必要条件是:它的正惯性指数等于 n.

证 必要性. 若二次型 $f(x_1,x_2,\cdots,x_n)$ 正定,则由定理 9 可知,它经过可逆变换 $\boldsymbol{x}=\boldsymbol{C}\boldsymbol{y}$ 变成标准形 $d_1y_1^2+d_2y_2^2+\cdots+d_ny_n^2$ 也是正定的. 再根据定理 8 知,$d_1,d_2,\cdots,d_n$ 全大于零,因此它的惯性指数为 n.

充分性．若二次型 $f(x_1,x_2,\cdots,x_n)$ 的正惯性指数为 n，它经过可逆变换 $\boldsymbol{x}=\boldsymbol{Cy}$ 变成标准形

$$d_1y_1^2+d_2y_2^2+\cdots+d_ny_n^2$$

其中，$d_1,d_2,\cdots,d_n$ 全大于零．

由定理 8 知，$d_1y_1^2+d_2y_2^2+\cdots+d_ny_n^2$ 是正定的，再由定理 9 知，原二次型 $f(x_1,x_2,\cdots,x_n)$ 也是正定的．

推论 一个实对称矩阵是正定的充要条件是它与单位矩阵合同．

定理 11 n 元二次型 $f(x_1,x_2,\cdots,x_n)$ 正定的充分必要条件是它对应矩阵 $\boldsymbol{A}$ 的特征值均大于零．

证 因为对二次型 $f(x_1,x_2,\cdots,x_n)$ 可以作正交变换 $\boldsymbol{x}=\boldsymbol{Py}$ 得到标准形．

$f=\lambda_1y_1^2+\lambda_2y_2^2+\cdots+\lambda_ny_n^2$，其中 $\lambda_1,\lambda_2,\cdots,\lambda_n$ 是 $f(x_1,x_2,\cdots,x_n)$ 对应矩阵 $\boldsymbol{A}$ 的特征值．由定理 10 可得，$f(x_1,x_2,\cdots,x_n)$ 正定当且 $\lambda_1,\lambda_2,\cdots,\lambda_n$ 全大于零．

推论 正定矩阵的行列式大于零．

证 设矩阵 $\boldsymbol{A}$ 是正定矩阵，于是有正交矩阵 $\boldsymbol{P}$ 使得

$$\boldsymbol{P}^{\mathrm{T}}\boldsymbol{AP}=\begin{pmatrix}\lambda_1 & 0 & \cdots & 0\\ 0 & \lambda_2 & \cdots & 0\\ \vdots & \vdots & & \vdots\\ 0 & 0 & \cdots & \lambda_n\end{pmatrix},$$

其中，$\lambda_1,\lambda_2,\cdots,\lambda_n$ 全大于零．

由于 $\boldsymbol{P}^{\mathrm{T}}=\boldsymbol{P}^{-1}$，因此有

$$\boldsymbol{A}=\boldsymbol{P}\begin{pmatrix}\lambda_1 & 0 & \cdots & 0\\ 0 & \lambda_2 & \cdots & 0\\ \vdots & \vdots & & \vdots\\ 0 & 0 & \cdots & \lambda_n\end{pmatrix}\boldsymbol{P}^{-1},$$

所以 $|\boldsymbol{A}|=|\boldsymbol{P}|\cdot\lambda_1\lambda_2\cdots\lambda_n|\boldsymbol{P}^{-1}|=\lambda_1\lambda_2\cdots\lambda_n>0.$

定义 8 在 n 阶方阵 $\boldsymbol{A}$ 中，取第 $i_1,i_2,\cdots,i_k$ 行及第 $i_1,i_2,\cdots,i_k$ 列所得到的 k 阶子式 $(k\leqslant n)$ 称为 $\boldsymbol{A}$ 的 k 阶**主子式**．

定义 9 在 n 阶方阵 $\boldsymbol{A}$ 中，取第 $1,2,\cdots,k$ 行及第 $1,2,\cdots,k$ 列得到的 k 阶子式 $(k\leqslant n)$，称为 $\boldsymbol{A}$ 的 k 阶**顺序主子式**．

例如，四阶方阵 $\boldsymbol{A}=\begin{pmatrix}-2 & 1 & 0 & 3\\ 1 & 4 & 6 & 3\\ 3 & 5 & 1 & 8\\ 0 & 1 & 4 & 9\end{pmatrix}$，则四阶行列式 $|\boldsymbol{A}|=\begin{vmatrix}-2 & 1 & 0 & 3\\ 1 & 4 & 6 & 3\\ 3 & 5 & 1 & 8\\ 0 & 1 & 4 & 9\end{vmatrix}$．

取第 1、3 行，第 2、4 列得到的是二阶子式 $\begin{vmatrix}1 & 3\\ 5 & 8\end{vmatrix}$．

取第 1、3 行，第 1、3 列得到的是二阶主子式 $\begin{vmatrix}-2 & 0\\ 3 & 1\end{vmatrix}$．

取第 1、2 行，第 1、2 列得到的是二阶顺序主子式 $\begin{vmatrix}-2 & 1\\ 1 & 4\end{vmatrix}$．

定义 10 设$f(x_1,x_2,\cdots,x_n)$是二次型,对于任意一组不全为零的实数$c_1,c_2,\cdots,c_n$,如果都有$f(c_1,c_2,\cdots,c_n)\geqslant 0$,则称$f(x_1,x_2,\cdots,x_n)$是**半正定**的;如果都有$f(c_1,c_2,\cdots,c_n)\leqslant 0$,则称$f(x_1,x_2,\cdots,x_n)$是**半负定**的;如果都有它既不是半正定的也不是半负定的,那么$f(x_1,x_2,\cdots,x_n)$称为**不定**的.

定理 12 二次型$f(x_1,x_2,\cdots x_n)$正定的充分必要条件是:它所对应的对称矩阵$\boldsymbol{A}$的所有顺序主子式都为正,即

$$a_{11}>0,\quad \begin{vmatrix} a_{11} & a_{12} \\ a_{21} & a_{22} \end{vmatrix}>0,\quad \cdots,\quad \begin{vmatrix} a_{11} & a_{12} & \cdots & a_{1n} \\ a_{21} & a_{22} & \cdots & a_{2n} \\ \vdots & \vdots & \cdots & \vdots \\ a_{n1} & a_{n2} & \cdots & a_{nn} \end{vmatrix}>0.$$

二次型$f(x_1,x_2,\cdots x_n)$负定的充分必要条件是:它所对应的对称矩阵$\boldsymbol{A}$的奇数阶顺序主子式都为负,而偶数阶顺序主子式都为正.

证 (略)

例 2 判别二次型的正定性:

(1) $f=5x^2+4y^2-4z^2+8xy+4xz$;

(2) $f=2x_1^2+3x_2^2+3x_3^2+4x_2x_3$.

解 (1) f的矩阵为

$$\boldsymbol{A}=\begin{pmatrix} 5 & 4 & 2 \\ 4 & 4 & 0 \\ 2 & 0 & -4 \end{pmatrix}.$$

因为$a_{11}=5>0$, $\begin{vmatrix} a_{11} & a_{12} \\ a_{21} & a_{22} \end{vmatrix}=4>0$, $|\boldsymbol{A}|=-32<0$. 即存在$\boldsymbol{A}$的一个顺序主子式为负,所以根据定理12可知,f不是正定的.

(2) f的矩阵为

$$\boldsymbol{A}=\begin{pmatrix} 2 & 0 & 0 \\ 0 & 3 & 2 \\ 0 & 2 & 3 \end{pmatrix}.$$

因为$|\boldsymbol{A}-\lambda\boldsymbol{E}|=\begin{vmatrix} 2-\lambda & 0 & 0 \\ 0 & 3-\lambda & 2 \\ 0 & 2 & 3-\lambda \end{vmatrix}=(2-\lambda)(5-\lambda)(1-\lambda)$.

所以$\boldsymbol{A}$的特征值为$\lambda_1=2,\lambda_2=5,\lambda_3=1$. 由定理11知该二次型是正定的.

例 3 设二次型$f(x_1,x_2,x_3)=x_1^2+4x_2^2+2x_3^2+2tx_1x_2+2x_1x_3$是正定的,求$t$的取值范围.

解 二次型的矩阵$\boldsymbol{A}=\begin{pmatrix} 1 & t & 1 \\ t & 4 & 0 \\ 1 & 0 & 2 \end{pmatrix}$,因为$\boldsymbol{A}$为正定矩阵,故可得

$$a_{11}=1>0,\quad \begin{vmatrix} 1 & t \\ t & 4 \end{vmatrix}=4-t^2>0,\quad |\boldsymbol{A}|=4-2t^2>0.$$

于是得到方程组$\begin{cases} t^2<4 \\ t^2<2 \end{cases}$,解得$-\sqrt{2}<t<\sqrt{2}$.

例4 证明:若 $\boldsymbol{A}$ 是正定矩阵,则 $\boldsymbol{A}^{-1}$ 也是正定矩阵.

证 由于 $\boldsymbol{A}$ 是正定矩阵,所以 $\boldsymbol{A}$ 为对称矩阵,于是 $\boldsymbol{A}^{-1}$ 也是对称矩阵. 又由于 $\boldsymbol{A}$ 是正定的,所以存在正交矩阵 $\boldsymbol{P}$,使得

$$\boldsymbol{P}^{\mathrm{T}}\boldsymbol{A}\boldsymbol{P}=\begin{pmatrix}\lambda_1 & 0 & \cdots & 0\\ 0 & \lambda_2 & \cdots & 0\\ \vdots & \vdots & & \vdots\\ 0 & 0 & \cdots & \lambda_n\end{pmatrix},$$

其中 $\lambda_1,\lambda_2,\cdots,\lambda_n$ 全大于零.

由于 $\boldsymbol{P}^{\mathrm{T}}=\boldsymbol{P}^{-1}$,所以 $(\boldsymbol{P}^{\mathrm{T}}\boldsymbol{A}\boldsymbol{P})^{-1}=\boldsymbol{P}^{-1}\boldsymbol{A}^{-1}(\boldsymbol{P}^{\mathrm{T}})^{-1}=\boldsymbol{P}^{\mathrm{T}}\boldsymbol{A}^{-1}\boldsymbol{P}$,于是

$$\boldsymbol{P}^{\mathrm{T}}\boldsymbol{A}^{-1}\boldsymbol{P}=\begin{pmatrix}\lambda_1^{-1} & 0 & \cdots & 0\\ 0 & \lambda_2^{-1} & \cdots & 0\\ \vdots & \vdots & & \vdots\\ 0 & 0 & \cdots & \lambda_n^{-1}\end{pmatrix}.$$

易知,$\lambda_1^{-1},\lambda_2^{-1},\cdots,\lambda_n^{-1}$ 也全大于零,所以 $\boldsymbol{A}^{-1}$ 也是正定的.

习 题 5.3

1. n 阶实对称矩阵 $\boldsymbol{A}$ 合同于矩阵 $\boldsymbol{B}$ 的充分必要条件是( ).

①$\mathrm{r}(\boldsymbol{A})=r(\boldsymbol{B})$　　②$\boldsymbol{A}$ 与 $\boldsymbol{B}$ 的正惯性指数相等

③$\boldsymbol{A}$ 与 $\boldsymbol{B}$ 均为正定矩阵　　④$\boldsymbol{B}$ 是实对称矩阵

A. ①　　B. ④　　C. ①且②　　D. ③

2. 设 $\boldsymbol{A}=\begin{pmatrix}2 & -1 & -1\\ -1 & 2 & -1\\ -1 & -1 & 2\end{pmatrix}$,$\boldsymbol{B}=\begin{pmatrix}1 & 0 & 0\\ 0 & 1 & 0\\ 0 & 0 & 0\end{pmatrix}$,则 $\boldsymbol{A}$ 与 $\boldsymbol{B}$( ).

A. 合同且相似　　B. 合同但不相似

C. 合同但不相似　　D. 既不合同,也不相似

3. 判别下列二次型的正定性:

(1) $f=6x_1^2+5x_2^2+7x_3^2-4x_1x_2+4x_1x_3$;

(2) $f=-2x_1^2-6x_2^2-4x_3^2+2x_1x_2+2x_1x_3$;

(3) $f=x_1^2+3x_2^2+9x_3^2+19x_4^2-2x_1x_2+4x_1x_3+2x_1x_4-6x_2x_4-12x_3x_4$.

4. 设 $f=x_1^2+x_2^2+5x_3^2+2ax_1x_2-2x_1x_3+4x_2x_3$ 为正定二次型,求 a 的取值范围.

5. 试证:若 $\boldsymbol{A}$ 是正定矩阵,则伴随矩阵 $\boldsymbol{A}^*$ 也是正定矩阵.

6. 试证:若 $\boldsymbol{A},\boldsymbol{B}$ 是 n 阶正定矩阵,则 $\boldsymbol{A}+\boldsymbol{B}$ 也是正定矩阵.

7. 试证:设有任一 n 阶可逆矩阵 $\boldsymbol{A}$,则 $\boldsymbol{A}^{\mathrm{T}}\boldsymbol{A}$ 是正定矩阵.

内 容 精 要

1. 基本概念

(1) 二次型、二次型的矩阵、二次型的秩、标准形、规范形;

(2) 可逆变换、正交变换、合同、合同变换;

(3) 正惯性指数、负惯性指数、符号差、正定二次型、负定二次型、正定矩阵、k阶主子式、k阶顺序主子式.

2. 主要结论

(1) 二次型与对称矩阵一一对应.

(2) 任意二次型都可以经过可逆变换化为标准形,标准形不唯一,与作的可逆变换无关.

(3) 任意二次型都可以经过可逆变换化为规范形,规范形唯一,与作的可逆变换无关,且正惯性指数与负惯性指数之和为二次型的秩.

(4) 对任意一实对称矩阵$\boldsymbol{A}$,存在可逆矩阵$\boldsymbol{C}$,使得$\boldsymbol{B}=\boldsymbol{C}^{\mathrm{T}}\boldsymbol{A}\boldsymbol{C}$为对角矩阵. 即任一实对称矩阵都与一个对角矩阵合同.

(5) 任给二次型$f=\boldsymbol{x}^{\mathrm{T}}\boldsymbol{A}\boldsymbol{x}$,总有正交变换$\boldsymbol{x}=\boldsymbol{P}\boldsymbol{y}$(即$\boldsymbol{P}$为正交矩阵),使二次型$f$化为标准形$f=\lambda_1y_1^2+\lambda_2y_2^2+\cdots+\lambda_ny_n^2$,其中$\lambda_1,\lambda_2,\cdots,\lambda_n$是$f$的矩阵$\boldsymbol{A}$的特征值.

(6) 可逆线性变换不改变二次型的正负惯性指数、秩、正定性等.

(7) 设$\boldsymbol{A}$为n阶实对称矩阵,则下列命题等价:

① $\boldsymbol{A}$是正定矩阵.

② $\boldsymbol{x}^{\mathrm{T}}\boldsymbol{A}\boldsymbol{x}$的正惯性指数$p=n$.

③ $\boldsymbol{A}$的顺序主子式大于0.

④ $\boldsymbol{A}$的所有主子式大于0.

⑤ $\boldsymbol{A}$合同于单位矩阵$\boldsymbol{E}$.

⑥ $\boldsymbol{A}$的特征值全大于0.

⑦ 存在可逆矩阵$\boldsymbol{P}$,使得$\boldsymbol{A}=\boldsymbol{P}^{\mathrm{T}}\boldsymbol{P}$.

(8) 正定矩阵的性质.

① 若$\boldsymbol{A}$为正定矩阵,则$|\boldsymbol{A}|>0$,$\boldsymbol{A}$为可逆对称矩阵.

② 若$\boldsymbol{A}$为正定矩阵,则$\boldsymbol{A}$的主对角线上的元素$a_{ii}>0$.

③ 若$\boldsymbol{A}$为正定矩阵,则$\boldsymbol{A}^{-1},\boldsymbol{A}^*,\boldsymbol{A}^m$($m$为正整数),$k\boldsymbol{A}$($k>0$为实数)均为正定矩阵.

④ 若$\boldsymbol{A},\boldsymbol{B}$为$n$阶正定矩阵,则$\boldsymbol{A}+\boldsymbol{B}$也是正定矩阵.

3. 基本方法

(1) 化二次型为标准形:

① 配方法.

a. 若二次型含有x_i的平方项,则先把含有x_i的乘积项集中,然后配方,再对其余的变量重复上述过程直到所有变量都配方成平方项为止,经过可逆线性变换,就得标准形.

b. 若二次型中不含有平方项,但是$a_{ij}\neq0(i\neq j)$,则先作可逆变换$x_i=y_i-y_j,x_i=y_i+y_j$,$x_k=y_k(k=1,2,\cdots,n$且$k\neq i,j)$化二次型为含有平方项的二次型,然后按照a.中的方法配方.

② 初等变换法.

对矩阵$\begin{pmatrix}\boldsymbol{A}\\\boldsymbol{E}\end{pmatrix}$施以相应于右乘$\boldsymbol{P}_1\boldsymbol{P}_2,\cdots,\boldsymbol{P}_s$的初等列变换,再对$\boldsymbol{A}$施以相应于左乘$\boldsymbol{P}_1^{\mathrm{T}}\boldsymbol{P}_2^{\mathrm{T}}\cdots\boldsymbol{P}_s^{\mathrm{T}}$的初等行变换,则矩阵$\boldsymbol{A}$变成对角矩阵$\boldsymbol{B}$,而单位矩阵$\boldsymbol{E}$就变为可逆矩阵$\boldsymbol{C}$,则

$f=\boldsymbol{x}^{\mathrm{T}}\boldsymbol{A}\boldsymbol{x}$经过可逆线性变换 $\boldsymbol{x}=\boldsymbol{C}\boldsymbol{y}$ 化为标准形 $\boldsymbol{y}^{\mathrm{T}}\boldsymbol{B}\boldsymbol{y}$,其中 $\boldsymbol{B}=\boldsymbol{C}^{\mathrm{T}}\boldsymbol{A}\boldsymbol{C}$ 为对角矩阵.

③ 正交法.

a. 先求出二次型矩阵 $\boldsymbol{A}$ 的全部特征值,设 $\lambda_1,\lambda_2,\cdots\lambda_r$ 是 $\boldsymbol{A}$ 的全部不同特征值,设 λ_i 是 n_i 重根.

b. 对于每一个 λ_i,由齐次线性方程组$(\boldsymbol{A}-\lambda\boldsymbol{E})\boldsymbol{x}=\boldsymbol{0}$,求得一个基础解系.

c. 把属于同一特征值的特征向量正交化,然后把全部向量单位化.

d. 把正交单位化后的向量按列组成正交矩阵 $\boldsymbol{C}$,则标准形为 $\boldsymbol{y}^{\mathrm{T}}\boldsymbol{C}^{\mathrm{T}}\boldsymbol{A}\boldsymbol{C}\boldsymbol{y}$,且平方项前的系数恰好是 $\boldsymbol{A}$ 的特征值.

(2) 二次型正定性的判定:

① 定义法;

② 正惯性指数法;

③ 特征值法;

④ 顺序主子式法.

复习题一

1. 二次型 $f(x_1,x_2,x_3)=x_1^2+x_2^2+tx_3^2+6x_1x_2+4x_1x_3+2x_2x_3$,若其秩为 2,则 t 为________.

2. 二次型 $f(x_1,x_2,x_3)=x_1^2-x_2^2+3x_3^2$ 的秩为________,正惯性指数为________,负惯性指数________.

3. 用配方法将二次型 $f(x_1,x_2,x_3)=x_1^2+x_2^2+3x_3^2+4x_1x_2+2x_1x_3+2x_2x_3$ 化为标准形.

4. 用初等变换法将二次型 $f(x_1,x_2,x_3)=x_1x_2+2x_1x_3+4x_2x_3$ 化为标准形.

5. 用正交变换化二次型 $f(x_1,x_2,x_3)=5x_1^2+5x_2^2+3x_3^2-2x_1x_2+6x_1x_3-6x_2x_3$ 为标准形.

6. 证明:如果 $\boldsymbol{A}$ 满足 $\boldsymbol{A}^2+6\boldsymbol{A}+8\boldsymbol{E}=0$,且 $\boldsymbol{A}^{\mathrm{T}}=\boldsymbol{A}$,则 $\boldsymbol{A}+3\boldsymbol{E}$ 为正交矩阵.

7. 判定二次型 $f(x_1,x_2,x_3)=2x_1^2+5x_2^2+5x_3^2+4x_1x_2-4x_1x_3-8x_2x_3$ 的正定性.

8. 设 $f(x_1,x_2,x_3)=t(x_1^2+x_2^2+x_3^2)+2x_1x_2+2x_1x_3-2x_2x_3$ 为正定二次型,求 t 的取值范围.

9. 设 $\boldsymbol{A}$ 是实反对称矩阵,证明 $\boldsymbol{E}-\boldsymbol{A}^2$ 是正定矩阵.

10. 设 $\boldsymbol{A}$ 是 n 阶正定矩阵,$\boldsymbol{E}$ 是 n 阶单位矩阵,证明 $|\boldsymbol{A}+\boldsymbol{E}|>1$.

复习题二

1. 已知实二次型 $f(x_1,x_2,x_3)=a(x_1^2+x_2^2+x_3^2)+4x_1x_2+4x_1x_3+4x_2x_3$ 经过正交变换 $\boldsymbol{x}=\boldsymbol{P}\boldsymbol{y}$ 可化为标准形 $f=6y_1^2$,求 a.

2. 设二次型 $f(x_1,x_2,x_3)=ax_1^2+ax_2^2+(a-1)x_3^2+2x_1x_3-2x_2x_3$.

(1) 求二次型 f 的矩阵的所有特征值;

(2) 若二次型 f 的规范形为 $y_1^2+y_2^2$,求 a 的值.

3. 若二次曲面的方程 $x^2+3y^2+z^2+2axy+2xz+2yz=4$ 经过正交变换化为 $y_1^2+4z_1^2=4$,则求 a 的取值.

4. 已知二次型 $f(x_1,x_2,x_3)=5x_1^2+5x_2^2+cx_3^2-2x_1x_2+6x_1x_3-6x_2x_3$ 的秩为 2.

(1)求参数 c 及此二次型对应矩阵的特征值;

(2)指出方程 $f(x_1,x_2,x_3)=1$ 表示何种二次曲面.

5. 已知二次型 $f(x_1,x_2,x_3)=\boldsymbol{x}^{\mathrm{T}}\boldsymbol{A}\boldsymbol{x}$ 在正交变换 $\boldsymbol{x}=\boldsymbol{Q}\boldsymbol{y}$ 下的标准形为 $y_1^2+y_2^2$,且 $\boldsymbol{Q}$ 的第三列为 $\left(\dfrac{\sqrt{2}}{2},0,\dfrac{\sqrt{2}}{2}\right)^{\mathrm{T}}$.

(1)求矩阵 $\boldsymbol{A}$;

(2)证明 $\boldsymbol{A}+\boldsymbol{E}$ 为正定矩阵,其中 $\boldsymbol{E}$ 为三阶单位矩阵.

6. 设 $\boldsymbol{A}$ 为 m 阶实对称矩阵,$\boldsymbol{B}$ 为 $m\times n$ 实矩阵,$\boldsymbol{B}^{\mathrm{T}}$ 为 $\boldsymbol{B}$ 的转置矩阵,试证:$\boldsymbol{B}^{\mathrm{T}}\boldsymbol{A}\boldsymbol{B}$ 为正定矩阵的充分必要条件是 $\boldsymbol{B}$ 的秩 $R(\boldsymbol{B})=n$.

7. 设 $\boldsymbol{A}$ 为 $m\times n$ 实矩阵,$\boldsymbol{E}$ 为 n 阶单位矩阵,已知矩阵 $\boldsymbol{B}=\lambda\boldsymbol{E}+\boldsymbol{A}^{\mathrm{T}}\boldsymbol{A}$,试证:当 $\lambda>0$ 时,矩阵 $\boldsymbol{B}$ 为正定矩阵.

8. 设有 n 元实二次型

$$f(x_1,x_2,\cdots,x_n)=(x_1+a_1x_2)^2+(x_2+a_2x_3)^2+\cdots+(x_{n-1}+a_{n-1}x_n)^2+(x_n+a_nx_1)^2,$$

其中,$a_i(i=1,2,\cdots,n)$ 为实数.试问:当 $a_1,a_2,\cdots,a_n$ 满足何种条件时,二次型 $f(x_1,x_2,\cdots,x_n)$ 为正定二次型.

9. 设矩阵 $\boldsymbol{A}=\begin{pmatrix}1&0&1\\0&2&0\\1&0&1\end{pmatrix}$,矩阵 $\boldsymbol{B}=(k\boldsymbol{E}+\boldsymbol{A})^2$,其中 k 为实数,$\boldsymbol{E}$ 为单位矩阵.求对角矩阵 $\boldsymbol{P}$,使得 $\boldsymbol{B}$ 与 $\boldsymbol{P}$ 相似,并求 k 为何值时,$\boldsymbol{B}$ 为正定矩阵.

10. 设 $\boldsymbol{D}=\begin{pmatrix}\boldsymbol{A}&\boldsymbol{C}\\\boldsymbol{C}^{\mathrm{T}}&\boldsymbol{B}\end{pmatrix}$ 为正定矩阵,其中 $\boldsymbol{A},\boldsymbol{B}$ 分别为 m 阶,n 阶对称矩阵,$\boldsymbol{C}$ 为 $m\times n$ 矩阵.

(1)计算 $\boldsymbol{P}^{\mathrm{T}}\boldsymbol{D}\boldsymbol{P}$,其中 $\boldsymbol{P}=\begin{pmatrix}\boldsymbol{E}_m&-\boldsymbol{A}^{-1}\boldsymbol{C}\\\boldsymbol{O}&\boldsymbol{E}_n\end{pmatrix}$;

(2)利用(1)的结果判断矩阵 $\boldsymbol{B}-\boldsymbol{C}^{\mathrm{T}}\boldsymbol{A}^{-1}\boldsymbol{C}$ 是否为正定矩阵,并证明.

第6章※ 线性空间与线性变换

本章给出了线性空间、线性变换的概念和性质.线性空间是一类事物从量方面的一个抽象,用来研究事物单个和总体的性质.而线性变换则反映了线性空间元素间的联系,是其最简单也最基本的一种联系.从某种角度说,线性代数就是研究线性空间、线性变换的一门学科.通过本章的学习,我们可以站在更高的角度来审视前面几章的内容,也有助于培养理工科学生数学抽象思维能力.

本章首先学习线性空间的概念、性质、基变换和坐标变换以及线性子空间的有关概念;再进一步给出线性变换的基本概念、运算及矩阵表示.

6.1 线性空间的基本概念

6.1.1 线性空间的定义和性质

引例 由 n 维实有序数组作为元素的 n 维向量空间 $\mathbf{R}^n$,对于任意向量

$$\boldsymbol{\alpha}=(a_1,a_2,\cdots,a_n)^{\mathrm{T}},\quad \boldsymbol{\beta}=(b_1,b_2,\cdots,b_n)^{\mathrm{T}},$$

定义:

向量加法运算:$\boldsymbol{\alpha}+\boldsymbol{\beta}=(a_1+b_1,a_1+b_2,\cdots,a_n+b_n)^{\mathrm{T}}\in\mathbf{R}^n$,

数乘运算:对任意常数 $k\in\mathbf{R}$,$k\boldsymbol{\alpha}=(ka_1,ka_2,\cdots,ka_n)^{\mathrm{T}}\in\mathbf{R}^n$,

显然,$\mathbf{R}^n$ 中任意两个向量的和仍在 $\mathbf{R}^n$ 中,数 k 与 $\mathbf{R}^n$ 中任意向量的数乘积也仍在 $\mathbf{R}^n$ 中,并且加法满足交换律、结合律,数乘满足分配律、结合律等.

注意:若考虑由 n 维复有序数组作为元素的 n 维向量空间 $\mathbf{C}^n$,常数 k 也选择在复数域内,也有上述性质.

在数学和力学中还有大量这样的集合,它们都具备上述性质.当然,随着对象不同,运算定义方式也不同,但都可将一个称为加法,另一个称为数乘.

下面我们用数学抽象思维的方式,不考虑具体的对象只抓住其共同点,给出线性空间的概念.

定义1 设 V 一个非空集合,P 是一个数域,在 V 的元素之间定义一种加法运算,即对任意 $\boldsymbol{\alpha},\boldsymbol{\beta}\in V$,都有 $\boldsymbol{\alpha}+\boldsymbol{\beta}\in V$;在数域 P 和集合 V 的元素之间定义一种数量乘法,即对任意常数 $k\in P$和任意的 $\boldsymbol{\alpha}\in V$,都有 $k\boldsymbol{\alpha}\in V$,称集合 V 关于上述两种运算封闭.若加法和数量乘法满足以下八个规律:

(1)加法满足交换律:$\boldsymbol{\alpha}+\boldsymbol{\beta}=\boldsymbol{\beta}+\boldsymbol{\alpha}$;

(2)加法满足结合律:$(\boldsymbol{\alpha}+\boldsymbol{\beta})+\boldsymbol{\gamma}=\boldsymbol{\alpha}+(\boldsymbol{\beta}+\boldsymbol{\gamma})$;

(3)V中存在零元素:即存在$\mathbf{0}\in V$,使得对任意$\boldsymbol{\alpha}\in V$都有,$\mathbf{0}+\boldsymbol{\alpha}=\boldsymbol{\alpha}$;

(4)V中每元有负元素:对任意$\boldsymbol{\alpha}\in V$,都存在$\boldsymbol{\beta}\in V$,使得:$\boldsymbol{\alpha}+\boldsymbol{\beta}=\mathbf{0}$;

(5)$1\boldsymbol{\alpha}=\boldsymbol{\alpha}$;

(6)$k(\boldsymbol{\alpha}+\boldsymbol{\beta})=k\boldsymbol{\alpha}+k\boldsymbol{\beta}$;

(7)$(k+l)\boldsymbol{\alpha}=k\boldsymbol{\alpha}+l\boldsymbol{\alpha}$;

(8)$k(l\boldsymbol{\alpha})=(kl)\boldsymbol{\alpha}$.

其中,k,l是数域P中的任意常数,$\boldsymbol{\alpha},\boldsymbol{\beta},\boldsymbol{\gamma}$是集合$V$中的任意元素.则称$V$为数域$P$上的线性空间.

注意:

(1) 满足以上八条规律的加法和数乘运算称为集合V上的**线性运算**.

(2) 线性空间的元素一般仍称为**向量**,线性空间称为**向量空间**,但此处向量的含义比空间中向量的含义要广泛得多.仍沿用小写希腊字母$\boldsymbol{\alpha},\boldsymbol{\beta},\boldsymbol{\gamma},\cdots$代表线性空间中的元素,$a,b,c,\cdots$代表数域中的数.

(3) 定义中加法和数乘运算随着集合的不同可有不同的定义方式.

例1 分量属于数域P的全体n元有序数组按照向量的加法和数与向量的数乘运算构成数域P上的一个线性空间,用P^n来表示.如$\mathbf{R}^n$,$\mathbf{C}^n$.

例2 所有的正数集合$\mathbf{R}_+$,按照如下定义的加法$a\oplus b=ab$,数乘$ka=a^k$.构成实数域上的一个线性空间.

例3 元素属于数域P上的所有$m\times n$矩阵,按照矩阵的加法和矩阵与数的数量乘法,构成数域P上的线性空间.

例4 全体实函数、全体实连续函数,按照函数的加法和数与函数的数量乘法,均构成实数域上的线性空间.

例5 次数不超过n的多项式全体

$$P[x]_n=\{a_nx^n+a_{n-1}x^{n-1}+\cdots+a_1x+a_0 \mid a_n,a_{n-1},\cdots,a_0\in\mathbf{R}\},$$

按照通常定义的多项式加法和数乘运算构成线性空间.当然也存在一些集合不构成线性空间.

例6 n次多项式全体

$$Q[x]_n=\{a_nx^n+a_{n-1}x^{n-1}+\cdots+a_1x+a_0 \mid a_n,a_{n-1},\cdots,a_0\in\mathbf{R},a_n\neq 0\}$$

对于多项式加法和数乘多项式的数乘运算不构成线性空间.

注意:可以验证关于数乘运算不封闭.

上面介绍了线性空间的概念,下面我们根据定义来介绍线性空间的性质.

性质1 零元素是唯一的.

证 假设V中有零元$\mathbf{0}_1$和$\mathbf{0}_2$,由定义$\mathbf{0}_1=\mathbf{0}_1+\mathbf{0}_2=\mathbf{0}_2$,所以零元素是唯一的.

性质2 任意元素的负元素是唯一的.

证 假设$\boldsymbol{\alpha}$有两个负元素,分别记为$\boldsymbol{\beta},\boldsymbol{\gamma}$,由定义有$\boldsymbol{\alpha}+\boldsymbol{\beta}=\mathbf{0}$,$\boldsymbol{\alpha}+\boldsymbol{\gamma}=\mathbf{0}$,下证$\boldsymbol{\beta}=\boldsymbol{\gamma}$,

显然$\boldsymbol{\beta}=\boldsymbol{\beta}+0=\boldsymbol{\beta}+(\boldsymbol{\alpha}+\boldsymbol{\gamma})=(\boldsymbol{\beta}+\boldsymbol{\alpha})+\boldsymbol{\gamma}=\mathbf{0}+\boldsymbol{\gamma}=\boldsymbol{\gamma}$.

性质3 $0\alpha=\mathbf{0}$;$k\mathbf{0}=\mathbf{0}$;$(-1)\boldsymbol{\alpha}=-\boldsymbol{\alpha}$;

证 因为$\boldsymbol{\alpha}+0\boldsymbol{\alpha}=1\boldsymbol{\alpha}+0\boldsymbol{\alpha}=(1+0)\boldsymbol{\alpha}=\boldsymbol{\alpha}$,所以$0\boldsymbol{\alpha}=\mathbf{0}$;

$k\mathbf{0}=k(\mathbf{0}\boldsymbol{\alpha})=(k\mathbf{0})\boldsymbol{\alpha}=\mathbf{0}\boldsymbol{\alpha}=\mathbf{0}$;

因为 $\boldsymbol{\alpha}+(-1)\boldsymbol{\alpha}=1\boldsymbol{\alpha}+(-1)\boldsymbol{\alpha}=(1-1)\boldsymbol{\alpha}=\mathbf{0}\boldsymbol{\alpha}=0$，所以 $(-1)\boldsymbol{\alpha}=-\boldsymbol{\alpha}$.

性质 4 $k\boldsymbol{\alpha}=\mathbf{0}\Leftrightarrow k=0$ 或 $\boldsymbol{\alpha}=\mathbf{0}$.

证 “$\Leftarrow$”显然成立.

“$\Rightarrow$”假设 $k\neq 0$，$\boldsymbol{\alpha}=1\boldsymbol{\alpha}=k^{-1}k\boldsymbol{\alpha}=k^{-1}\mathbf{0}=\mathbf{0}$.

6.1.2 线性子空间

引例 空间几何中三维向量按照向量的加法和数乘的定义，构成了实数域上的线性空间. 可以验证空间中任意过原点的平面上的向量，按照相同的加法和数乘运算也构成了一个实数域上的线性空间，而平面上的向量是空间向量的一个子集合.

由此我们给出：

定义 2 数域 P 上的线性空间 V 的一个非空子集合 L，对于 V 的加法及数乘两种运算也构成一个线性空间，则称 L 为 V 的**子空间**.

显然，线性空间 V 的只有零元构成的子集合，也构成 V 的一个子空间，称为**零子空间**，V 自身也是 V 的一个子空间，这两个子空间称为 V 的**平凡子空间**，其他子空间称为**非平凡子空间**.

下面我们给出 V 的非空子集满足什么条件才能成为子空间.

定理 1 数域 P 上的线性空间 V 的非空子集 L 构成 V 的子空间的充分必要条件是非空子集 L 关于线性空间 V 上定义的两种运算具有封闭性. 即：

(1) 如果 $\boldsymbol{\alpha},\boldsymbol{\beta}\in L$，那么 $\boldsymbol{\alpha}+\boldsymbol{\beta}\in L$；

(2) 如果 $\boldsymbol{\alpha}\in L$，$k\in P$，那么 $k\boldsymbol{\alpha}\in L$.

证 必要性显然.

充分性. L 的两种运算即是 V 的两种运算，V 本身构成线性空间，所以 L 满足线性空间定义中的规律(1)、(2)、(5)、(6)、(7)、(8).

只需验证(3)、(4).

又因为 L 非空，所以对 $\boldsymbol{\alpha}\in L$，$0\boldsymbol{\alpha}=\mathbf{0}\in L$，即 L 中有零元素，于是，线性空间的定义中条件(3)也满足.

再对任意 $\boldsymbol{\alpha}\in L$，有 $(-1)\boldsymbol{\alpha}=-\boldsymbol{\alpha}\in L$，即 L 中每元有负元素，所以，线性空间定义中的条件(4)也成立.

这就证明了 L 是 V 的子空间.

注意：充要条件中关于两种运算的两个条件可以用以下一个线性条件代替，即对任意 $\boldsymbol{\alpha},\boldsymbol{\beta}\in L$ 和任意常数 k,l，都有 $k\boldsymbol{\alpha}+l\boldsymbol{\beta}\in L$.

例 7 所有的实函数构成线性空间，那么所有的实连续函数形成它的一个子空间.

例 8 V 是所有二阶矩阵构成的线性空间，那么所有形如 $\begin{pmatrix} a & b \\ 0 & 0 \end{pmatrix}$ 的矩阵构成它的子空间.

同样所有形如 $\begin{pmatrix} a & 0 \\ b & 0 \end{pmatrix}$ 的矩阵也构成 V 的子空间.

6.1.3 基、坐标、维数

引例 在 $\mathbf{R}^n$ 中，由第 3 章向量极大无关组的知识可知，可以找到 n 个线性无关的向量，并且其余向量都可由这 n 个线性无关的向量线性表示，称为极大无关组.

实质上是给出了向量空间的结构情况. 由此想到，一般线性空间除零空间外，都有无穷多个向量,能否把这无穷多个向量通过有限个向量表示出来？如何表示？

一般线性空间中有如下定义：

定义 3 如果在线性空间 V 中有 n 个向量 $\boldsymbol{\alpha}_1,\boldsymbol{\alpha}_2,\cdots,\boldsymbol{\alpha}_n$ 满足：

(1)线性无关；

(2)V 中的任意向量 $\boldsymbol{\alpha}$ 可由 $\boldsymbol{\alpha}_1,\boldsymbol{\alpha}_2,\cdots,\boldsymbol{\alpha}_n$ 线性表示,即

$$\boldsymbol{\alpha}=k_1\boldsymbol{\alpha}_1+k_2\boldsymbol{\alpha}_2+\cdots+k_n\boldsymbol{\alpha}_n,$$

其中,系数由 $\boldsymbol{\alpha}$ 和 $\boldsymbol{\alpha}_1,\boldsymbol{\alpha}_2,\cdots,\boldsymbol{\alpha}_n$ 唯一确定,则称 $\boldsymbol{\alpha}_1,\boldsymbol{\alpha}_2,\cdots,\boldsymbol{\alpha}_n$ 是 V 的一组**基**,n 称为 V 的**维数**,V 称为 n 维**线性空间**,并称为**有限维线性空间**. 系数 $k_1,k_2,\cdots,k_n$ 称为 $\boldsymbol{\alpha}$ 在基 $\boldsymbol{\alpha}_1,\boldsymbol{\alpha}_2,\cdots,\boldsymbol{\alpha}_n$ 下的**坐标**,记作 $(k_1,k_2,\cdots,k_n)^{\mathrm{T}}$.

如果在 V 中这样的 n 个向量不存在,而是有任意多个线性无关的向量,那么 V 就称为**无限维线性空间**.

注意：

(1) 无限维空间与有限维空间存在较大区别,本书中只研究有限维空间.

(2) 零空间只有一个零向量,故没有线性无关的向量,所以它没有基,因此我们规定:零空间的维数是零.

例 9 $\mathbf{R}^n$ 是 n 维线性空间.

取一组向量 $\boldsymbol{\varepsilon}_1=(1,0,\cdots,0)^{\mathrm{T}},\boldsymbol{\varepsilon}_2=(0,1,\cdots,0)^{\mathrm{T}},\cdots,\boldsymbol{\varepsilon}_n=(0,0,\cdots,1)^{\mathrm{T}}$,任意向量

$$\boldsymbol{\alpha}=(a_1,a_2,\cdots,a_n)^{\mathrm{T}}=a_1\boldsymbol{\varepsilon}_1+a_2\boldsymbol{\varepsilon}_2+\cdots+a_n\boldsymbol{\varepsilon}_n.$$

显然,$\boldsymbol{\varepsilon}_1,\boldsymbol{\varepsilon}_2,\cdots,\boldsymbol{\varepsilon}_n$ 是 $\mathbf{R}^n$ 的一组基. $(a_1,a_2,\cdots,a_n)^{\mathrm{T}}$ 是这组基下的坐标.

可以验证 $\boldsymbol{\varepsilon}_1'=(1,1,\cdots,1)^{\mathrm{T}},\boldsymbol{\varepsilon}_2'=(0,1,\cdots,1)^{\mathrm{T}},\cdots,\boldsymbol{\varepsilon}_n'=(1,1,\cdots,1)^{\mathrm{T}}$ 也是它的一组基,任意向量

$\boldsymbol{\alpha}=(a_1,a_2,\cdots,a_n)^{\mathrm{T}}=a_1\boldsymbol{\varepsilon}_1'+(a_2-a_1)\boldsymbol{\varepsilon}_2'+\cdots+(a_n-a_{n-1})\boldsymbol{\varepsilon}_n'$,$(a_1,a_2-a_1,\cdots,a_n-a_{n-1})^{\mathrm{T}}$ 即是这组基下的坐标.

注意:由例 9 看出,一个线性空间的维数是唯一的,基是不唯一的,坐标与基是相关的.

一般地,若 $\boldsymbol{\alpha}_1,\boldsymbol{\alpha}_2,\cdots,\boldsymbol{\alpha}_n$ 为 V 的一组基,则对任意的 $k_1,k_2,\cdots,k_n\neq 0$,$k_1\boldsymbol{\alpha}_1,k_2\boldsymbol{\alpha}_2,\cdots,k_n\boldsymbol{\alpha}_n$ 也是 V 的一个基,所以**非零的有限维线性空间有无穷多组基**.

例 10 容易验证所有 $m\times n$ 矩阵的全体对于通常矩阵的加法及数量乘法构成一个线性空间,记作 $\mathbf{R}_{m\times n}$. 若令 $\boldsymbol{E}_{ij}$ 是第 i 行第 j 列处的元素是 1,其他各元素都是零的 $m\times n$ 矩阵,容易证明这 $m\times n$ 个矩阵 $\boldsymbol{E}_{ij}(i=1,2,\cdots,m;j=1,2,\cdots,n)$ 线性无关,并且任意 $m\times n$ 矩阵 $\boldsymbol{A}=(a_{ij})_{mn}$ 可以写成

$$\boldsymbol{A}=\sum_{i=1}^{m}\sum_{j=1}^{n}a_{ij}\boldsymbol{E}_{ij}.$$

也就是说,$\boldsymbol{A}=(a_{ij})_{mn}$ 是 $m\times n$ 个矩阵 $\boldsymbol{E}_{ij}(i=1,2,\cdots,m;j=1,2,\cdots,n)$ 的线性组合,所以这 $m\times n$ 个矩阵 $\boldsymbol{E}_{ij}(i=1,2,\cdots,m;j=1,2,\cdots,n)$ 是线性空间 $\mathbf{R}_{m\times n}$ 的一组基. 因此 $\mathbf{R}_{m\times n}$ 是 $m\times n$ 维线性空间.

例 11 n 元齐次线性方程组的全部解向量构成一个线性空间,称为解空间. 方程组的基础解系就是解空间的基,r 为系数矩阵的秩,$n-r$ 就为解空间的维数.

例 12 如果把复数 $\mathbf{C}$ 看成自身上的线性空间,1 就是它的一个一维的基,但如果看成实数域上的线性空间, 1,i 构成了它的一个二维的基. 由此看出,**维数和数域有关**.

例 13　所有关于 x 的实系数多项式的全体，记为 $\mathbf{R}[x]$，对于通常定义的多项式的加法及数乘运算构成一个线性空间，可以看出 $\mathbf{R}[x]$ 是无限维线性空间．

例 14　在向量空间 $\mathbf{R}^3$ 中，求向量 $\boldsymbol{\alpha}=(1,2,1)^{\mathrm{T}}$ 在基 $\boldsymbol{\alpha}_1=(1,1,1)^{\mathrm{T}}$，$\boldsymbol{\alpha}_2=(1,1,-1)^{\mathrm{T}}$，$\boldsymbol{\alpha}_3=(1,-1,-1)^{\mathrm{T}}$ 下的坐标．

解　设所求的坐标是 $(x_1,x_2,x_3)^{\mathrm{T}}$，那么

$$\boldsymbol{\alpha}=x_1\boldsymbol{\alpha}_1+x_2\boldsymbol{\alpha}_2+x_3\boldsymbol{\alpha}_3,$$

即

$$(1,2,1)^{\mathrm{T}}=(x_1+x_2+x_3,x_1+x_2-x_3,x_1-x_2-x_3)^{\mathrm{T}}.$$

于是有

$$\begin{cases}x_1+x_2+x_3=1\\x_1+x_2-x_3=2,\\x_1-x_2-x_3=1\end{cases}$$

解得 $x_1=1,x_2=\dfrac{1}{2},x_3=-\dfrac{1}{2}$，则所求坐标是 $\left(1,\dfrac{1}{2},\dfrac{1}{2}\right)^{\mathrm{T}}$.

6.1.4　子空间的维数及生成的子空间

显然 V 的子空间 L 的维数不大于 V 的维数，若 L 的维数与 V 的维数相等，则 $L=V$.

定义 4　在 n 维线性空间 V 中，任取 r 个向量 $\boldsymbol{\alpha}_1,\boldsymbol{\alpha}_2,\cdots,\boldsymbol{\alpha}_r$，由这组向量的所有线性组合组成的集合关于这两种运算封闭，是 V 的一个子空间，称为由 $\alpha_1,\alpha_2,\cdots,\alpha_r$ 生成的**线性子空间**．记作

$$L(\boldsymbol{\alpha}_1,\boldsymbol{\alpha}_2,\cdots,\boldsymbol{\alpha}_r)=\{k_1\boldsymbol{\alpha}_1+k_2\boldsymbol{\alpha}_2+\cdots+k_r\boldsymbol{\alpha}_r\}.$$

注意：V 可看作由它的一组基生成的空间．

关于子空间有两个常用的结论．

定理 2　两个向量组生成形同子空间的充要条件是两个向量组等价．向量组的秩就是它的维数．

定理 3　子空间的基，一定可以扩充为整个空间的基．

6.1.5　线性空间同构

引例　线性空间 V 中有一组基 $\boldsymbol{\alpha}_1,\boldsymbol{\alpha}_2,\cdots,\boldsymbol{\alpha}_n$，由定义，任意向量 $\boldsymbol{\alpha}\in V$ 可由基 $\boldsymbol{\alpha}_1,\boldsymbol{\alpha}_2,\cdots,\boldsymbol{\alpha}_n$ 线性表示，即 $\boldsymbol{\alpha}=k_1\boldsymbol{\alpha}_1+k_2\boldsymbol{\alpha}_2+\cdots+k_n\boldsymbol{\alpha}_n$，并且坐标是唯一，记作 $(k_1,k_2,\cdots,k_n)^{\mathrm{T}}$，是 $\mathbf{R}^n$ 中的一个向量．

反过来，任给 $\mathbf{R}^n$ 中的一个向量 $(k_1,k_2,\cdots,k_n)^{\mathrm{T}}$，

$$\boldsymbol{\alpha}=k_1\boldsymbol{\alpha}_1+k_2\boldsymbol{\alpha}_2+\cdots+k_n\boldsymbol{\alpha}_n\in V,$$

向量与坐标的对应可看作线性空间 V 到数域 $\mathbf{R}^n$ 上的一个映射，这个映射是一一对应的，并且可以验证：

若 $\boldsymbol{\alpha},\boldsymbol{\beta}$ 的坐标 $(a_1,a_2,\cdots,a_n)^{\mathrm{T}}$，$(b_1,b_2,\cdots,b_n)^{\mathrm{T}}$，$\boldsymbol{\alpha}+\boldsymbol{\beta}$，$k\boldsymbol{\alpha}$ 的坐标分别为 $(a_1+b_1,a_2+b_2,\cdots,a_n+b_n)^{\mathrm{T}}$，$(ka_1,ka_2,\cdots,ka_n)^{\mathrm{T}}$，称之为**保线性运算**．

线性空间中的向量是抽象的，由引例可知，可以建立它与数的意义对应关系，这样就可以

用比较具体的数学式来表达．而且对线性空间上的线性运算也是保持的．

定义 5 设 U,V 是实数域上的两个线性空间，如果它们的元素之间有一一对应关系，并且这个对应关系保持线性运算的对应关系．则称两个线性空间是同构的．

注意：

(1) 同构作为线性运算之间的关系，具有对称性，自反性，传递性．

(2) 数域 P 上的任一个 n 维线性空间都与 P^n 同构．由此维数是有限维线性空间的唯一本质特征．

在线性空间的讨论中，并没有考虑线性空间的具体元素是什么，也没有考虑其中的运算是怎样定义的，而只考虑这些运算的代数性质，而同构的空间有相同的运算性质，这样就可以将抽象的线性空间用数的形式来表示．即向量的线性运算可以转化为坐标的线性运算．所以，在 n 元数组构成的向量空间中关于运算的一些结论，都可以推广到一般的线性空间上．

习　题　6.1

1. 判别下列集合对于所给运算是否构成实数域上的线性空间：

(1) 所有 n 阶实对称阵，按照矩阵加法和数乘运算；

(2) 微分方程 $y''-3y'+2=0$ 的全部解，按照函数的加法和数和函数的乘法；

(3) 微分方程 $y''-3y'+2=2x$ 的全部解，按照函数的加法和数和函数的乘法；

(4) 与向量 $(0,0,1)$ 不平行的全体三维实向量，按照向量的加法和数乘运算．

2. 判别下列集合能否构成 $\mathbf{R}^3$ 的子空间：

(1) 形如 $(a,b,a+2)$ 的向量全体；

(2) 形如 $(a,b,0)$ 的向量全体；

(3) 形如 (a,b,c) 且 $a+b+c=0$ 的向量全体；

(4) 形如 (a,b,c) 且 $a+b+c=1$ 的向量全体．

3. 求出齐次线性方程组 $\begin{cases}x_1+3x_2+3x_3+2x_4-x_5=0\\2x_1+6x_2+9x_3+5x_4+4x_5=0\\-x_1-3x_2+3x_3+x_4+13x_5=0\\-3x_3+x_4-6x_5=0\end{cases}$ 的解空间的一组基和维数．

4. 设 $\boldsymbol{\alpha}_1=(1,0,2,5,4)^{\mathrm{T}}$，$\boldsymbol{\alpha}_2=(3,1,-2,1,0)^{\mathrm{T}}$，是 $\mathbf{R}^5$ 的两个线性无关的向量，将其扩充为 $\mathbf{R}^5$ 的一组基．

6.2　基变换与坐标变换

上节例 9 说明线性空间 V 中同一向量在不同的基下有不同的坐标，那么随着基的变化，坐标又是怎样变化的呢？本节将讨论这一问题．

6.2.1　过渡矩阵

首先考察两组基之间的关系．

定义 6 设 $\boldsymbol{\alpha}_1,\boldsymbol{\alpha}_2,\cdots,\boldsymbol{\alpha}_n$ 及 $\boldsymbol{\beta}_1,\boldsymbol{\beta}_2,\cdots,\boldsymbol{\beta}_n$ 是线性空间 V 的两个基,且有

$$\begin{cases}\boldsymbol{\beta}_1=p_{11}\boldsymbol{\alpha}_1+p_{21}\boldsymbol{\alpha}_2+\cdots+p_{n1}\boldsymbol{\alpha}_n\\ \boldsymbol{\beta}_2=p_{12}\boldsymbol{\alpha}_1+p_{22}\boldsymbol{\alpha}_2+\cdots+p_{n2}\boldsymbol{\alpha}_n\\ \cdots\cdots\cdots\cdots\\ \boldsymbol{\beta}_n=p_{1n}\boldsymbol{\alpha}_1+p_{2n}\boldsymbol{\alpha}_2+\cdots+p_{nn}\boldsymbol{\alpha}_n\end{cases}, \tag{6.2.1}$$

利用矩阵的形式,式(6.2.1)可表示为

$$\begin{pmatrix}\boldsymbol{\beta}_1\\ \boldsymbol{\beta}_2\\ \vdots\\ \boldsymbol{\beta}_n\end{pmatrix}=\begin{pmatrix}p_{11}&p_{21}&\cdots&p_{n1}\\ p_{12}&p_{22}&\cdots&p_{n2}\\ \vdots&\vdots&&\vdots\\ p_{1n}&p_{2n}&\cdots&p_{nn}\end{pmatrix}\begin{pmatrix}\boldsymbol{\alpha}_1\\ \boldsymbol{\alpha}_2\\ \vdots\\ \boldsymbol{\alpha}_n\end{pmatrix}=\boldsymbol{P}^{\mathrm{T}}\begin{pmatrix}\boldsymbol{\alpha}_1\\ \boldsymbol{\alpha}_2\\ \vdots\\ \boldsymbol{\alpha}_n\end{pmatrix},$$

或

$$(\boldsymbol{\beta}_1,\boldsymbol{\beta}_2,\cdots,\boldsymbol{\beta}_n)=(\boldsymbol{\alpha}_1,\boldsymbol{\alpha}_2,\cdots,\boldsymbol{\alpha}_n)\boldsymbol{P}. \tag{6.2.2}$$

式(6.2.1)或式(6.2.2)称为基变换公式,其中 n 阶方阵

$$\boldsymbol{P}=\begin{pmatrix}p_{11}&p_{12}&\cdots&p_{1n}\\ p_{21}&p_{22}&\cdots&p_{2n}\\ \vdots&\vdots&&\vdots\\ p_{n1}&p_{n2}&\cdots&p_{nn}\end{pmatrix}$$

称为由基 $\boldsymbol{\alpha}_1,\boldsymbol{\alpha}_2,\cdots,\boldsymbol{\alpha}_n$ 到基 $\boldsymbol{\beta}_1,\boldsymbol{\beta}_2,\cdots,\boldsymbol{\beta}_n$ 的**过渡矩阵**.

注意:由于 $\boldsymbol{\beta}_1,\boldsymbol{\beta}_2,\cdots,\boldsymbol{\beta}_n$ 线性无关,所以过渡矩阵 $\boldsymbol{P}$ 是可逆的.

6.2.2 坐标变换公式

下面考虑利用基变换公式给出坐标变换间的关系.

定理 4 设 V 中的向量 $\boldsymbol{\alpha}$ 在基 $\boldsymbol{\alpha}_1,\boldsymbol{\alpha}_2,\cdots,\boldsymbol{\alpha}_n$ 下的坐标为 $(x_1,x_2,\cdots,x_n)^{\mathrm{T}}$,在基 $\boldsymbol{\beta}_1,\boldsymbol{\beta}_2,\cdots,\boldsymbol{\beta}_n$ 下的坐标为 $(x_1',x_2',\cdots,x_n')^{\mathrm{T}}$. 若两个基满足关系式(6.2.2),则有

$$\begin{pmatrix}x_1\\ x_2\\ \vdots\\ x_n\end{pmatrix}=\boldsymbol{P}\begin{pmatrix}x_1'\\ x_2'\\ \vdots\\ x_n'\end{pmatrix},\quad 或\quad \begin{pmatrix}x_1'\\ x_2'\\ \vdots\\ x_n'\end{pmatrix}=\boldsymbol{P}^{-1}\begin{pmatrix}x_1\\ x_2\\ \vdots\\ x_n\end{pmatrix}. \tag{6.2.3}$$

证 因为

$$(\boldsymbol{\alpha}_1,\boldsymbol{\alpha}_2,\cdots,\boldsymbol{\alpha}_n)\begin{pmatrix}x_1\\ x_2\\ \vdots\\ x_n\end{pmatrix}=\boldsymbol{\alpha}=(\boldsymbol{\beta}_1,\boldsymbol{\beta}_2,\cdots,\boldsymbol{\beta}_n)\begin{pmatrix}x_1'\\ x_2'\\ \vdots\\ x_n'\end{pmatrix}=(\boldsymbol{\alpha}_1,\boldsymbol{\alpha}_2,\cdots,\boldsymbol{\alpha}_n)P\begin{pmatrix}x_1'\\ x_2'\\ \vdots\\ x_n'\end{pmatrix}.$$

由于 $\boldsymbol{\alpha}_1,\boldsymbol{\alpha}_2,\cdots,\boldsymbol{\alpha}_n$ 线性无关,故有关系式(6.2.3)成立.

值得注意的是,定理 4 的逆命题也成立,即若任一向量的两种坐标满足坐标变换公式(6.2.3),则两个基满足基变换公式(6.2.2).

例 在 $P[x]_3$ 中取两组基：

$$\boldsymbol{\alpha}_1=x^3+2x^2-x,\boldsymbol{\alpha}_2=x^3-x^2+x+1,\boldsymbol{\alpha}_3=-x^3+2x^2+x+1,\boldsymbol{\alpha}_4=-x^3-x^2+1;$$

$$\boldsymbol{\beta}_1=2x^3+x^2+1,\boldsymbol{\beta}_2=x^2+2x+2,\boldsymbol{\beta}_3=-2x^3+x^2+x+2,\boldsymbol{\beta}_4=x^3+3x^2+x+2.$$

求由基 $\boldsymbol{\alpha}_1,\boldsymbol{\alpha}_2,\boldsymbol{\alpha}_3,\boldsymbol{\alpha}_4$ 到基 $\boldsymbol{\beta}_1,\boldsymbol{\beta}_2,\boldsymbol{\beta}_3,\boldsymbol{\beta}_4$ 的过渡矩阵及坐标变换公式.

解 首先分别将 $\boldsymbol{\alpha}_1,\boldsymbol{\alpha}_2,\boldsymbol{\alpha}_3,\boldsymbol{\alpha}_4$ 和 $\boldsymbol{\beta}_1,\boldsymbol{\beta}_2,\boldsymbol{\beta}_3,\boldsymbol{\beta}_4$ 都用基 $x^3,x^2,x,1$ 来表示：

$$(\boldsymbol{\alpha}_1,\boldsymbol{\alpha}_2,\boldsymbol{\alpha}_3,\boldsymbol{\alpha}_4)=(x^3,x^2,x,1)\boldsymbol{A},$$

$$(\boldsymbol{\beta}_1,\boldsymbol{\beta}_2,\boldsymbol{\beta}_3,\boldsymbol{\beta}_4)=(x^3,x^2,x,1)\boldsymbol{B},$$

则

$$\boldsymbol{A}=\begin{pmatrix}1&1&-1&-1\\2&-1&2&-1\\-1&1&1&0\\0&1&1&1\end{pmatrix},\quad \boldsymbol{B}=\begin{pmatrix}2&0&-2&1\\1&1&1&3\\0&2&1&1\\1&2&2&2\end{pmatrix}.$$

于是有

$$(x^3,x^2,x,1)=(\boldsymbol{\alpha}_1,\boldsymbol{\alpha}_2,\boldsymbol{\alpha}_3,\boldsymbol{\alpha}_4)\boldsymbol{A}^{-1},$$

则

$$(\boldsymbol{\beta}_1,\boldsymbol{\beta}_2,\boldsymbol{\beta}_3,\boldsymbol{\beta}_4)=(\boldsymbol{\alpha}_1,\boldsymbol{\alpha}_2,\boldsymbol{\alpha}_3,\boldsymbol{\alpha}_4)\boldsymbol{A}^{-1}\boldsymbol{B},$$

则 $\boldsymbol{A}^{-1}\boldsymbol{B}$ 为基 $\boldsymbol{\alpha}_1,\boldsymbol{\alpha}_2,\boldsymbol{\alpha}_3,\boldsymbol{\alpha}_4$ 到基 $\boldsymbol{\beta}_1,\boldsymbol{\beta}_2,\boldsymbol{\beta}_3,\boldsymbol{\beta}_4$ 的过渡矩阵.

故坐标变换公式为

$$\begin{pmatrix}x_1'\\x_2'\\x_3'\\x_4'\end{pmatrix}=\boldsymbol{B}^{-1}\boldsymbol{A}\begin{pmatrix}x_1\\x_2\\x_3\\x_4\end{pmatrix}.$$

用矩阵的初等行变换求 $\boldsymbol{B}^{-1}\boldsymbol{A}$：

对矩阵 $(\boldsymbol{B}\,\vdots\,\boldsymbol{A})$ 只施行初等行变换，将其中的 $\boldsymbol{B}$ 变成 $\boldsymbol{E}$，则 $\boldsymbol{A}$ 即变成 $\boldsymbol{B}^{-1}\boldsymbol{A}$，计算如下：

$$(\boldsymbol{B}\,\vdots\,\boldsymbol{A})=\left(\begin{array}{cccc:cccc}2&0&-2&1&1&1&-1&-1\\1&1&1&3&2&-1&2&-1\\0&2&1&1&-1&1&1&0\\1&2&2&2&0&1&1&1\end{array}\right)$$

$$\xrightarrow[r_4-r_2]{r_1-2r_2}\left(\begin{array}{cccc:cccc}0&-2&-4&-5&-3&3&-5&1\\1&1&1&3&2&-1&2&-1\\0&2&1&1&-1&1&1&0\\0&1&1&-1&-2&2&-1&2\end{array}\right)$$

$$\xrightarrow[r_3-2r_4]{\substack{r_1+2r_4\\r_2-r_4}}\left(\begin{array}{cccc:cccc}0&0&-2&-7&-7&7&-7&5\\1&0&0&4&4&-3&3&-3\\0&0&-1&3&3&-3&3&-4\\1&1&-1&-2&-2&2&-1&2\end{array}\right)$$

$$\xrightarrow[r_4+r_3]{r_1-2r_3}\left(\begin{array}{cccc:cccc}0&0&0&-13&-13&13&-13&13\\1&0&0&4&4&-3&3&-3\\0&0&-1&3&3&-3&3&-4\\0&1&0&-2&1&-1&2&-2\end{array}\right)$$

$$\xrightarrow[\substack{r_2-4r_1\\ r_3-3r_1\\ r_4-2r_1}]{r_1\times(-\frac{1}{13})}\left(\begin{array}{cccc:cccc}0&0&0&1&1&-1&1&-1\\1&0&0&0&0&1&-1&1\\0&0&-1&0&0&0&0&-1\\0&1&0&0&-1&1&0&0\end{array}\right)$$

$$\xrightarrow[r_2\leftrightarrow r_4]{\substack{r_1\leftrightarrow r_2\\ r_3\times(-1)}}\left(\begin{array}{cccc:cccc}1&0&0&0&0&1&-1&1\\0&1&0&0&-1&1&0&0\\0&0&1&0&0&0&0&1\\0&0&0&1&1&-1&1&-1\end{array}\right),$$

即得

$$\boldsymbol{B}^{-1}\boldsymbol{A}=\begin{pmatrix}0&1&-1&1\\-1&1&0&0\\0&0&0&1\\1&-1&1&-1\end{pmatrix},$$

从而

$$\begin{pmatrix}x_1'\\x_2'\\x_3'\\x_4'\end{pmatrix}=\begin{pmatrix}0&1&-1&1\\-1&1&0&0\\0&0&0&1\\1&-1&1&-1\end{pmatrix}\begin{pmatrix}x_1\\x_2\\x_3\\x_4\end{pmatrix}.$$

习 题 6.2

1. 在 $\mathbf{R}^3$ 中,取两组基 $\boldsymbol{\alpha}_1=(1,0,1)^{\mathrm{T}},\boldsymbol{\alpha}_2=(0,1,0)^{\mathrm{T}},\boldsymbol{\alpha}_3=(0,0,1)^{\mathrm{T}},\boldsymbol{\beta}_1=(1,0,0)^{\mathrm{T}},\boldsymbol{\beta}_2=(0,1,0)^{\mathrm{T}},\boldsymbol{\beta}_3=(0,0,1)^{\mathrm{T}}$,试求由基 $\boldsymbol{\alpha}_1,\boldsymbol{\alpha}_2,\boldsymbol{\alpha}_3$,到基 $\boldsymbol{\beta}_1,\boldsymbol{\beta}_2,\boldsymbol{\beta}_3$ 的过渡矩阵.

2. 在 $\mathbf{R}^4$ 中,取两组基

$$\begin{cases}\boldsymbol{\varepsilon}_1=(1,0,0,0)^{\mathrm{T}}\\\boldsymbol{\varepsilon}_2=(0,1,0,0)^{\mathrm{T}}\\\boldsymbol{\varepsilon}_3=(0,0,1,0)^{\mathrm{T}}\\\boldsymbol{\varepsilon}_4=(0,0,0,1)^{\mathrm{T}}\end{cases}\text{和}\begin{cases}\boldsymbol{\alpha}_1=(2,1,-1,1)^{\mathrm{T}}\\\boldsymbol{\alpha}_2=(0,3,1,0)^{\mathrm{T}}\\\boldsymbol{\alpha}_3=(5,3,2,1)^{\mathrm{T}}\\\boldsymbol{\alpha}_4=(6,6,1,3)^{\mathrm{T}}\end{cases}.$$

(1) 求由前一组基到后一组基的过渡矩阵;

(2) 求向量 $(x_1,x_2,x_3,x_4)^{\mathrm{T}}$ 在后一组基下的坐标;

(3) 求在两组基下有相同的坐标的向量.

6.3 线 性 变 换

线性空间中事物之间的联系反映为线性空间的映射,线性空间到自身的映射称为**变换**.线性变换是其中最简单、最重要的一种.本节主要介绍线性变换的基本概念,讨论它的基本性质.

6.3.1 线性变换的定义与例子

定义 7 设 T 是数域 P 上的线性空间 V 上的一个变换,如果变换 T 满足:

(1)任给 $\boldsymbol{\alpha}_1,\boldsymbol{\alpha}_2\in V$,都有 $T(\boldsymbol{\alpha}_1+\boldsymbol{\alpha}_2)=T(\boldsymbol{\alpha}_1)+T(\boldsymbol{\alpha}_2)$;

(2)任给 $\boldsymbol{\alpha}\in V,k\in P$,都有 $T(k\boldsymbol{\alpha})=kT(\boldsymbol{\alpha})$,

则称 T 为 V 上的一个**线性变换**.

简言之,线性变换就是保持线性运算对应的变换.

例 1 可以验证线性空间的恒等变换 $E(\boldsymbol{\alpha})=\boldsymbol{\alpha},\boldsymbol{\alpha}\in V$,

零变换 $O(\boldsymbol{\alpha})=\mathbf{0},\boldsymbol{\alpha}\in V$,

数乘变换 $K(\boldsymbol{\alpha})=k\boldsymbol{\alpha},\boldsymbol{\alpha}\in V$,

均是其上的线性变换.

例 2 设有 n 阶方阵

$$\boldsymbol{A}=\begin{pmatrix}a_{11}&a_{21}&\cdots&a_{n1}\\a_{12}&a_{22}&\cdots&a_{n2}\\\vdots&\vdots&&\vdots\\a_{1n}&a_{2n}&\cdots&a_{nn}\end{pmatrix}=(\boldsymbol{\alpha}_1,\boldsymbol{\alpha}_2,\cdots,\boldsymbol{\alpha}_n),$$

其中

$$\boldsymbol{\alpha}_i=\begin{pmatrix}a_{1i}\\a_{2i}\\\vdots\\a_{ni}\end{pmatrix},\quad i=(1,2,\cdots,n).$$

定义 $\mathbf{R}^n$ 中的变换为:$T(x)=\boldsymbol{A}\boldsymbol{x}$,则 T 为 $\mathbf{R}^n$ 中的线性变换.

证 设 $a,b\in\mathbf{R}^n$,则

$$T(a+b)=\boldsymbol{A}(a+b)=\boldsymbol{A}a+\boldsymbol{A}b=T(a)+T(b),$$

$$T(ka)=\boldsymbol{A}(ka)=k\boldsymbol{A}(a)=kT(a)$$

显然 T 是 $\mathbf{R}^n$ 中的变换,故 T 是 $\mathbf{R}^n$ 中的线性变换.

例 3 在线性空间 $P[x]_3$ 中取

$$p(x)=a_3x^3+a_2x^2+a_1x+a_0,$$

$$q(x)=b_3x^3+b_2x^2+b_1x+b_0.$$

(1) 微分运算 D:$\mathrm{D}(p(x))=p'(x)$是一个线性变换.

(2) 如果 $T(p(x))=a_0$,那么 T 是一个线性变换.

(3) 如果 $T(p(x))=1$,那么 T 是一个变换,但不是线性变换.

证 (1) 因

$$\mathrm{D}p=3a_3x^2+2a_2x+a_1,$$

$$\mathrm{D}q=3b_3x^2+2b_2x+b_1,$$

则

$$\begin{aligned}\mathrm{D}(p+q)&=\mathrm{D}[(a_3+b_3)x^3+(a_2+b_2)x^2+(a_1+b_1)x+(a_0+b_0)]\\&=3(a_3+b_3)x^2+2(a_2+b_2)x+(a_1+b_1)\\&=(3a_3x^2+2a_2x+a_1)+(3b_3x^2+2b_2x+b_1)=\mathrm{D}p+\mathrm{D}q,\end{aligned}$$

$$D(kp)=D[k(a_3x^3+a_2x^2+a_1x+a_0)]=kDp,$$

所以 D 是一个线性变换 .

（2）因
$$T(p+q)=a_0+b_0=T(p)+T(q),$$
$$T(kp)=ka_0=kT(p),$$

所以 T 是一个线性变换 .

（3）因 $T(p+q)=1$ 而 $T(p)+T(q)=1+1=2$，故 $T(p+q)\neq T(p)+T(q)$，所以 T 不是线性变换 .

6.3.2 线性变换的基本性质

从定义可推出线性空间中的线性变换具有下述基本性质：

（1）$T(\mathbf{0})=\mathbf{0}$，$T(-\boldsymbol{\alpha})=-T(\boldsymbol{\alpha})$；

（2）若 $\boldsymbol{\beta}=k_1\boldsymbol{\alpha}_1+k_2\boldsymbol{\alpha}_2+\cdots+k_n\boldsymbol{\alpha}_n$，则有 $T\boldsymbol{\beta}=k_1T\boldsymbol{\alpha}_1+k_2T\boldsymbol{\alpha}_2+\cdots+k_nT\boldsymbol{\alpha}_n$；

（3）若 $\boldsymbol{\alpha}_1,\boldsymbol{\alpha}_2,\cdots,\boldsymbol{\alpha}_n$ 线性相关，则 $T\boldsymbol{\alpha}_1,T\boldsymbol{\alpha}_2,\cdots,T\boldsymbol{\alpha}_n$ 也线性相关；

（4）线性变换 T 的象集 $T(V_n)$ 是一个线性空间，称为线性变换 T 的**像空间**；

（5）使 $T\boldsymbol{\alpha}=\mathbf{0}$ 的 $\boldsymbol{\alpha}$ 的全体：$S_T=\{\boldsymbol{\alpha}\mid\boldsymbol{\alpha}\in V_n,T\boldsymbol{\alpha}=\mathbf{0}\}$ 是 V_n 的子空间 . S_T 称为线性变换 T 的**核** .

证（1）对于 $T(V_n)$ 中的任一向量 $\boldsymbol{\beta}=T(\boldsymbol{\alpha})$，

$$\boldsymbol{\beta}+T(\mathbf{0})=T(\boldsymbol{\alpha})+T(\mathbf{0})=T(\boldsymbol{\alpha}+\mathbf{0})=T(\boldsymbol{\alpha})=\boldsymbol{\beta},$$

故由线性空间中零向量的唯一性有：$T(\mathbf{0})=\mathbf{0}$.

$$T(-\boldsymbol{\alpha})=T[(-1)\boldsymbol{\alpha}]=(-1)T(\boldsymbol{\alpha})=-T(\boldsymbol{\alpha}).$$

（2）由线性变换的定义可知，命题显然成立 .

（3）若 $\boldsymbol{\alpha}_1,\boldsymbol{\alpha}_2,\cdots,\boldsymbol{\alpha}_n$ 线性相关，则存在一组不全为零的数 $k_1,k_2,\cdots,k_n$，使得

$$k_1\boldsymbol{\alpha}_1+k_2\boldsymbol{\alpha}_2+\cdots+k_n\boldsymbol{\alpha}_n=\mathbf{0}.$$

将上式两边实施线性变换 T，则有

$$T(k_1\boldsymbol{\alpha}_1+k_2\boldsymbol{\alpha}_2+\cdots+k_n\boldsymbol{\alpha}_n)=T(\mathbf{0})=\mathbf{0}.$$

即有 $k_1T\boldsymbol{\alpha}_1+k_2T\boldsymbol{\alpha}_2+\cdots+k_nT\boldsymbol{\alpha}_n=\mathbf{0}$，$k_1T(\boldsymbol{\alpha}_1)+k_2T(\boldsymbol{\alpha}_2)+\cdots+k_mT(\boldsymbol{\alpha}_m)=\mathbf{0}$ 所以 $T\boldsymbol{\alpha}_1,T\boldsymbol{\alpha}_2,\cdots,T\boldsymbol{\alpha}_n$ 线性相关 .

注意：值得指出的是，性质（3）的逆不成立，例如 $1,x$ 是 $P[x]_n$ 中的两个线性无关的向量，但在线性变换 D 下（例 3），$D(1)=0$，$D(x)=1$ 则是线性相关的 . 即若 $\boldsymbol{\alpha}_1,\boldsymbol{\alpha}_2,\cdots,\boldsymbol{\alpha}_n$ 线性无关，但 $T\boldsymbol{\alpha}_1,T\boldsymbol{\alpha}_2,\cdots,T\boldsymbol{\alpha}_n$ 不一定线性无关 .

（4）设 $\boldsymbol{\beta}_1,\boldsymbol{\beta}_2\in T(V_n)$，则有 $\boldsymbol{\alpha}_1,\boldsymbol{\alpha}_2\in V_n$，使 $T\boldsymbol{\alpha}_1=\boldsymbol{\beta}_1$，$T\boldsymbol{\alpha}_2=\boldsymbol{\beta}_2$，从而

$$\boldsymbol{\beta}_1+\boldsymbol{\beta}_2=T\boldsymbol{\alpha}_1+T\boldsymbol{\alpha}_2=T(\boldsymbol{\alpha}_1+\boldsymbol{\alpha}_2)\in T(V_n),$$
$$k\boldsymbol{\beta}_1=kT\boldsymbol{\alpha}_1=T(k\boldsymbol{\alpha}_1)\in T(V_n),$$

而 $T(V_n)\subset V_n$ 故 $T(V_n)$ 是 V_n 的子空间 .

（5）显然 $S_T\subset V_n$，且，若 $\boldsymbol{\alpha}_1,\boldsymbol{\alpha}_2\in S_T$，即 $T\boldsymbol{\alpha}_1=\mathbf{0}$，$T\boldsymbol{\alpha}_2=\mathbf{0}$，则有

$$T(\boldsymbol{\alpha}_1+\boldsymbol{\alpha}_2)=T\boldsymbol{\alpha}_1+T\boldsymbol{\alpha}_2=\mathbf{0},$$

所以 $\boldsymbol{\alpha}_1+\boldsymbol{\alpha}_2\in S_T$.

而 $T(k\boldsymbol{\alpha}_1)=kT\boldsymbol{\alpha}_1=k\mathbf{0}=\mathbf{0}$,所以 $k\boldsymbol{\alpha}_1\in S_T$.

所以 S_T 是 V_n 的子空间.

6.3.3 线性变换矩阵的定义与例子

引例 设 V 是数域 $\mathbf{R}$ 上的 n 维线性空间,$\boldsymbol{\varepsilon}_1,\boldsymbol{\varepsilon}_2,\cdots,\boldsymbol{\varepsilon}_n$ 是它的一组基,空间中任意向量 $\boldsymbol{\alpha}$ 可以被基 $\boldsymbol{\varepsilon}_1,\boldsymbol{\varepsilon}_2,\cdots,\boldsymbol{\varepsilon}_n$ 线性表出,即有关系式

$$\boldsymbol{\alpha}=x_1\boldsymbol{\varepsilon}_1+x_2\boldsymbol{\varepsilon}_2+\cdots+x_n\boldsymbol{\varepsilon}_n.$$

设 T 为线性空间 V 上的一个线性变换,则

$$T\boldsymbol{\alpha}=x_1T\boldsymbol{\varepsilon}_1+x_2T\boldsymbol{\varepsilon}_2+\cdots+x_nT\boldsymbol{\varepsilon}_n.$$

由此,如果知道了线性空间一组基的像,则可以得到线性空间内任意元素的像.

若有两个线性变换,在同一组基上作用相同,即

$$T\boldsymbol{\varepsilon}_i=D\boldsymbol{\varepsilon}_i\quad(i=1,2,\cdots,n).$$

则

$$\begin{aligned}T\boldsymbol{\alpha}&=\boldsymbol{x}_1T\boldsymbol{\varepsilon}_1+x_2T\boldsymbol{\varepsilon}_2+\cdots+x_nT\boldsymbol{\varepsilon}_n\\&=x_1\mathrm{D}\boldsymbol{\varepsilon}_1+x_2\mathrm{D}\boldsymbol{\varepsilon}_2+\cdots+x_n\mathrm{D}\boldsymbol{\varepsilon}_n\\&=\mathrm{D}(x_1\boldsymbol{\varepsilon}_1+x_2\boldsymbol{\varepsilon}_2+\cdots+x_n\boldsymbol{\varepsilon}_n)=\mathrm{D}\boldsymbol{\alpha},\end{aligned}$$

可得到两个线性变换相同.

由此,线性变换完全由它在一组基上的作用所决定. 反过来,任给 V 中一组向量 $\boldsymbol{\alpha}_1,\boldsymbol{\alpha}_2,\cdots,\boldsymbol{\alpha}_n$,一定可以找到一个线性变换 $\boldsymbol{A}$ 使得 $\boldsymbol{A}\boldsymbol{\varepsilon}_i=\boldsymbol{\alpha}_i(i=1,2,\cdots,n)$. 任给 $\boldsymbol{\alpha}=x_1\boldsymbol{\varepsilon}_1+x_2\boldsymbol{\varepsilon}_2+\cdots+x_n\boldsymbol{\varepsilon}_n$,定义 $\boldsymbol{A}\boldsymbol{\alpha}=x_1\boldsymbol{\alpha}_1+x_2\boldsymbol{\alpha}_2+\cdots+x_n\boldsymbol{\alpha}_n$,可以验证 $\boldsymbol{A}$ 是一个线性变换,并且满足 $\boldsymbol{A}\boldsymbol{\varepsilon}_i=\boldsymbol{\alpha}_i,i=1,2,\cdots,n$.

综上所述可知:

定理 5 设 $\boldsymbol{\varepsilon}_1,\boldsymbol{\varepsilon}_2,\cdots,\boldsymbol{\varepsilon}_n$ 是线性空间 V 的一组基,$\boldsymbol{\alpha}_1,\boldsymbol{\alpha}_2,\cdots,\boldsymbol{\alpha}_n$ 是 V 中任一组向量,则一定存在唯一的线性变换 $\boldsymbol{A}\boldsymbol{\varepsilon}_i=\boldsymbol{\alpha}_i,i=1,2,\cdots,n$.

下面建立线性变换与矩阵的关系.

定义 8 设 T 是线性空间 V_n 中的线性变换,在 V_n 中取定一组基 $\boldsymbol{\varepsilon}_1,\boldsymbol{\varepsilon}_2,\cdots,\boldsymbol{\varepsilon}_n$,如果这组基在变换 T 下的象用这组基线性表示为

$$\begin{cases}T(\boldsymbol{\varepsilon}_1)=a_{11}\boldsymbol{\varepsilon}_1+a_{21}\boldsymbol{\varepsilon}_2+\cdots+a_{n1}\boldsymbol{\varepsilon}_n\\T(\boldsymbol{\varepsilon}_2)=a_{12}\boldsymbol{\varepsilon}_1+a_{22}\boldsymbol{\varepsilon}_2+\cdots+a_{n2}\boldsymbol{\varepsilon}_n\\\qquad\cdots\cdots\cdots\cdots\\T(\boldsymbol{\varepsilon}_n)=a_{1n}\boldsymbol{\varepsilon}_1+a_{2n}\boldsymbol{\varepsilon}_2+\cdots+a_{nn}\boldsymbol{\varepsilon}_n\end{cases}.$$

记 $T(\boldsymbol{\varepsilon}_1,\boldsymbol{\varepsilon}_2,\cdots,\boldsymbol{\varepsilon}_n)=(T\boldsymbol{\varepsilon}_1,T\boldsymbol{\varepsilon}_2,\cdots,T\boldsymbol{\varepsilon}_n)$,上式可表示为

$$T(\boldsymbol{\varepsilon}_1,\boldsymbol{\varepsilon}_2,\cdots,\boldsymbol{\varepsilon}_n)=(\boldsymbol{\varepsilon}_1,\boldsymbol{\varepsilon}_2,\cdots,\boldsymbol{\varepsilon}_n)\boldsymbol{A},\tag{6.3.1}$$

其中

$$\boldsymbol{A}=\begin{pmatrix}a_{11}&a_{12}&\cdots&a_{1n}\\a_{21}&a_{22}&\cdots&a_{2n}\\\vdots&\vdots&&\vdots\\a_{n1}&a_{n2}&\cdots&a_{nn}\end{pmatrix}\tag{6.3.2}$$

称 $\boldsymbol{A}$ 为线性变换 T 在基 $\boldsymbol{\varepsilon}_1,\boldsymbol{\varepsilon}_2,\cdots,\boldsymbol{\varepsilon}_n$ 下的**矩阵**.

利用线性变换的矩阵可以计算任一向量的像.

定理 6　设线性变换 T 在基 $\boldsymbol{\varepsilon}_1,\boldsymbol{\varepsilon}_2,\cdots,\boldsymbol{\varepsilon}_n$ 下的矩阵为 $\boldsymbol{A}$,向量 $\boldsymbol{\alpha}$ 在基下的坐标为$(x_1,x_2,\cdots,x_n)$,$T\boldsymbol{\alpha}$ 在基 $\boldsymbol{\varepsilon}_1,\boldsymbol{\varepsilon}_2,\cdots,\boldsymbol{\varepsilon}_n$ 下的坐标为$(y_1,y_2,\cdots,y_n)$,则有

$$\begin{pmatrix} y_1 \\ y_2 \\ \vdots \\ y_n \end{pmatrix} = \boldsymbol{A}\begin{pmatrix} x_1 \\ x_2 \\ \vdots \\ x_n \end{pmatrix}.$$

证　由假设 $\boldsymbol{\alpha}=(\boldsymbol{\varepsilon}_1,\boldsymbol{\varepsilon}_2,\cdots,\boldsymbol{\varepsilon}_n)\begin{pmatrix} x_1 \\ x_2 \\ \vdots \\ x_n \end{pmatrix}$,则

$$T\boldsymbol{\alpha}=(T\boldsymbol{\varepsilon}_1,T\boldsymbol{\varepsilon}_2,\cdots,T\boldsymbol{\varepsilon}_n)\begin{pmatrix} x_1 \\ x_2 \\ \vdots \\ x_n \end{pmatrix}=(\boldsymbol{\varepsilon}_1,\boldsymbol{\varepsilon}_2,\cdots,\boldsymbol{\varepsilon}_n)\boldsymbol{A}\begin{pmatrix} x_1 \\ x_2 \\ \vdots \\ x_n \end{pmatrix}.$$

又由假设 $T\boldsymbol{\alpha}=(\boldsymbol{\varepsilon}_1,\boldsymbol{\varepsilon}_2,\cdots,\boldsymbol{\varepsilon}_n)\begin{pmatrix} y_1 \\ y_2 \\ \vdots \\ y_n \end{pmatrix}$,由基的线性无关性,可得$\begin{pmatrix} y_1 \\ y_2 \\ \vdots \\ y_n \end{pmatrix}=\boldsymbol{A}\begin{pmatrix} x_1 \\ x_2 \\ \vdots \\ x_n \end{pmatrix}$.

由定义 8 和定理 5 表明,在 V_n 中取定一个基以后,由线性变换 T 可唯一地确定一个矩阵 $\boldsymbol{A}$,反过来,由一个矩阵 $\boldsymbol{A}$ 也可唯一地确定一个线性变换 T,这样,在线性变换与矩阵之间就有一一对应的关系.

如果我们将 $\boldsymbol{\alpha}$ 和 $T(\boldsymbol{\alpha})$都用坐标形式表示:

$$\boldsymbol{\alpha}=\begin{pmatrix} x_1 \\ x_2 \\ \vdots \\ x_n \end{pmatrix},\quad T\boldsymbol{\alpha}=\boldsymbol{A}\begin{pmatrix} x_1 \\ x_2 \\ \vdots \\ x_n \end{pmatrix},$$

即有

$$T(\boldsymbol{\alpha})=\boldsymbol{A}\boldsymbol{\alpha}.$$

例 5　在 $P[x]_3$ 中,取基

$$p_1=x^3,\quad p_2=x^2,\quad p_3=x,\quad p_4=1,$$

求微分运算 D 关于该基的矩阵.

解　因为

$$\begin{cases} \mathrm{D}p_1=3x^2=0p_1+3p_2+0p_3+0p_4 \\ \mathrm{D}p_2=2x=0p_1+0p_2+2p_3+0p_4 \\ \mathrm{D}p_3=1=0p_1+0p_2+0p_3+1p_4 \\ \mathrm{D}p_4=0=0p_1+0p_2+0p_3+0p_4 \end{cases},$$

所以 D 在这个基下的矩阵为

$$A=\begin{pmatrix}0&0&0&0\\3&0&0&0\\0&2&0&0\\0&0&1&0\end{pmatrix}.$$

例6 在 $\mathbf{R}^3$ 中,T 表示将向量投影到 xOy 平面的线性变换,即

$$T(x\boldsymbol{i}+y\boldsymbol{j}+z\boldsymbol{k})=x\boldsymbol{i}+y\boldsymbol{j}.$$

(1) 求 T 关于基 $\boldsymbol{i},\boldsymbol{j},\boldsymbol{k}$ 的矩阵.

(2) 求 T 关于基 $\boldsymbol{\alpha}=\boldsymbol{i},\boldsymbol{\beta}=\boldsymbol{j},\boldsymbol{\lambda}=\boldsymbol{i}+\boldsymbol{j}+\boldsymbol{k}$ 的矩阵.

解 (1)因为

$$T\boldsymbol{i}=1\boldsymbol{i}+0\boldsymbol{j}+0\boldsymbol{k}$$
$$T\boldsymbol{j}=0\boldsymbol{i}+1\boldsymbol{j}+0\boldsymbol{k},$$
$$T\boldsymbol{k}=0\boldsymbol{i}+0\boldsymbol{j}+0\boldsymbol{k}$$

所以 T 关于基 $\boldsymbol{i},\boldsymbol{j},\boldsymbol{k}$ 的矩阵为

$$A=\begin{pmatrix}1&0&0\\0&1&0\\0&0&0\end{pmatrix}.$$

(2) 因为

$$\begin{cases}T\boldsymbol{\alpha}=\boldsymbol{i}=1\boldsymbol{\alpha}+0\boldsymbol{\beta}+0\boldsymbol{\gamma}\\T\boldsymbol{\beta}=\boldsymbol{j}=0\boldsymbol{\alpha}+1\boldsymbol{\beta}+0\boldsymbol{\gamma}\\T\boldsymbol{\gamma}=\boldsymbol{i}+\boldsymbol{j}=1\boldsymbol{\alpha}+1\boldsymbol{\beta}+0\boldsymbol{\gamma}\end{cases},$$

所以 T 关于基 $\boldsymbol{\alpha}=\boldsymbol{i},\boldsymbol{\beta}=\boldsymbol{j},\boldsymbol{\lambda}=\boldsymbol{i}+\boldsymbol{j}+\boldsymbol{k}$ 的矩阵为

$$A=\begin{pmatrix}1&0&1\\0&1&1\\0&0&0\end{pmatrix}.$$

6.3.4 线性变换在不同基下的矩阵关系

从例6中可以看出,同一个线性变换在不同的基下有不同的矩阵,那么这些矩阵之间有什么关系呢?

定理7 设线性空间 V_n 中取定两个基 $\boldsymbol{\varepsilon}_1,\boldsymbol{\varepsilon}_2,\cdots,\boldsymbol{\varepsilon}_n$ 和 $\boldsymbol{\eta}_1,\boldsymbol{\eta}_2,\cdots,\boldsymbol{\eta}_n$,由基 $\boldsymbol{\varepsilon}_1,\boldsymbol{\varepsilon}_2,\cdots,\boldsymbol{\varepsilon}_n$ 到基 $\boldsymbol{\eta}_1,\boldsymbol{\eta}_2,\cdots,\boldsymbol{\eta}_n$ 的过渡矩阵为 $\boldsymbol{P}$,V_n 中的线性变换 T 在这两个基下的矩阵分别为 $\boldsymbol{A}$ 和 $\boldsymbol{B}$,那么 $\boldsymbol{B}=\boldsymbol{P}^{-1}\boldsymbol{A}\boldsymbol{P}$.

证 由定理条件可知

$$(\boldsymbol{\eta}_1,\boldsymbol{\eta}_2,\cdots,\boldsymbol{\eta}_n)=(\boldsymbol{\varepsilon}_1,\boldsymbol{\varepsilon}_2,\cdots,\boldsymbol{\varepsilon}_n)\boldsymbol{P},\quad(\boldsymbol{P}\text{ 可逆});$$

及

$$T(\boldsymbol{\varepsilon}_1,\boldsymbol{\varepsilon}_2,\cdots,\boldsymbol{\varepsilon}_n)=(\boldsymbol{\varepsilon}_1,\boldsymbol{\varepsilon}_2,\cdots,\boldsymbol{\varepsilon}_n)\boldsymbol{A},$$
$$T(\boldsymbol{\eta}_1,\boldsymbol{\eta}_2,\cdots,\boldsymbol{\eta}_n)=(\boldsymbol{\eta}_1,\boldsymbol{\eta}_2,\cdots,\boldsymbol{\eta}_n)\boldsymbol{B}.$$

于是

$$\begin{aligned}(\boldsymbol{\eta}_1,\boldsymbol{\eta}_2,\cdots,\boldsymbol{\eta}_n)\boldsymbol{B}&=T(\boldsymbol{\eta}_1,\boldsymbol{\eta}_2,\cdots,\boldsymbol{\eta}_n)=T(\boldsymbol{\varepsilon}_1,\boldsymbol{\varepsilon}_2,\cdots,\boldsymbol{\varepsilon}_n)\boldsymbol{P}\\&=(\boldsymbol{\varepsilon}_1,\boldsymbol{\varepsilon}_2,\cdots,\boldsymbol{\varepsilon}_n)\boldsymbol{AP}=(\boldsymbol{\eta}_1,\boldsymbol{\eta}_2,\cdots,\boldsymbol{\eta}_n)\boldsymbol{P}^{-1}\boldsymbol{AP}.\end{aligned}$$

因为 $\boldsymbol{\eta}_1,\boldsymbol{\eta}_2,\cdots,\boldsymbol{\eta}_n$ 线性无关,所以 $\boldsymbol{B}=\boldsymbol{P}^{-1}\boldsymbol{AP}$.

注意:由定理 7 可知同一线性变换在不同基下的矩阵关系是相似的,且关系矩阵就是两个基之间的过渡矩阵. 反过来,两相似矩阵也可看作同一个线性变换在两组基下所对应的矩阵.

例 7 设二维线性空间中的线性变换 T 在基 $\boldsymbol{\alpha}_1,\boldsymbol{\alpha}_2$ 下的矩阵为

$$\boldsymbol{A}=\begin{pmatrix}2&1\\-1&0\end{pmatrix},$$

求 T 在基 $\boldsymbol{\beta}_1,\boldsymbol{\beta}_2$ 下的矩阵,其中$(\boldsymbol{\beta}_1,\boldsymbol{\beta}_2)=(\boldsymbol{\alpha}_1,\boldsymbol{\alpha}_2)\begin{pmatrix}1&-1\\-1&2\end{pmatrix}$.

解 由定理 7,T 在基 $\boldsymbol{\beta}_1,\boldsymbol{\beta}_2$ 下的矩阵为

$$\begin{aligned}\begin{pmatrix}1&-1\\-1&2\end{pmatrix}^{-1}\begin{pmatrix}2&1\\-1&0\end{pmatrix}\begin{pmatrix}1&-1\\-1&2\end{pmatrix}&=\begin{pmatrix}2&1\\1&1\end{pmatrix}\begin{pmatrix}2&1\\-1&0\end{pmatrix}\begin{pmatrix}1&-1\\-1&2\end{pmatrix}\\&=\begin{pmatrix}3&2\\1&1\end{pmatrix}\begin{pmatrix}1&-1\\-1&2\end{pmatrix}=\begin{pmatrix}0&1\\1&1\end{pmatrix}.\end{aligned}$$

例 8 设二维线性空间中的线性变换 T 在基 $\boldsymbol{\alpha}_1,\boldsymbol{\alpha}_2$ 下的矩阵为

$$\boldsymbol{A}=\begin{pmatrix}a_{11}&a_{12}\\a_{21}&a_{22}\end{pmatrix},$$

求 T 在基 $\boldsymbol{\alpha}_2,\boldsymbol{\alpha}_1$ 下的矩阵.

解 因$(\boldsymbol{\alpha}_2,\boldsymbol{\alpha}_1)=(\boldsymbol{\alpha}_1,\boldsymbol{\alpha}_2)\begin{pmatrix}0&1\\1&0\end{pmatrix}$,即 $\boldsymbol{P}=\begin{pmatrix}0&1\\1&0\end{pmatrix}$,则 $\boldsymbol{P}^{-1}=\begin{pmatrix}0&1\\1&0\end{pmatrix}$,于是 T 在基 $\boldsymbol{\alpha}_2,\boldsymbol{\alpha}_1$ 下的矩阵为

$$\begin{aligned}\boldsymbol{B}=\boldsymbol{P}^{-1}\boldsymbol{AP}&=\begin{pmatrix}0&1\\1&0\end{pmatrix}\begin{pmatrix}a_{11}&a_{12}\\a_{21}&a_{22}\end{pmatrix}\begin{pmatrix}0&1\\1&0\end{pmatrix}\\&=\begin{pmatrix}a_{21}&a_{22}\\a_{11}&a_{12}\end{pmatrix}\begin{pmatrix}0&1\\1&0\end{pmatrix}=\begin{pmatrix}a_{22}&a_{21}\\a_{12}&a_{11}\end{pmatrix}.\end{aligned}$$

习 题 6.3

1. 设 T 是 $\mathbf{R}^3$ 的一个线性变换,满足 $T(a,b,c)^{\mathrm{T}}=(2a-b,b+c,a)^{\mathrm{T}}$,求其在基 $\boldsymbol{\xi}_1=(1,0,0)^{\mathrm{T}},\boldsymbol{\xi}_2=(0,1,0)^{\mathrm{T}},\boldsymbol{\xi}_3=(0,0,1)^{\mathrm{T}}$ 下的矩阵 $\boldsymbol{A}$.

2. 函数集合 $V_3=\{\boldsymbol{\alpha}=(a_2x^2+a_1x+a_0)e^x\mid a_2,a_1,a_0\in\mathbf{R}\}$ 对于函数的线运算构成三维线性空间,在 V_3 中取一组基 $\boldsymbol{\alpha}_1=x^2\mathrm{e}^x,\boldsymbol{\alpha}_2=x\mathrm{e}^x,\boldsymbol{\alpha}_3=\mathrm{e}^x$,求微分运算 D 在这组基下的矩阵.

3. 设T是 $\mathbf{R}^3$ 的一个线性变换,满足$T\boldsymbol{\xi}_1=(-1,1,0)^{\mathrm{T}},T\boldsymbol{\xi}_2=(2,1,1)^{\mathrm{T}},T\boldsymbol{\xi}_3=(0,-1,-1)^{\mathrm{T}}$,

其中 $\boldsymbol{\xi}_1=(1,0,0)^{\mathrm{T}},\boldsymbol{\xi}_2=(0,1,0)^{\mathrm{T}},\boldsymbol{\xi}_3=(0,0,1)^{\mathrm{T}}$.

(1) 求 T 在基 $\boldsymbol{\xi}_1,\boldsymbol{\xi}_2,\boldsymbol{\xi}_3$ 下的矩阵 $\boldsymbol{A}$;

(2) 求 T 在基 $\boldsymbol{\alpha}_1=\boldsymbol{\xi}_1+\boldsymbol{\xi}_2+\boldsymbol{\xi}_3,\boldsymbol{\alpha}_2=\boldsymbol{\xi}_1+\boldsymbol{\xi}_2,\boldsymbol{\alpha}_3=\boldsymbol{\xi}_1$ 下的矩阵 $\boldsymbol{B}$.

内 容 精 要

1. 基本概念

(1) 线性空间的定义:

设 V 是一个非空集合,$\mathbf{R}$ 为实数域,在 V 上定义的两种运算(加法,数量乘法),如果

① 加法:对任意 $\boldsymbol{\alpha},\boldsymbol{\beta}\in V$,都有 $\boldsymbol{\alpha}+\boldsymbol{\beta}\in V$,即对加法封闭.

② 数量乘法:对任意常数 $k\in P$ 和任意的 $\boldsymbol{\alpha}\in V$,都有 $k\boldsymbol{\alpha}\in V$,即对数乘封闭.

且这两种运算满足以下八条规律($\forall\boldsymbol{\alpha},\boldsymbol{\beta},\boldsymbol{\gamma}\in V,\forall k,l\in\mathbf{R}$):

① $\boldsymbol{\alpha}+\boldsymbol{\beta}=\boldsymbol{\beta}+\boldsymbol{\alpha}$;

② $(\boldsymbol{\alpha}+\boldsymbol{\beta})+\boldsymbol{\gamma}=\boldsymbol{\alpha}+(\boldsymbol{\beta}+\boldsymbol{\gamma})$;

③ 存在 $\mathbf{0}\in V$,使得对任意 $\boldsymbol{\alpha}\in V$,都有 $\mathbf{0}+\boldsymbol{\alpha}=\boldsymbol{\alpha}$;

④ 对任意 $\boldsymbol{\alpha}\in V$,都存在 $\boldsymbol{\beta}\in V$,使得 $\boldsymbol{\alpha}+\boldsymbol{\beta}=\mathbf{0}$;

⑤ $1\boldsymbol{\alpha}=\boldsymbol{\alpha}$;

⑥ $k(\boldsymbol{\alpha}+\boldsymbol{\beta})=k\boldsymbol{\alpha}+k\boldsymbol{\beta}$;

⑦ $(k+l)\boldsymbol{\alpha}=k\boldsymbol{\alpha}+l\boldsymbol{\alpha}$;

⑧ $k(l\boldsymbol{\alpha})=(kl)\boldsymbol{\alpha}$,

则 V 为实数域 $\mathbf{R}$ 上的线性空间. V 中的元素不论其原来属性如何,统称向量.

(2)线性空间的基与维数:

如果在线性空间 V 中有 n 个线性无关的向量 $\boldsymbol{\alpha}_1,\boldsymbol{\alpha}_2,\cdots,\boldsymbol{\alpha}_n$,使 V 中任意向量 $\boldsymbol{\alpha}$ 均可由 $\boldsymbol{\alpha}_1,\boldsymbol{\alpha}_2,\cdots,\boldsymbol{\alpha}_n$ 线性表示,即 $\boldsymbol{\alpha}=k_1\boldsymbol{\alpha}_1+k_2\boldsymbol{\alpha}_2+\cdots+k_n\boldsymbol{\alpha}_n$,则称 $\boldsymbol{\alpha}_1,\boldsymbol{\alpha}_2,\cdots,\boldsymbol{\alpha}_n$ 是 V 的一组基,n 称为 V 的维数.

(3)过渡矩阵:

设 $\boldsymbol{\alpha}_1,\boldsymbol{\alpha}_2,\cdots,\boldsymbol{\alpha}_n$ 及 $\boldsymbol{\beta}_1,\boldsymbol{\beta}_2,\cdots,\boldsymbol{\beta}_n$ 是线性空间 V 的两个基,且有

$$\begin{cases}\boldsymbol{\beta}_1=p_{11}\boldsymbol{\alpha}_1+p_{21}\boldsymbol{\alpha}_2+\cdots+p_{n1}\boldsymbol{\alpha}_n\\ \boldsymbol{\beta}_2=p_{12}\boldsymbol{\alpha}_1+p_{22}\boldsymbol{\alpha}_2+\cdots+p_{n2}\boldsymbol{\alpha}_n\\ \cdots\cdots\cdots\cdots\\ \boldsymbol{\beta}_n=p_{1n}\boldsymbol{\alpha}_1+p_{2n}\boldsymbol{\alpha}_2+\cdots+p_{nn}\boldsymbol{\alpha}_n\end{cases},$$

即

$$(\boldsymbol{\beta}_1,\boldsymbol{\beta}_2,\cdots,\boldsymbol{\beta}_n)=(\boldsymbol{\alpha}_1,\boldsymbol{\alpha}_2,\cdots,\boldsymbol{\alpha}_n)\boldsymbol{P},$$

则称矩阵

$$\boldsymbol{P}=\begin{pmatrix}p_{11}&p_{12}&\cdots&p_{1n}\\p_{21}&p_{22}&\cdots&p_{2n}\\\vdots&\vdots&&\vdots\\p_{n1}&p_{n2}&\cdots&p_{nn}\end{pmatrix}$$

为由基 $\boldsymbol{\alpha}_1,\boldsymbol{\alpha}_2,\cdots,\boldsymbol{\alpha}_n$ 到基 $\boldsymbol{\beta}_1,\boldsymbol{\beta}_2,\cdots,\boldsymbol{\beta}_n$ 的过渡矩阵.

(4)线性变换的定义：

设 T 是数域 P 上的线性空间 V 上的一个变换，如果变换 T 满足：

① 任给 $\boldsymbol{\alpha}_1,\boldsymbol{\alpha}_2\in V$，都有 $T(\boldsymbol{\alpha}_1+\boldsymbol{\alpha}_2)=T(\boldsymbol{\alpha}_1)+T(\boldsymbol{\alpha}_2)$；

② 任给 $\boldsymbol{\alpha}\in V,k\in P$，都有 $T(k\boldsymbol{\alpha})=kT(\boldsymbol{\alpha})$，

则称 T 为 V 上的一个线性变换．

(5)线性变换的矩阵：

设 T 是线性空间 V_n 中的线性变换，在 V_n 中取定一组基 $\boldsymbol{\varepsilon}_1,\boldsymbol{\varepsilon}_2,\cdots,\boldsymbol{\varepsilon}_n$，如果

$$\begin{cases}T(\boldsymbol{\varepsilon}_1)=a_{11}\varepsilon_1+a_{21}\varepsilon_2+\cdots a_{n1}\varepsilon_n\\T(\boldsymbol{\varepsilon}_2)=a_{12}\varepsilon_1+a_{22}\varepsilon_2+\cdots a_{n2}\varepsilon_n\\\cdots\cdots\cdots\cdots\\T(\boldsymbol{\varepsilon}_n)=a_{1n}\varepsilon_1+a_{2n}\varepsilon_2+\cdots a_{nn}\varepsilon_n\end{cases},$$

即
$$T(\boldsymbol{\varepsilon}_1,\boldsymbol{\varepsilon}_2,\cdots,\boldsymbol{\varepsilon}_n)=(\boldsymbol{\varepsilon}_1,\boldsymbol{\varepsilon}_2,\cdots,\boldsymbol{\varepsilon}_n)\boldsymbol{A}.$$

其中

$$\boldsymbol{A}=\begin{pmatrix}a_{11}&a_{12}&\cdots&a_{1n}\\a_{21}&a_{22}&\cdots&a_{2n}\\\vdots&\vdots&&\vdots\\a_{n1}&a_{n2}&\cdots&a_{nn}\end{pmatrix},$$

则称 A 为线性变换 T 在基 $\boldsymbol{\varepsilon}_1,\boldsymbol{\varepsilon}_2,\cdots,\boldsymbol{\varepsilon}_n$ 下的矩阵．

2. 主要结论

(1)设 V 中的向量 $\boldsymbol{\alpha}$ 在基 $\boldsymbol{\alpha}_1,\boldsymbol{\alpha}_2,\cdots,\boldsymbol{\alpha}_n$ 下的坐标为 $\boldsymbol{x}=(x_1,x_2,\cdots,x_n)^{\mathrm{T}}$，在基 $\boldsymbol{\beta}_1,\boldsymbol{\beta}_2,\cdots,\boldsymbol{\beta}_n$ 下的坐标为 $\boldsymbol{y}=(x_1',x_2',\cdots,x_n')^{\mathrm{T}}$. 则有 $\boldsymbol{x}=\boldsymbol{P}\boldsymbol{y}$，其中 $\boldsymbol{P}$ 为由基 $\boldsymbol{\alpha}_1,\boldsymbol{\alpha}_2,\cdots,\boldsymbol{\alpha}_n$ 到基 $\boldsymbol{\beta}_1,\boldsymbol{\beta}_2,\cdots,\boldsymbol{\beta}_n$ 的过渡矩阵．

(2)设线性变换 T 在基 $\boldsymbol{\varepsilon}_1,\boldsymbol{\varepsilon}_2,\cdots,\boldsymbol{\varepsilon}_n$ 下的矩阵为 $\boldsymbol{A}$，向量 $\boldsymbol{\alpha}$ 在基下的坐标 $\boldsymbol{x}=(x_1,x_2,\cdots,x_n)^{\mathrm{T}}$，$T\boldsymbol{\alpha}$ 在基 $\boldsymbol{\varepsilon}_1,\boldsymbol{\varepsilon}_2,\cdots,\boldsymbol{\varepsilon}_n$ 下的坐标 $\boldsymbol{y}=(y_1,y_2,\cdots,y_n)^{\mathrm{T}}$，则有 $\boldsymbol{y}=\boldsymbol{A}\boldsymbol{x}$.

(3)设线性空间 V_n 中取定两个基 $\boldsymbol{\varepsilon}_1,\boldsymbol{\varepsilon}_2,\cdots,\boldsymbol{\varepsilon}_n$ 和 $\boldsymbol{\eta}_1,\boldsymbol{\eta}_2,\cdots,\boldsymbol{\eta}_n$，由基 $\boldsymbol{\varepsilon}_1,\boldsymbol{\varepsilon}_2,\cdots,\boldsymbol{\varepsilon}_n$ 到基 $\boldsymbol{\eta}_1,\boldsymbol{\eta}_2,\cdots,\boldsymbol{\eta}_n$ 的过渡矩阵为 $\boldsymbol{P}$，V_n 中的线性变换 T 在这两个基下的矩阵分别为 $\boldsymbol{A}$ 和 $\boldsymbol{B}$，那么 $\boldsymbol{B}=\boldsymbol{P}^{-1}\boldsymbol{A}\boldsymbol{P}$.

3. 基本方法

(1)判定集合是否构成线性空间．

第一步：验证集合对元素的加法及乘数运算封闭，即 $\forall\boldsymbol{\alpha},\boldsymbol{\beta}\in V$; $\forall\boldsymbol{\alpha}\in V$, $\forall\lambda\in\mathbf{R}\Rightarrow\lambda\boldsymbol{\alpha}\in V$.

第二步：验证 V 中的运算是否满足八条运算规律．若全部满足，则 V 是线性空间．

(2)求 V 中两个基的过渡矩阵．

设 $\boldsymbol{\alpha}_1,\boldsymbol{\alpha}_2,\cdots,\boldsymbol{\alpha}_n$ 与 $\boldsymbol{\beta}_1,\boldsymbol{\beta}_2,\cdots,\boldsymbol{\beta}_n$ 是 V 中的两个基，采取中间基法．

第一步：取 V 的自然基(或单位坐标向量组) $\boldsymbol{e}_i=(0,\cdots,0,1,0,\cdots,0)^{\mathrm{T}}$(第 i 个坐标为1，其余均为0($i=1,2,\cdots,n$))，则可直接写出基 $\boldsymbol{e}_1,\boldsymbol{e}_2,\cdots,\boldsymbol{e}_n$ 分别到基 $\boldsymbol{\alpha}_1,\boldsymbol{\alpha}_2,\cdots,\boldsymbol{\alpha}_n$ 与 $\boldsymbol{\beta}_1,\boldsymbol{\beta}_2,\cdots,\boldsymbol{\beta}_n$ 的过渡矩阵，即

$$(\boldsymbol{\alpha}_1,\boldsymbol{\alpha}_2,\cdots,\boldsymbol{\alpha}_n)=(\boldsymbol{e}_1,\boldsymbol{e}_2,\cdots,\boldsymbol{e}_n)\boldsymbol{A},$$

$$(\boldsymbol{\beta}_1,\boldsymbol{\beta}_2,\cdots,\boldsymbol{\beta}_n)=(\boldsymbol{e}_1,\boldsymbol{e}_2,\cdots,\boldsymbol{e}_n)\boldsymbol{B}.$$

第二步:由

$$(\boldsymbol{e}_1,\boldsymbol{e}_2,\cdots,\boldsymbol{e}_n)=(\boldsymbol{\alpha}_1,\boldsymbol{\alpha}_2,\cdots,\boldsymbol{\alpha}_n)\boldsymbol{A}^{-1}=(\boldsymbol{\beta}_1,\boldsymbol{\beta}_2,\cdots,\boldsymbol{\beta}_n)\boldsymbol{B}^{-1},$$

得

$$(\boldsymbol{\beta}_1,\boldsymbol{\beta}_2,\cdots,\boldsymbol{\beta}_n)=(\boldsymbol{\alpha}_1,\boldsymbol{\alpha}_2,\cdots,\boldsymbol{\alpha}_n)\boldsymbol{A}^{-1}\boldsymbol{B},$$

$$(\boldsymbol{\alpha}_1,\boldsymbol{\alpha}_2,\cdots,\boldsymbol{\alpha}_n)=(\boldsymbol{\beta}_1,\boldsymbol{\beta}_2,\cdots,\boldsymbol{\beta}_n)\boldsymbol{B}^{-1}\boldsymbol{A}.$$

第三步:若 $\boldsymbol{\alpha}$ 在基 $\boldsymbol{\alpha}_1,\boldsymbol{\alpha}_2,\cdots,\boldsymbol{\alpha}_n$ 下的坐标为 $(x_1,x_2,\cdots,x_n)^{\mathrm{T}}$,$\boldsymbol{\alpha}$ 在基 $\boldsymbol{\beta}_1,\boldsymbol{\beta}_2,\cdots,\boldsymbol{\beta}_n$ 下的坐标为 $(y_1,y_2,\cdots,y_n)^{\mathrm{T}}$,则

$$\begin{pmatrix}x_1\\x_2\\\vdots\\x_n\end{pmatrix}=\boldsymbol{A}^{-1}\boldsymbol{B}\begin{pmatrix}y_1\\y_2\\\vdots\\y_n\end{pmatrix}\quad\text{或}\quad\begin{pmatrix}y_1\\y_2\\\vdots\\y_n\end{pmatrix}=\boldsymbol{B}^{-1}\boldsymbol{A}\begin{pmatrix}x_1\\x_2\\\vdots\\x_n\end{pmatrix}.$$

复习题一

1. 判别主对角线上各元素之和为零的 n 阶方阵的全体,对于矩阵的加法和数乘运算是否构成实数域上的线性空间.

2. 在 $\mathbf{R}^3$ 中,设 L 是由向量 $\boldsymbol{\xi}_1=(1,1,1)^{\mathrm{T}}$,$\boldsymbol{\xi}_2=(2,3,4)^{\mathrm{T}}$,$\boldsymbol{\xi}_3=(5,7,9)^{\mathrm{T}}$ 生成的子空间,求 L 的维数.

3. 在 $\mathbf{R}^3$ 求一个线性变换满足

$$\boldsymbol{A}\begin{pmatrix}1\\-1\\3\end{pmatrix}=\begin{pmatrix}1\\0\\-1\end{pmatrix},$$

$$\boldsymbol{A}\begin{pmatrix}2\\1\\1\end{pmatrix}=\begin{pmatrix}2\\-1\\1\end{pmatrix},\quad\boldsymbol{A}\begin{pmatrix}1\\0\\-1\end{pmatrix}=\begin{pmatrix}1\\0\\-1\end{pmatrix}.$$

4. 二阶实对称矩阵的全体为

$$V_3=\left\{\boldsymbol{A}=\begin{pmatrix}x_1&x_2\\x_2&x_3\end{pmatrix}\middle|\,x_1,x_2,x_3\in\mathbf{R}\right\},$$

对于矩阵的加法和数量乘法构成三维线性空间. 在 V_3 中取一组基

$$\boldsymbol{A}_1=\begin{pmatrix}1&0\\0&0\end{pmatrix},\quad\boldsymbol{A}_2=\begin{pmatrix}0&1\\1&0\end{pmatrix},\quad\boldsymbol{A}_3=\begin{pmatrix}0&0\\0&1\end{pmatrix},$$

在 V_3 中定义合同变换

$$T(\boldsymbol{A})=\begin{pmatrix}1&0\\1&1\end{pmatrix}\boldsymbol{A}\begin{pmatrix}1&1\\0&1\end{pmatrix},$$

求 T 在 $\boldsymbol{A}_1,\boldsymbol{A}_2,\boldsymbol{A}_3$ 下的矩阵.

5. 设 $\boldsymbol{\alpha}_1=(-1,0,-2)$,$\boldsymbol{\alpha}_2=(0,1,2)$,$\boldsymbol{\alpha}_3=(1,2,5)$,$\boldsymbol{\beta}_1=(-1,1,0)$,$\boldsymbol{\beta}_2=(1,0,1)$,$\boldsymbol{\beta}_3=(0,1,2)$,$\boldsymbol{\xi}=(0,3,5)$ 是 $\mathbf{R}^3$ 中的向量,σ 是 $\mathbf{R}^3$ 的线性变换,并且 $\sigma(\boldsymbol{\alpha}_1)=(2,0,-1)$,$\sigma(\boldsymbol{\alpha}_2)=(0,0,1)$,$\sigma(\boldsymbol{\alpha}_3)=(0,1,2)$.

(1) 求 σ 关于基$(\boldsymbol{\beta}_1,\boldsymbol{\beta}_2,\boldsymbol{\beta}_3)$的矩阵；

(2) 求$\sigma(\boldsymbol{\xi})$关于基$(\boldsymbol{\alpha}_1,\boldsymbol{\alpha}_2,\boldsymbol{\alpha}_3)$的坐标；

(3) 求$\sigma(\boldsymbol{\xi})$关于基$(\boldsymbol{\beta}_1,\boldsymbol{\beta}_2,\boldsymbol{\beta}_3)$的坐标.

6. 设$(\boldsymbol{\varepsilon}_1,\boldsymbol{\varepsilon}_2,\boldsymbol{\varepsilon}_3)$是 F 上向量空间 V 的一个基. 已知 V 的线性变换 σ 在$(\boldsymbol{\varepsilon}_1,\boldsymbol{\varepsilon}_2,\boldsymbol{\varepsilon}_3)$下的矩阵为

$$\boldsymbol{A}=\begin{pmatrix} a_{11} & a_{12} & a_{13} \\ a_{21} & a_{22} & a_{23} \\ a_{31} & a_{32} & a_{33} \end{pmatrix}.$$

(1) 求 σ 在$(\boldsymbol{\varepsilon}_1,\boldsymbol{\varepsilon}_2,\boldsymbol{\varepsilon}_3)$下的矩阵；

(2) 求 σ 在$(\boldsymbol{\varepsilon}_1,k\boldsymbol{\varepsilon}_2,\boldsymbol{\varepsilon}_3)$下的矩阵$(k\neq 0,k\in F)$；

(3) 求 σ 在$(\boldsymbol{\varepsilon}_1,\boldsymbol{\varepsilon}_1+\boldsymbol{\varepsilon}_2,\boldsymbol{\varepsilon}_3)$下的矩阵.

7. 在向量空间 $\mathbf{R}^3$ 中,线性变换 σ, τ 如下:

$$\sigma(x_1,x_2,x_3)=(x_1,x_2,x_1+x_2),$$
$$\tau(x_1,x_2,x_3)=(x_1+x_2-x_3,0,x_3-x_1-x_2).$$

(1) 求 $\sigma\tau,\tau\sigma,\sigma^2$；

(2) 求 $\sigma+\tau,\sigma-\tau,2\sigma$.

8. 已知向量空间 $\mathbf{R}^3$ 的线性变换 σ 为

$$\sigma(x_1,x_2,x_3)=(x_1+x_2+x_3,x_2+x_3,-x_3).$$

证明: σ 是可逆变换,并求 σ^{-1}.

复 习 题 二

1. 证明:可逆线性变换把线性无关的向量组变为线性无关的向量组.

2. 设 σ 是向量空间 V 的线性变换,如果 $\sigma^{k-1}\boldsymbol{\xi}\neq\mathbf{0}$, 但 $\sigma^k\boldsymbol{\xi}=\mathbf{0}$,求证 $\boldsymbol{\xi},\sigma\boldsymbol{\xi},\cdots,\sigma^{k-1}\boldsymbol{\xi}(k>0)$ 线性无关.

3. 在向量空间 $\mathbf{R}[x]$ 中,$\sigma(f(x))=f'(x)$,$\tau(f(x))=xf(x)$,证明 $\sigma\tau-\tau\sigma=\iota$.

4. 在 $\mathbf{R}^3$ 中定义线性变换 σ 如下:

$$\sigma(x_1,x_2,x_3)=(2x_1+x_3,x_1-4x_2,3x_1),\quad \forall(x_1,x_2,x_3)\in\mathbf{R}^3.$$

(1) 求 σ 在基 $\boldsymbol{\varepsilon}_1=(1,0,0)$,$\boldsymbol{\varepsilon}_2=(0,1,0)$,$\boldsymbol{\varepsilon}_3=(0,0,1)$下的矩阵；

(2) 利用(1)中结论,求 σ 在基 $\boldsymbol{\alpha}_1=(1,1,1)$,$\boldsymbol{\alpha}_2=(1,1,0)$,$\boldsymbol{\alpha}_3=(1,0,0)$下的矩阵.

5. 已知 $M_2(F)$的两个线性变换 σ,τ 如下:

$$\sigma(\boldsymbol{X})=\boldsymbol{X}\begin{pmatrix} 1 & 1 \\ 1 & -1 \end{pmatrix},\quad \tau(\boldsymbol{X})=\begin{pmatrix} 1 & 0 \\ -2 & 0 \end{pmatrix}\boldsymbol{X},\quad \forall\boldsymbol{X}\in M_2(F).$$

试求 $\sigma+\tau,\sigma\tau$ 在基 $\boldsymbol{E}_{11},\boldsymbol{E}_{12},\boldsymbol{E}_{21},\boldsymbol{E}_{22}$,下的矩阵. 又问 σ 和 τ 是否可逆? 若可逆,求其逆变换在同一基下的矩阵.

6. 设 σ 是数域 F 上 n 维向量空间 V 的一个线性变换. W_1,W_2 是 V 的子空间,并且

$$V=W_1\oplus W_2.$$

证明:σ 是可逆变换的充要条件是 $V=\sigma(W_1)\oplus\sigma(W_2)$.

7. 在 $M_2(F)$ 中定义线性变换 σ 为

$$\sigma(\boldsymbol{X})=\begin{pmatrix}0 & 1\\ 2 & -3\end{pmatrix}\boldsymbol{X},\quad \forall \boldsymbol{X}\in M_2(F).$$

求 σ 在基 $(\boldsymbol{E}_{11},\boldsymbol{E}_{12},\boldsymbol{E}_{21},\boldsymbol{E}_{22})$ 下的矩阵，其中

$$\boldsymbol{E}_{11}=\begin{pmatrix}1 & 0\\ 0 & 0\end{pmatrix},\quad \boldsymbol{E}_{12}=\begin{pmatrix}0 & 1\\ 0 & 0\end{pmatrix},\quad \boldsymbol{E}_{21}=\begin{pmatrix}0 & 0\\ 1 & 0\end{pmatrix},\quad \boldsymbol{E}_{22}=\begin{pmatrix}0 & 0\\ 0 & 1\end{pmatrix}.$$

8. 给定 $\mathbf{R}^3$ 的两个基

$$\boldsymbol{\alpha}_1=(1,0,1),\boldsymbol{\alpha}_2=(2,1,0),\boldsymbol{\alpha}_3=(1,1,1);$$
$$\boldsymbol{\beta}_1=(1,2,-1),\boldsymbol{\beta}_2=(2,2,-1),\boldsymbol{\beta}_3=(2,-1,-1).$$

σ 是 $\mathbf{R}^3$ 的线性变换，且 $\sigma(\boldsymbol{\alpha}_i)=\boldsymbol{\beta}_i,i=1,2,3$ 求：

(1) 由基 $(\boldsymbol{\alpha}_1,\boldsymbol{\alpha}_2,\boldsymbol{\alpha}_3)$ 到基 $(\boldsymbol{\beta}_1,\boldsymbol{\beta}_2,\boldsymbol{\beta}_3)$ 的过渡矩阵；

(2) σ 关于基 $(\boldsymbol{\alpha}_1,\boldsymbol{\alpha}_2,\boldsymbol{\alpha}_3)$ 的矩阵；

(3) σ 关于基 $(\boldsymbol{\beta}_1,\boldsymbol{\beta}_2,\boldsymbol{\beta}_3)$ 的矩阵.

习题提示或解答

第1章 行 列 式

习题 1.1

1. (1) 312645 的逆序数 $\tau=0+1+1+0+1+1=4$,偶排列;

(2) 36715284 的逆序数 $\tau=0+0+0+3+2+4+0+4=13$,奇排列;

(3) $n(n-1)\cdots 21$ 的逆序数 $\tau=0+1+2+\cdots+n-1=\dfrac{(n-1)n}{2}$.

2. (1) $\tau(123456)=0$, $\tau(532416)=0+1+2+1+4+0=8$,所以 $a_{15}a_{23}a_{32}a_{44}a_{51}a_{66}$ 的符号是 $(-1)^{0+8}$,显然是"正号";

(2) $\tau(251436)=0+0+2+1+2+0=5$, $\tau(136425)=0+0+0+1+3+1=5$,所以 $a_{21}a_{53}a_{16}a_{44}a_{32}a_{65}$ 的符号是 $(-1)^{5+5}$,显然是"正号".

3. (1) $\begin{vmatrix} 2 & 0 & 1 \\ 1 & -4 & -1 \\ -1 & 8 & 2 \end{vmatrix}=2\begin{vmatrix} -4 & -1 \\ 8 & 2 \end{vmatrix}-0\begin{vmatrix} 1 & -1 \\ -1 & 2 \end{vmatrix}+1\begin{vmatrix} 1 & -4 \\ -1 & 8 \end{vmatrix}=8-4=4$;

(2) $\begin{vmatrix} a & b & c \\ b & c & a \\ c & a & b \end{vmatrix}=a\times c\times b+c\times b\times a+c\times b\times a-c^3-b^3-a^3=3abc-c^3-b^3-a^3$;

(3) $\begin{vmatrix} 1 & 1 & 1 \\ a & b & c \\ a^2 & b^2 & c^2 \end{vmatrix}=1\times b\times c^2+1\times c\times a^2+1\times a\times b^2-1\times b\times a^2-1\times c\times b^2-1\times a\times c^2=(b-a)(c-a)(c-b)$;

(4) $\begin{vmatrix} 0 & 0 & \cdots & 0 & 1 \\ 0 & 0 & \cdots & 2 & 0 \\ \vdots & \vdots & & \vdots & \vdots \\ 0 & n-1 & \cdots & 0 & 0 \\ n & 0 & \cdots & 0 & 0 \end{vmatrix}=(-1)^{\tau(n(n-1)\cdots 21)}n!\ =(-1)^{\frac{n(n-1)}{2}}n!$.

4. 假设含有 $a_{12}a_{23}$ 的项是 $a_{12}a_{23}a_{3i}a_{4j}$,可得 $\begin{cases} i=1 \\ j=4 \end{cases}$ 或 $\begin{cases} i=4 \\ j=1 \end{cases}$,所以含有 $a_{12}a_{23}$ 的项是 $(-1)^{\tau(2314)}a_{12}a_{23}a_{31}a_{44}=a_{12}a_{23}a_{31}a_{44}$ 和 $(-1)^{\tau(2341)}a_{12}a_{23}a_{34}a_{41}=-a_{12}a_{23}a_{34}a_{41}$.

习题 1.2

1. (1) $\begin{vmatrix} 1 & 2 & 3 \\ 0 & 1 & 2 \\ 1 & 1 & 1 \end{vmatrix}\xlongequal{r_3-r_1}\begin{vmatrix} 1 & 2 & 3 \\ 0 & 1 & 2 \\ 0 & -1 & -2 \end{vmatrix}=1\times\begin{vmatrix} 1 & 2 \\ -1 & -2 \end{vmatrix}=0$;

(2) $\begin{vmatrix} x & y & x+y \\ y & x+y & x \\ x+y & x & y \end{vmatrix}\xlongequal{\text{所有列加到第一列}}2(x+y)\begin{vmatrix} 1 & y & x+y \\ 1 & x+y & x \\ 1 & x & y \end{vmatrix}$

$$\xlongequal[r_3-r_1]{r_2-r_1}2(x+y)\begin{vmatrix}1&y&x+y\\0&x&-y\\0&x-y&-x\end{vmatrix}=2(x+y)\begin{vmatrix}x&-y\\x-y&-x\end{vmatrix}=-2(x^3+y^3);$$

(3) $$\begin{vmatrix}2&1&4&1\\3&-1&2&1\\1&2&3&2\\5&0&6&2\end{vmatrix}\xlongequal[r_4-2r_1]{\substack{r_2-r_1\\r_3-2r_1}}\begin{vmatrix}2&1&4&1\\1&-2&-2&0\\-3&0&-5&0\\1&-2&-2&0\end{vmatrix}=0;$$

(4) $$\begin{vmatrix}1&0&a&1\\0&-1&b&-1\\-1&-1&c&-1\\-1&1&d&0\end{vmatrix}\xlongequal[r_4+r_1]{r_3+r_1}\begin{vmatrix}1&0&a&1\\0&-1&b&-1\\0&-1&c+a&0\\0&1&d+a&1\end{vmatrix}=\begin{vmatrix}-1&b&-1\\-1&c+a&0\\1&d+a&1\end{vmatrix}$$

$$\xlongequal{r_3+r_1}\begin{vmatrix}-1&b&-1\\-1&c+a&0\\0&d+a+b&0\end{vmatrix}=a+b+d.$$

2. 左侧 $=\begin{vmatrix}y&z+x&x+y\\x&y+z&z+x\\z&x+y&y+z\end{vmatrix}+\begin{vmatrix}z&z+x&x+y\\y&y+z&z+x\\x&x+y&y+z\end{vmatrix}$,其中

$$\begin{vmatrix}y&z+x&x+y\\x&y+z&z+x\\z&x+y&y+z\end{vmatrix}=\begin{vmatrix}y&z&x+y\\x&y&z+x\\z&x&y+z\end{vmatrix}+\begin{vmatrix}y&x&x+y\\x&z&z+x\\z&y&y+z\end{vmatrix}=\begin{vmatrix}y&z&x\\x&y&z\\z&x&y\end{vmatrix};$$

$$\begin{vmatrix}z&z+x&x+y\\y&y+z&z+x\\x&x+y&y+z\end{vmatrix}=\begin{vmatrix}z&z&x+y\\y&y&z+x\\x&x&y+z\end{vmatrix}+\begin{vmatrix}z&x&x+y\\y&z&z+x\\x&y&y+z\end{vmatrix}=\begin{vmatrix}z&x&y\\y&z&x\\x&y&z\end{vmatrix};$$

所以 $\begin{vmatrix}y+z&z+x&x+y\\x+y&y+z&z+x\\z+x&x+y&y+z\end{vmatrix}=\begin{vmatrix}y&z&x\\x&y&z\\z&x&y\end{vmatrix}+\begin{vmatrix}z&x&y\\y&z&x\\x&y&z\end{vmatrix}=2\begin{vmatrix}x&y&z\\z&x&y\\y&z&x\end{vmatrix}.$

3. 左侧 $\xlongequal{\text{所有列加到第一列}}(x+3)\begin{vmatrix}1&1&1&1\\1&x&1&1\\1&1&x&1\\1&1&1&x\end{vmatrix}\xlongequal[r_4-r_1]{\substack{r_2-r_1\\r_3-r_1}}(x+3)\begin{vmatrix}1&1&1&1\\0&x-1&0&0\\0&0&x-1&0\\0&0&0&x-1\end{vmatrix}$

$=(x+3)(x-1)^3$,

原方程可转化为 $(x+3)(x-1)^3=0\Rightarrow x_1=-3, x_2=x_3=x_4=1$.

习题 1.3

1. (1) 原式 $\xlongequal{c_2-2c_4}\begin{vmatrix}1&-6&3&4\\1&-4&1&2\\3&-1&-1&0\\0&0&0&1\end{vmatrix}=\begin{vmatrix}1&-6&3\\1&-4&1\\3&-1&-1\end{vmatrix}\xlongequal[r_3-3r_1]{r_2-r_1}\begin{vmatrix}1&-6&3\\0&2&-2\\0&17&-10\end{vmatrix}=14;$

(2) 原式 $=\begin{vmatrix}5&3&-1&2&0\\1&7&2&5&2\\0&-2&3&1&0\\0&-4&1&4&0\\0&2&3&5&0\end{vmatrix}=-2\begin{vmatrix}5&3&-1&2\\0&-2&3&1\\0&-4&1&4\\0&2&3&5\end{vmatrix}=-10\begin{vmatrix}-2&3&1\\-4&1&4\\2&3&5\end{vmatrix}\xlongequal[r_3+r_1]{r_2-2r_1}-10\begin{vmatrix}-2&3&1\\0&-5&2\\0&6&6\end{vmatrix}$

$=-840;$

(3)原式 $\xlongequal{\text{所有列加到第一列}} 7\begin{vmatrix} 1 & 2 & 3 & 2 \\ 1 & 0 & 2 & 3 \\ 1 & 2 & 0 & 2 \\ 1 & 3 & 2 & 0 \end{vmatrix} \xlongequal[r_4-r_1]{\substack{r_2-r_1 \\ r_3-r_1}} 7\begin{vmatrix} 1 & 2 & 3 & 2 \\ 0 & -2 & -1 & 1 \\ 0 & 0 & -3 & 0 \\ 0 & 1 & -1 & -2 \end{vmatrix} = 7\begin{vmatrix} -2 & -1 & 1 \\ 0 & -3 & 0 \\ 1 & -1 & -2 \end{vmatrix}$

$= -21\begin{vmatrix} -2 & 1 \\ 1 & -2 \end{vmatrix} = -63.$

2. $D=-1\times5+2\times3+0\times(-7)+1\times4=5.$

3. (1) $A_{11}+A_{12}+A_{13}+A_{14}=\begin{vmatrix} 1 & 1 & 1 & 1 \\ 1 & 1 & 0 & -5 \\ -1 & 3 & 1 & 3 \\ 2 & -4 & -1 & -3 \end{vmatrix}=4$;

(2) $M_{11}+M_{21}+M_{31}+M_{41}=\begin{vmatrix} 1 & -5 & 2 & 1 \\ -1 & 1 & 0 & -5 \\ 1 & 3 & 1 & 3 \\ -1 & -4 & -1 & -3 \end{vmatrix}=0.$

习题 1.4

1. $D=\begin{vmatrix} 2 & 1 & -5 & 1 \\ 1 & -3 & 0 & -6 \\ 0 & 2 & -1 & 2 \\ 1 & 4 & -7 & 6 \end{vmatrix}=27,$

$D_1=81, D_2=-108, D_3=-27, D_4=27 \Rightarrow x_1=3, x_2=-4, x_3=-1, x_4=1.$

2. $D=9$, $D_1=9, D_2=18, D_3=27$, $D_4=-9 \Rightarrow x_1=1$, $x_2=2$, $x_3=3$, $x_4=-1.$

3. $D=\begin{vmatrix} \lambda & 1 & 1 \\ 1 & \lambda & 1 \\ 1 & 1 & \lambda \end{vmatrix}=(\lambda+2)(\lambda-1)^2=0$, 故 $\lambda=1$ 或 $\lambda=-2$.

复习题一

1. (1) $\tau(13\cdots(2n-1)24\cdots(2n))=(n-1)+(n-2)+\cdots+1+0=\dfrac{(n-1)n}{2}$,当 $n=4k-3$ 或 $4k(k=1,2,\cdots)$ 时,是偶排列;当 $n=4k-2$ 或 $4k-1(k=1,2,\cdots)$ 时,是奇排列.

(2) $\tau(13\cdots(2n-1)(2n)(2n-2)\cdots2)=0+2+4+\cdots.+(2n-2)=(n-1)n$,显然是偶排列.

2. 显然 $i,j,k\in\{3,6,8\}$,一共有 6 种情况,假设 $i=3,j=6,k=8$,那么 $\tau(127435689)=5$,为奇排列,满足要求,根据排列的对调性质,$i=6,j=3,k=8$ 和 $i=3,j=8,k=6$ 以及 $i=8,j=6,k=3$ 都是偶排列,而 $i=6,j=8,k=3$ 和 $i=8,j=3,k=6$ 是奇排列.

3. 利用行列式运算性质有

$$\begin{vmatrix} 18a_{11} & 2a_{12} & -8a_{13} \\ 9a_{21} & a_{22} & -4a_{23} \\ 9a_{31} & a_{32} & -4a_{33} \end{vmatrix} = 9\begin{vmatrix} 2a_{11} & 2a_{12} & -8a_{13} \\ a_{21} & a_{22} & -4a_{23} \\ a_{31} & a_{32} & -4a_{33} \end{vmatrix}$$

$$=-36\begin{vmatrix} 2a_{11} & 2a_{12} & 2a_{13} \\ a_{21} & a_{22} & a_{23} \\ a_{31} & a_{32} & a_{33} \end{vmatrix} = -72\begin{vmatrix} a_{11} & a_{12} & a_{13} \\ a_{21} & a_{22} & a_{23} \\ a_{31} & a_{32} & a_{33} \end{vmatrix} = -216.$$

4. (1) 原式 $\xlongequal{r_1-a_1r_4}\begin{vmatrix}0&-2a_1&-a_1&-a_1\\0&a_2&-a_2&0\\0&0&a_3&-a_3\\1&1&1&1\end{vmatrix}=-\begin{vmatrix}-2a_1&-a_1&-a_1\\a_2&-a_2&0\\0&a_3&-a_3\end{vmatrix}$

$$=a_1a_2a_3\begin{vmatrix}2&1&1\\1&-1&0\\0&1&-1\end{vmatrix}\xlongequal{r_1-2r_2}a_1a_2a_3\begin{vmatrix}0&3&1\\1&-1&0\\0&1&-1\end{vmatrix}=4a_1a_2a_3;$$

(2) 原式 $\xlongequal{r_i+r_1(i=2,3,\cdots,n)}\begin{vmatrix}1&2&3&\cdots&n-1&n\\0&2&6&\cdots&2n-2&2n\\0&0&3&\cdots&2n-2&2n\\\vdots&\vdots&\vdots&&\vdots&\vdots\\0&0&0&\cdots&n-1&n\\0&0&0&\cdots&0&n\end{vmatrix}=n!;$

(3) 当 $n=1$ 时,原式$=1$;当 $n=2$ 时,原式$=-1$;当 $n\geqslant 3$ 时,

原式 $\xlongequal{r_i-r_{i+1}(i=1,2,\cdots,n-1)}\begin{vmatrix}0&1&1&1&\cdots&1\\0&1-x&1&1&\cdots&1\\0&0&1-x&1&\cdots&1\\0&0&0&1-x&\cdots&1\\\vdots&\vdots&\vdots&\vdots&&\vdots\\0&0&0&0&\cdots&1\\1&x&x&x&\cdots&1\end{vmatrix}$

$$=(-1)^{n+1}\begin{vmatrix}1&1&\cdots&1&1\\1-x&1&\cdots&1&1\\0&1-x&\ddots&\vdots&\vdots\\\vdots&\vdots&\ddots&1&1\\0&0&\cdots&1-x&1\end{vmatrix}\xlongequal{r_1-r_2}(-1)^{n+1}\begin{vmatrix}x&0&\cdots&0&0\\1-x&1&\cdots&1&1\\0&1-x&\ddots&\vdots&\vdots\\\vdots&\vdots&\ddots&1&1\\0&0&\cdots&1-x&1\end{vmatrix}$$

$=(-1)^{n+1}xD_{n-2}=(-1)^{n+1}x^{n-3}D_2=(-1)^{n+1}x^{n-2};$

(4) 原式 $\xlongequal{\text{按照最后一行展开}}a_n+a_{n-1}x+\cdots+a_1x^{n-1};$

(5) 原式 $\xlongequal[c_4-c_1]{c_2-c_1,\ c_3-c_1}\begin{vmatrix}a^2&2a+1&4a+4&6a+9\\b^2&2b+1&4b+4&6b+9\\c^2&2c+1&4c+4&6c+9\\d^2&2d+1&4d+4&6d+9\end{vmatrix}\xlongequal[c_4-3c_2]{c_3-2c_2}\begin{vmatrix}a^2&2a+1&2&6\\b^2&2b+1&2&6\\c^2&2c+1&2&6\\d^2&2d+1&2&6\end{vmatrix}=0;$

(6) 原式 $\xlongequal{r_i-r_{i+1}(i=1,2,\cdots,n-1)}\begin{vmatrix}a_1&-a_2&\cdots&0\\0&a_2&\cdots&0\\\vdots&\vdots&&\vdots\\0&0&\cdots&-a_n\\1&1&\cdots&1+a_n\end{vmatrix}$

$$\xlongequal{\text{按照最后一行展开}}a_1a_2\cdots a_n+a_2a_3\cdots a_n+a_1a_3a_4\cdots a_n-a_1a_2a_4\cdots a_n+\cdots(-1)^na_1a_2\cdots a_{n-1};$$

(7)利用范德蒙德行列式,原式=$(b-a)(c-a)(b+c)(c-b)(a+c)(a+b)$;

(8)分别把第 $i(i=n,n-1,\cdots,2,1)$ 行调换到第 $n+1-i$ 行,可得

$$原式=(-1)^{\frac{n(n-1)}{2}}\begin{vmatrix} 1 & 1 & \cdots & 1 \\ a & (a-1) & \cdots & (a-n) \\ \vdots & \vdots & & \vdots \\ a^{n-1} & (a-1)^{n-1} & \cdots & (a-n)^{n-1} \\ a^n & (a-1)^n & \cdots & (a-n)^n \end{vmatrix},$$

再分别把第 $j(j=n,n-1,\cdots,2,1)$ 列调换到第$n+1-i$列,可得

$$原式=(-1)^{n(n-1)}\begin{vmatrix} 1 & 1 & \cdots & 1 \\ a-n & (a-n+1) & \cdots & a \\ \vdots & \vdots & & \vdots \\ (a-n)^{n-1} & (a-n+1)^{n-1} & \cdots & a^{n-1} \\ (a-n)^n & (a-n+1)^n & \cdots & a^n \end{vmatrix},$$

利用范德蒙德行列式,可得

原式$=(-1)^{(n+1)n}n!\ (n-1)!\ \cdots 1!$.

5. 左侧$=\begin{vmatrix} a_{n1} & \cdots & a_{nn} \\ \vdots & & \vdots \\ a_{11} & \cdots & a_{1n} \end{vmatrix}^{\mathrm{T}}=\begin{vmatrix} a_{n1} & \cdots & a_{11} \\ \vdots & & \vdots \\ a_{nn} & \cdots & a_{1n} \end{vmatrix}$,分别把第 $i(i=n,n-1,\cdots,2,1)$ 行调换到第$n+1-i$行,一共可以产生$(n-1)+(n-2)+\cdots+2+1=\dfrac{n(n-1)}{2}$个$(-1)$,即可得到,左侧=右侧 .

6. 左侧$\xlongequal{r_i-r_1(i=2,3,\cdots,n)}\begin{vmatrix} a_1 & a_2 & a_3 & \cdots & a_{n-1} & a_n \\ 0 & a_1-x & 0 & \cdots & 0 & 0 \\ 0 & 0 & a_2-x & \cdots & a_{n-1} & a_n \\ \vdots & \vdots & \vdots & & \vdots & \vdots \\ 0 & 0 & 0 & \cdots & a_{n-2}-x & a_n \\ 0 & 0 & 0 & \cdots & 0 & a_{n-1}-x \end{vmatrix}$

$=a_1(a_1-x)(a_2-x)\cdots(a_{n-1}-x)$,

所以,当 $a_1=0$ 时,x 可以是任何值;当 $a_1\neq 0$ 时,$x_1=a_1,x_2=a_2,\cdots,x_{n-1}=a_{n-1}$.

7. 0.

复习题二

1. (1)$\tau(532416)=0+1+2+1+4+0=8$,所以是正号;

(2)$\tau(162435)=0+0+1+1+2+1=5$,所以是负号;

(3)$\tau(251463)=0+0+2+1+0+3=6$,$\tau(136254)=0+0+0+2+1+2=5$,因为 $5+6=11$,所以是负号;

(4)$\tau(531462)=0+1+2+1+0+4=8$,所以是正号 .

2. $r=3,s=5,t=9$;或 $r=5,s=9,t=3$;或 $r=9,s=3,t=5$.

3. $i=2,j=1$.

4. $f(x)\xlongequal[r_3-3r_4]{r_1-2xr_4 \\ r_2-4r_4}\begin{vmatrix} 0 & 4x-1 & -5x & 2-2x^2 \\ 0 & x+8 & -11 & -1-4x \\ 0 & 8 & x-9 & 5-3x \\ 1 & -2 & 3 & x \end{vmatrix}=-\begin{vmatrix} 4x-1 & -5x & 2-2x^2 \\ x+8 & -11 & -1-4x \\ 8 & x-9 & 5-3x \end{vmatrix}$

由于是三阶导数,所以2次多项式的三阶导数都是0,因此

$$\frac{d^3f(x)}{dx^3}=[-(x+8)(x-9)(2-2x^2)+(-5x)(x+8)(5-3x)+(4x-1)(-1-4x)(x-9)]'''$$

$$=48x-12+90-96=48x-18.$$

5. 原式$=\lim\limits_{x\to0}(5x^3+3\sin x-2x-6x^2-x^3\sin x)/(2\cos x-\sin x-1)=0.$

6. BD.

7. D.

8. D

9. 原式$D\xlongequal{\text{所有列加到第一列}}x\begin{vmatrix}1&-1&1&x-1\\1&-1&x+1&-1\\1&x-1&1&-1\\1&-1&1&-1\end{vmatrix}\xlongequal[r_4-r_1]{r_2-r_1,\ r_3-r_1}x\begin{vmatrix}1&-1&1&x-1\\0&0&x&-x\\0&x&0&-x\\0&0&0&-x\end{vmatrix}=x^4.$

10. 原式$D_n=\begin{vmatrix}1&1&0&0&\cdots&0\\1&2&1&0&\cdots&0\\0&1&2&1&\cdots&0\\0&0&1&2&\cdots&0\\\vdots&\vdots&\vdots&\vdots&&\vdots\\0&0&0&0&\cdots&2\end{vmatrix}+\begin{vmatrix}1&1&0&0&\cdots&0\\0&2&1&0&\cdots&0\\0&1&2&1&\cdots&0\\0&0&1&2&\cdots&0\\\vdots&\vdots&\vdots&\vdots&&\vdots\\0&0&0&0&\cdots&2\end{vmatrix}$

$$=\begin{vmatrix}1&1&0&0&\cdots&0\\1&2&1&0&\cdots&0\\0&1&2&1&\cdots&0\\0&0&1&2&\cdots&0\\\vdots&\vdots&\vdots&\vdots&&\vdots\\0&0&0&0&\cdots&2\end{vmatrix}+D_{n-1},$$

其中,$\begin{vmatrix}1&1&0&0&\cdots&0\\1&2&1&0&\cdots&0\\0&1&2&1&\cdots&0\\0&0&1&2&\cdots&0\\\vdots&\vdots&\vdots&\vdots&&\vdots\\0&0&0&0&\cdots&2\end{vmatrix}=\begin{vmatrix}1&1&0\\1&2&1\\0&1&2\end{vmatrix}=1,$

所以$D_n=D_{n-1}+1$,从而可得

$$D_n=D_2+n-2=n+1.$$

11. 0.

12. 0.

13. $A_{14}=-\begin{vmatrix}c&b&d\\d&b&c\\a&b&d\end{vmatrix}=-(cbd+abc+bd^2-abd-bd^2-bc^2)=abd+bc^2-abc-bcd;$

$$A_{24}=\begin{vmatrix}a&b&c\\d&b&c\\a&b&d\end{vmatrix}=-(abd+bcd+abc-abc-bd^2-abc)=abd+bcd-abc-bd^2;$$

$$A_{34}=-\begin{vmatrix} a & b & c \\ c & b & d \\ a & b & d \end{vmatrix}=-(abd+bc^2+abd-abc-bcd-abd)=abc+bcd-abd-bc^2;$$

$$A_{44}=\begin{vmatrix} a & b & c \\ c & b & d \\ d & b & c \end{vmatrix}=abc+bc^2+bd^2-bcd-abd-bc^2=abc+bd^2-abd-bcd;$$

所以，$A_{14}+A_{24}+A_{34}+A_{44}=0$.

14. (1)0；

$$(2)A_{11}=\begin{vmatrix} 1 & 2 & 1 \\ 4 & 0 & 3 \\ -2 & 2 & -1 \end{vmatrix}\xlongequal[r_3+2r_1]{r_2-4r_1}\begin{vmatrix} 1 & 2 & 1 \\ 0 & -8 & -1 \\ 0 & 6 & 1 \end{vmatrix}=-2;$$

$$A_{21}=\begin{vmatrix} 0 & -3 & 7 \\ 4 & 0 & 3 \\ -2 & 2 & -1 \end{vmatrix}\xlongequal{r_2+2r_3}-\begin{vmatrix} 0 & -3 & 7 \\ 0 & 4 & 1 \\ -2 & 2 & -1 \end{vmatrix}=-62;$$

$$A_{31}=\begin{vmatrix} 0 & -3 & 7 \\ 1 & 2 & 1 \\ -2 & 2 & -1 \end{vmatrix}\xlongequal{r_3+2r_2}\begin{vmatrix} 0 & -3 & 7 \\ 1 & 2 & 1 \\ 0 & 6 & 1 \end{vmatrix}=45;$$

$$A_{41}=-\begin{vmatrix} 0 & -3 & 7 \\ 1 & 2 & 1 \\ 4 & 0 & 3 \end{vmatrix}\xlongequal{r_3-4r_2}-\begin{vmatrix} 0 & -3 & 7 \\ 1 & 2 & 1 \\ 0 & -8 & -1 \end{vmatrix}=59;$$

所以，$A_{11}+A_{21}+2A_{31}+1A_{41}=-2-62+90+118=144$.

15. 原式 $D_n=n!\begin{vmatrix} 1 & 1 & \cdots & 1 \\ 1 & 2^1 & \cdots & 2^{n-1} \\ 1 & 3^1 & \cdots & 3^{n-1} \\ \vdots & \vdots & & \vdots \\ 1 & n^1 & \cdots & n^{n-1} \end{vmatrix}\xlongequal{\text{利用范德蒙德行列式}} n!(n-1)!\cdots 1!$.

第 2 章　矩　　阵

习题 2.1

1. $\begin{pmatrix} 11 & -4 \\ -6 & -4 \end{pmatrix}$.

2. $\begin{pmatrix} \frac{5}{6} \\ \frac{2}{3} \\ \frac{5}{2} \end{pmatrix}$.

3. (1) $\begin{pmatrix} 27 \\ 4 \\ 9 \end{pmatrix}$；　(2) $\begin{pmatrix} 2 & -4 \\ -1 & 2 \\ 3 & -6 \end{pmatrix}$；　(3) -1；　(4) $\begin{pmatrix} 6 & -7 & 8 \\ 20 & -5 & -6 \end{pmatrix}$；　(5) $\begin{pmatrix} a_{11}x_1+a_{12}x_2+a_{13}x_3 \\ a_{21}x_1+a_{22}x_2+a_{23}x_3 \\ a_{31}x_1+a_{32}x_2+a_{33}x_3 \end{pmatrix}$；

(6) $a_{11}x_1^{\ 2}+a_{22}x_2^{\ 2}+a_{33}x_3^{\ 2}+(a_{12}+a_{21})x_1x_2+(a_{13}+a_{31})x_1x_3+(a_{23}+a_{32})x_2x_3$；

(7) $\begin{pmatrix} \lambda_1 a_{11} & \lambda_1 a_{12} \\ \lambda_2 a_{21} & \lambda_2 a_{22} \\ \lambda_3 a_{31} & \lambda_3 a_{32} \end{pmatrix}$；　(8) $\begin{pmatrix} \lambda_1 a_{11} & \lambda_2 a_{12} & \lambda_3 a_{13} \\ \lambda_1 a_{21} & \lambda_2 a_{22} & \lambda_3 a_{23} \end{pmatrix}$.

4. $\begin{pmatrix}1&0\\0&1\end{pmatrix}$,$\begin{pmatrix}1&0&0\\0&1&0\\1&0&0\end{pmatrix}$,$\begin{pmatrix}1&0\\0&1\end{pmatrix}$.

5. (1)$\begin{pmatrix}-9&7&13\\-3&-19&15\\1&21&-9\end{pmatrix}$; (2)$\begin{pmatrix}6&1&6\\0&-7&4\\2&5&-4\end{pmatrix}$; (3)32.

6. 略.

7. (1)设$\boldsymbol{A}=\begin{pmatrix}1&1\\0&1\end{pmatrix}$,$\boldsymbol{B}=\begin{pmatrix}0&1\\0&0\end{pmatrix}$,则$\boldsymbol{A}=\boldsymbol{B}+\boldsymbol{E}$且$\boldsymbol{B}^2=\boldsymbol{O}$,所以

$$\boldsymbol{A}^n=(\boldsymbol{B}+\boldsymbol{E})^n=n\boldsymbol{B}+\boldsymbol{E}^n=\begin{pmatrix}1&n\\0&1\end{pmatrix}.$$

(2)设$\boldsymbol{A}=\begin{pmatrix}1&1&0\\0&1&1\\0&0&1\end{pmatrix}$,$\boldsymbol{B}=\begin{pmatrix}0&1&0\\0&0&1\\0&0&0\end{pmatrix}$,则$\boldsymbol{A}=\boldsymbol{B}+\boldsymbol{E}$且$\boldsymbol{B}^2=\begin{pmatrix}0&0&1\\0&0&0\\0&0&0\end{pmatrix}$,$\boldsymbol{B}^3=\boldsymbol{O}$,所以

$$\boldsymbol{A}^n=(\boldsymbol{B}+\boldsymbol{E})^n=\mathrm{C}_n^2\boldsymbol{B}^2+\mathrm{C}_n^1\boldsymbol{B}+\boldsymbol{E}^n=\begin{pmatrix}1&n&\frac{n(n-1)}{2}\\0&1&n\\0&0&1\end{pmatrix};$$

(3)$\begin{pmatrix}a_1^n&0&0\\0&a_2^n&0\\0&0&a_3^n\end{pmatrix}$;

(4)$\begin{pmatrix}3&4\\4&-3\end{pmatrix}^2=\begin{pmatrix}25&0\\0&25\end{pmatrix}$.

当$n=2k$时,$\begin{pmatrix}3&4\\4&-3\end{pmatrix}^{2k}=\begin{pmatrix}25^k&0\\0&25^k\end{pmatrix}$;

当$n=2k+1$时,$\begin{pmatrix}3&4\\4&-3\end{pmatrix}^{2k+1}=\begin{pmatrix}25^k&0\\0&25^k\end{pmatrix}\begin{pmatrix}3&4\\4&-3\end{pmatrix}=25^k\begin{pmatrix}3&4\\4&-3\end{pmatrix}$.

8. $\begin{pmatrix}0&0\\0&0\end{pmatrix}$.

9. (1)$\left|\begin{pmatrix}1&-3&-4\\0&2&-5\\0&0&3\end{pmatrix}\begin{pmatrix}1&0&0\\4&2&0\\6&8&3\end{pmatrix}\right|=\begin{vmatrix}1&-3&-4\\0&2&-5\\0&0&3\end{vmatrix}\begin{vmatrix}1&0&0\\4&2&0\\6&8&3\end{vmatrix}=36$;

(2)$\begin{vmatrix}1&0&2&3\\1&1&6&8\\0&0&-1&0\\1&0&2&4\end{vmatrix}=(-1)(-1)^{3+3}\begin{vmatrix}1&0&3\\1&1&8\\1&0&4\end{vmatrix}=-\begin{vmatrix}1&3\\1&4\end{vmatrix}=-1$,

$$\left|\begin{pmatrix}1&0&2&3\\1&1&6&8\\0&0&-1&0\\1&0&2&4\end{pmatrix}^4\right|=\begin{vmatrix}1&0&2&3\\1&1&6&8\\0&0&-1&0\\1&0&2&4\end{vmatrix}^4=(-1)^4=1;$$

(3) $\left|-\begin{pmatrix}1&0&0&0\\0&1&0&0\\0&0&1&0\\0&0&0&1\end{pmatrix}\right|=(-1)^4\begin{vmatrix}1&0&0&0\\0&1&0&0\\0&0&1&0\\0&0&0&1\end{vmatrix}=1$;

(4) $\left|\begin{pmatrix}-3&4&0&0\\4&3&0&0\\0&0&-1&1\\0&0&3&2\end{pmatrix}^{2n}\right|=\begin{vmatrix}-3&4&0&0\\4&3&0&0\\0&0&-1&1\\0&0&3&2\end{vmatrix}^{2n}=\left(\begin{vmatrix}-3&4\\4&3\end{vmatrix}\begin{vmatrix}-1&1\\3&2\end{vmatrix}\right)^{2n}=5^{6n}$.

10. $(\boldsymbol{AB})^{\mathrm{T}}=\boldsymbol{A}^{\mathrm{T}}\boldsymbol{B}^{\mathrm{T}}=(\boldsymbol{BA})^{\mathrm{T}}=((\boldsymbol{AB})^{\mathrm{T}})^{\mathrm{T}}=(\boldsymbol{A}^{\mathrm{T}}\boldsymbol{B}^{\mathrm{T}})^{\mathrm{T}}=((\boldsymbol{BA})^{\mathrm{T}})^{\mathrm{T}}\Rightarrow \boldsymbol{AB}=\boldsymbol{BA}$,

$\boldsymbol{AB}=\boldsymbol{BA}\Rightarrow(\boldsymbol{AB})^{\mathrm{T}}=(\boldsymbol{BA})^{\mathrm{T}}\Rightarrow(\boldsymbol{AB})^{\mathrm{T}}=\boldsymbol{A}^{\mathrm{T}}\boldsymbol{B}^{\mathrm{T}}$.

11. $(\boldsymbol{A}-\boldsymbol{B}^2)^{\mathrm{T}}=\boldsymbol{A}^{\mathrm{T}}-(\boldsymbol{B}^2)^{\mathrm{T}}=\boldsymbol{A}-(\boldsymbol{B}^{\mathrm{T}})^2=\boldsymbol{A}-(-\boldsymbol{B})^2=\boldsymbol{A}-\boldsymbol{B}^2$.

12. $|\boldsymbol{A}+\boldsymbol{E}_n|=|\boldsymbol{A}+\boldsymbol{AA}^{\mathrm{T}}|=|\boldsymbol{A}(\boldsymbol{E}+\boldsymbol{A}^{\mathrm{T}})|=|\boldsymbol{A}||\boldsymbol{E}+\boldsymbol{A}^{\mathrm{T}}|=-|(\boldsymbol{E}+\boldsymbol{A})^{\mathrm{T}}|=-|\boldsymbol{E}+\boldsymbol{A}|\Rightarrow|\boldsymbol{E}+\boldsymbol{A}|=0$.

13. 由 $\boldsymbol{A}\neq 0$ 和 $A_{ij}=-a_{ij}(i,j=1,2,3)$ 得

$$|\boldsymbol{A}|=\sum_{j=1}^{3}a_{1j}A_{1j}=-\sum_{j=1}^{3}a_{1j}^2\neq 0,$$
$$\boldsymbol{A}=-(\boldsymbol{A}^*)^{\mathrm{T}},$$

两端右乘 $\boldsymbol{A}^{\mathrm{T}}$,得

$$\boldsymbol{AA}^{\mathrm{T}}=-(\boldsymbol{A}^*)^{\mathrm{T}}\boldsymbol{A}^{\mathrm{T}}=-(\boldsymbol{AA}^*)^{\mathrm{T}}=-(|\boldsymbol{A}|\boldsymbol{E})^{\mathrm{T}},$$

两端取行列式,得

$$|\boldsymbol{A}|^2=(-1)^3|\boldsymbol{A}|^3,$$
$$|\boldsymbol{A}|^2(|\boldsymbol{A}|+1)=0.$$

因为 $|\boldsymbol{A}|\neq 0$,所以 $|\boldsymbol{A}|=-1$.

14. $|\boldsymbol{B}|=-3$,

$|\boldsymbol{BA}^*|=|\boldsymbol{B}|\cdot|\boldsymbol{A}^*|=|\boldsymbol{B}|\cdot|\boldsymbol{A}|^2=-27$.

15. 由 $\boldsymbol{BA}-\boldsymbol{B}=2\boldsymbol{E}$ 得

$\boldsymbol{B}(\boldsymbol{A}-\boldsymbol{E})=2\boldsymbol{E}$,

$|\boldsymbol{B}|\cdot|\boldsymbol{A}-\boldsymbol{E}|=|2\boldsymbol{E}|$.

因为 $|\boldsymbol{A}-\boldsymbol{E}|=2$, $|2\boldsymbol{E}|=4$. 所认 $|\boldsymbol{B}|=2$.

习题 2.2

1. (1) $\begin{pmatrix}\cos\theta&\sin\theta\\-\sin\theta&\cos\theta\end{pmatrix}$; (2) $\begin{pmatrix}-2&1&1\\-6&1&4\\5&-1&-3\end{pmatrix}$; (3) $\frac{1}{4}\begin{pmatrix}3&2&1\\2&4&2\\1&2&3\end{pmatrix}$; (4) $\begin{pmatrix}1&0&-2&-3\\0&1&-4&-5\\0&0&1&0\\0&0&0&1\end{pmatrix}$.

2. 方程 $\boldsymbol{AA}^*=\boldsymbol{A}^*\boldsymbol{A}=|\boldsymbol{A}|\boldsymbol{E}$ 两边同时取行列式得

$$|\boldsymbol{A}||\boldsymbol{A}^*|=|\boldsymbol{AA}^*|=||\boldsymbol{A}|\boldsymbol{E}|=|\boldsymbol{A}|^n|\boldsymbol{E}|=|\boldsymbol{A}|^n.$$

当 $|\boldsymbol{A}|\neq 0$ 时,显然有 $|\boldsymbol{A}^*|=|\boldsymbol{A}|^{n-1}$.

当 $|\boldsymbol{A}|=0$ 时,则要证明 $|\boldsymbol{A}^*|=0$. 用反证法．如果 $|\boldsymbol{A}^*|\neq 0$,则 $\boldsymbol{A}^*$ 可逆,矩阵等式 $\boldsymbol{AA}^*=|\boldsymbol{A}|\boldsymbol{E}=\boldsymbol{O}$ 的两边同时右乘 $(\boldsymbol{A}^*)^{-1}$ 得 $\boldsymbol{A}=\boldsymbol{O}$,从而 $\boldsymbol{A}^*=\boldsymbol{O}$,所以 $|\boldsymbol{A}^*|=0$,与假设 $|\boldsymbol{A}^*|\neq 0$ 矛盾,所以必有 $|\boldsymbol{A}^*|=0$.

3. 提示:用归纳法．利用 $\boldsymbol{PP}^{-1}=\boldsymbol{E}$.

4. $|-3\boldsymbol{A}^{-1}|=(-3)^3|\boldsymbol{A}^{-1}|=\dfrac{(-3)^3}{|\boldsymbol{A}|}=-9$,

$$\left|\left(\frac{1}{3}\boldsymbol{A}^{\mathrm{T}}\right)^{-1}\right|=\frac{1}{\left|\frac{1}{3}\boldsymbol{A}^{\mathrm{T}}\right|}=\frac{1}{\left(\frac{1}{3}\right)^3|\boldsymbol{A}^{\mathrm{T}}|}=\frac{3^3}{|\boldsymbol{A}|}=9,$$

$|A^*|=|A|^{3-1}=9$,

$|(2A)^*|=|2A|^{3-1}=(2^3|A|)^2=576$,

$|(3A^*)^{-1}|=\frac{1}{|3A^*|}=\frac{1}{3^3|A^*|}=\frac{1}{3^3\ |A|^2}=\frac{1}{243}$,

$|5A^{-1}-2A^*|=\left|5\frac{A^*}{|A|}-2A^*\right|=\left|-\frac{1}{3}A^*\right|=\left(-\frac{1}{3}\right)^3|A|^2=-\frac{1}{3}$.

5. 由 $AB=A+B$ 得 $B=(A-E)^{-1}A=\begin{pmatrix}-1&0&0\\0&1&0\\0&0&1\end{pmatrix}^{-1}\begin{pmatrix}0&0&0\\0&2&0\\0&0&2\end{pmatrix}=\begin{pmatrix}0&0&0\\0&2&0\\0&0&2\end{pmatrix}$.

6. 由 $A^k=O$ 得 $E^k-A^k=E$,即$(E-A)(E+A+A^2+\cdots+A^{k-1})=E$,所以$(E-A)^{-1}=E+A+A^2+\cdots+A^{k-1}$.

7. 由 $A^2+2A-E=O$ 得,$\left[-\frac{1}{2}(A-E)\right](A+3E)=E$,所以 $A+3E$ 可逆,且$(A+3E)^{-1}=-\frac{1}{2}(A-E)$.

8. 由 $A^2=E_n$ 得$(A+E_n)(A-E_n)=O$,因为$|A+E_n|\neq0$,所以 $A+E_n$ 可逆,等式$(A+E_n)(A-E_n)=O$ 两边同时左乘$(A+E_n)^{-1}$得 $A-E_n=O$,即 $A=E_n$.

9. $A+B^{-1}=(AB+E)B^{-1}=A(B+A^{-1})B^{-1}$, $|A+B^{-1}|=|A|\cdot|B+A^{-1}|\cdot|B^{-1}|=3\times2\times\frac{1}{2}=3$.

习题 2.3

1. (1)C; (2)A; (3) D.

2. (1) $\begin{pmatrix}1&-1&2\\3&2&1\\1&-2&0\end{pmatrix}\to\begin{pmatrix}1&-1&2\\0&5&-5\\0&-1&-2\end{pmatrix}\to\begin{pmatrix}1&-1&2\\0&5&-5\\0&-1&-2\end{pmatrix}\to\begin{pmatrix}1&0&1\\0&1&-1\\0&0&-3\end{pmatrix}\to\begin{pmatrix}1&0&0\\0&1&0\\0&0&1\end{pmatrix}$,

行最简形矩阵为$\begin{pmatrix}1&0&0\\0&1&0\\0&0&1\end{pmatrix}$,标准形为$\begin{pmatrix}1&0&0\\0&1&0\\0&0&1\end{pmatrix}$;

(2) $\begin{pmatrix}3&4&0&3\\2&3&0&1\\1&2&0&-1\end{pmatrix}\to\begin{pmatrix}1&2&0&-1\\0&-1&0&3\\0&-2&0&6\end{pmatrix}\to\begin{pmatrix}1&0&0&5\\0&-1&0&3\\0&0&0&0\end{pmatrix}\to\begin{pmatrix}1&0&0&5\\0&1&0&-3\\0&0&0&0\end{pmatrix}\to\begin{pmatrix}1&0&0&0\\0&1&0&0\\0&0&0&0\end{pmatrix}$,

行最简形矩阵为$\begin{pmatrix}1&0&0&5\\0&1&0&-3\\0&0&0&0\end{pmatrix}$,标准形为$\begin{pmatrix}1&0&0&0\\0&1&0&0\\0&0&0&0\end{pmatrix}$;

(3) $\begin{pmatrix}3&-3&5&-4&1\\2&-2&3&-2&0\\1&-1&3&-4&3\\3&-3&4&-2&-1\end{pmatrix}\to\begin{pmatrix}1&-1&3&-4&3\\0&0&-3&6&-6\\0&0&-4&8&-8\\0&0&-5&10&-10\end{pmatrix}\to\begin{pmatrix}1&-1&3&-4&3\\0&0&-1&2&-2\\0&0&-1&2&-2\\0&0&-1&2&-2\end{pmatrix}\to$

$\begin{pmatrix}1&-1&0&2&-3\\0&0&1&-2&2\\0&0&0&0&0\\0&0&0&0&0\end{pmatrix}\to\begin{pmatrix}1&0&0&0&0\\0&1&0&0&0\\0&0&0&0&0\\0&0&0&0&0\end{pmatrix}$,

行最简形矩阵为$\begin{pmatrix}1&-1&0&2&-3\\0&0&1&-2&2\\0&0&0&0&0\\0&0&0&0&0\end{pmatrix}$,标准形为$\begin{pmatrix}1&0&0&0&0\\0&1&0&0&0\\0&0&0&0&0\\0&0&0&0&0\end{pmatrix}$.

3. (1) $\begin{pmatrix}-4 & 1\\ 1 & 0\end{pmatrix}$; (2) $\begin{pmatrix}1 & -4 & -3\\ 1 & -5 & -3\\ -1 & 6 & 4\end{pmatrix}$; (3) $\begin{pmatrix}1 & -2 & 1\\ 0 & 1 & -2\\ 0 & 0 & 1\end{pmatrix}$;

(4) $\begin{pmatrix}22 & -6 & -26 & 17\\ -17 & 5 & 20 & -13\\ -1 & 0 & 2 & -1\\ 4 & -1 & -5 & 3\end{pmatrix}$.

4. (1) $\begin{pmatrix}2 & 4\\ 0 & -1\end{pmatrix}$; (2) $\begin{pmatrix}1 & 1 & 2\\ 5 & 6 & 4\end{pmatrix}$; (3) $\begin{pmatrix}-0.4 & -1\\ -0.2 & 1\\ 2.4 & 2\end{pmatrix}$;

(4) $\boldsymbol{X}\begin{pmatrix}2 & 0\\ -1 & 1\end{pmatrix}=\begin{pmatrix}1 & -1\\ 0.5 & 0.5\end{pmatrix}$, $\boldsymbol{X}=\begin{pmatrix}0 & -1\\ 0.5 & 0.5\end{pmatrix}$;

(5) 由初等变换与初等方阵之间的关系得

$$\boldsymbol{X}=\begin{pmatrix}0 & 1 & 0\\ 1 & 0 & 0\\ 0 & 0 & 1\end{pmatrix}^{-1}\begin{pmatrix}1 & -4 & 3\\ 2 & 0 & -1\\ 1 & -2 & 0\end{pmatrix}\begin{pmatrix}1 & 0 & 0\\ 0 & 0 & 1\\ 0 & 1 & 0\end{pmatrix}^{-1}=\begin{pmatrix}0 & 1 & 0\\ 1 & 0 & 0\\ 0 & 0 & 1\end{pmatrix}\begin{pmatrix}1 & -4 & 3\\ 2 & 0 & -1\\ 1 & -2 & 0\end{pmatrix}\begin{pmatrix}1 & 0 & 0\\ 0 & 0 & 1\\ 0 & 1 & 0\end{pmatrix}$$

$$=\begin{pmatrix}2 & 0 & -1\\ 1 & -4 & 3\\ 1 & -2 & 0\end{pmatrix}\begin{pmatrix}1 & 0 & 0\\ 0 & 0 & 1\\ 0 & 1 & 0\end{pmatrix}=\begin{pmatrix}2 & -1 & 0\\ 1 & 3 & -4\\ 1 & 0 & -2\end{pmatrix}.$$

5. $\boldsymbol{X}=(\boldsymbol{A}-2\boldsymbol{E})^{-1}\boldsymbol{A}=\begin{pmatrix}3 & -8 & -6\\ 2 & -9 & -6\\ -2 & 12 & 9\end{pmatrix}$.

6. $\boldsymbol{B}=(\boldsymbol{A}-\boldsymbol{E})^{-1}\boldsymbol{A}=\begin{pmatrix}2 & 0 & 0 & 0\\ -1 & 2 & 0 & 0\\ 0 & -1 & 2 & 0\\ 0 & 0 & -1 & 2\end{pmatrix}$.

7. 方程两端左乘 $\boldsymbol{C}$. 得

$$\boldsymbol{C}(2\boldsymbol{E}-\boldsymbol{C}^{-1}\boldsymbol{B})\boldsymbol{A}^{\mathrm{T}}=\boldsymbol{E}$$
$$(2\boldsymbol{C}-\boldsymbol{B})\boldsymbol{A}^{\mathrm{T}}=\boldsymbol{E}$$
$$\boldsymbol{A}^{\mathrm{T}}=(2\boldsymbol{C}-\boldsymbol{B})^{-1}$$
$$\boldsymbol{A}=[(2\boldsymbol{C}-\boldsymbol{B})^{-1}]^{\mathrm{T}}=\begin{pmatrix}1 & 0 & 0 & 0\\ -2 & 1 & 0 & 0\\ 1 & -2 & 1 & 0\\ 0 & 1 & -2 & 1\end{pmatrix}.$$

习题 2.4

1. C.

2. 因为 $|\boldsymbol{B}|=10\neq 0$,所以 $\boldsymbol{B}$ 可逆,所以 $R(\boldsymbol{AB})=2$.

3. 在秩为 r 的矩阵中,有等于 0 的 $r-1$ 阶子式,有等于 0 的 r 阶子式.

例如,矩阵 $\boldsymbol{A}=\begin{pmatrix}1 & 0 & 0 & 0\\ 0 & 1 & 0 & 0\\ 0 & 0 & 1 & 0\end{pmatrix}$, $R(\boldsymbol{A})=3$,有二阶子式 $\begin{vmatrix}0 & 0\\ 0 & 0\end{vmatrix}=0$,有三阶子式 $\begin{vmatrix}0 & 0 & 0\\ 1 & 0 & 0\\ 0 & 1 & 0\end{vmatrix}=0$.

4. (1) $\begin{pmatrix}3 & 1 & 0 & 2\\ 1 & -1 & 2 & -1\\ 1 & 3 & -4 & 4\end{pmatrix}\to\begin{pmatrix}1 & -1 & 2 & -1\\ 0 & 4 & -6 & 5\\ 0 & 0 & 0 & 0\end{pmatrix}$;

秩为2,最高阶非零子式$\begin{vmatrix}3&1\\1&-1\end{vmatrix}=-4$.

(2)$\begin{pmatrix}2&-3&0&7&-5\\1&0&3&2&0\\2&1&8&3&7\\3&-2&5&8&0\end{pmatrix}\rightarrow\begin{pmatrix}1&0&3&2&0\\0&-3&-6&3&-5\\0&1&2&-1&7\\0&-2&-4&2&0\end{pmatrix}\rightarrow\begin{pmatrix}1&0&3&2&0\\0&1&2&-1&7\\0&0&0&0&1\\0&0&0&0&0\end{pmatrix}$;

秩为3,最高阶非零子式$\begin{vmatrix}2&-3&-5\\1&0&0\\2&1&7\end{vmatrix}=16$.

(3)$\begin{pmatrix}1&0&0&1&4\\0&1&0&2&5\\0&0&1&3&6\\1&2&3&14&32\\4&5&6&32&77\end{pmatrix}\rightarrow\begin{pmatrix}1&0&0&1&4\\0&1&0&2&5\\0&0&1&3&6\\0&2&3&13&28\\0&5&6&28&61\end{pmatrix}\rightarrow\begin{pmatrix}1&0&0&1&4\\0&1&0&2&5\\0&0&1&3&6\\0&0&3&9&18\\0&0&6&18&36\end{pmatrix}\rightarrow\begin{pmatrix}1&0&0&1&4\\0&1&0&2&5\\0&0&1&3&6\\0&0&0&0&0\\0&0&0&0&0\end{pmatrix}$.

秩为3,最高阶非零子式$\begin{pmatrix}1&0&0\\0&1&0\\0&0&1\end{pmatrix}$

5. $\boldsymbol{A}=\begin{pmatrix}1&1&1\\a&1&1\\1&1&a\end{pmatrix}\rightarrow\begin{pmatrix}1&1&1\\0&1-a&1-a\\0&0&a-1\end{pmatrix}$.

当$a=1$时,$R(\boldsymbol{A})=1$;当$a\neq1$时,$R(\boldsymbol{A})=3$.

6. 利用初等变换将$\boldsymbol{A}$化成阶梯形:

$$\boldsymbol{A}=\begin{pmatrix}2&a&\cdots&a\\a&2&\cdots&a\\\vdots&\vdots&&\vdots\\a&a&\cdots&2\end{pmatrix}\xrightarrow[]{\substack{r_2-r_1\\r_3-r_1\\\vdots\\r_n-r_1}}\begin{pmatrix}2&a&a&\cdots&a\\a-2&2-a&0&\cdots&0\\a-2&0&2-a&\cdots&0\\\vdots&\vdots&\vdots&&\vdots\\a-2&0&0&\cdots&2-a\end{pmatrix}$$

$$\xrightarrow[\substack{c_1+c_2\\c_1+c_3\\\vdots\\c_1+c_n}]{}\begin{pmatrix}2+(n-1)a&a&a&\cdots&a\\0&2-a&0&\cdots&0\\0&0&2-a&\cdots&0\\\vdots&\vdots&\vdots&&\vdots\\0&0&0&\cdots&2-a\end{pmatrix}.$$

当$a=2$时,

$$\boldsymbol{A}\rightarrow\begin{pmatrix}2n&2&2&\cdots&2\\0&0&0&\cdots&0\\0&0&0&\cdots&0\\\vdots&\vdots&\vdots&&\vdots\\0&0&0&\cdots&0\end{pmatrix},$$

所以$R(\boldsymbol{A})=1$.

当$a\neq2$且$2+(n-1)a\neq0$时,$R(\boldsymbol{A})=n$.

当$a\neq2$且$2+(n-1)a=0$,即$a=\dfrac{2}{1-n}$时,

$$A\to\begin{pmatrix}0&a&a&\cdots&a\\0&1&0&\cdots&0\\0&0&1&\cdots&0\\\vdots&\vdots&\vdots&&\vdots\\0&0&0&\cdots&1\end{pmatrix}\to\begin{pmatrix}0&0&0&\cdots&0\\0&1&0&\cdots&0\\0&0&1&\cdots&0\\\vdots&\vdots&\vdots&&\vdots\\0&0&0&\cdots&1\end{pmatrix},$$

所以 $R(\boldsymbol{A})=n-1$.

7. $R(\boldsymbol{A}^3)=1$.

习题 2.5

1. (1) $\begin{pmatrix}-7&-3&-19\\2&6&-19\\-5&19&6\end{pmatrix}$;　(2) $\boldsymbol{AB}=\begin{pmatrix}1&0\\2&0\\0&30\end{pmatrix}$.

2. (1) $\begin{pmatrix}\boldsymbol{A}&\boldsymbol{O}\\\boldsymbol{O}&\boldsymbol{B}\end{pmatrix}^{-1}=\begin{pmatrix}\boldsymbol{A}^{-1}&\boldsymbol{O}\\\boldsymbol{O}&\boldsymbol{B}^{-1}\end{pmatrix}=\begin{pmatrix}5&-2&0&0\\-2&1&0&0\\0&0&\frac{1}{7}&-\frac{1}{7}\\0&0&0&1\end{pmatrix}$;

(2) $\begin{pmatrix}\boldsymbol{A}&\boldsymbol{O}\\\boldsymbol{B}&\boldsymbol{C}\end{pmatrix}^{-1}=\begin{pmatrix}\boldsymbol{A}^{-1}&\boldsymbol{O}\\-\boldsymbol{C}^{-1}\boldsymbol{BA}^{-1}&\boldsymbol{C}^{-1}\end{pmatrix}=\begin{pmatrix}1&0&0&0\\-\frac{1}{2}&\frac{1}{2}&0&0\\-\frac{1}{2}&\frac{1}{6}&\frac{1}{3}&0\\\frac{1}{8}&-\frac{7}{24}&-\frac{1}{12}&\frac{1}{4}\end{pmatrix}$;

(3) $\begin{pmatrix}\boldsymbol{O}&\boldsymbol{A}\\\boldsymbol{B}&\boldsymbol{O}\end{pmatrix}^{-1}=\begin{pmatrix}\boldsymbol{O}&\boldsymbol{B}^{-1}\\\boldsymbol{A}^{-1}&\boldsymbol{O}\end{pmatrix}=\begin{pmatrix}0&0&\frac{4}{5}&-\frac{7}{5}\\0&0&-\frac{1}{5}&\frac{3}{5}\\\frac{2}{5}&-\frac{3}{5}&0&0\\\frac{1}{5}&\frac{1}{5}&0&0\end{pmatrix}$.

3. 由 $\boldsymbol{A}^2=\boldsymbol{E}$ 得 $(\boldsymbol{A}+\boldsymbol{E})(\boldsymbol{A}-\boldsymbol{E})=\boldsymbol{O}$,由秩的性质(6)可得 $R(\boldsymbol{A}+\boldsymbol{E})+R(\boldsymbol{A}-\boldsymbol{E})\leqslant n$. 因为 $(\boldsymbol{A}+\boldsymbol{E})+(\boldsymbol{E}-\boldsymbol{A})=2\boldsymbol{E}$, $R(\boldsymbol{A}-\boldsymbol{E})=R(\boldsymbol{E}-\boldsymbol{A})$,所以由秩的性质(3)得 $R(\boldsymbol{A}+\boldsymbol{E})+R(\boldsymbol{A}-\boldsymbol{E})=R(\boldsymbol{A}+\boldsymbol{E})+R(\boldsymbol{E}-\boldsymbol{A})\geqslant R(\boldsymbol{A}+\boldsymbol{E}+\boldsymbol{E}-\boldsymbol{A})=R(2\boldsymbol{E})=n$.

综上可得　$R(\boldsymbol{A})+R(\boldsymbol{A}-\boldsymbol{E})=n$.

4. 由 $\boldsymbol{A}^2-3\boldsymbol{A}+2\boldsymbol{E}=\boldsymbol{O}$ 得 $(\boldsymbol{A}-\boldsymbol{E})(\boldsymbol{A}-2\boldsymbol{E})=\boldsymbol{O}$,由秩的性质(6)可得 $R(\boldsymbol{A}-\boldsymbol{E})+R(\boldsymbol{A}-2\boldsymbol{E})\leqslant n$.

因为 $(\boldsymbol{A}-2\boldsymbol{E})+(\boldsymbol{E}-\boldsymbol{A})=-\boldsymbol{E}$, $R(\boldsymbol{A}-\boldsymbol{E})=R(\boldsymbol{E}-\boldsymbol{A})$,所以由秩的性质(3)得

$$R(\boldsymbol{A}-\boldsymbol{E})+R(\boldsymbol{A}-2\boldsymbol{E})=R(A-2E)+R(\boldsymbol{E}-\boldsymbol{A})\geqslant R(\boldsymbol{A}-2\boldsymbol{E}+\boldsymbol{E}-\boldsymbol{A})=R(-\boldsymbol{E})=n.$$

综上可得　$R(\boldsymbol{A}-\boldsymbol{E})+R(\boldsymbol{A}-2\boldsymbol{E})=n$.

5. $\boldsymbol{Q}=(\boldsymbol{\alpha}_1+\boldsymbol{\alpha}_2,\boldsymbol{\alpha}_2,\boldsymbol{\alpha}_3)=(\boldsymbol{\alpha}_1,\boldsymbol{\alpha}_2,\boldsymbol{\alpha}_3)\begin{pmatrix}1&0&0\\1&1&0\\0&0&1\end{pmatrix}=\boldsymbol{P}\begin{pmatrix}1&0&0\\1&1&0\\0&0&1\end{pmatrix}$,

$$\boldsymbol{Q}^{\mathrm{T}}\boldsymbol{AQ}=\begin{pmatrix}1&0&0\\1&1&0\\0&0&1\end{pmatrix}^{\mathrm{T}}\boldsymbol{P}^{\mathrm{T}}\boldsymbol{AP}\begin{pmatrix}1&0&0\\1&1&0\\0&0&1\end{pmatrix}=\begin{pmatrix}1&1&0\\0&1&0\\0&0&1\end{pmatrix}\begin{pmatrix}1&0&0\\0&1&0\\0&0&2\end{pmatrix}\begin{pmatrix}1&0&0\\1&1&0\\0&0&1\end{pmatrix}=\begin{pmatrix}2&1&0\\1&1&0\\0&0&2\end{pmatrix}.$$

6. 由 $|\boldsymbol{C}|=|\boldsymbol{A}|\cdot|\boldsymbol{B}|=6\neq 0$ 知 $\boldsymbol{C}$ 为可逆矩阵,所以

$$\boldsymbol{C}^*=|\boldsymbol{C}|\boldsymbol{C}^{-1}=6\begin{pmatrix}\boldsymbol{0}&\boldsymbol{A}\\\boldsymbol{B}&\boldsymbol{0}\end{pmatrix}^{-1}=6\begin{pmatrix}\boldsymbol{0}&\boldsymbol{B}^{-1}\\\boldsymbol{A}^{-1}&\boldsymbol{0}\end{pmatrix}=6\begin{pmatrix}\boldsymbol{0}&\dfrac{\boldsymbol{B}^*}{|\boldsymbol{B}|}\\\dfrac{\boldsymbol{A}^*}{|\boldsymbol{A}|}&\boldsymbol{0}\end{pmatrix}=\begin{pmatrix}\boldsymbol{0}&2\boldsymbol{B}^*\\3\boldsymbol{A}^*&\boldsymbol{0}\end{pmatrix}.$$

复习题一

1. $\boldsymbol{A}^{\mathrm{T}}\boldsymbol{B}=\begin{pmatrix}1\\2\end{pmatrix}(2,1)=\begin{pmatrix}2&1\\4&2\end{pmatrix}$, $\boldsymbol{B}\boldsymbol{A}^{\mathrm{T}}=(2,1)\begin{pmatrix}1\\2\end{pmatrix}=4$,

$$\boldsymbol{C}^{99}=\underbrace{(\boldsymbol{A}^{\mathrm{T}}\boldsymbol{B})(\boldsymbol{A}^{\mathrm{T}}\boldsymbol{B})\cdots(\boldsymbol{A}^{\mathrm{T}}\boldsymbol{B})}_{99个}=\boldsymbol{A}^{\mathrm{T}}\underbrace{(\boldsymbol{B}\boldsymbol{A}^{\mathrm{T}})(\boldsymbol{B}\boldsymbol{A}^{\mathrm{T}})\cdots(\boldsymbol{B}\boldsymbol{A}^{\mathrm{T}})}_{98个}\boldsymbol{B}$$

$$=4^{98}\boldsymbol{A}^{\mathrm{T}}\boldsymbol{B}=4^{98}\begin{pmatrix}2&1\\4&2\end{pmatrix}.$$

2. (1) 数学归纳法. 当 $n=3$ 时, $\boldsymbol{A}^3=\begin{pmatrix}1&0&0\\2&0&1\\1&1&0\end{pmatrix}=\boldsymbol{A}+\boldsymbol{A}^2-\boldsymbol{E}$,命题成立.

假设当 $n=k-1$ 时成立,即有 $\boldsymbol{A}^{k-1}=\boldsymbol{A}^{k-3}+\boldsymbol{A}^2-\boldsymbol{E}$,则当 $n=k$ 时,有 $\boldsymbol{A}^k=\boldsymbol{A}\cdot\boldsymbol{A}^{k-1}=\boldsymbol{A}(\boldsymbol{A}^{k-3}+\boldsymbol{A}^2-\boldsymbol{E})=\boldsymbol{A}^{k-2}+\boldsymbol{A}^3-\boldsymbol{A}=\boldsymbol{A}^{k-2}+\boldsymbol{A}^2-\boldsymbol{E}$.

(2) $\boldsymbol{A}^2=\begin{pmatrix}1&0&0\\1&1&0\\1&0&1\end{pmatrix}=\begin{pmatrix}0&0&0\\1&0&0\\1&0&0\end{pmatrix}+\begin{pmatrix}1&0&0\\0&1&0\\0&0&1\end{pmatrix}=\boldsymbol{B}+\boldsymbol{E}$, $\boldsymbol{B}^2=\boldsymbol{O}$,则

$$\boldsymbol{A}^{100}=\boldsymbol{A}^{98}+\boldsymbol{A}^2-\boldsymbol{E}=\boldsymbol{A}^{96}+2(\boldsymbol{A}^2-\boldsymbol{E})=\cdots=\boldsymbol{A}^2+49(\boldsymbol{A}^2-\boldsymbol{E})$$

$$=50\boldsymbol{A}^2-49\boldsymbol{E}=\begin{pmatrix}1&0&0\\50&1&0\\50&0&1\end{pmatrix}.$$

或者 $\boldsymbol{A}^{100}=(\boldsymbol{A}^2)^{50}=(\boldsymbol{B}+\boldsymbol{E})^{50}=50\boldsymbol{B}+\boldsymbol{E}=\begin{pmatrix}1&0&0\\50&1&0\\50&0&1\end{pmatrix}$.

3. 必要性. 如果 $\boldsymbol{AB}$ 是对称阵,则 $\boldsymbol{AB}=(\boldsymbol{AB})^{\mathrm{T}}=\boldsymbol{B}^{\mathrm{T}}\boldsymbol{A}^{\mathrm{T}}=\boldsymbol{BA}$.

充分性. 如果 $\boldsymbol{AB}=\boldsymbol{BA}$,则 $(\boldsymbol{AB})^{\mathrm{T}}=(\boldsymbol{BA})^{\mathrm{T}}=\boldsymbol{A}^{\mathrm{T}}\boldsymbol{B}^{\mathrm{T}}=\boldsymbol{AB}$.

4. $|-2\boldsymbol{A}^{-1}|=(-2)^3|\boldsymbol{A}^{-1}|=\dfrac{-8}{|\boldsymbol{A}|}=-\dfrac{8}{3}$,

$|\boldsymbol{A}^*|=|\boldsymbol{A}|^2=9$,

$|(2\boldsymbol{A})^*|=|2\boldsymbol{A}|^2=(2^3|\boldsymbol{A}|)^2=24^2=576$,

$|5\boldsymbol{A}^{-1}-2\boldsymbol{A}^*|=|5\boldsymbol{A}^{-1}-2\times 3\boldsymbol{A}^{-1}|=|-\boldsymbol{A}^{-1}|=(-1)^3|\boldsymbol{A}^{-1}|=-\dfrac{1}{|\boldsymbol{A}|}=-\dfrac{1}{3}$.

5. (1) $\dfrac{1}{4}\begin{pmatrix}1&1&1&1\\1&1&-1&-1\\1&-1&1&-1\\1&-1&-1&1\end{pmatrix}$;

(2) $(\boldsymbol{A}\,\vdots\,\boldsymbol{E})\rightarrow\left(\begin{array}{cccccc:cccccc}0&a_1&0&\cdots&0&0&1&0&0&\cdots&0&0\\0&0&a_2&\cdots&0&0&0&1&0&\cdots&0&0\\\vdots&\vdots&\vdots&&\vdots&\vdots&\vdots&\vdots&\vdots&&\vdots&\vdots\\0&0&0&\cdots&0&a_{n-1}&0&0&0&\cdots&1&0\\a_n&0&0&\cdots&0&0&0&0&0&\cdots&0&1\end{array}\right)$

$$\rightarrow\left(\begin{array}{cccccc|cccccc} a_n & 0 & 0 & \cdots & 0 & 0 & 0 & 0 & 0 & \cdots & 0 & 1 \\ 0 & a_1 & 0 & \cdots & 0 & 0 & 1 & 0 & 0 & \cdots & 0 & 0 \\ \vdots & \vdots & \vdots & & \vdots & \vdots & \vdots & \vdots & \vdots & & \vdots & \vdots \\ 0 & 0 & 0 & \cdots & a_{n-2} & 0 & 0 & 0 & 0 & \cdots & 0 & 0 \\ 0 & 0 & 0 & \cdots & 0 & a_{n-1} & 0 & 0 & 0 & \cdots & 1 & 0 \end{array}\right)$$

$$\rightarrow\left(\begin{array}{cccccc|cccccc} 1 & 0 & 0 & \cdots & 0 & 0 & 0 & 0 & 0 & \cdots & 0 & \frac{1}{a_n} \\ 0 & 1 & 0 & \cdots & 0 & 0 & \frac{1}{a_1} & 0 & 0 & \cdots & 0 & 0 \\ \vdots & \vdots & \vdots & & \vdots & \vdots & \vdots & \vdots & \vdots & & \vdots & \vdots \\ 0 & 0 & 0 & \cdots & 1 & 0 & 0 & 0 & 0 & \cdots & 0 & 0 \\ 0 & 0 & 0 & \cdots & 0 & 1 & 0 & 0 & 0 & \cdots & \frac{1}{a_{n-1}} & 0 \end{array}\right),$$

故 $A^{-1}=\begin{pmatrix} 0 & 0 & 0 & \cdots & 0 & \frac{1}{a_n} \\ \frac{1}{a_1} & 0 & 0 & \cdots & 0 & 0 \\ 0 & \frac{1}{a_2} & 0 & \cdots & 0 & 0 \\ \vdots & \vdots & \vdots & & \vdots & \vdots \\ 0 & 0 & 0 & \cdots & \frac{1}{a_{n-1}} & 0 \end{pmatrix}$.

6. $\boldsymbol{AA}^{\mathrm{T}}=\boldsymbol{E}\Rightarrow|\boldsymbol{AA}^{\mathrm{T}}|=1\Rightarrow|\boldsymbol{A}|^2=1$，因为 $|\boldsymbol{A}|<0$，所以 $|\boldsymbol{A}|=-1$，则

$|\boldsymbol{A}+\boldsymbol{E}|=|\boldsymbol{A}+\boldsymbol{AA}^{\mathrm{T}}|=|\boldsymbol{A}(\boldsymbol{E}+\boldsymbol{A}^{\mathrm{T}})|=|\boldsymbol{A}(\boldsymbol{E}+\boldsymbol{A})^{\mathrm{T}}|=|\boldsymbol{A}||\boldsymbol{E}+\boldsymbol{A}|=-|\boldsymbol{E}+\boldsymbol{A}|\Rightarrow|\boldsymbol{A}+\boldsymbol{E}|=0$.

7. (1) 由 $\boldsymbol{A}^3-\boldsymbol{A}^2+3\boldsymbol{A}-2\boldsymbol{E}=\boldsymbol{O}$ 得

$$\boldsymbol{A}\left[\frac{1}{2}(\boldsymbol{A}^2-\boldsymbol{A}+3\boldsymbol{E})\right]=\boldsymbol{E},\quad (\boldsymbol{E}-\boldsymbol{A})(\boldsymbol{A}^2+3\boldsymbol{E})=\boldsymbol{E},$$

所以
$$\boldsymbol{A}^{-1}=\frac{1}{2}(\boldsymbol{A}^2-\boldsymbol{A}+3\boldsymbol{E}),\quad (\boldsymbol{E}-\boldsymbol{A})^{-1}=\boldsymbol{A}^2+3\boldsymbol{E}.$$

(2) 由 $(\boldsymbol{A}-\boldsymbol{E})^2=2(\boldsymbol{A}+\boldsymbol{E})^2$，得 $\boldsymbol{A}(-\boldsymbol{A}-6\boldsymbol{E})=\boldsymbol{E}$，所以 $\boldsymbol{A}^{-1}=-\boldsymbol{A}-6\boldsymbol{E}$.

8. A. 由 $\boldsymbol{B}=\boldsymbol{E}+\boldsymbol{AB}$，$\boldsymbol{C}=\boldsymbol{A}+\boldsymbol{CA}$ 得 $(\boldsymbol{E}-\boldsymbol{A})\boldsymbol{B}=\boldsymbol{E}$，$\boldsymbol{C}(\boldsymbol{E}-\boldsymbol{A})=\boldsymbol{A}$，所以 $\boldsymbol{E}-\boldsymbol{A}$，$\boldsymbol{B}$ 均可逆，且 $\boldsymbol{B}(\boldsymbol{E}-\boldsymbol{A})=\boldsymbol{E}$. 从而有 $(\boldsymbol{B}-\boldsymbol{C})(\boldsymbol{E}-\boldsymbol{A})=\boldsymbol{E}-\boldsymbol{A}$，而 $\boldsymbol{E}-\boldsymbol{A}$ 可逆，所以 $\boldsymbol{B}-\boldsymbol{C}=\boldsymbol{E}$.

9. $(\boldsymbol{A}^*)^{-1}=\dfrac{\boldsymbol{A}}{|\boldsymbol{A}|}=\begin{pmatrix} \frac{1}{2} & 0 & 0 \\ 1 & 1 & 0 \\ 2 & 2 & \frac{1}{2} \end{pmatrix}$.

10. (1) 因为 $\boldsymbol{A}$ 可逆，所以由 $\boldsymbol{A}^*\boldsymbol{A}=|\boldsymbol{A}|\boldsymbol{E}$ 得 $\boldsymbol{A}^*=|\boldsymbol{A}|\boldsymbol{A}^{-1}$. 从而

$$\boldsymbol{A}^*(\boldsymbol{A}^{-1})^*=|\boldsymbol{A}|\boldsymbol{A}^{-1}(\boldsymbol{A}^{-1})^*=|\boldsymbol{A}||\boldsymbol{A}^{-1}|\boldsymbol{E}=\boldsymbol{E},$$

所以 $\boldsymbol{A}^*$ 也可逆，且 $(\boldsymbol{A}^*)^{-1}=(\boldsymbol{A}^{-1})^*$.

(2) 因为 $\boldsymbol{A}^{\mathrm{T}}(\boldsymbol{A}^{-1})^{\mathrm{T}}=(\boldsymbol{A}^{-1}\boldsymbol{A})^{\mathrm{T}}=\boldsymbol{E}^{\mathrm{T}}=\boldsymbol{E}$，所以 $(\boldsymbol{A}^{\mathrm{T}})^{-1}=(\boldsymbol{A}^{-1})^{\mathrm{T}}$.

(3) 如果 $\boldsymbol{A}^2=\boldsymbol{E}$，$\boldsymbol{B}^2=\boldsymbol{E}$，则 $\boldsymbol{A}^{-1}=\boldsymbol{A}$，$\boldsymbol{B}^{-1}=\boldsymbol{B}$.

必要性. 若 $\boldsymbol{AB}$ 是对合矩阵，则 $(\boldsymbol{AB})^2=\boldsymbol{E}$，两边依次右乘 $\boldsymbol{B}^{-1}\boldsymbol{A}^{-1}$，得

$$AB=B^{-1}A^{-1}=BA.$$

充分性．若 $AB=BA$，则

$$(AB)^2=(AB)(AB)=A(BA)B=A(AB)B=A^2B^2=E.$$

11. $A^2=\begin{pmatrix}-1&0&0\\0&-1&0\\0&0&1\end{pmatrix}$，$A^4=E$.　$B^{2\,004}-2A^2=P^{-1}A^{2\,004}P-2A^2=E-2A^2=\begin{pmatrix}3&0&0\\0&3&0\\0&0&-1\end{pmatrix}$.

12. 左乘 $\begin{pmatrix}0&1&0\\1&0&0\\0&0&1\end{pmatrix}^{2\,013}$，就相当于对 $\begin{pmatrix}1&2&3\\4&5&6\\7&8&9\end{pmatrix}$ 进行了 2 013 次 1、2 行互换，得到 $\begin{pmatrix}4&5&6\\1&2&3\\7&8&9\end{pmatrix}$；右乘 $\begin{pmatrix}0&0&1\\0&1&0\\1&0&0\end{pmatrix}^{2\,012}$，就相当于对 $\begin{pmatrix}4&5&6\\1&2&3\\7&8&9\end{pmatrix}$ 进行了 2 012 次 1、3 列互换，得到 $\begin{pmatrix}4&5&6\\1&2&3\\7&8&9\end{pmatrix}$.

13. 由初等变换与初等方阵之间的关系知，$Q=\begin{pmatrix}0&1&0\\1&0&0\\0&0&1\end{pmatrix}\begin{pmatrix}1&0&0\\0&1&1\\0&0&1\end{pmatrix}=\begin{pmatrix}0&1&1\\1&0&0\\0&0&1\end{pmatrix}$.

14. 由 $A^2B-A-B=E$，得 $(A+E)(A-E)B=A+E$，而 $|A+E|=18$，$|A-E|=2$，所以 $A+E$ 可逆，从而有 $(A-E)B=E$，所以 $|B|=\dfrac{1}{|A-E|}=\dfrac{1}{2}$.

15. 因为 $|A|=-2$，$|E+A|=-4$，所以 A，$E+A$ 均可逆，矩阵等式 $A^*BA=2BA-8E$ 两边依次左乘 A、右乘 A^{-1} 得 $(E+A)B=4E$，所以 $B=4(E+A)^{-1}=\begin{pmatrix}2&0&0\\0&-4&0\\0&0&2\end{pmatrix}$.

16. $A=\begin{pmatrix}k&-2&3\\-1&2k&3\\1&-2&3k\end{pmatrix}\to\begin{pmatrix}1&-1&k\\-1&k&1\\k&-1&1\end{pmatrix}\to\begin{pmatrix}1&-1&k\\0&k-1&k+1\\0&k-1&1-k^2\end{pmatrix}\to\begin{pmatrix}1&-1&k\\0&k-1&k+1\\0&0&k(k+1)\end{pmatrix}$，

(1)$R(A)=1$ 无解；(2)当 $k=0,\pm1$ 时，$R(A)=2$；(3)当 $k\neq0,\pm1$ 时，$R(A)=3$.

17. 设 $A=\begin{pmatrix}A_1&O\\O&A_2\end{pmatrix}$，其中 $A_1=\begin{pmatrix}1&2\\2&-1\end{pmatrix}$，$A_2=\begin{pmatrix}3&0\\3&3\end{pmatrix}=3E+\begin{pmatrix}0&0\\3&0\end{pmatrix}=3E+B$，则 $A^4=\begin{pmatrix}A_1^4&O\\O&A_2^4\end{pmatrix}$．因为 $A_1^2=\begin{pmatrix}5&0\\0&5\end{pmatrix}$，$B^2=O$，故

$$A_1^4=\begin{pmatrix}25&0\\0&25\end{pmatrix},\quad A_2^4=(3E+B)^4=C_4^0(3E)^4+C_4^1(3E)^3B=\begin{pmatrix}81&0\\324&81\end{pmatrix}.$$

因此 $A^4=\begin{pmatrix}A_1^4&O\\O&A_2^4\end{pmatrix}=\begin{pmatrix}25&0&0&0\\0&25&0&0\\0&0&81&0\\0&0&324&81\end{pmatrix}$.

$$|A^8|=|A^4|^2=25\cdot25\cdot81\cdot81=4\,100\,625.$$

复习题二

1. $|A^{-1}B^*-A^*B^{-1}|=\left|\dfrac{A^*B^*}{2}-\dfrac{A^*B^*}{-3}\right|=\left(\dfrac{5}{6}\right)^n|A|^{n-1}|B|^{n-1}=(-1)^{n-1}\dfrac{5^n}{6}$；

如果 $n=3$，由 $AA^*=|A|E$，$A^*(A^*)^*=|A^*|E$ 得

$$(A^*)^*=|A^*|(A^*)^{-1}=|A|^{3-1}\frac{A}{|A|}=2A,$$

则
$$|3A-(A^*)^*|=|A|=2.$$

2. 设$A=(a_{ij})_{n\times n}$中元素a_{ij}的代数余子式为A_{ij}，由行列式的性质知，矩阵$kA=(ka_{ij})_{n\times n}$中元素ka_{ij}的代数余子式为$k^{n-1}A_{ij}$，从而$(kA)^*=k^{n-1}A^*$.

3. 由$|A|=3$知，A可逆，故$ABA^*=2BA^*+E$两边同时右乘A，得$3AB=6B+A$，即$(3A-6E)B=A$，再两边同时取行列式，得$|3A-6E||B|=|A|$，即$27|B|=3$，所以$|B|=\dfrac{1}{9}$.

4. 等式$B=(E+A)^{-1}(E-A)$两边同时左乘$E+A$，得$(E+A)B=E-A$，即$(E+A)(B+E)=2E$，所以
$$(E+B)^{-1}=\frac{1}{2}(E+A)=\begin{pmatrix}1&0&0&0\\-1&2&0&0\\0&-2&3&0\\0&0&-3&4\end{pmatrix}.$$

5. 等式$A^*X=A^{-1}+2X$两边同时左乘A，得$AA^*X=E+2AX$，利用$AA^*=|A|E$，上式可化为$(|A|E-2A)X=E$，即$X=(|A|E-2A)^{-1}$. 而$|A|=4$，$|A|E-2A=\begin{pmatrix}2&-2&2\\2&2&-2\\-2&2&2\end{pmatrix}$. 所以$X=(|A|E-2A)^{-1}=\dfrac{1}{4}\begin{pmatrix}1&1&0\\0&1&1\\1&0&1\end{pmatrix}$.

6. 因为$|A^*|=8=|A|^3$，所以$|A|=2$. 等式$ABA^{-1}=BA^{-1}+3E$两边同时先右乘A，再左乘A^*，得$(2E-A^*)B=6E$，于是$B=6(2E-A^*)^{-1}=\begin{pmatrix}6&0&0&0\\0&6&0&0\\6&0&6&0\\0&3&0&-1\end{pmatrix}$.

7. 因为$a_i\neq 0,b_i\neq 0$，所以
$$A=\begin{pmatrix}a_1b_1&a_1b_2&\cdots&a_1b_n\\a_2b_1&a_2b_2&\cdots&a_2b_n\\\vdots&\vdots&&\vdots\\a_nb_1&a_nb_2&\cdots&a_nb_n\end{pmatrix}\to\begin{pmatrix}1&1&\cdots&1\\1&1&\cdots&1\\\vdots&\vdots&&\vdots\\1&1&\cdots&1\end{pmatrix}\to\begin{pmatrix}1&1&\cdots&1\\0&0&\cdots&0\\\vdots&\vdots&&\vdots\\0&0&\cdots&0\end{pmatrix},$$
故$R(A)=1$.

8. B. 由秩的性质知$R(AB)\leqslant\min\{R(A),R(B)\}\leqslant\min\{m,n\}$，如果$n<m$，则$R(AB)\leqslant n<m$，所以$|AB|=0$.

9. C. $Q=\begin{pmatrix}1&2&3\\2&4&t\\3&6&9\end{pmatrix}\to\begin{pmatrix}1&2&3\\0&0&t-6\\0&0&0\end{pmatrix}$

因为$PQ=O$，所以$R(P)+R(Q)\leqslant 3$；又因为P为三阶非零矩阵，所以$R(P)\geqslant 1$.

当$t=6$时，$R(Q)=1$，于是$1\leqslant R(P)\leqslant 3-R(Q)=2$.

当$t\neq 6$时，$R(Q)=2$，于是$1\leqslant R(P)\leqslant 3-R(Q)=1$，所以必有$R(P)=1$.

10. 因为$PQ^{\mathrm{T}}=0$，所以$R(P)+R(Q^{\mathrm{T}})=R(P)+R(Q)\leqslant 3$；又因为$P$为三阶非零矩阵，所以$R(P)\geqslant 1$. 而$Q=\begin{pmatrix}1&2&-1\\2&a&4\\3&7&a\end{pmatrix}\to\begin{pmatrix}1&2&-1\\0&1&a+3\\0&0&a^2-a-18\end{pmatrix}$，所以$R(Q)\geqslant 2$. 综上有$1\leqslant R(P)\leqslant 3-R(Q)\leqslant 3-2=1$，所以必有$R(P)=1$.

11. 设 $\boldsymbol{P}$ 为交换 $\boldsymbol{E}_n$ 的第 1 行与第 2 行所得初等方阵,则由题设条件有

$$\boldsymbol{B}=\boldsymbol{PA},\quad |\boldsymbol{B}|=-|\boldsymbol{A}|\neq 0,\quad \boldsymbol{P}^{-1}=\boldsymbol{P},\ \boldsymbol{B}\text{ 可逆},$$

所以

$$\boldsymbol{B}^*=|\boldsymbol{B}|\boldsymbol{B}^{-1}=-|\boldsymbol{A}|=(\boldsymbol{PA})^{-1}=-|\boldsymbol{A}|\boldsymbol{A}^{-1}\boldsymbol{P}^{-1}=-\boldsymbol{A}^*\boldsymbol{P},$$

即

$$\boldsymbol{A}^*\boldsymbol{P}=-\boldsymbol{B}^*.$$

$\boldsymbol{A}^*$ 右乘初等方阵 $\boldsymbol{P}$,等价于交换 $\boldsymbol{A}^*$ 的第 1 列与第 2 列,故选 C.

12. $\boldsymbol{B}=(\boldsymbol{\alpha}_1,\boldsymbol{\alpha}_2,\boldsymbol{\alpha}_3)\begin{pmatrix}1&1&1\\1&2&3\\1&4&9\end{pmatrix}=\boldsymbol{A}\begin{pmatrix}1&1&1\\1&2&3\\1&4&9\end{pmatrix}$, $|\boldsymbol{B}|=|\boldsymbol{A}|\cdot\begin{vmatrix}1&1&1\\1&2&3\\1&4&9\end{vmatrix}=2.$

第 3 章　线性方程组和向量

习题 3.1

1. 系数矩阵 $\boldsymbol{A}=\begin{pmatrix}1&3&0\\0&1&-3\\1&0&-2\end{pmatrix}$,常数项 $\boldsymbol{b}=\begin{pmatrix}5\\1\\0\end{pmatrix}$,增广矩阵为 $(\boldsymbol{A}\ \vdots\ \boldsymbol{b})=\begin{pmatrix}1&3&0&5\\0&1&-3&1\\1&0&-2&0\end{pmatrix}$. 向量方程形式为 $x_1\begin{pmatrix}1\\0\\1\end{pmatrix}+x\begin{pmatrix}3\\1\\0\end{pmatrix}+x_3\begin{pmatrix}0\\-3\\-2\end{pmatrix}=\begin{pmatrix}5\\1\\0\end{pmatrix}$.

2. 方程组的一般形式为 $\begin{cases}x_2+x_3+x_4=1\\x_1-x_3-x_4=2\\x_1-x_2+x_3=1\\x_1-x_2+x_4=1\end{cases}$.

习题 3.2

1. (1)√;(2)×;(3)×;(4)×;(5)√.

2. A.

3. $a\neq -1$ 且 $a\neq 3$;$a=-1$ 或 $a=3$.

4. -3.

5. (1) 对原方程组的增广矩阵实施初等行变换,化为行最简形.

$$\widetilde{\boldsymbol{A}}=\begin{pmatrix}3&-5&5&-3&2\\1&-2&3&-1&1\\2&-3&2&-2&1\end{pmatrix}\xrightarrow{\text{初等行变换}}\begin{pmatrix}1&0&-5&-1&-1\\0&1&-4&0&-1\\0&0&0&0&0\end{pmatrix}=\widetilde{\boldsymbol{B}}.$$

显然,$R(\boldsymbol{A})=R(\widetilde{\boldsymbol{A}})=2<4$(未知量个数),方程组有无穷多解.

因为 $\widetilde{\boldsymbol{B}}$ 对应的方程组为 $\begin{cases}x_1-5x_3-x_4=-1\\x_2-4x_3=-1\end{cases}$,移项得 $\begin{cases}x_1=-1+5x_3+x_4\\x_2=-1+4x_3\end{cases}$.

取 $x_3=k_1, x_4=k_2$,得原方程组通解为 $\begin{cases}x_1=-1+5k_1+k_2\\x_2=-1+4k_1\\x_3=k_1\\x_4=k_2\end{cases}$ $(k_1,k_2$ 为任意实数$)$.

(2) 对原方程组的增广矩阵实施初等行变换,化为行最简形.

$$\widetilde{A}=\begin{pmatrix}1&-2&1&-1&1\\2&1&-1&2&-3\\3&-2&-1&1&-2\\2&-5&1&-2&2\end{pmatrix}\xrightarrow{\text{初等行变换}}\begin{pmatrix}1&0&0&\frac{1}{2}&-\frac{7}{8}\\0&1&0&\frac{1}{2}&\frac{5}{8}\\0&0&1&-\frac{1}{2}&\frac{5}{8}\\0&0&0&0&0\end{pmatrix}=\widetilde{B}.$$

显然，$R(A)=R(\widetilde{A})=3<5$（未知量个数），方程组有无穷多解．

因为 $\widetilde{B}$ 对应的方程组为 $\begin{cases}x_1+\frac{1}{2}x_4-\frac{7}{8}x_5=0\\x_2+\frac{1}{2}x_4-\frac{5}{8}x_5=0\\x_3-\frac{1}{2}x_4+\frac{5}{8}x_5=0\end{cases}$，移项得 $\begin{cases}x_1=-\frac{1}{2}x_4+\frac{7}{8}x_5\\x_2=-\frac{1}{2}x_4+\frac{5}{8}x_5\\x_3=\frac{1}{2}x_4-\frac{5}{8}x_5\end{cases}$.

取 $x_4=k_1,x_5=k_2$，得原方程组通解为 $\begin{cases}x_1=-\frac{1}{2}k_1+\frac{7}{8}k_2\\x_2=-\frac{1}{2}k_1+\frac{5}{8}k_2\\x_3=\frac{1}{2}k_1-\frac{5}{8}k_2\\x_4=k_1\\x_5=k_2\end{cases}$ （k_1,k_2 为任意实数）.

6. 对原方程组的增广矩阵实施初等行变换，化为行阶梯形．

$$\widetilde{A}=\begin{pmatrix}2&-1&1&1&1\\1&2&-1&4&2\\1&7&-4&11&k\end{pmatrix}\xrightarrow{\text{初等行变换}}\begin{pmatrix}1&2&-1&4&2\\0&-5&3&-7&-3\\0&0&0&0&k-5\end{pmatrix}=\widetilde{B}.$$

显然，当 $k\neq5$ 时，$R(A)<R(\widetilde{A})$，原方程组无解；

当 $k=5$ 时，$R(A)=R(\widetilde{A})<4$，原方程组有无穷多解．因为

$$\widetilde{B}=\begin{pmatrix}1&2&-1&4&2\\0&-5&3&-7&-3\\0&0&0&0&0\end{pmatrix}\xrightarrow{\text{初等行变换}}\begin{pmatrix}1&0&\frac{1}{5}&\frac{6}{5}&\frac{6}{5}\\0&1&-\frac{3}{5}&\frac{7}{5}&\frac{3}{5}\\0&0&0&0&0\end{pmatrix}=\widetilde{C},$$

$\widetilde{C}$ 对应的方程组为 $\begin{cases}x_1+\frac{1}{5}x_3+\frac{6}{5}x_4=\frac{6}{5}\\x_2-\frac{3}{5}x_3+\frac{7}{5}x_4=\frac{3}{5}\end{cases}$，移项得 $\begin{cases}x_1=\frac{6}{5}-\frac{1}{5}x_3-\frac{6}{5}x_4\\x_2=\frac{3}{5}+\frac{3}{5}x_3-\frac{7}{5}x_4\end{cases}$.

取 $x_3=k_1,x_4=k_2$，得原方程组通解为 $\begin{cases}x_1=\frac{6}{5}-\frac{1}{5}k_1-\frac{6}{5}k_2\\x_2=\frac{3}{5}+\frac{3}{5}k_1-\frac{7}{5}k_2\\x_3=k_1\\x_4=k_2\end{cases}$ （k_1,k_2 为任意实数）.

7. 对原方程组的增广矩阵实施初等行变换,化为行阶梯形.

$$\widetilde{A}=\begin{pmatrix}\lambda & 1 & 1 & 1\\ 1 & \lambda & 1 & 1\\ 1 & 1 & \lambda & \lambda^2\end{pmatrix}\xrightarrow{\text{初等行变换}}\begin{pmatrix}1 & 1 & \lambda & \lambda^2\\ 0 & \lambda-1 & 1-\lambda & \lambda(1-\lambda)\\ 0 & 0 & -(\lambda+2)(\lambda-1) & (1+\lambda)^2(1-\lambda)\end{pmatrix}=\widetilde{B}.$$

若 $\lambda=1$, $\widetilde{B}=\begin{pmatrix}1 & 1 & 1 & 1\\ 0 & 0 & 0 & 0\\ 0 & 0 & 0 & 0\end{pmatrix}$,显然,$R(\widetilde{A})=1<3$(未知量个数),方程组有无穷多解.因为 $\widetilde{B}$ 对应的方程组为 $x_1+x_2+x_3=1$,移项得 $x_1=-x_2-x_3+1$.

取 $x_2=k_1, x_3=k_2$,得原方程组通解为$\begin{cases}x_1=-k_1-k_2-1\\ x_2=k_1\\ x_3=k_2\end{cases}$.

若 $\lambda\neq1$, $\widetilde{B}=\begin{pmatrix}1 & 1 & \lambda & \lambda^2\\ 0 & \lambda-1 & 1-\lambda & \lambda(1-\lambda)\\ 0 & 0 & -(\lambda+2)(\lambda-1) & (1+\lambda)^2(1-\lambda)\end{pmatrix}$

$$\xrightarrow[\frac{1}{\lambda}r_3]{\frac{1}{\lambda-1}r^2}\begin{pmatrix}1 & 1 & \lambda & \lambda^2\\ 0 & 1 & -1 & -\lambda\\ 0 & 0 & -(\lambda+2) & -(1+\lambda)^2\end{pmatrix}=\widetilde{C}.$$

若 $\lambda=-2$, $\widetilde{C}=\begin{pmatrix}1 & 1 & -2 & 4\\ 0 & 1 & -1 & 2\\ 0 & 0 & 0 & -1\end{pmatrix}$,显然有 $R(A)<R(\widetilde{A})$,原方程组无解;

而当 $\lambda\neq1$ 且 $\lambda\neq-2$ 时, $R(A)=R(\widetilde{A})=3$(未知量个数),方程组有唯一解.

注:本题也可结合克莱姆法则讨论.

习题 3.3

1. $(A\ \ B)=\begin{pmatrix}1 & 0 & 3 & 2\\ -1 & 3 & 0 & 1\\ 2 & 1 & 7 & 5\\ 4 & 2 & 14 & 10\end{pmatrix}\to\begin{pmatrix}1 & 0 & 3 & 2\\ 0 & 1 & 1 & 1\\ 0 & 0 & 0 & 0\\ 0 & 0 & 0 & 0\end{pmatrix}$,

所以 $R(A\ \ B)=R(A)=R(B)$.

2. $(A\ \ B)=\begin{pmatrix}0 & 3 & 2 & 2 & 0 & 4\\ 1 & 0 & 3 & 1 & -2 & 4\\ 2 & 1 & 0 & 1 & 1 & 1\\ 3 & 2 & 1 & 2 & 1 & 1\end{pmatrix}\to\begin{pmatrix}1 & 0 & 3 & 1 & -2 & 4\\ 0 & 1 & -6 & -1 & 5 & -7\\ 0 & 0 & 4 & 1 & -3 & 5\\ 0 & 0 & 0 & 0 & 0 & 0\end{pmatrix}$.

所以 $R(A\ \ B)=R(A)=3$,向量组 B 可以由向量组 A 线性表示.

$$B=\begin{pmatrix}2 & 0 & 4\\ 1 & -2 & 4\\ 1 & 1 & 1\\ 2 & 1 & 1\end{pmatrix}\to\begin{pmatrix}1 & -2 & 4\\ 0 & 1 & -1\\ 0 & 0 & 0\\ 0 & 0 & 0\end{pmatrix}.$$

所以 $R(B)=2<R(A\ \ B)$,向量组 A 不能由向量组 B 线性表示.

习题 3.4

1. C.
2. 由于向量组线性相关,则 $|A|\,|(\alpha_1,\alpha_2,\alpha_3,\alpha_4)|=0$.

由于 $|\boldsymbol{A}|=\begin{vmatrix}2&2&3&4\\1&1&2&3\\1&a&1&2\\1&a&a&1\end{vmatrix}=(a-1)(2a-1)$，且 $a\neq 1$，所以 $a=\dfrac{1}{2}$.

3. $(\boldsymbol{A},\boldsymbol{\beta})=\begin{pmatrix}1&0&-2&3\\2&1&1&2\\3&0&1&2\\4&1&-1&6\end{pmatrix}\to\begin{pmatrix}1&0&-2&3\\0&1&5&-4\\0&0&1&-1\\0&0&0&0\end{pmatrix}\to\begin{pmatrix}1&0&0&1\\0&1&0&1\\0&0&1&-1\\0&0&0&0\end{pmatrix}$.

可见 $R(\boldsymbol{A},\boldsymbol{\beta})=R(\boldsymbol{A})=3$，所以 $\boldsymbol{\alpha}_1,\boldsymbol{\alpha}_2,\boldsymbol{\alpha}_3$ 线性无关，$\boldsymbol{\alpha}_1,\boldsymbol{\alpha}_2,\boldsymbol{\alpha}_3,\boldsymbol{\beta}$ 线性相关.

4. 此题等价于讨论线性方程组 $x_1\boldsymbol{\alpha}_1+x_2\boldsymbol{\alpha}_2+x_3\boldsymbol{\alpha}_3=\boldsymbol{\beta}$ 什么时候有唯一解，有无穷多解，无解．比较 $R(\boldsymbol{\alpha}_1,\boldsymbol{\alpha}_2,\boldsymbol{\alpha}_3)$ 和 $R(\boldsymbol{\alpha}_1,\boldsymbol{\alpha}_2,\boldsymbol{\alpha}_3,\boldsymbol{\beta})$.

$$(\boldsymbol{\alpha}_1,\boldsymbol{\alpha}_2,\boldsymbol{\alpha}_3,\boldsymbol{\beta})=\begin{pmatrix}1+\lambda&1&1&0\\1&1+\lambda&1&\lambda\\1&1&1+\lambda&\lambda^2\end{pmatrix}\to\begin{pmatrix}1&1+\lambda&1&\lambda\\0&-\lambda&\lambda&\lambda^2-\lambda\\0&-\lambda&-\lambda^2-2\lambda&-\lambda^2(1+\lambda)\end{pmatrix}$$

$$\to\begin{pmatrix}1&1+\lambda&1&\lambda\\0&-\lambda&\lambda&\lambda^2-\lambda\\0&0&-\lambda^2-3\lambda&-\lambda^3-2\lambda^2+\lambda\end{pmatrix}.$$

(1) $\lambda\neq 0,-3$ 时，唯一表示；

(2) $\lambda=0$ 时，无穷多表示；

(3) $\lambda=-3$ 时，不可表示.

5. 记矩阵 $\boldsymbol{A}$ 的 5 个列向量分别为 $\boldsymbol{\alpha}_1,\boldsymbol{\alpha}_2,\boldsymbol{\alpha}_3,\boldsymbol{\alpha}_4,\boldsymbol{\alpha}_5$，对矩阵 $\boldsymbol{A}$ 进行初等行变换：

$$\boldsymbol{A}=(\boldsymbol{\alpha}_1,\boldsymbol{\alpha}_2,\boldsymbol{\alpha}_3,\boldsymbol{\alpha}_4,\boldsymbol{\alpha}_5)=\begin{pmatrix}2&-1&-1&1&2\\1&1&-2&1&4\\4&-6&2&-2&4\\3&6&-9&7&9\end{pmatrix}\to\begin{pmatrix}1&0&-1&0&4\\0&1&-1&0&3\\0&0&0&1&-3\\0&0&0&0&0\end{pmatrix}.$$

所以 $R(\boldsymbol{A})=3$，$\boldsymbol{A}$ 的列向量组的一个最大无关组为 $\boldsymbol{\alpha}_1,\boldsymbol{\alpha}_2,\boldsymbol{\alpha}_4$，且 $\boldsymbol{\alpha}_3=-\boldsymbol{\alpha}_1-\boldsymbol{\alpha}_2$，$\boldsymbol{\alpha}_5=4\boldsymbol{\alpha}_1+3\boldsymbol{\alpha}_2-3\boldsymbol{\alpha}_4$.

6. (1) 对矩阵 $\boldsymbol{A}=(\boldsymbol{\alpha}_1,\boldsymbol{\alpha}_2,\boldsymbol{\alpha}_3,\boldsymbol{\alpha}_4,\boldsymbol{\alpha}_5)$ 进行初等行变换.

$$\boldsymbol{A}=(\boldsymbol{\alpha}_1,\boldsymbol{\alpha}_2,\boldsymbol{\alpha}_3,\boldsymbol{\alpha}_4,\boldsymbol{\alpha}_5)=\begin{pmatrix}1&0&3&1&2\\-1&3&0&-2&1\\2&1&7&2&5\\4&2&14&0&10\end{pmatrix}\to\begin{pmatrix}1&0&3&0&2\\0&1&1&0&1\\0&0&0&1&0\\0&0&0&0&0\end{pmatrix}.$$

所以 $R(\boldsymbol{A})=3$，此向量组的一个最大无关组为 $\boldsymbol{\alpha}_1,\boldsymbol{\alpha}_2,\boldsymbol{\alpha}_4$，且 $\boldsymbol{\alpha}_3=3\boldsymbol{\alpha}_1+\boldsymbol{\alpha}_2$，$\boldsymbol{\alpha}_5=2\boldsymbol{\alpha}_1+\boldsymbol{\alpha}_2$.

(2) ②，④.

习题 3.5

1. (1) ×； (2)×； (3) ×.

2. 1.

3. $\boldsymbol{x}=k\begin{pmatrix}1\\1\\1\\1\end{pmatrix}$ （k 为任意实数）.

4. $\boldsymbol{x}=\begin{pmatrix}4\\0\\0\\0\\0\end{pmatrix}+k_1\begin{pmatrix}4\\1\\0\\0\\0\end{pmatrix}+k_2\begin{pmatrix}-2\\0\\1\\0\\0\end{pmatrix}+k_3\begin{pmatrix}3\\0\\0\\1\\0\end{pmatrix}+k_4\begin{pmatrix}-6\\0\\0\\0\\1\end{pmatrix}$ (k_1,k_2,k_3,k_4 为任意实数).

5. (1)对原方程组的系数矩阵实施初等行变换,化为行最简形.

$$\boldsymbol{A}=\begin{pmatrix}1&1&2&-1\\2&1&1&-1\\2&2&1&2\end{pmatrix}\xrightarrow{\text{初等行变换}}\begin{pmatrix}1&0&0&-\frac{4}{3}\\0&1&0&3\\0&0&1&-\frac{4}{3}\end{pmatrix}=\boldsymbol{B}.$$

显然,$R(\boldsymbol{A})=3<4$(未知量个数),方程组有非零解.

$\boldsymbol{B}$ 对应的方程组为$\begin{cases}x_1-\frac{4}{3}x_4=0\\x_2+3x_4=0\\x_3-\frac{4}{3}x_4=0\end{cases}$,移项得$\begin{cases}x_1=\frac{4}{3}x_4\\x_2=-3x_4\\x_3=\frac{4}{3}x_4\end{cases}$.

取 $x_4=1$,得原方程组一个非零特解 $\boldsymbol{\xi}=\begin{pmatrix}\frac{4}{3}\\-3\\\frac{4}{3}\\1\end{pmatrix}$,即为原方程组的一个基础解系.

原方程组的通解为 $\boldsymbol{x}=k\boldsymbol{\xi}=k\begin{pmatrix}\frac{4}{3}\\-3\\\frac{4}{3}\\1\end{pmatrix}$ (k 为任意实数).

(2)对原方程组的系数矩阵实施初等行变换,化为行最简形.

$$\boldsymbol{A}=\begin{pmatrix}3&4&1&2&3\\4&5&2&1&5\\5&7&1&3&4\\7&10&1&6&5\end{pmatrix}\xrightarrow{\text{初等行变换}}\begin{pmatrix}1&0&3&0&5\\0&1&-2&0&-3\\0&0&0&1&0\\0&0&0&0&0\end{pmatrix}=\boldsymbol{B}.$$

$\boldsymbol{B}$ 对应的方程组为$\begin{cases}x_1+3x_3+5x_5=0\\x_2-2x_3-3x_5=0\\x_4=0\end{cases}$,移项得$\begin{cases}x_1=-3x_3-5x_5\\x_2=2x_3+3x_5\\x_4=0\end{cases}$.

取$\begin{pmatrix}x_3\\x_5\end{pmatrix}$分别为$\begin{pmatrix}1\\0\end{pmatrix}$,$\begin{pmatrix}0\\1\end{pmatrix}$,对应$\begin{pmatrix}x_1\\x_2\\x_4\end{pmatrix}$分别为$\begin{pmatrix}-3\\2\\0\end{pmatrix}$,$\begin{pmatrix}-5\\3\\0\end{pmatrix}$,得$\boldsymbol{\xi}_1=\begin{pmatrix}-3\\2\\1\\0\\0\end{pmatrix}$,$\boldsymbol{\xi}_2=\begin{pmatrix}-5\\3\\0\\0\\1\end{pmatrix}$为原方程组的一组线性无关解,即为原方程组的一个基础解系.

原方程组的通解为 $x=k_1\boldsymbol{\xi}_1+k_2\boldsymbol{\xi}_2$ (k_1,k_2 为任意实数).

6. (1)对原方程组的增广矩阵实施初等行变换,化为行最简形.

$$\widetilde{A}=\begin{pmatrix}3&-5&5&-3&2\\1&-2&3&-1&1\\2&-3&2&-2&1\end{pmatrix}\xrightarrow{\text{初等行变换}}\begin{pmatrix}1&0&-5&-1&-1\\0&1&-4&0&-1\\0&0&0&0&0\end{pmatrix}=\widetilde{B}.$$

$\widetilde{B}$ 对应的方程组为$\begin{cases}x_1-5x_3-x_4=-1\\x_2-4x_3=-1\end{cases}$,移项得$\begin{cases}x_1=5x_3+x_4-1\\x_2=4x_3-1\end{cases}$.

其对应的齐次方程组为$\begin{cases}x_1=5x_3+x_4\\x_2=4x_3\end{cases}$,解得基础解系为$\boldsymbol{\xi}_1=\begin{pmatrix}5\\4\\1\\0\end{pmatrix}$,$\boldsymbol{\xi}_2=\begin{pmatrix}1\\0\\0\\1\end{pmatrix}$, 取 $x_3=0,x_4=0$,得原方程组的一个特解为 $\boldsymbol{\eta}=\begin{pmatrix}-1\\-1\\0\\0\end{pmatrix}$,所以原方程组的通解为 $\boldsymbol{x}=\begin{pmatrix}-1\\-1\\0\\0\end{pmatrix}+k_1\begin{pmatrix}5\\4\\1\\0\end{pmatrix}+k_2\begin{pmatrix}1\\0\\0\\1\end{pmatrix}$($k_1,k_2$ 为任意实数).

(2) 对原方程组的增广矩阵实施初等行变换,化为行最简形.

$$\widetilde{A}=\begin{pmatrix}2&1&-1&1&1\\1&2&1&-1&2\\1&1&2&1&3\end{pmatrix}\xrightarrow{\text{初等行变换}}\begin{pmatrix}1&0&0&\frac{3}{2}&1\\0&1&0&-\frac{3}{2}&0\\0&0&1&\frac{1}{2}&1\end{pmatrix}=\widetilde{B}.$$

$\widetilde{B}$ 对应的方程组为$\begin{cases}x_1+\frac{3}{2}x_4=1\\x_2-\frac{3}{2}x_4=0\\x_3+\frac{1}{2}x_4=1\end{cases}$,移项得$\begin{cases}x_1=-\frac{3}{2}x_4+1\\x_2=\frac{3}{2}x_4\\x_3=-\frac{1}{2}x_4+1\end{cases}$.

其对应齐次方程组为$\begin{cases}x_1=-\frac{3}{2}x_4\\x_2=\frac{3}{2}x_4\\x_3=-\frac{1}{2}x_4\end{cases}$,解得基础解系为 $\boldsymbol{\xi}=\begin{pmatrix}-3\\3\\-1\\2\end{pmatrix}$,取 $x_4=0$,解得非齐次方程组的一个特解为 $\boldsymbol{\eta}=\begin{pmatrix}1\\0\\1\\0\end{pmatrix}$,所以原方程组的通解为 $\boldsymbol{x}=\boldsymbol{\eta}+k\boldsymbol{\xi}$($k$ 为任意实数).

7. 由题意知只需找齐次方程组 $\boldsymbol{Ax}=\boldsymbol{0}$ 的一个基础解系.

显然,$\frac{1}{2}(\boldsymbol{\xi}_2+\boldsymbol{\xi}_3)=\begin{pmatrix}2\\1\\-3\\0\end{pmatrix}$为非齐次方程组 $\boldsymbol{Ax}=\boldsymbol{b}$ 的一个特解,由性质3,$\frac{1}{2}(\boldsymbol{\xi}_2+\boldsymbol{\xi}_3)-\boldsymbol{\xi}_1=\begin{pmatrix}1\\1\\-5\\-3\end{pmatrix}$为齐次方程组 $\boldsymbol{Ax}=\boldsymbol{0}$ 一个非零特解,即为它的基础解系. 所以原方程组的通解为 $\boldsymbol{x}=\begin{pmatrix}1\\0\\2\\3\end{pmatrix}+k\begin{pmatrix}1\\1\\-5\\-3\end{pmatrix}$($k$ 为任意实数).

8. 由题设知 $A\boldsymbol{\xi}=\boldsymbol{b}$,即 $\begin{pmatrix}2&1&1&2\\0&1&3&1\\1&\lambda&\mu&1\end{pmatrix}\begin{pmatrix}1\\-1\\1\\-1\end{pmatrix}=\begin{pmatrix}0\\1\\0\end{pmatrix}$,则有 $\begin{pmatrix}0\\1\\\lambda-\mu\end{pmatrix}=\begin{pmatrix}0\\1\\0\end{pmatrix}$,所以 $\lambda=\mu$. 对方程组 $\boldsymbol{Ax}=\boldsymbol{b}$ 的增广矩阵作初等行变换,有

$$\widetilde{\boldsymbol{A}}=(\boldsymbol{A}\ \ \boldsymbol{b})=\left(\begin{array}{cccc:c}2&1&1&2&0\\0&1&3&1&1\\1&\lambda&\lambda&1&0\end{array}\right)\xrightarrow{\text{初等行变换}}\left(\begin{array}{cccc:c}1&\lambda&\lambda&1&0\\0&1&3&1&1\\0&1-2\lambda&1-2\lambda&0&0\end{array}\right)=\widetilde{\boldsymbol{B}}.$$

当 $\lambda=\mu=\dfrac{1}{2}$时,$\widetilde{\boldsymbol{B}}=\left(\begin{array}{cccc:c}1&\frac{1}{2}&\frac{1}{2}&1&0\\0&1&3&1&1\\0&0&0&0&0\end{array}\right)\longrightarrow\left(\begin{array}{cccc:c}1&0&-1&\frac{1}{2}&-\frac{1}{2}\\0&1&3&1&1\\0&0&0&0&0\end{array}\right)=\widetilde{\boldsymbol{C}}$.

$\widetilde{\boldsymbol{C}}$ 对应线性方程组为 $\begin{cases}x_1-x_3+\frac{1}{2}x_4=-\frac{1}{2}\\x_2+3x_3+x_4=1\end{cases}$,移项得 $\begin{cases}x_1=x_3-\frac{1}{2}x_4-\frac{1}{2}\\x_2=-3x_3-x_4+1\end{cases}$.

所以原方程组的通解为 $\boldsymbol{x}=\begin{pmatrix}-\frac{1}{2}\\1\\0\\0\end{pmatrix}+k_1\begin{pmatrix}1\\-3\\1\\0\end{pmatrix}+k_2\begin{pmatrix}-\frac{1}{2}\\1\\0\\1\end{pmatrix}$ (k_1,k_2 为任意实数).

当 $\lambda=\mu\neq\dfrac{1}{2}$时,$\widetilde{\boldsymbol{B}}=\begin{pmatrix}1&\lambda&\lambda&1&0\\0&1&3&1&1\\0&1-2\lambda&1-2\lambda&0&0\end{pmatrix}\longrightarrow\begin{pmatrix}1&0&0&1&0\\0&1&0&-\frac{1}{2}&-\frac{1}{2}\\0&0&1&\frac{1}{2}&\frac{1}{2}\end{pmatrix}=\widetilde{\boldsymbol{D}}$.

$\widetilde{\boldsymbol{D}}$ 对应的方程组为 $\begin{cases}x_1+x_4=0\\x_2-\frac{1}{2}x_4=-\frac{1}{2}\\x_3+\frac{1}{2}x_4=\frac{1}{2}\end{cases}$,移项得 $\begin{cases}x_1=-x_4\\x_2=\frac{1}{2}x_4-\frac{1}{2}\\x_3=-\frac{1}{2}x_4+\frac{1}{2}\end{cases}$.

所以原方程组通解为 $\boldsymbol{x}=\begin{pmatrix}0\\-\frac{1}{2}\\\frac{1}{2}\\0\end{pmatrix}+k\begin{pmatrix}-1\\\frac{1}{2}\\-\frac{1}{2}\\1\end{pmatrix}$ (k 为任意实数).

复习题一

1. B . 2. C. 3. D. 4. B . 5. C. 6. C.

7. 因为 $|\boldsymbol{A}|=\begin{vmatrix}a&1&1\\1&b&1\\1&2b&1\end{vmatrix}=b(1-a)$.

当 $b\neq0$ 且 $a\neq1$ 时,$|\boldsymbol{A}|\neq0$,由克莱姆法则,方程组有唯一解 .

当 $b=0$ 时,$\widetilde{\boldsymbol{A}}=\begin{pmatrix}a&1&1&4\\1&0&1&3\\1&0&1&4\end{pmatrix}\longrightarrow\begin{pmatrix}1&0&1&4\\0&1&1-a&4(1-a)\\0&0&0&-1\end{pmatrix}$,显然,无论 a 取何值,都有 $R(\boldsymbol{A})<R(\widetilde{\boldsymbol{A}})$,

所以原方程组无解.

当 $a=1$ 时，$\widetilde{\boldsymbol{A}}=\begin{pmatrix}1&1&1&4\\1&b&1&3\\1&2b&1&4\end{pmatrix}\longrightarrow\begin{pmatrix}1&1&1&4\\0&b-1&0&-1\\0&2b-1&0&0\end{pmatrix}=\widetilde{\boldsymbol{B}}$.

此时,若 $b\neq\frac{1}{2}$,$R(\boldsymbol{A})<R(\widetilde{\boldsymbol{A}})$,原方程组无解.

若 $b=\frac{1}{2}$时,$\widetilde{\boldsymbol{B}}=\begin{pmatrix}1&1&1&4\\0&-\frac{1}{2}&0&-1\\0&0&0&0\end{pmatrix}\longrightarrow\begin{pmatrix}1&0&1&2\\0&1&0&2\\0&0&0&0\end{pmatrix}=\widetilde{\boldsymbol{C}}$.

$R(\boldsymbol{A})=R(\widetilde{\boldsymbol{A}})<3$,方程组有无穷多解.$\widetilde{\boldsymbol{C}}$ 对应的方程组为$\begin{cases}x_1+x_3=2\\x_2=2\end{cases}$,移项得$\begin{cases}x_1=-x_3+2\\x_2=2\end{cases}$,原方程组通解为 $\boldsymbol{x}=\begin{pmatrix}2\\2\\0\end{pmatrix}+k\begin{pmatrix}-1\\2\\1\end{pmatrix}$.

8. 因为 $\widetilde{\boldsymbol{A}}=\begin{pmatrix}1&2&0&0&a_1\\0&1&2&0&a_2\\0&0&1&2&a_3\\1&3&1&-2&a_4\end{pmatrix}\longrightarrow\begin{pmatrix}1&2&0&0&a_1\\0&1&2&0&a_2\\0&0&1&2&a_3\\0&0&0&0&a_4-a_1-a_2+a_3\end{pmatrix}$.

此时 $R(\boldsymbol{A})=R(\widetilde{\boldsymbol{A}})$ 的充要条件是 $a_4-a_1-a_2+a_3=0$,即 $a_1+a_2=a_3+a_4$.

9. $(\boldsymbol{A}\mid\boldsymbol{B})=\left(\begin{array}{cc:cc}1&1&2&0\\1&0&-1&1\\0&1&3&-1\\0&1&3&-1\end{array}\right)\rightarrow\left(\begin{array}{cc:cc}1&1&2&0\\0&-1&-3&1\\0&0&0&0\\0&0&0&0\end{array}\right)$.

所以 $R(\boldsymbol{A}\mid\boldsymbol{B})=R(\boldsymbol{A})=2$,且 $R(\boldsymbol{B})\leqslant2$,又 $\boldsymbol{B}$ 中存在二阶子式 $\begin{vmatrix}2&0\\-1&1\end{vmatrix}=2\neq0$,所以 $R(\boldsymbol{B})=2$,故两个向量组等价.

10. $\boldsymbol{\beta}$ 可以由 $\boldsymbol{\alpha}_1,\boldsymbol{\alpha}_2,\boldsymbol{\alpha}_3$ 线性表示且表示法不唯一等价于以下方程组有无穷多解:

$$\begin{cases}x_1+x_2+tx_3=4\\-x_1+tx_2+x_3=t^2\\x_1-x_2+2x_3=-4\end{cases}.$$

$$\widetilde{\boldsymbol{A}}=(\boldsymbol{A}\mid\boldsymbol{\beta})=(\boldsymbol{\alpha}_1,\boldsymbol{\alpha}_2,\boldsymbol{\alpha}_3\mid\boldsymbol{\beta})=\left(\begin{array}{ccc:c}1&1&t&t\\-1&t&1&t^2\\1&-1&2&-4\end{array}\right)\rightarrow\left(\begin{array}{ccc:c}1&1&t&4\\0&-2&2-t&-8\\0&t+1&t+1&t^2+4\end{array}\right)$$

方程组有无穷多解$\Leftrightarrow R(\widetilde{\boldsymbol{A}})=R(\boldsymbol{A})=2\Leftrightarrow\frac{-2}{t+1}=\frac{2-t}{t+1}=\frac{-8}{t^2+4}\Leftrightarrow t=4$. 即 $t=4$ 时,$\boldsymbol{\beta}$ 可以由 $\boldsymbol{\alpha}_1,\boldsymbol{\alpha}_2,\boldsymbol{\alpha}_3$ 线性表出且表示法不唯一. 此时,

$$\widetilde{\boldsymbol{A}}=(\boldsymbol{A}\mid\boldsymbol{\beta})=(\boldsymbol{\alpha}_1,\boldsymbol{\alpha}_2,\boldsymbol{\alpha}_3\mid\boldsymbol{\beta})=\left(\begin{array}{ccc:c}1&1&4&4\\-1&4&1&16\\1&-1&2&-4\end{array}\right)\rightarrow\begin{pmatrix}1&0&3&0\\0&1&1&4\\0&0&0&0\end{pmatrix},$$

方程组的通解为$\begin{cases}x_1=-3k\\x_2=4-k(k\text{ 为任意实数})\\x_3=k\end{cases}$,所以$\boldsymbol{\beta}=-3k\boldsymbol{\alpha}_1+(4-k)\boldsymbol{\alpha}_2+k\boldsymbol{\alpha}_3$.

11. 设存在一组数 k_1,k_2,k_3,使得 $k_1\boldsymbol{\beta}_1+k_2\boldsymbol{\beta}_2+k_3\boldsymbol{\beta}_3=0$,则

$$k_1(\boldsymbol{\alpha}_1-\boldsymbol{\alpha}_2+2\boldsymbol{\alpha}_3)+k_2(\boldsymbol{\alpha}_2-\boldsymbol{\alpha}_3)+k_3(2\boldsymbol{\alpha}_1-\boldsymbol{\alpha}_2+\boldsymbol{\alpha}_3)=\mathbf{0},$$

即

$$(k_1+2k_3)\boldsymbol{\alpha}_1+(-k_1+k_2-k_3)\boldsymbol{\alpha}_2+(2k_1-k_2+k_3)\boldsymbol{\alpha}_3=\mathbf{0}.$$

因为 $\boldsymbol{\alpha}_1,\boldsymbol{\alpha}_2,\boldsymbol{\alpha}_3$ 线性无关,所以$\begin{cases}k_1+2k_3=0\\-k_1+k_2-k_3=0\\2k_1-k_2+k_3=0\end{cases}$. 解之得 $k_1=0,k_2=0,k_3=0$,所以 $\boldsymbol{\beta}_1,\boldsymbol{\beta}_2,\boldsymbol{\beta}_3$ 线性无关.

12. $$\boldsymbol{A}=(\boldsymbol{\alpha}_1^{\mathrm{T}},\boldsymbol{\alpha}_1^{\mathrm{T}},\boldsymbol{\alpha}_3^{\mathrm{T}},\boldsymbol{\alpha}_4^{\mathrm{T}},\boldsymbol{\alpha}_5^{\mathrm{T}})=\begin{pmatrix}1&-1&0&-1&-2\\-1&2&1&3&6\\0&1&1&2&4\\0&-1&-1&1&1\end{pmatrix}\to\begin{pmatrix}1&0&1&0&\frac{1}{3}\\0&1&1&0&\frac{2}{3}\\0&0&0&1&\frac{5}{3}\\0&0&0&0&0\end{pmatrix}.$$

因此此向量组的一个极大无关组为 $\boldsymbol{\alpha}_1,\boldsymbol{\alpha}_2,\boldsymbol{\alpha}_4$,且 $\boldsymbol{\alpha}_3=\boldsymbol{\alpha}_1+\boldsymbol{\alpha}_2+0\boldsymbol{\alpha}_4$,$\boldsymbol{\alpha}_5=\frac{1}{3}\boldsymbol{\alpha}_1+\frac{2}{3}\boldsymbol{\alpha}_2+\frac{5}{3}\boldsymbol{\alpha}_4$.

13. $$\boldsymbol{A}=(\boldsymbol{\alpha}_1^{\mathrm{T}},\boldsymbol{\alpha}_1^{\mathrm{T}},\boldsymbol{\alpha}_3^{\mathrm{T}},\boldsymbol{\alpha}_4^{\mathrm{T}})\to\begin{pmatrix}1&1&1&1\\0&1&2&3-x\\0&0&0&x\\0&0&0&y-x-2\end{pmatrix}.$$

欲使 $R(\boldsymbol{\alpha}_1,\boldsymbol{\alpha}_2,\boldsymbol{\alpha}_3,\boldsymbol{\alpha}_4)=2$,应有 $x=0,y-x-2=0$,因此 $x=0,y=2$.

复习题二

1. 求解齐次线性方程组 $\boldsymbol{Ax}=\mathbf{0}$,因为

$$\boldsymbol{A}=\begin{pmatrix}1&1&2\\2&2&4\\3&3&6\end{pmatrix}\longrightarrow\begin{pmatrix}1&1&2\\0&0&0\\0&0&0\end{pmatrix}=\boldsymbol{B}.$$

$R(\boldsymbol{A})=1<3$(未知量个数),方程组有无穷多解. 且 $\boldsymbol{B}$ 对应的方程组为 $x_1+x_2+2x_3=0$,求得基础解系为 $\boldsymbol{\xi}_1=\begin{pmatrix}-1\\1\\0\end{pmatrix}$,$\boldsymbol{\xi}_2=\begin{pmatrix}-2\\0\\1\end{pmatrix}$,所以只需取 $\boldsymbol{x}=\begin{pmatrix}-1&-2&0\\1&0&0\\0&1&0\end{pmatrix}$即可.

2. 因为 $$|\boldsymbol{A}|=\begin{vmatrix}1+a&1&1&\cdots&1\\2&2+a&2&\cdots&2\\\vdots&\vdots&\vdots&&\vdots\\n&n&n&\cdots&n+a\end{vmatrix}=\left[\frac{n(n+1)}{2}+a\right]a^{n-1}.$$

当 $a=0$ 或 $a=-\frac{n(n+1)}{2}$时,$|\boldsymbol{A}|=0$,由克莱姆法则,方程组有无穷多解.

当 $a=0$ 时,$$\boldsymbol{A}=\begin{pmatrix}1&1&1&\cdots&1\\2&2&2&\cdots&2\\\vdots&\vdots&\vdots&&\vdots\\n&n&n&\cdots&n\end{pmatrix}\xrightarrow{\text{初等行变换}}\begin{pmatrix}1&1&1&\cdots&1\\0&0&0&\cdots&0\\\vdots&\vdots&\vdots&&\vdots\\0&0&0&\cdots&0\end{pmatrix}=\boldsymbol{B}.$$

$\boldsymbol{B}$ 对应的方程组 $x_1+x_2+\cdots+x_n=0$,所以原方程组通解为

$$x=k_1\begin{pmatrix}-1\\1\\0\\\vdots\\0\end{pmatrix}+k_2\begin{pmatrix}-1\\0\\1\\\vdots\\0\end{pmatrix}+\cdots+k_{n-1}\begin{pmatrix}-1\\0\\0\\\vdots\\1\end{pmatrix}\quad(k_1,k_2,\cdots,k_{n-1}\text{为任意实数}).$$

当 $a=-\dfrac{n(n+1)}{2}$时，

$$A=\begin{pmatrix}1+a&1&1&\cdots&1\\2&2+a&2&\cdots&2\\\vdots&\vdots&\vdots&&\vdots\\n&n&n&\cdots&n+a\end{pmatrix}\xrightarrow{\text{初等行变换}}\begin{pmatrix}1&0&0&\cdots&0&-\frac{1}{n}\\0&1&0&\cdots&0&-\frac{2}{n}\\\vdots&\vdots&\vdots&&\vdots&\vdots\\0&0&0&\cdots&1&-\frac{n-1}{n}\\0&0&0&\cdots&0&0\end{pmatrix}=C.$$

所以原方程组通解为 $x=k\begin{pmatrix}\frac{1}{n}\\\frac{2}{n}\\\vdots\\\frac{n-1}{n}\\1\end{pmatrix}$ （k 为任意实数）.

3. 因为 $|\widetilde{A}|=\begin{vmatrix}1&a_1&a_1^2&a_1^3\\1&a_2&a_2^2&a_2^3\\1&a_3&a_3^2&a_3^3\\1&a_4&a_4^2&a_4^3\end{vmatrix}=\prod\limits_{1\leqslant i<j\leqslant 4}(a_j-a_i)\neq 0$，所以 $R(\widetilde{A})=4$，而 $R(A)\leqslant 3$，

故 $R(\widetilde{A})\neq R(A)$，原方程组无解.

4. 方程组(1)、(2)有公共解，等价于线性方程组 $\begin{cases}x_1+x_2+x_3=0\\x_1+2x_2+ax_3=0\\x_1+4x_2+a^2x_3=0\\x_1+2x_2+x_3=a-1\end{cases}$ (3)有解.

对方程组(3)的增广矩阵实施初等行变换.

$$\widetilde{A}=\begin{pmatrix}1&1&1&0\\1&2&a&0\\1&4&a^2&0\\1&2&1&a-1\end{pmatrix}\longrightarrow\begin{pmatrix}1&1&1&0\\0&1&a-1&0\\0&0&(a-1)(a-2)&0\\0&0&1-a&a-1\end{pmatrix}=\widetilde{B}.$$

显然，当 $a=1$ 或 $a=2$，$R(A)=R(\widetilde{A})$，方程组有解，从而方程组(1)、(2)有公共解.

当 $a=1$ 时，当 $\widetilde{B}=\begin{pmatrix}1&1&1&0\\0&1&0&0\\0&0&0&0\\0&0&0&0\end{pmatrix}\longrightarrow\begin{pmatrix}1&0&1&0\\0&1&0&0\\0&0&0&0\\0&0&0&0\end{pmatrix}=\widetilde{C}$，$\widetilde{C}$ 对应方程组为

$\begin{cases}x_1+x_3=0\\x_2=0\end{cases}$，解得方程组通解，即所求公共解为 $\boldsymbol{x}=k\begin{pmatrix}-1\\0\\1\end{pmatrix}$（$k$ 为任意实数）；

当 $a=2$ 时，$\widetilde{\boldsymbol{B}}=\begin{pmatrix}1&1&1&0\\0&1&1&0\\0&0&0&0\\0&0&1&-1\end{pmatrix}\longrightarrow\begin{pmatrix}1&0&0&0\\0&1&0&1\\0&0&1&-1\\0&0&0&0\end{pmatrix}=\widetilde{\boldsymbol{D}}$，$\widetilde{\boldsymbol{D}}$ 对应的方程组为

$\begin{cases}x_1=0\\x_2=1\\x_3=-1\end{cases}$，解得方程组通解，即所求公共解为 $\boldsymbol{x}=\begin{pmatrix}0\\1\\-1\end{pmatrix}$.

5.（1）线性方程组（Ⅰ）移项得 $\begin{cases}x_1=-x_2\\x_4=x_2\end{cases}$，解得方程组的基础解系为 $\boldsymbol{\xi}_1=\begin{pmatrix}-1\\1\\0\\1\end{pmatrix}$，$\boldsymbol{\xi}_2=\begin{pmatrix}0\\0\\1\\0\end{pmatrix}$，

所以方程组（Ⅰ）的通解为 $k_3\begin{pmatrix}-1\\1\\0\\1\end{pmatrix}+k_4\begin{pmatrix}0\\0\\1\\0\end{pmatrix}$（$k_3,k_4$ 为任意实数）.

（2）令两个方程组的通解表达式相等 $k_1\begin{pmatrix}0\\1\\1\\0\end{pmatrix}+k_2\begin{pmatrix}-1\\2\\2\\1\end{pmatrix}=k_3\begin{pmatrix}-1\\1\\0\\1\end{pmatrix}+k_4\begin{pmatrix}0\\0\\1\\0\end{pmatrix}$，

得到 $\begin{cases}-k_2+k_4=0\\k_1+2k_2-k_4=0\\k_1+2k_2-k_3=0\\k_2-k_4=0\end{cases}$，原两个方程组是否有公共非零解，归结为上述方程组有无非零解．将上述方程组的系数矩阵用初等行变换化为行最简形．

$$\boldsymbol{A}=\begin{pmatrix}0&-1&0&1\\1&2&0&-1\\1&2&-1&0\\0&1&0&-1\end{pmatrix}\xrightarrow{\text{初等行变换}}\begin{pmatrix}1&0&0&1\\0&1&0&-1\\0&0&1&-1\\0&0&0&0\end{pmatrix}.$$

$R(\boldsymbol{A})=3<4$（未知量的个数），故上述方程组有非零解且有 $\begin{cases}k_1=-k_4\\k_2=k_4\\k_3=k_4\end{cases}$，所以原两个方程组有公共非零解，

并且解为 $\boldsymbol{\beta}=k\begin{pmatrix}-1\\1\\0\\1\end{pmatrix}+k\begin{pmatrix}0\\0\\1\\0\end{pmatrix}=k\begin{pmatrix}-1\\1\\1\\1\end{pmatrix}$（$k$ 为任意实数）.

6. 设所求齐次方程组为 $\boldsymbol{Ax}=\boldsymbol{0}$，则有 $\boldsymbol{A}(\boldsymbol{\xi}_1,\boldsymbol{\xi}_2)=\boldsymbol{0}$，转置得 $(\boldsymbol{\xi}_1,\boldsymbol{\xi}_2)^{\mathrm{T}}\boldsymbol{A}^{\mathrm{T}}=0$，所以要求 $\boldsymbol{A}$，只需求线性方程组 $(\boldsymbol{\xi}_1,\boldsymbol{\xi}_2)^{\mathrm{T}}\boldsymbol{x}=\boldsymbol{0}$ 的一个基础解系．

对方程组 $(\boldsymbol{\xi}_1,\boldsymbol{\xi}_2)^{\mathrm{T}}\boldsymbol{x}=\boldsymbol{0}$ 的系数矩阵实施初等行变换化为行最简形

$$(\boldsymbol{\xi}_1,\boldsymbol{\xi}_2)^{\mathrm{T}}=\begin{pmatrix}0&1&2&3\\3&2&1&0\end{pmatrix}\longrightarrow\begin{pmatrix}1&0&-1&-2\\0&1&2&3\end{pmatrix}=\boldsymbol{B}.$$

$\boldsymbol{B}$ 对应方程组为$\begin{cases}x_1-x_3-2x_4=0\\x_1+2x_3+3x_4=0\end{cases}$,解得方程组的一个基础解系为 $\boldsymbol{\xi}_1=\begin{pmatrix}1\\-2\\1\\0\end{pmatrix}$,$\boldsymbol{\xi}_2=\begin{pmatrix}2\\-3\\0\\1\end{pmatrix}$.

$\boldsymbol{A}^{\mathrm{T}}=\begin{pmatrix}1&2\\-2&-3\\1&0\\0&1\end{pmatrix}$,则 $\boldsymbol{A}=\begin{pmatrix}1&-2&1&0\\2&-3&0&1\end{pmatrix}$,所以所求方程组为

$$\begin{cases}x_1-2x_2+x_3=0\\2x_1-3x_2+x_4=0\end{cases}.$$

7. 对原方程组的增广矩阵实施初等行变换.

$$\widetilde{\boldsymbol{A}}=\begin{pmatrix}1&1&-2&3&0\\2&1&-6&4&-1\\3&2&p&7&-1\\1&-1&-6&-1&t\end{pmatrix}\longrightarrow\begin{pmatrix}1&1&-2&3&0\\0&1&2&2&1\\0&0&p+8&0&0\\0&0&0&0&t+2\end{pmatrix}=\widetilde{\boldsymbol{B}}.$$

无论 p,t 取何值,$R(\boldsymbol{A})\neq4$(未知量个数),所以方程组不可能有唯一解.

当 $t\neq-2$,无论 p 取何值时,$R(\boldsymbol{A})<R(\widetilde{\boldsymbol{A}})$,方程组无解.

当 $t=-2$ 时,$R(\boldsymbol{A})=R(\widetilde{\boldsymbol{A}})<4$,方程组有无穷多解.

且当 $p=-8$ 时,$\widetilde{\boldsymbol{B}}=\begin{pmatrix}1&1&-2&3&0\\0&1&2&2&1\\0&0&0&0&0\\0&0&0&0&0\end{pmatrix}\longrightarrow\begin{pmatrix}1&0&-4&1&-1\\0&1&2&2&1\\0&0&0&0&0\\0&0&0&0&0\end{pmatrix}=\widetilde{\boldsymbol{C}}$.

$\widetilde{\boldsymbol{C}}$ 对应的方程组为$\begin{cases}x_1-4x_3+x_4=-1\\x_2+2x_3+2x_4=1\end{cases}$,通解为 $\boldsymbol{x}=k_1\begin{pmatrix}4\\-2\\1\\0\end{pmatrix}+k_2\begin{pmatrix}-1\\-2\\0\\1\end{pmatrix}+\begin{pmatrix}-1\\1\\0\\0\end{pmatrix}$ (k_1,k_2 为任意实数).

当 $p\neq-8$ 时,$\widetilde{\boldsymbol{B}}=\begin{pmatrix}1&1&-2&3&0\\0&1&2&2&1\\0&0&p+8&0&0\\0&0&0&0&0\end{pmatrix}\longrightarrow\begin{pmatrix}1&0&0&1&-1\\0&1&0&2&1\\0&0&1&0&0\\0&0&0&0&0\end{pmatrix}=\widetilde{\boldsymbol{D}}$.

$\widetilde{\boldsymbol{D}}$ 对应的方程组为$\begin{cases}x_1+x_4=-1\\x_2+2x_4=1\\x_3=0\end{cases}$,通解为 $\boldsymbol{x}=k\begin{pmatrix}-1\\-2\\0\\1\end{pmatrix}+\begin{pmatrix}-1\\1\\0\\0\end{pmatrix}$ (k 为任意实数).

8. $\boldsymbol{\alpha}_m$ 不能用 $\boldsymbol{\alpha}_1,\boldsymbol{\alpha}_2,\cdots,\boldsymbol{\alpha}_{m-1}$ 线性表示,但能用 $\boldsymbol{\alpha}_1,\boldsymbol{\alpha}_2,\cdots,\boldsymbol{\alpha}_{m-1},\boldsymbol{\beta}$ 线性表示.

因为 $\boldsymbol{\beta}$ 可用 $\boldsymbol{\alpha}_1,\boldsymbol{\alpha}_2,\cdots,\boldsymbol{\alpha}_m$ 线性表示,可设

$$\boldsymbol{\beta}=k_1\boldsymbol{\alpha}_1+k_2\boldsymbol{\alpha}_2+\cdots+k_m\boldsymbol{\alpha}_m, \qquad ①$$

则必有 $k_m\neq0$,否则,$\boldsymbol{\beta}$ 可用 $\boldsymbol{\alpha}_1,\boldsymbol{\alpha}_2,\cdots,\boldsymbol{\alpha}_{m-1}$ 线性表示,与已知矛盾. 所以

$$\boldsymbol{\alpha}_m=\frac{1}{k_m}(\boldsymbol{\beta}-k_1\boldsymbol{\alpha}_1-k_2\boldsymbol{\alpha}_2-\cdots-k_{m-1}\boldsymbol{\alpha}_{m-1}),$$

即 $\boldsymbol{\alpha}_m$ 能用 $\boldsymbol{\alpha}_1,\boldsymbol{\alpha}_2,\cdots,\boldsymbol{\alpha}_{m-1},\boldsymbol{\beta}$ 线性表示.

若 $\boldsymbol{\alpha}_m=l_1\boldsymbol{\alpha}_1+l_2\boldsymbol{\alpha}_2+\cdots+l_{m-1}\boldsymbol{\alpha}_{m-1}$,代入式①知 $\boldsymbol{\beta}$ 可用 $\boldsymbol{\alpha}_1,\boldsymbol{\alpha}_2,\cdots,\boldsymbol{\alpha}_{m-1}$ 线性表示,与已知矛盾,所以 $\boldsymbol{\alpha}_m$ 不能用 $\boldsymbol{\alpha}_1,\boldsymbol{\alpha}_2,\cdots,\boldsymbol{\alpha}_{m-1}$ 线性表示.

9. $\boldsymbol{A}=(\boldsymbol{\alpha}_1,\boldsymbol{\alpha}_2,\boldsymbol{\alpha}_3,\boldsymbol{\alpha}_4,\boldsymbol{\beta})=\begin{pmatrix}1&1&1&1&1\\0&1&-1&2&1\\2&3&a+2&4&b+3\\3&5&1&a+8&5\end{pmatrix}\to\begin{pmatrix}1&1&1&1&1\\0&1&-1&2&1\\0&0&a+1&0&b\\0&0&0&a+1&0\end{pmatrix}$.

(1) 当 $a\neq-1$ 时,$\boldsymbol{\beta}$ 可由 $\boldsymbol{\alpha}_1,\boldsymbol{\alpha}_2,\boldsymbol{\alpha}_3,\boldsymbol{\alpha}_4$ 线性表示,且表示法唯一,此时

$$\boldsymbol{A}=(\boldsymbol{\alpha}_1,\boldsymbol{\alpha}_2,\boldsymbol{\alpha}_3,\boldsymbol{\alpha}_4,\boldsymbol{\beta})\to\begin{pmatrix}1&0&0&0&-\dfrac{2b}{a+1}\\0&1&0&0&\dfrac{a+b+1}{a+1}\\0&0&1&0&\dfrac{b}{a+1}\\0&0&0&1&0\end{pmatrix},$$

所以 $\boldsymbol{\beta}=-\dfrac{2b}{a+1}\boldsymbol{\alpha}_1+\dfrac{a+b+1}{a+1}\boldsymbol{\alpha}_2+\dfrac{b}{a+1}\boldsymbol{\alpha}_3+0\boldsymbol{\alpha}_4$.

(2) 当 $a=-1,b=0$ 时,$\boldsymbol{\beta}$ 可由 $\boldsymbol{\alpha}_1,\boldsymbol{\alpha}_2,\boldsymbol{\alpha}_3,\boldsymbol{\alpha}_4$ 线性表示,且表示法不唯一,此时

$$\boldsymbol{A}=(\boldsymbol{\alpha}_1,\boldsymbol{\alpha}_2,\boldsymbol{\alpha}_3,\boldsymbol{\alpha}_4,\boldsymbol{\beta})\to\begin{pmatrix}1&0&2&-1&0\\0&1&-1&2&1\\0&0&0&0&0\\0&0&0&0&0\end{pmatrix},$$

于是 $\begin{cases}x_1=-2x_3+x_4\\x_2=1+x_3-2x_4\end{cases}$,取 $x_3=k_1,x_4=k_2,k_1,k_2$ 为任意实数. 则

$$\boldsymbol{\beta}=(-2k_1+k_2)\boldsymbol{\alpha}_1+(1+k_1-2k_2)\boldsymbol{\alpha}_2+k_1\boldsymbol{\alpha}_3+k_2\boldsymbol{\alpha}_4.$$

10. 欲使 $\boldsymbol{\alpha}_1,\boldsymbol{\alpha}_2,\boldsymbol{\alpha}_3,\boldsymbol{\alpha}_4$ 线性相关,需 $|(\boldsymbol{\alpha}_1,\boldsymbol{\alpha}_2,\boldsymbol{\alpha}_3,\boldsymbol{\alpha}_4)|=\begin{vmatrix}1&1&1&a\\1&2&1&1\\1&1&-3&1\\1&1&a&b\end{vmatrix}=0$.

计算行列式得 $(a+1)^2-4b=0$,所以 $(a+1)^2=4b$.

11. $\boldsymbol{A}=(\boldsymbol{\alpha}_1,\boldsymbol{\alpha}_2,\boldsymbol{\alpha}_3,\boldsymbol{\alpha}_4)=\begin{pmatrix}1&0&2&-1\\-1&2&2&7\\2&5&0&-1\\3&8&-1&-2\end{pmatrix}\to\begin{pmatrix}1&0&2&-1\\0&1&2&3\\0&0&1&1\\0&0&0&0\end{pmatrix}$.

此向量组的秩为 3,易见,$\boldsymbol{\alpha}_1,\boldsymbol{\alpha}_2,\boldsymbol{\alpha}_3$ 与 $\boldsymbol{\alpha}_1,\boldsymbol{\alpha}_2,\boldsymbol{\alpha}_4$ 均是它的极大无关组. 另外

$$(\boldsymbol{\alpha}_1,\boldsymbol{\alpha}_3,\boldsymbol{\alpha}_4)\to\begin{pmatrix}1&2&-1\\0&1&1\\0&0&1\\0&0&0\end{pmatrix},\quad(\boldsymbol{\alpha}_2,\boldsymbol{\alpha}_3,\boldsymbol{\alpha}_4)\to\begin{pmatrix}1&2&3\\0&1&1\\0&0&1\\0&0&0\end{pmatrix},$$

所以 $\boldsymbol{\alpha}_1,\boldsymbol{\alpha}_3,\boldsymbol{\alpha}_4$ 与 $\boldsymbol{\alpha}_2,\boldsymbol{\alpha}_3,\boldsymbol{\alpha}_4$ 也是极大无关组.

12. $\boldsymbol{\alpha}_1,\boldsymbol{\alpha}_2,\boldsymbol{\alpha}_3,\boldsymbol{\alpha}_4$ 线性相关 $\Leftrightarrow R(\boldsymbol{\alpha}_1,\boldsymbol{\alpha}_2,\boldsymbol{\alpha}_3,\boldsymbol{\alpha}_4)<4\Leftrightarrow|(\boldsymbol{\alpha}_1,\boldsymbol{\alpha}_2,\boldsymbol{\alpha}_3,\boldsymbol{\alpha}_4)|=0$.

$$|(\boldsymbol{\alpha}_1,\boldsymbol{\alpha}_2,\boldsymbol{\alpha}_3,\boldsymbol{\alpha}_4)|=\begin{vmatrix}1+a&2&3&4\\1&2+a&3&4\\1&2&3+a&4\\1&1&3&4+a\end{vmatrix}=(10+a)\begin{vmatrix}1&2&3&4\\1&2+a&3&4\\1&2&3+a&4\\1&2&3&4+a\end{vmatrix}$$

$$=(10+a)\begin{vmatrix}1&2&3&4\\0&a&3&4\\0&0&a&4\\0&0&0&a\end{vmatrix}=a^3(a+10),$$

所以 $\boldsymbol{\alpha}_1,\boldsymbol{\alpha}_2,\boldsymbol{\alpha}_3,\boldsymbol{\alpha}_4$ 线性相关$\Leftrightarrow a=0$ 或 $a=-10$.

当 $a=0$ 时,此向量组的一个极大无关组为 $\boldsymbol{\alpha}_1$, 且 $\boldsymbol{\alpha}_2=2\boldsymbol{\alpha}_1,\boldsymbol{\alpha}_3=3\boldsymbol{\alpha}_1,\boldsymbol{\alpha}_4=4\boldsymbol{\alpha}_1$.

当 $a=-10$ 时,$\boldsymbol{A}=(\boldsymbol{\alpha}_1,\boldsymbol{\alpha}_2,\boldsymbol{\alpha}_3,\boldsymbol{\alpha}_4)\to\begin{pmatrix}1&0&0&-1\\0&1&0&-1\\0&0&1&-1\\0&0&0&0\end{pmatrix}$,

此时向量组的一个极大无关组为 $\boldsymbol{\alpha}_1,\boldsymbol{\alpha}_2,\boldsymbol{\alpha}_3$,且 $\boldsymbol{\alpha}_4=-\boldsymbol{\alpha}_1-\boldsymbol{\alpha}_2-\boldsymbol{\alpha}_3$.

13. 设有一组实数 $x_0,x_1,x_2,\cdots,x_{k-1}$,使得

$$x_0\boldsymbol{\alpha}+x_1\boldsymbol{A}\boldsymbol{\alpha}+x_2\boldsymbol{A}^2\boldsymbol{\alpha}+\cdots+x_{k-1}\boldsymbol{A}^{k-1}\boldsymbol{\alpha}=\boldsymbol{0}. \qquad ①$$

式①两端左乘 $\boldsymbol{A}^{k-1}$,得 $x_0\boldsymbol{A}^{k-1}\boldsymbol{\alpha}+x_1\boldsymbol{A}^k\boldsymbol{\alpha}+x_2\boldsymbol{A}\boldsymbol{A}^k\boldsymbol{\alpha}+\cdots+x_{k-1}\boldsymbol{A}^{k-2}\boldsymbol{A}^k\boldsymbol{\alpha}=\boldsymbol{0}$.

由 $\boldsymbol{A}^k\boldsymbol{\alpha}=0$,上式化为 $x_0\boldsymbol{A}^{k-1}\boldsymbol{\alpha}=0$,由 $\boldsymbol{A}^{k-1}\boldsymbol{\alpha}\neq0$,知 $x_0=0$. 式①化为

$$x_1\boldsymbol{A}\boldsymbol{\alpha}+x_2\boldsymbol{A}^2\boldsymbol{\alpha}+\cdots+x_{k-1}\boldsymbol{A}^{k-1}0 \qquad ②$$

式②两端左乘 $\boldsymbol{A}^{k-2}$,进而得 $x_1=0$. 依此类推,最后得到 $x_0=x_1=x_2=x_{k-1}=0$,所以向量组 $\boldsymbol{\alpha},\boldsymbol{A}\boldsymbol{\alpha},\cdots,\boldsymbol{A}^{k-1}\boldsymbol{\alpha}$ 线性无关.

第 4 章　矩阵的特征值与特征向量

习题 4.1

1. (1) $\|\boldsymbol{\alpha}_1\|=\sqrt{[\boldsymbol{\alpha}_1,\boldsymbol{\alpha}_1]}=\sqrt{1^2+1^2+1^2}=\sqrt{3}$;

$$d(\boldsymbol{\alpha}_1,\boldsymbol{\alpha}_2)=\|\boldsymbol{\alpha}_1-\boldsymbol{\alpha}_2\|=\|(0,0,1,-1)\|=\sqrt{1^2+(-1)^2}=\sqrt{2}.$$

(2) $\boldsymbol{\alpha}_3,\boldsymbol{\alpha}_4$ 的夹角为 θ,则

$$\cos\theta=\frac{[\boldsymbol{\alpha}_3,\boldsymbol{\alpha}_4]}{\|\boldsymbol{\alpha}_3\|\cdot\|\boldsymbol{\alpha}_4\|}=\frac{1\times0+0\times1+1\times1+1\times1}{\sqrt{1^2+1^2+1^2}\cdot\sqrt{1^2+1^2+1^2}}=\frac{2}{3},$$

所以 $\boldsymbol{\alpha}_3,\boldsymbol{\alpha}_4$ 的夹角为 $\arccos\frac{2}{3}$.

2. 设 $\boldsymbol{\alpha}=\begin{pmatrix}x_1\\x_2\\x_3\\x_4\end{pmatrix}$使得 $\boldsymbol{\alpha}_1\perp\boldsymbol{\alpha},\boldsymbol{\alpha}_2\perp\boldsymbol{\alpha}$,则有

$$\begin{cases}[\boldsymbol{\alpha}_1,\boldsymbol{\alpha}]=0\\ [\boldsymbol{\alpha}_2,\boldsymbol{\alpha}]=0\end{cases},\quad 即\begin{cases}x_1+x_2+2x_3+3x_4=0\\ -x_1+x_2+4x_3-x_4=0\end{cases},$$

解得其基础解系为:$\boldsymbol{\xi}_1=(1,-3,1,0)^{\mathrm T},\boldsymbol{\xi}_2=(-2,-1,0,1)^{\mathrm T}$.

所以与 $\boldsymbol{\alpha}_1,\boldsymbol{\alpha}_2$ 都正交的向量是 $k_1\boldsymbol{\xi}_1+k_2\boldsymbol{\xi}_2$,其中 k_1,k_2 表示任意的常数.

3. 设 $\boldsymbol{\alpha}_3=(x_1,x_2,x_3)^T\neq 0$,且分别与 $\boldsymbol{\alpha}_1,\boldsymbol{\alpha}_2$ 正交,则 $[\boldsymbol{\alpha}_1,\boldsymbol{\alpha}_3]=[\boldsymbol{\alpha}_2,\boldsymbol{\alpha}_3]=0$,

即
$$\begin{cases}[\boldsymbol{\alpha}_1,\boldsymbol{\alpha}_3]=x_1+x_2+x_3=0\\ [\boldsymbol{\alpha}_2,\boldsymbol{\alpha}_3]=x_1-2x_2+x_3=0\end{cases},$$

解之得 $x_1=-x_3,\quad x_2=0$.

令 $x_3=1\Rightarrow\boldsymbol{\alpha}_3=\begin{pmatrix}x_1\\x_2\\x_3\end{pmatrix}=\begin{pmatrix}-1\\0\\1\end{pmatrix}$.

由上可知 $\boldsymbol{\alpha}_1,\boldsymbol{\alpha}_2,\boldsymbol{\alpha}_3$ 构成三维空间的一个正交基.

4. 不难证明 $\boldsymbol{\alpha}_1,\boldsymbol{\alpha}_2,\boldsymbol{\alpha}_3$ 是线性无关的. 取

$$\boldsymbol{\beta}_1=\boldsymbol{\alpha}_1;$$

$$\boldsymbol{\beta}_2=\boldsymbol{\alpha}_2-\frac{[\boldsymbol{\alpha}_2,\boldsymbol{\beta}_1]}{\|\boldsymbol{\beta}_1\|^2}\boldsymbol{\beta}_1=\begin{pmatrix}-1\\3\\1\end{pmatrix}-\frac{4}{6}\begin{pmatrix}1\\2\\-1\end{pmatrix}=\frac{5}{3}\begin{pmatrix}-1\\1\\1\end{pmatrix};$$

$$\boldsymbol{\beta}_3=\boldsymbol{\alpha}_3-\frac{[\boldsymbol{\alpha}_3,\boldsymbol{\beta}_1]}{\|\boldsymbol{\beta}_1\|^2}\boldsymbol{\beta}_1-\frac{[\boldsymbol{\alpha}_3,\boldsymbol{\beta}_2]}{\|\boldsymbol{\beta}_2\|^2}\boldsymbol{\beta}_2=\begin{pmatrix}4\\-1\\0\end{pmatrix}-\frac{1}{3}\begin{pmatrix}1\\2\\-1\end{pmatrix}+\frac{5}{3}\begin{pmatrix}-1\\1\\1\end{pmatrix}=2\begin{pmatrix}1\\0\\1\end{pmatrix}.$$

再把它们单位化,取

$$\boldsymbol{e}_1=\frac{\boldsymbol{\beta}_1}{\|\boldsymbol{\beta}_1\|}=\frac{1}{\sqrt{6}}\begin{pmatrix}1\\2\\-1\end{pmatrix},\quad \boldsymbol{e}_2=\frac{\boldsymbol{\beta}_2}{\|\boldsymbol{\beta}_2\|}=\frac{1}{\sqrt{3}}\begin{pmatrix}-1\\1\\1\end{pmatrix},\quad \boldsymbol{e}_3=\frac{\boldsymbol{\beta}_3}{\|\boldsymbol{\beta}_3\|}=\frac{1}{\sqrt{2}}\begin{pmatrix}1\\0\\1\end{pmatrix}.$$

$\boldsymbol{e}_1,\boldsymbol{e}_2,\boldsymbol{e}_3$ 即为所求.

5. 显然,$\boldsymbol{\alpha}_1,\boldsymbol{\alpha}_2,\boldsymbol{\alpha}_3$ 是线性无关的. 先正交化,取

$$\boldsymbol{\beta}_1=\boldsymbol{\alpha}_1=(1,1,1,1),$$

$$\boldsymbol{\beta}_2=\boldsymbol{\alpha}_2-\frac{[\boldsymbol{\beta}_1,\boldsymbol{\alpha}_2]}{[\boldsymbol{\beta}_1,\boldsymbol{\beta}_1]}\boldsymbol{\beta}_1=(1,-1,0,4)-\frac{1-1+4}{1+1+1+1}(1,1,1,1)=(0,-2,-1,3),$$

$$\boldsymbol{\beta}_3=\boldsymbol{\alpha}_3-\frac{[\boldsymbol{\beta}_1,\boldsymbol{\alpha}_3]}{[\boldsymbol{\beta}_1,\boldsymbol{\beta}_1]}\boldsymbol{\beta}_1-\frac{[\boldsymbol{\beta}_2,\boldsymbol{\alpha}_3]}{[\boldsymbol{\beta}_2,\boldsymbol{\beta}_2]}\boldsymbol{\beta}_2=(3,5,1,-1)-\frac{8}{4}(1,1,1,1)-\frac{-14}{14}(0,-2,-1,3)$$
$$=(1,1,-2,0),$$

再单位化,得规范正交向量如下

$$\boldsymbol{e}_1=\frac{\boldsymbol{\beta}_1}{\|\boldsymbol{\beta}_1\|}=\frac{1}{2}(1,1,1,1)=\left(\frac{1}{2},\frac{1}{2},\frac{1}{2},\frac{1}{2}\right),$$

$$\boldsymbol{e}_2=\frac{\boldsymbol{\beta}_2}{\|\boldsymbol{\beta}_2\|}=\frac{1}{\sqrt{14}}(0,-2,-1,3)=\left(0,\frac{-2}{\sqrt{14}},\frac{-1}{\sqrt{14}},\frac{3}{\sqrt{14}}\right),$$

$$\boldsymbol{e}_3=\frac{\boldsymbol{\beta}_3}{\|\boldsymbol{\beta}_3\|}=\frac{1}{\sqrt{6}}(1,1,-2,0)=\left(\frac{1}{\sqrt{6}},\frac{1}{\sqrt{6}},\frac{-2}{\sqrt{6}},0\right).$$

6. $\boldsymbol{\alpha}_2,\boldsymbol{\alpha}_3$ 应满足方程 $\boldsymbol{\alpha}^{\mathrm{T}}{}_1\boldsymbol{x}=0$,即 $x_1+x_2+x_3=0$.

它的基础解系为

$$\boldsymbol{\xi}_1=\begin{pmatrix}1\\0\\-1\end{pmatrix},\quad \boldsymbol{\xi}_2=\begin{pmatrix}0\\1\\-1\end{pmatrix}.$$

把基础解系正交化,即合所求. 亦即取

$$\boldsymbol{\alpha}_2=\boldsymbol{\xi}_1,\boldsymbol{\alpha}_3=\boldsymbol{\xi}_2-\frac{[\boldsymbol{\xi}_1,\boldsymbol{\xi}_2]}{[\boldsymbol{\xi}_1,\boldsymbol{\xi}_1]}\boldsymbol{\xi}_1.$$

于是得

$$\boldsymbol{\alpha}_2=\begin{pmatrix}1\\0\\-1\end{pmatrix},\quad \boldsymbol{\alpha}_3=\frac{1}{2}\begin{pmatrix}-1\\2\\-1\end{pmatrix}.$$

7.(1)由施密特正交化方法,得

$$\boldsymbol{\beta}_1=\boldsymbol{\alpha}_1=\begin{pmatrix}1\\1\\1\end{pmatrix},$$

$$\boldsymbol{\beta}_2=\boldsymbol{\alpha}_2-\frac{[\boldsymbol{\beta}_1,\boldsymbol{\alpha}_2]}{[\boldsymbol{\beta}_1,\boldsymbol{\beta}_1]}\boldsymbol{\beta}_1=\begin{pmatrix}-1\\0\\1\end{pmatrix},$$

$$\boldsymbol{\beta}_2=\boldsymbol{\alpha}_3-\frac{[\boldsymbol{\beta}_1,\boldsymbol{\alpha}_3]}{[\boldsymbol{\beta}_1,\boldsymbol{\beta}_1]}\boldsymbol{\beta}_1-\frac{[\boldsymbol{\beta}_2,\boldsymbol{\alpha}_2]}{[\boldsymbol{\beta}_2,\boldsymbol{\beta}_2]}\boldsymbol{\beta}_2=\frac{1}{3}\begin{pmatrix}1\\-2\\1\end{pmatrix}.$$

正交化后的结果为

$$(\boldsymbol{\beta}_1,\boldsymbol{\beta}_2,\boldsymbol{\beta}_3)=\begin{pmatrix}1&-1&\frac{1}{3}\\1&0&-\frac{2}{3}\\1&1&\frac{1}{3}\end{pmatrix}.$$

(2)**解:**由施密特正交化方法得

$$\boldsymbol{\beta}_1=\boldsymbol{\alpha}_1=\begin{pmatrix}1\\0\\-1\\1\end{pmatrix},$$

$$\boldsymbol{\beta}_2=\boldsymbol{\alpha}_2-\frac{[\boldsymbol{\beta}_1,\boldsymbol{\alpha}_2]}{[\boldsymbol{\beta}_1,\boldsymbol{\beta}_1]}\boldsymbol{\beta}_1=\frac{1}{3}\begin{pmatrix}1\\-3\\2\\1\end{pmatrix},$$

$$\boldsymbol{\beta}_2=\boldsymbol{\alpha}_3-\frac{[\boldsymbol{\beta}_1,\boldsymbol{\alpha}_3]}{[\boldsymbol{\beta}_1,\boldsymbol{\beta}_1]}\boldsymbol{\beta}_1-\frac{[\boldsymbol{\beta}_2,\boldsymbol{\alpha}_2]}{[\boldsymbol{\beta}_2,\boldsymbol{\beta}_2]}\boldsymbol{\beta}_2=\frac{1}{5}\begin{pmatrix}-1\\3\\3\\4\end{pmatrix}.$$

正交化后得

$$(\boldsymbol{\beta}_1,\boldsymbol{\beta}_2,\boldsymbol{\beta}_3)=\begin{pmatrix}1&\frac{1}{3}&-\frac{1}{5}\\0&-1&\frac{3}{5}\\-1&\frac{2}{3}&\frac{3}{5}\\1&\frac{1}{3}&\frac{4}{5}\end{pmatrix}.$$

8. $R(\boldsymbol{\alpha}_1,\boldsymbol{\alpha}_2,\boldsymbol{\alpha}_3)=3$,因此 $\boldsymbol{\alpha}_1,\boldsymbol{\alpha}_2,\boldsymbol{\alpha}_3$ 是线性无关的. 令

$$\boldsymbol{\beta}_1=\boldsymbol{\alpha}_1=\begin{pmatrix}0\\1\\1\end{pmatrix},$$

$$\boldsymbol{\beta}_2=\boldsymbol{\alpha}_2-\frac{(\boldsymbol{\alpha}_2,\boldsymbol{\beta}_1)}{(\boldsymbol{\beta}_1,\boldsymbol{\beta}_1)}\boldsymbol{\beta}_1=\frac{1}{2}\begin{pmatrix}2\\-1\\1\end{pmatrix},$$

$$\boldsymbol{\beta}_3=\boldsymbol{\alpha}_3-\frac{(\boldsymbol{\alpha}_3,\boldsymbol{\beta}_1)}{(\boldsymbol{\beta}_1,\boldsymbol{\beta}_1)}\boldsymbol{\beta}_1-\frac{(\boldsymbol{\alpha}_3,\boldsymbol{\beta}_2)}{(\boldsymbol{\beta}_2,\boldsymbol{\beta}_2)}\boldsymbol{\beta}_2=\frac{2}{3}\begin{pmatrix}1\\1\\-1\end{pmatrix},$$

将它们单位化,再令

$$\boldsymbol{\gamma}_1=\frac{\boldsymbol{\beta}_1}{\|\boldsymbol{\beta}_1\|}=\frac{1}{\sqrt{2}}\begin{pmatrix}0\\1\\1\end{pmatrix},\boldsymbol{\gamma}_2=\frac{\boldsymbol{\beta}_2}{\|\boldsymbol{\beta}_2\|}=\frac{1}{\sqrt{6}}\begin{pmatrix}2\\-1\\1\end{pmatrix},\boldsymbol{\gamma}_3=\frac{\boldsymbol{\beta}_3}{\|\boldsymbol{\beta}_3\|}=\frac{1}{\sqrt{3}}\begin{pmatrix}1\\1\\-1\end{pmatrix},$$

则 $\boldsymbol{\gamma}_1,\boldsymbol{\gamma}_2,\boldsymbol{\gamma}_3$ 为两两正交且规范的向量组.

习题 4.2

1. (1)矩阵 $\boldsymbol{A}=\begin{pmatrix}1&-1\\2&4\end{pmatrix}$,则矩阵 $\boldsymbol{A}$ 的特征方程为

$$|\boldsymbol{A}-\lambda\boldsymbol{E}|=\begin{vmatrix}\lambda-1&1\\-2&\lambda-4\end{vmatrix}=\lambda^2-5\lambda+6=(\lambda-2)(\lambda-3).$$

故 $\boldsymbol{A}$ 的特征值为 $\lambda_1=2,\lambda_2=3$.

当 $\lambda_1=2$ 时,解方程 $(\boldsymbol{A}-2\boldsymbol{E})\boldsymbol{x}=\boldsymbol{0}$,由

$$\boldsymbol{A}-2\boldsymbol{E}=\begin{pmatrix}-1&-1\\2&2\end{pmatrix}\Rightarrow\begin{pmatrix}-1&-1\\0&0\end{pmatrix},\text{得基础解系 }\boldsymbol{\xi}_1=\begin{pmatrix}-1\\1\end{pmatrix}.$$

故 $k_1\boldsymbol{\xi}_1$ 是对应于 $\lambda_1=2$ 的全部特征向量.

当 $\lambda_2=3$ 时,解方程 $(\boldsymbol{A}-3\boldsymbol{E})\boldsymbol{x}=\boldsymbol{0}$,由

$$\boldsymbol{A}-3\boldsymbol{E}=\begin{pmatrix}-2&-1\\2&1\end{pmatrix}\Rightarrow\begin{pmatrix}-2&-1\\0&0\end{pmatrix},\text{得基础解系 }\boldsymbol{\xi}_2=\begin{pmatrix}-\frac{1}{2}\\1\end{pmatrix}.$$

故 $k_2\boldsymbol{\xi}_2$ 是对应于 $\lambda_2=3$ 的全部特征向量.

(2) $$|\boldsymbol{A}-\lambda\boldsymbol{E}|=\begin{vmatrix}1-\lambda&2&3\\2&1-\lambda&3\\3&3&6-\lambda\end{vmatrix}=-\lambda(\lambda+1)(\lambda-9).$$

故 $\boldsymbol{A}$ 的特征值为 $\lambda_1=0,\lambda_2=-1,\lambda_3=9$.

当 $\lambda_1=0$ 时,解方程 $\boldsymbol{A}\boldsymbol{x}=\boldsymbol{0}$,由

$$\boldsymbol{A}=\begin{pmatrix}1&2&3\\2&1&3\\3&3&6\end{pmatrix}\longrightarrow\begin{pmatrix}1&0&1\\0&1&1\\0&0&0\end{pmatrix},\text{得基础解系 }\boldsymbol{\xi}_1=\begin{pmatrix}-1\\-1\\1\end{pmatrix}.$$

故 $k_1\boldsymbol{\xi}_1$ 是对应于 $\lambda_1=0$ 的全部特征向量.

当 $\lambda_2=-1$ 时,解方程 $(\boldsymbol{A}+\boldsymbol{E})\boldsymbol{x}=\boldsymbol{0}$,由

$$\boldsymbol{A}+\boldsymbol{E}=\begin{pmatrix}2&2&3\\2&2&3\\3&3&7\end{pmatrix}\longrightarrow\begin{pmatrix}2&2&3\\0&0&1\\0&0&0\end{pmatrix},\text{得基础解系 }\boldsymbol{\xi}_2=\begin{pmatrix}-1\\1\\0\end{pmatrix}.$$

故 $k_2\boldsymbol{\xi}_2$ 是对应于 $\lambda_2=-1$ 的全部特征向量.

当 $\lambda_3=9$ 时,解方程 $(\boldsymbol{A}-9\boldsymbol{E})\boldsymbol{x}=\boldsymbol{0}$,由

$$\boldsymbol{A}-9\boldsymbol{E}=\begin{pmatrix}-8&2&3\\2&-8&3\\3&3&-3\end{pmatrix}\longrightarrow\begin{pmatrix}1&2&-\dfrac{1}{2}\\0&1&-\dfrac{1}{2}\\0&0&0\end{pmatrix},\text{得基础解系 }\boldsymbol{\xi}_3=\begin{pmatrix}\dfrac{1}{2}\\\dfrac{1}{2}\\0\end{pmatrix}.$$

故 $k_3\boldsymbol{\xi}_3$ 是对应于 $\lambda_3=9$ 的全部特征向量.

(3) $|\boldsymbol{A}-\lambda\boldsymbol{E}|=\begin{vmatrix}2-\lambda&-1&2\\5&-3-\lambda&3\\-1&0&-2-\lambda\end{vmatrix}=-(\lambda+1)^3.$

故 $\boldsymbol{A}$ 的特征值为 $\lambda_1=\lambda_2=\lambda_3=-1$.

$$\boldsymbol{A}+\boldsymbol{E}=\begin{pmatrix}3&-1&2\\5&-2&3\\-1&0&-1\end{pmatrix}\xrightarrow{r_1\leftrightarrow r_3}\begin{pmatrix}-1&0&-1\\5&-2&3\\3&-1&2\end{pmatrix}\xrightarrow[r_1\times(-1)]{\substack{r_2+5r_1\\r_3+3r_1}}\begin{pmatrix}1&0&1\\0&-2&-2\\0&-1&-1\end{pmatrix}\xrightarrow[r_2\times\left(-\frac{1}{2}\right)]{r_3-\frac{1}{2}r_2}\begin{pmatrix}1&0&1\\0&1&1\\0&0&0\end{pmatrix},$$

得基础解系 $\boldsymbol{\xi}_1=\begin{pmatrix}-1\\-1\\1\end{pmatrix}$.

故 $k_1\boldsymbol{\xi}_1$ 是对应于 $\lambda_1=\lambda_2=\lambda_3=-1$ 的全部特征向量.

(4) $|\boldsymbol{A}-\lambda\boldsymbol{E}|=\begin{vmatrix}1-\lambda&1&1&1\\1&1-\lambda&-1&-1\\1&-1&1-\lambda&-1\\1&-1&-1&1-\lambda\end{vmatrix}=-(\lambda+2)(\lambda-2)^3.$

故 $\boldsymbol{A}$ 的特征值为 $\lambda_1=\lambda_2=\lambda_3=2,\lambda_4=-2$.

当 $\lambda_1=\lambda_2=\lambda_3=2$ 时,解方程 $(\boldsymbol{A}-2\boldsymbol{E})\boldsymbol{x}=\boldsymbol{0}$,有

$$\begin{cases}x_1-x_2-x_3-x_4=0\\-x_1+x_2+x_3+x_4=0\end{cases},\text{即 }x_1=x_2+x_3+x_4.$$

若取自由变量 $\begin{pmatrix}x_2\\x_3\\x_4\end{pmatrix}$ 分别为 $\begin{pmatrix}1\\0\\0\end{pmatrix},\begin{pmatrix}0\\1\\0\end{pmatrix},\begin{pmatrix}0\\0\\1\end{pmatrix}$,则 $k_1\begin{pmatrix}1\\1\\0\\0\end{pmatrix}+k_2\begin{pmatrix}1\\0\\1\\0\end{pmatrix}+k_3\begin{pmatrix}1\\0\\0\\1\end{pmatrix}$ 是对应于 $\lambda=2$ 的全部特征向量.

当 $\lambda=-2$ 时,由方程组 $\begin{cases}-3x_1-x_2-x_3-x_4=0\\-x_1+3x_2+x_3+x_4=0\\x_1+x_2-3x_3+x_4=0\\-x_1+x_2+x_3-3x_4=0\end{cases}$,对其系数矩阵实施初等行变换

$$\begin{pmatrix}-3&-1&-1&-1\\-1&-3&1&1\\-1&1&-3&1\\-1&1&1&-3\end{pmatrix}\longrightarrow\begin{pmatrix}-1&-1&0&0\\0&1&-1&0\\0&0&1&-1\\0&0&0&0\end{pmatrix},$$

解得 $\begin{cases}x_1=-x_2\\x_2=x_3\\x_3=x_4\end{cases}$ 得其特征向量为 $k_4\begin{pmatrix}-1\\1\\1\\1\end{pmatrix}$.

2. 因为 $\lambda_1=-2,\lambda_2=4$,均为矩阵 $\boldsymbol{A}$ 的特征值,由 $|\boldsymbol{A}-\lambda\boldsymbol{E}|=0$ 可知

$$|\boldsymbol{A}-\lambda_1\boldsymbol{E}|=0,\ |\boldsymbol{A}-\lambda_2\boldsymbol{E}|=0,$$

即

$$|\boldsymbol{A}-\lambda_1\boldsymbol{E}|=\begin{vmatrix}3&-3&3\\3&x+2&3\\6&-6&y+2\end{vmatrix}=3(x+5)(y-4)=0;$$

$$|\boldsymbol{A}-\lambda_2\boldsymbol{E}|=\begin{vmatrix}-3&-3&3\\3&x-4&3\\6&-6&y-4\end{vmatrix}=3[(x-5)(y+2)-72]=0.$$

解得 $x=-5,y=4$.

3. 因为0是矩阵 $\boldsymbol{A}$ 的特征值,所以 $|\boldsymbol{A}|=0\Rightarrow a=1$.

由 $|\boldsymbol{A}-\lambda\boldsymbol{E}|=-\lambda(\lambda-2)^2=0$,求出 $\boldsymbol{A}$ 的特征值为

$$\lambda_1=\lambda_2=2,\quad \lambda_3=0.$$

当 $\lambda=2$ 时,由 $(\boldsymbol{A}-2\boldsymbol{E})\boldsymbol{x}=\boldsymbol{0}$ 解出 $\boldsymbol{A}$ 的属于 $\lambda=2$ 的特征向量为

$$k_1\begin{pmatrix}0\\1\\0\end{pmatrix}+k_2\begin{pmatrix}1\\0\\1\end{pmatrix}.$$

当 $\lambda=0$ 时,由 $\boldsymbol{A}\boldsymbol{x}=\boldsymbol{0}$ 解出 $\boldsymbol{A}$ 的属于 $\lambda=0$ 的特征向量为

$$k_3\begin{pmatrix}1\\0\\-1\end{pmatrix}.$$

4. 设 $\boldsymbol{x}$ 是特征值 λ 所对应的特征向量,则 $\boldsymbol{A}\boldsymbol{x}=\lambda\boldsymbol{x}$,即

$$\begin{pmatrix}-1&1&0\\-4&a&0\\1&0&b\end{pmatrix}\begin{pmatrix}1\\2\\-1\end{pmatrix}=\lambda\begin{pmatrix}1\\2\\-1\end{pmatrix},$$

即

$$\begin{cases}\lambda=1\\-4+2a=2\lambda,\\1-b=-\lambda\end{cases}$$

解之得

$$a=3,\quad b=2,\quad \lambda=1.$$

5. $$|\lambda\boldsymbol{E}-\boldsymbol{A}|=\begin{vmatrix}\lambda+2&-1&-1\\0&\lambda-2&0\\4&-1&\lambda-3\end{vmatrix}=(\lambda+1)(\lambda-2)^2.$$

特征值为 $\lambda_1=-1,\lambda_2=\lambda_2=2$.

当 $\lambda_1=-1$ 时,解方程 $(-\boldsymbol{A}-\boldsymbol{E})\boldsymbol{x}=\boldsymbol{0}$.

由 $-\boldsymbol{A}-\boldsymbol{E}=\begin{pmatrix}1&-1&-1\\0&-3&0\\4&-1&-4\end{pmatrix}\longrightarrow\begin{pmatrix}1&0&-1\\0&1&0\\0&0&0\end{pmatrix}$ 得基础解系 $\boldsymbol{p}_1=\begin{pmatrix}1\\0\\1\end{pmatrix}$,故对应于 $\lambda_1=-1$ 的全体特征向量为 $k_1\boldsymbol{p}_1(k_1\neq0)$.

当 $\lambda_2=\lambda_2=2$ 时,解方程 $(2\boldsymbol{E}-\boldsymbol{A})\boldsymbol{x}=\boldsymbol{0}$.

由 $2\boldsymbol{E}-\boldsymbol{A}=\begin{pmatrix}4&-1&-1\\0&0&0\\4&-1&-1\end{pmatrix}\longrightarrow\begin{pmatrix}4&-1&-1\\0&0&0\\0&0&0\end{pmatrix}$ 得基础解系 $\boldsymbol{p}_2=\begin{pmatrix}1\\4\\0\end{pmatrix}$,$\boldsymbol{p}_2=\begin{pmatrix}1\\0\\4\end{pmatrix}$,故对应于 $\lambda_2=\lambda_2=2$ 的全部特征向量为

$$k_2\boldsymbol{p}_2+k_3\boldsymbol{p}_3\quad(k_2,k_3\text{ 不同时为 }0).$$

6. $|\lambda\boldsymbol{E}-\boldsymbol{A}|=\begin{vmatrix}\lambda-a & 0 & \cdots & 0\\ 0 & \lambda-a & \cdots & 0\\ \vdots & \vdots & & \vdots\\ 0 & 0 & \cdots & \lambda-a\end{vmatrix}=(\lambda-a)^n=0$,故 $\boldsymbol{A}$ 的特征值为 $\lambda_1=\lambda_2=\cdots=\lambda_n=a$.

把 $\lambda=a$ 代入 $(\lambda\boldsymbol{E}-\boldsymbol{A})\boldsymbol{x}=\boldsymbol{0}$ 得 $0x_1=0,0x_2=0,\cdots,0x_n=0$. 这个方程组的系数矩阵是零矩阵,所以任意 n 个线性无关的向量都是它的基础解系,取单位向量组

$$\boldsymbol{\varepsilon}_1=\begin{pmatrix}1\\0\\\vdots\\0\end{pmatrix},\quad \boldsymbol{\varepsilon}_2=\begin{pmatrix}0\\1\\\vdots\\0\end{pmatrix},\quad \cdots,\quad \boldsymbol{\varepsilon}_n=\begin{pmatrix}0\\0\\\vdots\\1\end{pmatrix}$$

作为基础解系,于是,$\boldsymbol{A}$ 的全部特征向量为

$$c_1\boldsymbol{\varepsilon}_1+c_2\boldsymbol{\varepsilon}_2+\cdots+c_n\boldsymbol{\varepsilon}_n \quad (c_1,c_2,\cdots,c_n \text{ 不全为零}).$$

7. 因为 $\boldsymbol{A\alpha}=2\boldsymbol{\alpha}$,所以 $\lambda=2$ 为矩阵 $\boldsymbol{A}$ 的特征值,从而有 $|2\boldsymbol{E}-\boldsymbol{A}|=0$.

而 $|2\boldsymbol{E}-\boldsymbol{A}|=\begin{vmatrix}1 & 1 & 0\\ -2 & 2 & -1\\ -1 & -a & 2\end{vmatrix}=9-a$,$a=9$.

8. 令 $\boldsymbol{A\alpha}=\lambda\boldsymbol{\alpha}$,即 $\begin{pmatrix}1 & -1 & 2\\ 4 & a & 0\\ -3 & 1 & b\end{pmatrix}\begin{pmatrix}1\\1\\1\end{pmatrix}=\lambda\begin{pmatrix}1\\1\\1\end{pmatrix}$,从而有 $\begin{cases}2=\lambda\\ a+4=\lambda\\ -2+b=\lambda\end{cases}$,解得

$a=-2,b=4,\lambda=2$.

习题 4.3

1. (1) $|\boldsymbol{A}-\lambda\boldsymbol{E}|=\begin{vmatrix}4-\lambda & 6 & 0\\ -3 & -5-\lambda & 0\\ -3 & -6 & 1-\lambda\end{vmatrix}=-(\lambda-1)^2(\lambda+2)$.

得 $\boldsymbol{A}$ 的特征值 $\lambda_1=\lambda_2=1,\lambda_3=-2$,

对于 $\lambda_1=\lambda_2=1$ 时,求得方程组 $(\boldsymbol{A}-\boldsymbol{E})\boldsymbol{x}=\boldsymbol{0}$,相应的特征向量为 $\boldsymbol{\xi}_1^{\mathrm{T}}=(-2,1,0),\boldsymbol{\xi}_2^{\mathrm{T}}=(0,0,1)$,$\lambda_3=-2$ 时相应的特征向量为 $\boldsymbol{\xi}_3^{\mathrm{T}}=(-1,1,1)$,显然 $\boldsymbol{\xi}_1,\boldsymbol{\xi}_2,\boldsymbol{\xi}_3$ 线性无关,所以 $\boldsymbol{A}$ 可对角化.

令 $\boldsymbol{P}=(\boldsymbol{\xi}_1,\boldsymbol{\xi}_2,\boldsymbol{\xi}_3)=\begin{pmatrix}-2 & 0 & -1\\ 1 & 0 & 1\\ 0 & 1 & 1\end{pmatrix}$,$\boldsymbol{D}=\begin{pmatrix}1 & 0 & 0\\ 0 & 1 & 0\\ 0 & 0 & -2\end{pmatrix}$ 可使 $\boldsymbol{P}^{-1}\boldsymbol{AP}=\boldsymbol{D}$.

(2) $|\boldsymbol{A}-\lambda\boldsymbol{E}|=\begin{vmatrix}-1-\lambda & -2 & 2\\ 0 & 1-\lambda & 0\\ 0 & 0 & 1-\lambda\end{vmatrix}=-(\lambda-1)^2(\lambda+1)$.

得 $\boldsymbol{A}$ 的特征值 $\lambda_1=\lambda_2=1,\quad \lambda_3=-1$,

对于 $\lambda_1=\lambda_2=1$ 时,求得方程组 $(\boldsymbol{A}-\boldsymbol{E})\boldsymbol{x}=\boldsymbol{0}$,相应的特征向量为 $\boldsymbol{\xi}_1^{\mathrm{T}}=(-1,1,0),\boldsymbol{\xi}_2^{\mathrm{T}}=(1,0,1)$,$\lambda_3=-1$ 时相应的特征向量为 $\boldsymbol{\xi}_3^{\mathrm{T}}=(1,0,0)$,显然 $\boldsymbol{\xi}_1,\boldsymbol{\xi}_2,\boldsymbol{\xi}_3$ 线性无关,所以 $\boldsymbol{A}$ 可对角化.

令 $\boldsymbol{P}=(\boldsymbol{\xi}_1,\boldsymbol{\xi}_2,\boldsymbol{\xi}_3)=\begin{pmatrix}-1 & 1 & 1\\ 1 & 0 & 0\\ 0 & 1 & 0\end{pmatrix}$,$\boldsymbol{D}=\begin{pmatrix}1 & 0 & 0\\ 0 & 1 & 0\\ 0 & 0 & -1\end{pmatrix}$ 可使 $\boldsymbol{P}^{-1}\boldsymbol{AP}=\boldsymbol{D}$.

2. 由 $|\boldsymbol{A}-\lambda\boldsymbol{E}|=-\lambda(\lambda-1)^2$,知 $\boldsymbol{A}$ 的特征值为 $\lambda_1=\lambda_2=1,\lambda_3=0$.

对应于 $\lambda_1=\lambda_2=1$ 的线性无关的特征向量为 $\boldsymbol{\xi}_1^{\mathrm{T}}=(1,2,0),\boldsymbol{\xi}_2^{\mathrm{T}}=(0,0,1)$;

对应于 $\lambda_3=0$ 时相应的特征向量为 $\boldsymbol{\xi}_3^{\mathrm{T}}=(1,1,-2)$.

令 $\boldsymbol{P}=(\boldsymbol{\xi}_1,\boldsymbol{\xi}_2,\boldsymbol{\xi}_3)=\begin{pmatrix}1&0&1\\2&0&1\\0&1&-2\end{pmatrix}$,$\boldsymbol{D}=\begin{pmatrix}1&0&0\\0&1&0\\0&0&0\end{pmatrix}$,则可使

$$\boldsymbol{P}^{-1}\boldsymbol{AP}=\boldsymbol{D}=\begin{pmatrix}1&0&0\\0&1&0\\0&0&0\end{pmatrix}\Rightarrow\boldsymbol{A}=\boldsymbol{PDP}^{-1}\Rightarrow\boldsymbol{A}^{100}=(\boldsymbol{PDP}^{-1})^{100}=\boldsymbol{PD}^{100}\boldsymbol{P}^{-1}.$$

又因为 $\boldsymbol{D}^{100}=\boldsymbol{D}$ 所以 $\boldsymbol{A}^{100}=\boldsymbol{PDP}^{-1}=\boldsymbol{A}=\begin{pmatrix}-1&1&0\\-2&2&0\\4&-2&1\end{pmatrix}$.

3. $|\boldsymbol{A}-\lambda\boldsymbol{E}|=\begin{vmatrix}1-\lambda&-2&2\\-2&-2-\lambda&4\\2&4&-2-\lambda\end{vmatrix}=-(\lambda-2)^2(\lambda+7)=0$.

得 $\lambda_1=\lambda_2=2,\lambda_3=-7$.

将 $\lambda_1=\lambda_2=2$ 代入 $(\boldsymbol{A}-\lambda\boldsymbol{E})\boldsymbol{x}=\boldsymbol{0}$,由方程组

$\begin{cases}-x_1-2x_2+2x_3=0\\-2x_1-4x_2+4x_3=0\\2x_1+4x_2-4x_3=0\end{cases}$,得基础解系 $\boldsymbol{p}_1=\begin{pmatrix}2\\0\\1\end{pmatrix}$,$\boldsymbol{p}_2=\begin{pmatrix}0\\1\\1\end{pmatrix}$.

同理,对 $\lambda_3=-7$,由 $(\boldsymbol{A}-\lambda_3\boldsymbol{E})\boldsymbol{x}=\boldsymbol{0}$,得基础解系 $\boldsymbol{p}_3=\begin{pmatrix}1\\2\\-2\end{pmatrix}$.

由于 $\begin{vmatrix}2&0&1\\0&1&2\\1&1&-2\end{vmatrix}\neq0$,所以 $\boldsymbol{p}_1,\boldsymbol{p}_2,\boldsymbol{p}_3$ 线性无关,即 $\boldsymbol{A}$ 有 3 个线性无关的特征向量,因而 $\boldsymbol{A}$ 可对角化.

4. $|\lambda\boldsymbol{E}-\boldsymbol{A}|=\begin{vmatrix}\lambda&0&-1\\-1&\lambda-1&-a\\-1&0&\lambda\end{vmatrix}=(\lambda-1)^2(\lambda+1)$,得 $\lambda_1=-1,\lambda_2=\lambda_3=1$.

对于单根 $\lambda_1=-1$,可求得线性无关的特征向量恰有 1 个,而对应重根 $\lambda_2=\lambda_3=1$,欲使矩阵 $\boldsymbol{A}$ 能对角化,应有 2 个线性无关的特征向量,即方程组 $(\boldsymbol{E}-\boldsymbol{A})\boldsymbol{x}=\boldsymbol{0}$ 有 2 个线性无关的解,亦即系数矩阵 $\boldsymbol{E}-\boldsymbol{A}$ 的秩 $R(\boldsymbol{E}-\boldsymbol{A})=1$,

$$\boldsymbol{E}-\boldsymbol{A}=\begin{pmatrix}1&0&-1\\-1&0&-a\\-1&0&1\end{pmatrix}\longrightarrow\begin{pmatrix}1&0&-1\\0&0&a+1\\0&0&0\end{pmatrix}.$$

要 $R(\boldsymbol{E}-\boldsymbol{A})=1$,得 $a+1=0$,即 $a=-1$. 因此,当 $a=-1$ 时,矩阵 $\boldsymbol{A}$ 能对角化.

5. 由 $|\lambda\boldsymbol{E}-\boldsymbol{A}|=\begin{vmatrix}\lambda-2&-2&0\\-8&\lambda-2&-a\\0&0&\lambda-6\end{vmatrix}=(\lambda+2)(\lambda-6)^2=0$,得 $\lambda_1=-2,\lambda_2=\lambda_3=6$.

当 $\lambda_1=-2$ 时,由

$$-2\boldsymbol{E}-\boldsymbol{A}=\begin{pmatrix}-4&-2&0\\-8&-4&0\\0&0&-8\end{pmatrix}\to\begin{pmatrix}1&\frac{1}{2}&0\\0&0&1\\0&0&0\end{pmatrix},$$

得 $\lambda_1=-2$ 对应的线性无关的特征向量为 $\boldsymbol{\xi}_1=(-1/2,1,0)^{\mathrm{T}}$ 或者 $\boldsymbol{\xi}_1=(-1,2,0)^{\mathrm{T}}$.

当 $\lambda_2=\lambda_3=6$ 时，由

$$6\boldsymbol{E}-\boldsymbol{A}=\begin{pmatrix}4&-2&0\\-8&4&0\\0&0&0\end{pmatrix}\rightarrow\begin{pmatrix}1&-\frac{1}{2}&0\\0&0&0\\0&0&0\end{pmatrix},$$

得 $\lambda_2=\lambda_3=6$ 对应的线性无关的特征向量为 $\boldsymbol{\xi}_2=(1/2,1,0)^{\mathrm{T}}$，$\boldsymbol{\xi}_3=(0,0,1)^{\mathrm{T}}$ 或者 $\boldsymbol{\xi}_2=(1,2,0)^{\mathrm{T}}$，$\boldsymbol{\xi}_3=(0,0,1)^{\mathrm{T}}$.

取 $\boldsymbol{P}=\begin{pmatrix}-1&1&0\\2&2&0\\0&0&1\end{pmatrix}$，则 $\boldsymbol{P}^{-1}\boldsymbol{AP}=\begin{pmatrix}-2&0&0\\0&6&0\\0&0&6\end{pmatrix}$.

6. 因为 $\boldsymbol{A}\sim\boldsymbol{B}$，所以有

$\begin{cases}|\boldsymbol{A}|=|\boldsymbol{B}|\\R(\boldsymbol{A})=R(\boldsymbol{B})\end{cases}$，即 $\begin{cases}6a-6=4b\\1+4+a=2+2+b\end{cases}$，从而有 $a=5,b=6$.

显然 $\boldsymbol{B}$ 的特征值为 $\lambda_1=\lambda_2=2,\lambda_3=6$，又 $\boldsymbol{A}\sim\boldsymbol{B}$，所以 $\boldsymbol{A}$ 的特征值为 $\lambda_1=\lambda_2=2,\lambda_3=6$.

对 $\lambda_1=\lambda_2=2$，由

$$2\boldsymbol{E}-\boldsymbol{A}=\begin{pmatrix}1&1&-1\\-2&-2&2\\3&3&-3\end{pmatrix}\rightarrow\begin{pmatrix}1&1&-1\\0&0&0\\0&0&0\end{pmatrix},$$

得方程组 $(2\boldsymbol{E}-\boldsymbol{A})\boldsymbol{X}=0$ 的基础解系为 $\boldsymbol{\xi}_1=(-1,1,0)^{\mathrm{T}}$，$\boldsymbol{\xi}_2=(1,0,1)^{\mathrm{T}}$，从而 $\lambda_1=\lambda_2=2$ 对应的线性无关的特征向量为 $\boldsymbol{\xi}_1=(-1,1,0)^{\mathrm{T}}$，$\boldsymbol{\xi}_2=(1,0,1)^{\mathrm{T}}$.

对 $\lambda_3=6$，由

$$6\boldsymbol{E}-\boldsymbol{A}=\begin{pmatrix}5&1&-1\\-2&2&2\\3&3&1\end{pmatrix}\rightarrow\begin{pmatrix}1&-1&-1\\5&1&-1\\3&3&1\end{pmatrix}\rightarrow\begin{pmatrix}1&-1&-1\\0&3&2\\0&0&0\end{pmatrix}\rightarrow\begin{pmatrix}1&0&-\frac{1}{3}\\0&1&\frac{2}{3}\\0&0&0\end{pmatrix},$$

得方程组 $(6\boldsymbol{E}-\boldsymbol{A})\boldsymbol{X}=0$ 的基础解系为 $\boldsymbol{\xi}_3=(1,-2,3)^{\mathrm{T}}$，从而 $\lambda_3=6$ 对应的线性无关的特征向量为 $\boldsymbol{\xi}_3=(1,-2,3)^{\mathrm{T}}$.

取 $\boldsymbol{P}=(\boldsymbol{\xi}_1,\boldsymbol{\xi}_2,\boldsymbol{\xi}_3)=\begin{pmatrix}-1&1&1\\1&0&-2\\0&1&3\end{pmatrix}$，则有 $\boldsymbol{P}^{-1}\boldsymbol{AP}=\begin{pmatrix}-2&0&0\\0&2&0\\0&0&6\end{pmatrix}$.

习题 4.4

1. 矩阵 $\boldsymbol{A}$ 的特征方程为 $|\lambda\boldsymbol{E}-\boldsymbol{A}|=\begin{vmatrix}\lambda-1&2&0\\2&\lambda-2&2\\0&2&\lambda-3\end{vmatrix}=0$，得 $(\lambda+1)(\lambda-2)(\lambda-5)=0$，所以 $\lambda_1=-1$，$\lambda_2=2$，$\lambda_3=5$.

当 $\lambda_1=-1$ 时，由 $(-\boldsymbol{E}-\boldsymbol{A})\boldsymbol{x}=\boldsymbol{0}$，得基础解系 $\boldsymbol{p}_1=(2,2,1)^{\mathrm{T}}$.

当 $\lambda_2=2$ 时，由 $(2\boldsymbol{E}-\boldsymbol{A})\boldsymbol{x}=\boldsymbol{0}$，得基础解系 $\boldsymbol{p}_2=(2,-1,-2)^{\mathrm{T}}$.

当 $\lambda_3=5$ 时，由 $(5\boldsymbol{E}-\boldsymbol{A})\boldsymbol{x}=\boldsymbol{0}$，得基础解系 $\boldsymbol{p}_3=(1,-2,2)^{\mathrm{T}}$.

不难验证 $\boldsymbol{p}_1,\boldsymbol{p}_2,\boldsymbol{p}_3$ 是正交向量组，把 $\boldsymbol{p}_1,\boldsymbol{p}_2,\boldsymbol{p}_3$ 单位化，得

$$\boldsymbol{\eta}_1=\frac{\boldsymbol{p}_1}{\|\boldsymbol{p}_1\|}=\begin{pmatrix}\frac{2}{3}\\\frac{2}{3}\\\frac{1}{3}\end{pmatrix},\quad\boldsymbol{\eta}_2=\frac{\boldsymbol{p}_2}{\|\boldsymbol{p}_2\|}=\begin{pmatrix}\frac{2}{3}\\-\frac{1}{3}\\-\frac{2}{3}\end{pmatrix},\quad\boldsymbol{\eta}_3=\frac{\boldsymbol{p}_3}{\|\boldsymbol{p}_3\|}=\begin{pmatrix}\frac{1}{3}\\-\frac{2}{3}\\\frac{2}{3}\end{pmatrix}.$$

令 $\boldsymbol{P}=(\boldsymbol{\eta}_1,\boldsymbol{\eta}_2,\boldsymbol{\eta}_3)=\begin{pmatrix}\frac{2}{3} & \frac{2}{3} & \frac{1}{3}\\ \frac{2}{3} & -\frac{1}{3} & -\frac{2}{3}\\ \frac{1}{3} & -\frac{2}{3} & \frac{2}{3}\end{pmatrix}$,则 $\boldsymbol{P}^{-1}\boldsymbol{AP}=\boldsymbol{P}^{\mathrm{T}}\boldsymbol{AP}=\begin{pmatrix}-1 & 0 & 0\\ 0 & 2 & 0\\ 0 & 0 & 5\end{pmatrix}$.

2. $|\lambda\boldsymbol{E}-\boldsymbol{A}|=\begin{vmatrix}\lambda-4 & 0 & 0\\ 0 & \lambda-3 & -1\\ 0 & -1 & \lambda-3\end{vmatrix}=(\lambda-2)(4-\lambda)^2$,解得 $\lambda_1=2,\lambda_2=\lambda_3=4$.

对 $\lambda_1=2$,由 $(2\boldsymbol{E}-\boldsymbol{A})\boldsymbol{x}=\boldsymbol{0}$,解得基础解系 $\boldsymbol{p}_1=\begin{pmatrix}0\\1\\-1\end{pmatrix}$.

对 $\lambda_2=\lambda_3=4$,由 $(4\boldsymbol{E}-\boldsymbol{A})\boldsymbol{x}=\boldsymbol{0}$ 得基础解系 $\boldsymbol{p}_2=\begin{pmatrix}1\\0\\0\end{pmatrix},\boldsymbol{p}_3=\begin{pmatrix}0\\1\\1\end{pmatrix}$.

$\boldsymbol{p}_2$ 与 $\boldsymbol{p}_3$ 恰好正交,所以 $\boldsymbol{p}_1,\boldsymbol{p}_2,\boldsymbol{p}_3$ 两两正交. 再将 $\boldsymbol{p}_1,\boldsymbol{p}_2,\boldsymbol{p}_3$ 单位化,令 $\eta_i=\dfrac{\boldsymbol{p}_i}{\|\boldsymbol{p}_i\|}(i=1,2,3)$,得

$$\boldsymbol{\eta}_1=\begin{pmatrix}0\\ \frac{1}{\sqrt{2}}\\ -\frac{1}{\sqrt{2}}\end{pmatrix},\quad \boldsymbol{\eta}_2=\begin{pmatrix}1\\0\\0\end{pmatrix},\quad \boldsymbol{\eta}_3=\begin{pmatrix}0\\ \frac{1}{\sqrt{2}}\\ \frac{1}{\sqrt{2}}\end{pmatrix}.$$

故所求正交矩阵

$$\boldsymbol{P}=(\boldsymbol{\eta}_1,\boldsymbol{\eta}_2,\boldsymbol{\eta}_3)=\begin{pmatrix}0 & 1 & 0\\ \frac{1}{\sqrt{2}} & 0 & \frac{1}{\sqrt{2}}\\ -\frac{1}{\sqrt{2}} & 0 & \frac{1}{\sqrt{2}}\end{pmatrix}\quad 且\ \boldsymbol{P}^{-1}\boldsymbol{AP}=\begin{pmatrix}2 & 0 & 0\\ 0 & 4 & 0\\ 0 & 0 & 4\end{pmatrix}.$$

3. $\boldsymbol{A}$ 的特征多项式为

$$|\lambda\boldsymbol{E}-\boldsymbol{A}|=\begin{vmatrix}\lambda-2 & 0 & 0\\ 0 & \lambda-a & -2\\ 0 & -2 & \lambda-a\end{vmatrix}=(\lambda-2)(\lambda-a+2)(\lambda-a-2).$$

由于 $\boldsymbol{A}$ 有特征值1,故有两种情形:

若 $a-2=1$,则 $a=3$;若 $a+2=1$,则 $a=-1$.

但 $a>0$,所以只能是 $a=3$. 从而得 $\boldsymbol{A}$ 的特征值为2,1,5.

对 $\lambda_1=2$,由 $(2\boldsymbol{E}-\boldsymbol{A})\boldsymbol{x}=\boldsymbol{0}$,得基础解系 $\boldsymbol{p}_1=(1,0,0)^{\mathrm{T}}$;

对 $\lambda_2=1$,由 $(\boldsymbol{E}-\boldsymbol{A})\boldsymbol{x}=\boldsymbol{0}$,得基础解系 $\boldsymbol{p}_2=(0,1,-1)^{\mathrm{T}}$;

对 $\lambda_3=5$,由 $(5\boldsymbol{E}-\boldsymbol{A})\boldsymbol{x}=\boldsymbol{0}$,得基础解系 $\boldsymbol{p}_3=(0,1,1)^{\mathrm{T}}$.

因实对称矩阵的属于不同特征值的特征向量必相互正交,故特征向量 $\boldsymbol{p}_1,\boldsymbol{p}_2,\boldsymbol{p}_3$ 已是正交向量组,只需单位化:

$$\boldsymbol{\eta}_1=(1,0,0)^{\mathrm T},\quad \boldsymbol{\eta}_2=\left(0,\frac{1}{\sqrt2},-\frac{1}{\sqrt2}\right)^{\mathrm T},\quad \boldsymbol{\eta}_3=\left(0,\frac{1}{\sqrt2},\frac{1}{\sqrt2}\right)^{\mathrm T};$$

令 $\boldsymbol{P}=(\boldsymbol{\eta}_1,\boldsymbol{\eta}_2,\boldsymbol{\eta}_3)=\begin{pmatrix}1&0&0\\0&\frac{1}{\sqrt2}&\frac{1}{\sqrt2}\\0&-\frac{1}{\sqrt2}&\frac{1}{\sqrt2}\end{pmatrix}$,则 $\boldsymbol{P}^{-1}\boldsymbol{A}\boldsymbol{P}=\begin{pmatrix}2&0&0\\0&1&0\\0&0&5\end{pmatrix}$.

4. 因 $\boldsymbol{A}$ 对称,故 $\boldsymbol{A}$ 可对角化,即有可逆矩阵 $\boldsymbol{P}$ 及对角阵 $\boldsymbol{D}$ 使 $\boldsymbol{P}^{-1}\boldsymbol{A}\boldsymbol{P}=\boldsymbol{D}$. 于是

$$\boldsymbol{A}=\boldsymbol{P}\boldsymbol{D}\boldsymbol{P}^{-1},\quad \boldsymbol{A}^n=\boldsymbol{P}\boldsymbol{D}^n\boldsymbol{P}^{-1}.$$

由 $|\boldsymbol{A}-\lambda\boldsymbol{E}|=\begin{vmatrix}2-\lambda&-1\\-1&2-\lambda\end{vmatrix}=\lambda^2-4\lambda+3=(\lambda-1)(\lambda-3)$,得 $\boldsymbol{A}$ 的特征值 $\lambda_1=1,\lambda_2=3$. 于是

$$\boldsymbol{D}=\begin{pmatrix}1&0\\0&3\end{pmatrix},\quad \boldsymbol{D}^n=\begin{pmatrix}1&0\\0&3^n\end{pmatrix}.$$

对应 $\lambda_1=1$,由 $(\boldsymbol{A}-\boldsymbol{E})\boldsymbol{x}=\boldsymbol{0}$,解得对应特征向量 $\boldsymbol{p}_1=\begin{pmatrix}1\\1\end{pmatrix}$;

对应 $\lambda_2=3$,由 $(\boldsymbol{A}-3\boldsymbol{E})\boldsymbol{x}=\boldsymbol{0}$,解得对应特征向量 $\boldsymbol{p}_2=\begin{pmatrix}1\\-1\end{pmatrix}$.

令 $\boldsymbol{P}=(\boldsymbol{p}_1,\boldsymbol{p}_2)=\begin{pmatrix}1&1\\1&-1\end{pmatrix}$,求出 $\boldsymbol{P}^{-1}=\frac{1}{2}\begin{pmatrix}1&1\\1&-1\end{pmatrix}$. 于是

$$\boldsymbol{A}^n=\boldsymbol{P}\boldsymbol{D}^n\boldsymbol{P}^{-1}=\frac{1}{2}\begin{pmatrix}1&1\\1&-1\end{pmatrix}\begin{pmatrix}1&0\\0&3^n\end{pmatrix}\begin{pmatrix}1&1\\1&-1\end{pmatrix}=\frac{1}{2}\begin{pmatrix}1+3^n&1-3^n\\1-3^n&1+3^n\end{pmatrix}.$$

5. 因为特征向量是三维向量,所以矩阵 $\boldsymbol{A}$ 是三阶方阵. 又因为 $\boldsymbol{A}$ 有三个不同的特征值,所以 $\boldsymbol{A}$ 可对角化. 即存在可逆矩阵 $\boldsymbol{P}$,使得 $\boldsymbol{P}^{-1}\boldsymbol{A}\boldsymbol{P}=\boldsymbol{D}$.

其中 $\boldsymbol{P}=\begin{pmatrix}1&1&1\\1&0&-2\\1&-1&1\end{pmatrix}$,$\boldsymbol{D}=\begin{pmatrix}0&&\\&1&\\&&3\end{pmatrix}$. 那么 $\boldsymbol{P}^{-1}=\begin{pmatrix}\frac13&\frac13&\frac13\\\frac12&0&-\frac12\\\frac16&-\frac13&\frac16\end{pmatrix}$.

所以 $\boldsymbol{A}=\boldsymbol{P}\boldsymbol{D}\boldsymbol{P}^{-1}=\begin{pmatrix}1&-1&0\\-1&2&-1\\0&-1&1\end{pmatrix}$

6. $|\boldsymbol{A}-\lambda\boldsymbol{E}|=\begin{vmatrix}2-\lambda&-2&0\\-2&1-\lambda&-2\\0&-2&-\lambda\end{vmatrix}=(4-\lambda)(\lambda-1)(\lambda+2)=0.$

所以 $\lambda_1=4,\lambda_2=1,\lambda_3=-2$.

当 $\lambda_1=4$ 时,由 $(\boldsymbol{A}-4\boldsymbol{E})\boldsymbol{x}=\boldsymbol{0}$,

$$A-4E=\begin{pmatrix}-2&-2&0\\-2&-3&-2\\0&-2&-4\end{pmatrix}\to\begin{pmatrix}1&0&-2\\0&1&2\\0&0&0\end{pmatrix},$$

即$\begin{cases}x_1=2x_3\\x_2=-2x_3\end{cases}$得基础解系 $p_1=\begin{pmatrix}2\\-2\\1\end{pmatrix}$.

只需把 p_1 单位化,得 $\eta_1=\begin{pmatrix}\frac{2}{3}\\-\frac{2}{3}\\\frac{1}{3}\end{pmatrix}$;

当 $\lambda_2=1$ 时,由 $(A-E)x=0$,

$$A-E=\begin{pmatrix}1&-2&0\\-2&0&-2\\0&-2&-1\end{pmatrix}\to\begin{pmatrix}1&-2&0\\0&2&1\\0&0&0\end{pmatrix}$$

即$\begin{cases}x_1=2x_2\\x_3=-2x_2\end{cases}$得基础解系 $p_2=\begin{pmatrix}2\\1\\-2\end{pmatrix}$.

把 p_2 单位化,得 $\eta_2=\begin{pmatrix}\frac{2}{3}\\\frac{1}{3}\\-\frac{2}{3}\end{pmatrix}$.

当 $\lambda_2=-2$ 时,由 $(A+2E)x=0$,

$$A+2E=\begin{pmatrix}4&-2&0\\-2&3&-2\\0&-2&2\end{pmatrix}\to\begin{pmatrix}2&0&-1\\2&-1&0\\0&0&0\end{pmatrix},$$

即$\begin{cases}x_3=2x_1\\x_2=2x_1\end{cases}$得基础解系 $p_3=\begin{pmatrix}1\\2\\2\end{pmatrix}$.

把 p_3 单位化,得 $\eta_3=\begin{pmatrix}\frac{1}{3}\\\frac{2}{3}\\\frac{2}{3}\end{pmatrix}$.

得正交矩阵 $T=(\eta_1,\eta_2,\eta_3)=\frac{1}{3}\begin{pmatrix}2&2&1\\-2&1&2\\1&-2&2\end{pmatrix}$,有

$$T^{-1}AT=\begin{pmatrix}4&0&0\\0&1&0\\0&0&-2\end{pmatrix}.$$

7. 由 $|\lambda E-A|=\begin{vmatrix}\lambda-3&2&4\\2&\lambda-6&2\\4&2&\lambda-3\end{vmatrix}=(\lambda+2)(\lambda-7)^2=0$,得 A 的特征值为 $\lambda_1=-2,\lambda_2=\lambda_3=7$.

当 $\lambda_1=-2$ 时,由 $(-2E-A)X=0$,即 $(2E+A)X=0$ 得属于 $\lambda_1=-2$ 的线性无关的特征向量为 $\xi_1=(2,1,2)^{\mathrm{T}}$;

当 $\lambda_2=\lambda_3=7$ 时,由 $(7E-A)X=\mathbf{0}$ 得属于 $\lambda_2=\lambda_3=7$ 的线性无关的特征向量为 $\xi_2=(-1,2,0)^{\mathrm{T}}$, $\xi_3=(-1,0,1)^{T}$.

令 $\beta_1=\xi_1=(2,1,2)^{T}$, $\beta_2=\xi_2=(-1,2,0)^{\mathrm{T}}$, $\beta_3=\xi_3-\dfrac{(\xi_3,\beta_2)}{(\beta_2,\beta_2)}\beta_2=\dfrac{1}{5}(-4,-2,5)^{\mathrm{T}}$,规范化得, $\gamma_1=\dfrac{1}{3}(2,1,2)^{\mathrm{T}}$, $\gamma_2=\dfrac{1}{\sqrt{5}}(-1,2,0)^{\mathrm{T}}$, $\gamma_3=\dfrac{1}{3\sqrt{5}}(-4,-2,5)^{\mathrm{T}}$.

令 $Q=\begin{pmatrix}\dfrac{2}{3}&\dfrac{-1}{\sqrt{5}}&\dfrac{-4}{3\sqrt{5}}\\\dfrac{1}{3}&\dfrac{2}{\sqrt{5}}&\dfrac{-2}{3\sqrt{5}}\\\dfrac{2}{3}&0&\dfrac{5}{3\sqrt{5}}\end{pmatrix}$,则 $Q^{\mathrm{T}}AQ=\begin{pmatrix}-2&0&0\\0&7&0\\0&0&7\end{pmatrix}$.

8. (1)因为 A 的各行元素之和为 3,所以 $A\begin{pmatrix}1\\1\\1\end{pmatrix}=3\begin{pmatrix}1\\1\\1\end{pmatrix}$,即 $\lambda_3=3$ 为 A 的特征值, $\begin{pmatrix}1\\1\\1\end{pmatrix}$ 为特征值 3 对应的特征向量.

因为 $AX=0$ 至少有两个线性无关的解向量,所以 $R(A)\leqslant 1$,从而 0 是矩阵 A 的特征值,且其线性无关的特征向量至少有两个,故特征值 0 至少为二重,又 A 只有三个特征值,所以 $\lambda_1=\lambda_2=0$,且 α_1,α_2 为特征值 0 对应的特征向量.

(2)令 $\beta_1=\alpha_1=(-1,2,-1)^{\mathrm{T}}$, $\beta_2=\alpha_2-\dfrac{(\alpha_2,\beta_1)}{(\beta_1,\beta_1)}\beta_1=\left(-\dfrac{1}{2},0,\dfrac{1}{2}\right)^{\mathrm{T}}$, $\beta_3=(1,1,1)^{\mathrm{T}}$,再将 β_1,β_2,β_3 规范化得

$$\gamma_1=\frac{1}{\sqrt{6}}(-1,2,-1)^{\mathrm{T}},\gamma_2=\frac{1}{\sqrt{2}}(-1,0,1)^{\mathrm{T}},\gamma_3=\frac{1}{\sqrt{3}}(1,1,1)^{\mathrm{T}}.$$

令 $Q=(\gamma_1,\gamma_2,\gamma_3)=\begin{pmatrix}-\dfrac{1}{\sqrt{6}}&-\dfrac{1}{\sqrt{2}}&\dfrac{1}{\sqrt{3}}\\\dfrac{2}{\sqrt{6}}&0&\dfrac{1}{\sqrt{3}}\\-\dfrac{1}{\sqrt{6}}&\dfrac{1}{\sqrt{2}}&\dfrac{1}{\sqrt{3}}\end{pmatrix}$,则 $Q^{\mathrm{T}}AQ=\begin{pmatrix}0&0&0\\0&0&0\\0&0&3\end{pmatrix}$.

复习题一

1. 因为

$$|\lambda E-A|=\begin{vmatrix}\lambda-1&-1&-1&-1\\-1&\lambda-1&-1&-1\\-1&-1&\lambda-1&-1\\-1&-1&-1&\lambda-1\end{vmatrix}=\begin{vmatrix}\lambda-4&\lambda-4&\lambda-4&\lambda-4\\-1&\lambda-1&-1&-1\\-1&-1&\lambda-1&-1\\-1&-1&-1&\lambda-1\end{vmatrix}$$

$$=(\lambda-4)\begin{vmatrix}1&1&1&1\\-1&\lambda-1&-1&-1\\-1&-1&\lambda-1&-1\\-1&-1&-1&\lambda-1\end{vmatrix}=(\lambda-4)\begin{vmatrix}1&1&1&1\\0&\lambda&0&0\\0&0&\lambda&0\\0&0&0&\lambda\end{vmatrix}=(\lambda-4)\lambda^3.$$

所以 $\boldsymbol{A}$ 的特征值只能取 0 与 4. 因此,其非零特征值 $\lambda=4$.

2. 因为 $\lambda_1=-2,\lambda_2=4$ 均是 $\boldsymbol{A}$ 的特征值,所以 $|\lambda_1\boldsymbol{E}-\boldsymbol{A}|=0$, $|\lambda_2\boldsymbol{E}-\boldsymbol{A}|=0$. 即

$$|\lambda_1\boldsymbol{E}-\boldsymbol{A}|=\begin{vmatrix}\lambda_1-1&3&-3\\-3&\lambda_1-a&-3\\-6&6&\lambda_1-b\end{vmatrix}=\begin{vmatrix}-3&3&-3\\-3&-2-a&-3\\-6&6&-2-b\end{vmatrix}$$

$$=3(5+a)(4-b)=0,$$

$$|\lambda_2\boldsymbol{E}-\boldsymbol{A}|=\begin{vmatrix}\lambda_2-1&3&-3\\-3&\lambda_2-a&-3\\-6&6&\lambda_2-b\end{vmatrix}=\begin{vmatrix}3&3&-3\\-3&4-a&-3\\-6&6&4-b\end{vmatrix}$$

$$=3[(-7+a)(2+b)+72]=0,$$

解得 $a=-5,b=4$.

3. 由 $\boldsymbol{A}$ 的特征方程

$$|\lambda\boldsymbol{E}-\boldsymbol{A}|=\begin{vmatrix}\lambda&0&-1\\-x&\lambda-1&0\\-1&0&\lambda\end{vmatrix}=(\lambda-1)(\lambda^2-1)=0$$

得到特征值 $\lambda=1$(二重根), $\lambda=-1$. 所以 $\lambda=1$ 必须有两个线性无关的特征向量与其相对应. 因此,必定有 $R(\boldsymbol{E}-\boldsymbol{A})=3-2=1$. 故

$$\boldsymbol{E}-\boldsymbol{A}=\begin{pmatrix}1&0&-1\\-x&0&0\\-1&0&1\end{pmatrix}\longrightarrow\begin{pmatrix}1&0&-1\\-x&0&0\\0&0&0\end{pmatrix},$$

从而 $x=0$.

4. 因为 $\boldsymbol{A}$ 与 $\boldsymbol{B}$ 相似,所以 $\boldsymbol{A}$ 与 $\boldsymbol{B}$ 有相同的特征值,因此 $\lambda_1=\lambda_2=2,\lambda_3=b$ 是 $\boldsymbol{A}$ 的特征值.

(1) $\boldsymbol{A}$ 的特征多项式为

$$|\lambda\boldsymbol{E}-\boldsymbol{A}|=\begin{vmatrix}\lambda-1&1&-1\\-2&\lambda-4&2\\3&3&\lambda-a\end{vmatrix}=\begin{vmatrix}\lambda-2&1&-1\\2-\lambda&\lambda-4&2\\0&3&\lambda-a\end{vmatrix}$$

$$=(\lambda-2)[\lambda^2-(a+3)\lambda+3(a-1)].$$

由于 2 是 $\boldsymbol{A}$ 的二重特征根,所以,2 是方程 $\lambda^2-(a+3)\lambda+3(a-1)=0$ 的根,将 $\lambda_1=2$ 代入,可得 $a=5$.

又因为相似矩阵有相同的迹,故 $1+4+a=2+2+b$,于是 $b=\lambda_2=6$.

(2) 当 $\lambda=2$ 时,求解齐次线性方程组 $(2\boldsymbol{E}-\boldsymbol{A})\boldsymbol{x}=\boldsymbol{0}$,其基础解系为 $\boldsymbol{\alpha}_1=(1,-1,0)^{\mathrm{T}}$, $\boldsymbol{\alpha}_2=(1,0,1)^{\mathrm{T}}$.

当 $\lambda=6$ 时,求解齐次线性方程组 $(6\boldsymbol{E}-\boldsymbol{A})\boldsymbol{x}=\boldsymbol{0}$,其基础解系为 $\boldsymbol{\alpha}_3=(1,-2,3)^{\mathrm{T}}$.

令其基础解系为 $\boldsymbol{P}=(\boldsymbol{\alpha}_1,\boldsymbol{\alpha}_2,\boldsymbol{\alpha}_3)=\begin{pmatrix}1&1&1\\-1&0&-2\\0&1&3\end{pmatrix}$,则有 $\boldsymbol{P}^{-1}\boldsymbol{A}\boldsymbol{P}=\boldsymbol{B}$.

5. 设 $\boldsymbol{\xi}$ 是 λ 所对应的特征向量,则 $\boldsymbol{A}\boldsymbol{\xi}=\lambda\boldsymbol{\xi}$,即

$$\begin{pmatrix}a&-1&2\\5&b&3\\-1&0&-2\end{pmatrix}\begin{pmatrix}1\\1\\-1\end{pmatrix}=\lambda\begin{pmatrix}1\\1\\-1\end{pmatrix}$$

亦即
$$\begin{cases}a-1-2=\lambda\\5+b-3=\lambda\\-1+2=-\lambda\end{cases}\Rightarrow\lambda=-1,a=2,b=-3.$$

故
$$A=\begin{pmatrix}2&-1&2\\5&3&3\\-1&0&-2\end{pmatrix}.$$

由 $|\lambda E-A|=(\lambda+1)^3$，可知 $\lambda=-1$ 是 A 的三重特征值．

又因为 $R(-E-A)=\begin{pmatrix}-3&1&-2\\-5&2&-3\\1&0&1\end{pmatrix}=2$，所以 $\lambda=-1$ 对应的线性无关的特征向量只有一个，故 $\lambda=2$ 得特征向量均可由 ξ 线性表示．

6. 假设 λ 是 A 特征值，x 是属于 λ 的特征向量，即 $Ax=\lambda x$，那么，用 A^{-1} 左乘两端，则有 $x=\lambda A^{-1}x$.

因为 A 可逆 $\Leftrightarrow A$ 的特征值不全为 0，故 $A^{-1}x=\dfrac{1}{\lambda}x$.

可见 λ 是 A 的特征值 $\Leftrightarrow\dfrac{1}{\lambda}$ 是 A^{-1} 的特征值．

类似地，由 $Ax=\lambda x$ 可知 $(kA)x=k\lambda x$，即 kA 的特征值是 $k\lambda$，那么从 $(2A)^{-1}=\dfrac{1}{2}A^{-1}$ 知其特征值为 $\dfrac{1}{2}$，$-\dfrac{1}{4}$，$\dfrac{1}{6}$.

7. 因为 $|A|=\lambda_1\lambda_2\lambda_3=-4$，所以 $A^*=|A|A^{-1}$.

又因为 $1,-\dfrac{1}{2},\dfrac{1}{2}$ 是 A^{-1} 的特征值，所以 A^* 的特征值是
$$(-4)\times1=-4,\quad(-4)\times\left(-\frac{1}{2}\right)=2,\quad(-4)\times\frac{1}{2}=-2.$$

因为 $\lambda_1+\lambda_2+\lambda_3=a_{11}+a_{22}+a_{33}$，所以
$$A_{11}+A_{22}+A_{33}=-4+2-2=-4.$$

8. 因为 $A\alpha=\lambda\alpha$，所以 $A^{-1}\alpha=\dfrac{1}{\lambda}\alpha$，即
$$\frac{1}{|A|}A^*\alpha=\frac{1}{\lambda}\alpha\Rightarrow A^*\alpha=\frac{|A|}{\lambda}\alpha.$$

由 $2A+E$ 不可逆，所以
$$|2A+E|=0\Rightarrow\left|A-(-\frac{1}{2})E\right|=0\Rightarrow\lambda=-\frac{1}{2}.$$

又因为 $|A|=3$，所以 A^* 有一个特征值为 $\dfrac{|A|}{\lambda}=-6$.

9. 设 A 的属于 $\lambda=3$ 的特征向量是 $\alpha_3=(x_1,x_2,x_3)^{\mathrm T}$，于是 α_1,α_2 都与 α_3 正交，即 $\alpha_1^{\mathrm T}\alpha_3=0,\alpha_2^{\mathrm T}\alpha_3=0$，那么
$$\begin{cases}-x_1-x_2+x_3=0\\x_1-2x_2-x_3=0\end{cases},$$

于是系数矩阵有 $\begin{pmatrix}-1&-1&1\\1&-2&-1\end{pmatrix}\longrightarrow\begin{pmatrix}1&1&-1\\0&3&0\end{pmatrix}$，从而得到基础解系 $(1,0,1)^{\mathrm T}$，即属于 $\lambda=3$ 的特征向量全体是 $k\,(1,0,1)^{\mathrm T},k\neq0$.

10. 设 λ 是 A 的特征值，对应特征向量设为 $x\neq\mathbf{0}$，则
$$Ax=\lambda x.$$

由已知 $A^2-5A+6E=0$，得

$$
\begin{aligned}
(\boldsymbol{A}^2-5\boldsymbol{A}+6\boldsymbol{E})\boldsymbol{x} &= \boldsymbol{A}^2\boldsymbol{x}-5\boldsymbol{A}\boldsymbol{x}+6\boldsymbol{x}\\
&=\lambda^2\boldsymbol{x}-5\lambda\boldsymbol{x}+6\boldsymbol{x}\\
&=(\lambda^2-5\lambda+6)\boldsymbol{x}=0.
\end{aligned}
$$

因为 $\boldsymbol{x}\neq 0$,故 $\lambda^2-5\lambda+6=(\lambda-2)(\lambda-3)=0$,即有 $\lambda=2$ 或 $\lambda=3$.

11. 因为 $\boldsymbol{A}$ 是实对阵矩阵,属于不同特征值的特征向量相互正交,所以

$$1\times a+a(a+1)+1\times 1=0,$$

得到 $a=-1$.

设属于 $\lambda=-1$ 的特征向量是 $(x_1,x_2,x_3)^{\mathrm{T}}$,它与 $\lambda=1,\lambda=0$ 的特征向量均正交,于是

$$\begin{cases}x_1-x_2+x_3=0\\ -x_1+x_3=0\end{cases},$$

解得 $(1,2,1)^{\mathrm{T}}$ 是 $\lambda=-1$ 的特征向量.

那么,
$$\boldsymbol{A}\sim\boldsymbol{D}=\begin{pmatrix}1&0&0\\0&-1&0\\0&0&0\end{pmatrix},\quad \boldsymbol{P}=\begin{pmatrix}1&1&-1\\-1&2&0\\1&1&1\end{pmatrix},$$

$$\Rightarrow \boldsymbol{P}^{-1}\boldsymbol{A}\boldsymbol{P}=\boldsymbol{D}$$

所以
$$\boldsymbol{A}=\boldsymbol{P}\boldsymbol{D}\boldsymbol{P}^{-1}=\frac{1}{6}\begin{pmatrix}1&-4&-1\\-4&-2&-4\\1&-4&1\end{pmatrix}.$$

12. 设属于特征值 $\lambda_2=\lambda_3=1$ 的特征向量为 $\boldsymbol{\alpha}=(x_1,x_2,x_3)^{\mathrm{T}}$,因为 $\boldsymbol{A}$ 为实对称矩阵,所以不同特征值对应特征向量相互正交,于是有 $\boldsymbol{\alpha}^{\mathrm{T}}\boldsymbol{\alpha}_1=0$,即 $x_2+x_3=0$,由此解得

$$\boldsymbol{\alpha}_2=\begin{pmatrix}1\\0\\0\end{pmatrix},\quad \boldsymbol{\alpha}_3=\begin{pmatrix}0\\-1\\1\end{pmatrix}.$$

又由 $\boldsymbol{A}(\boldsymbol{\alpha}_1,\boldsymbol{\alpha}_2,\boldsymbol{\alpha}_3)=(\boldsymbol{A}\boldsymbol{\alpha}_1,\boldsymbol{A}\boldsymbol{\alpha}_2,\boldsymbol{A}\boldsymbol{\alpha}_3)=(-\boldsymbol{\alpha}_1,\boldsymbol{\alpha}_2,\boldsymbol{\alpha}_3)$,所以

$$
\begin{aligned}
\boldsymbol{A}&=(-\boldsymbol{\alpha}_1,\boldsymbol{\alpha}_2,\boldsymbol{\alpha}_3)(\boldsymbol{\alpha}_1,\boldsymbol{\alpha}_2,\boldsymbol{\alpha}_3)^{-1}\\
&=\begin{pmatrix}0&1&0\\-1&0&-1\\-1&0&1\end{pmatrix}\begin{pmatrix}0&1&0\\1&0&-1\\1&0&1\end{pmatrix}^{-1}=\begin{pmatrix}0&1&0\\-1&0&-1\\-1&0&1\end{pmatrix}\begin{pmatrix}0&\frac{1}{2}&\frac{1}{2}\\1&0&0\\0&-\frac{1}{2}&\frac{1}{2}\end{pmatrix}\\
&=\begin{pmatrix}1&0&0\\0&0&-1\\0&-1&0\end{pmatrix}.
\end{aligned}
$$

13. 因为 $\boldsymbol{A}$ 与 B 相似,所以 $|\lambda\boldsymbol{E}-\boldsymbol{A}|=|\lambda\boldsymbol{E}-\boldsymbol{B}|$,即

$$\begin{vmatrix}\lambda-2&0&0\\0&\lambda&-1\\0&-1&\lambda-x\end{vmatrix}=\begin{vmatrix}\lambda-2&0&0\\0&\lambda-y&-1\\0&0&\lambda+1\end{vmatrix},$$

亦即
$$(\lambda-2)\ (\lambda^2-x\lambda-1)=(\lambda-2)\ [\lambda^2+(1-y)\lambda-y],$$

比较系数可知 $x=0,y=1$.

14. 因为 $\boldsymbol{A}$ 能对角化,所以 $\boldsymbol{A}$ 必有三个线性无关的特征向量.

由于
$$|\lambda\boldsymbol{E}-\boldsymbol{A}|=\begin{vmatrix}\lambda+1&0&0\\2&\lambda-2&0\\-4&-x&\lambda-1\end{vmatrix}=(\lambda-1)\ (\lambda^2-\lambda).$$

$\lambda=1$ 是二重特征根,必有两个线性无关的特征向量,因此 $R(\boldsymbol{E}-\boldsymbol{A})=1$,得 $x=-2$.

求出 $\lambda=1$ 的特征向量 $\boldsymbol{x}_1=(1,2,0)^{\mathrm{T}},\boldsymbol{x}_2=(0,0,1)^{\mathrm{T}}$ 及 $\lambda=0$ 的特征向量 $\boldsymbol{x}_3=(1,1,-2)^{\mathrm{T}}$.

令 $\boldsymbol{P}=(\boldsymbol{x}_1,\boldsymbol{x}_2,\boldsymbol{x}_3)^{\mathrm{T}}=\begin{pmatrix}1&0&1\\2&0&1\\0&1&-2\end{pmatrix}$,有 $\boldsymbol{P}^{-1}=\begin{pmatrix}-1&1&0\\4&-2&1\\2&1&0\end{pmatrix}$.

于是 $\boldsymbol{P}^{-1}\boldsymbol{A}\boldsymbol{P}=\boldsymbol{D}=\begin{pmatrix}1&0&0\\0&1&0\\0&0&0\end{pmatrix}$,得 $\boldsymbol{A}=\boldsymbol{P}\boldsymbol{D}\boldsymbol{P}^{-1}$,则

$$\boldsymbol{A}^n=\boldsymbol{P}\boldsymbol{D}^n\boldsymbol{P}^{-1}=\begin{pmatrix}1&0&1\\2&0&1\\0&1&-2\end{pmatrix}\begin{pmatrix}1&0&0\\0&1&0\\0&0&0\end{pmatrix}\begin{pmatrix}-1&1&0\\4&-2&1\\2&1&0\end{pmatrix}=\begin{pmatrix}-1&1&0\\-2&2&0\\4&-2&1\end{pmatrix}.$$

15. 设 λ 为 $\boldsymbol{A}$ 的任一特征值,$\boldsymbol{\alpha}$ 是 $\boldsymbol{A}$ 属于 λ 的特征向量,即 $\boldsymbol{A\alpha}=\lambda\boldsymbol{\alpha}$. 同时左乘 $\boldsymbol{A}$,得

$$\boldsymbol{A}^2\boldsymbol{\alpha}=\boldsymbol{A}(\boldsymbol{A\alpha})=\boldsymbol{A}(\lambda\boldsymbol{\alpha})=\lambda(\boldsymbol{A\alpha})=\lambda^2\boldsymbol{\alpha}.$$

因 $\boldsymbol{A}$ 是幂等矩阵,故 $\boldsymbol{A}^2\boldsymbol{\alpha}=\boldsymbol{A\alpha}=\lambda\boldsymbol{\alpha}$,于是

$$\lambda^2\boldsymbol{\alpha}=\lambda\boldsymbol{\alpha}\Rightarrow(\lambda^2-\lambda)\boldsymbol{\alpha}=\boldsymbol{0}.$$

因 $\boldsymbol{\alpha}\neq\boldsymbol{0}$,所以 $\lambda=0$ 或 $\lambda=1$.

16. (1) $\boldsymbol{B}$ 的三个特征值为 $-4,-12,-6$,则

$$|\boldsymbol{B}|=(-4)(-12)(-6)=-288.$$

(2) 因为 $\boldsymbol{A}$ 的特征值为 $1,-1,2$,故 $|\boldsymbol{A}|=-2$,又因为 $\boldsymbol{B}=\boldsymbol{A}^3-5\boldsymbol{A}^2=\boldsymbol{A}^2(\boldsymbol{A}-5\boldsymbol{E})$,所以

$$|\boldsymbol{B}|=|\boldsymbol{A}^2||(\boldsymbol{A}-5\boldsymbol{E})| \quad\Rightarrow\quad |\boldsymbol{A}-5\boldsymbol{E}|=\frac{|\boldsymbol{B}|}{|\boldsymbol{A}|^2}=\frac{-288}{4}=-72.$$

复习题二

1. 由 $|\lambda\boldsymbol{E}-\boldsymbol{A}|=\lambda(\lambda-2)^2=0$,得 $\lambda_1=0,\lambda_2=\lambda_3=-2$. 于是 $\boldsymbol{B}$ 的特征值为 $\mu_1=k^2,\mu_2=\mu_3=(k+2)^2$. 由于 $\boldsymbol{A}$ 为实对阵矩阵,故 $\boldsymbol{B}$ 也为实对称矩阵,从而取

$$\boldsymbol{A}=\begin{pmatrix}k^2&&\\&(k+2)^2&\\&&(k+2)^2\end{pmatrix},$$

则 $\boldsymbol{B}$ 与 $\boldsymbol{A}$ 相似.

当 $k\neq0,-2$ 时,$\boldsymbol{B}$ 的全部特征值为正数,此时 $\boldsymbol{B}$ 也为正定矩阵.

2. 矩阵 $\boldsymbol{A}^*$ 的属于特征值 λ 的特征向量为 $\boldsymbol{\alpha}$,由于矩阵 $\boldsymbol{A}$ 可逆,故 $\boldsymbol{A}^*$ 可逆,于是 $\lambda\neq0$, $|\boldsymbol{A}|\neq0$ 且

$$\boldsymbol{A}^*\boldsymbol{\alpha}=\lambda\boldsymbol{\alpha},$$

两边同时左乘矩阵 $\boldsymbol{A}$,得

$$\boldsymbol{A}\boldsymbol{A}^*\boldsymbol{\alpha}=\lambda\boldsymbol{A\alpha},$$

$$\boldsymbol{A\alpha}=\frac{|\boldsymbol{A}|}{\lambda}\boldsymbol{\alpha},$$

即

$$\begin{pmatrix}2&1&1\\1&2&1\\1&1&a\end{pmatrix}\begin{pmatrix}1\\b\\1\end{pmatrix}=\frac{|\boldsymbol{A}|}{\lambda}\begin{pmatrix}1\\b\\1\end{pmatrix}.$$

由此得

$$\begin{cases}3+b=\dfrac{|\boldsymbol{A}|}{\lambda}\\2+2b=\dfrac{|\boldsymbol{A}|}{\lambda}b\\a+b+1=\dfrac{|\boldsymbol{A}|}{\lambda}\end{cases}.$$

解得 $b=1$ 或 $b=-2$,并且 $a=2$.

由于
$$|\boldsymbol{A}|=\begin{vmatrix}2&1&1\\1&2&1\\1&1&a\end{vmatrix}=3a-2=4,$$

可知特征向量 $\boldsymbol{\alpha}$ 所对应的特征值 $\lambda=\dfrac{|\boldsymbol{A}|}{3+b}=\dfrac{4}{3+b}$,所以当 $b=1$ 时,$\lambda=1$;当 $b=-2$ 时,$\lambda=4$.

3. 经计算可得
$$\boldsymbol{A}^*=\begin{pmatrix}5&-2&-2\\-2&5&-2\\-2&-2&5\end{pmatrix},\boldsymbol{P}^{-1}=\begin{pmatrix}0&1&-1\\1&0&0\\0&0&1\end{pmatrix},$$

所以
$$\boldsymbol{B}=\boldsymbol{P}^{-1}\boldsymbol{A}^*\boldsymbol{P}=\begin{pmatrix}7&0&0\\-2&5&-4\\-2&-2&3\end{pmatrix};$$
$$\boldsymbol{B}+2\boldsymbol{E}=\begin{pmatrix}9&9&9\\-2&7&-4\\-2&-2&5\end{pmatrix};$$
$$|\lambda\boldsymbol{E}-(B+2\boldsymbol{E})|=\begin{vmatrix}\lambda-9&0&0\\2&\lambda-7&4\\2&2&\lambda-5\end{vmatrix}=(\lambda-9)^2(\lambda-3).$$

故 $\boldsymbol{B}+2\boldsymbol{E}$ 的特征值为9,9,3.

当 $\lambda_1=\lambda_2=9$ 时,对应的线性无关特征向量可取为
$$\boldsymbol{\xi}_1=\begin{pmatrix}-1\\1\\0\end{pmatrix},\quad \boldsymbol{\xi}_2=\begin{pmatrix}-2\\0\\1\end{pmatrix}.$$

则对应于特征值9的全部特征向量为 $k_1\boldsymbol{\xi}_1+k_2\boldsymbol{\xi}_2=k_1\begin{pmatrix}-1\\1\\0\end{pmatrix}+k_2\begin{pmatrix}-2\\0\\1\end{pmatrix}$,其中 k_1,k_2 是不全为零的任意常数.

当 $\lambda_3=3$ 时,方程组
$$[\lambda\boldsymbol{E}-(B+2\boldsymbol{E})]\boldsymbol{x}=\boldsymbol{0}\text{ 为}\begin{cases}-6x_1=0\\2x_1-4x_2+4x_3=0,\\2x_1+2x_2-2x_3=0\end{cases}$$

其解向量为 $\boldsymbol{\xi}_3=\begin{pmatrix}0\\1\\1\end{pmatrix}$,所以对应于特征值3的全部特征向量为 $k_3\boldsymbol{\xi}_3=k_3\begin{pmatrix}0\\1\\1\end{pmatrix}$,其中 k_3 是不全为零的任意常数.

4. (1)设 $\boldsymbol{A}$ 的属于特征值3的特征向量为 $\boldsymbol{\alpha}_3=(x_1,x_2,x_3)^{\mathrm{T}}$,则由 $\begin{cases}\boldsymbol{\alpha}_1^{\mathrm{T}}\boldsymbol{\alpha}_3=0\\\boldsymbol{\alpha}_2^{\mathrm{T}}\boldsymbol{\alpha}_3=0\end{cases}$ 得齐次线性方程组 $\begin{cases}-x_1-x_2+x_3=0\\x_1-2x_2-x_3=0\end{cases}$,解上述方程组,得其基础解系 $(1,0,1)^{\mathrm{T}}$.

因此 $\boldsymbol{A}$ 属于特征值3的特征向量为 $\boldsymbol{\alpha}_3=k(1,0,1)^{\mathrm{T}}$,其中 k 为任意非零常数.

(2)令 $\boldsymbol{P}=\begin{pmatrix}-\frac{1}{\sqrt3}&\frac{1}{\sqrt6}&\frac{1}{\sqrt2}\\-\frac{1}{\sqrt3}&-\frac{2}{\sqrt6}&0\\\frac{1}{\sqrt3}&-\frac{1}{\sqrt6}&\frac{1}{\sqrt2}\end{pmatrix}$,则 $\boldsymbol{P}^{-1}=\begin{pmatrix}-\frac{1}{\sqrt3}&-\frac{1}{\sqrt3}&\frac{1}{\sqrt3}\\\frac{1}{\sqrt6}&-\frac{2}{\sqrt6}&-\frac{1}{\sqrt6}\\\frac{1}{\sqrt2}&0&\frac{1}{\sqrt2}\end{pmatrix}$.

由 $P^{-1}AP=\begin{pmatrix}1&&\\&2&\\&&3\end{pmatrix}$,有

$$A=P\begin{pmatrix}1&&\\&2&\\&&3\end{pmatrix}P^{-1}=\frac{1}{6}\begin{pmatrix}13&-2&5\\-2&10&2\\5&2&13\end{pmatrix}.$$

5. 矩阵 A 的特征多项式为

$$|\lambda E-A|=\begin{vmatrix}\lambda-2&-2&0\\-8&\lambda-2&-a\\0&0&\lambda-6\end{vmatrix}=(\lambda-6)\ [(\lambda-2)^2-16]=(\lambda-6)^2(\lambda+2),$$

故 A 的特征值 $\lambda_1=\lambda_2=6,\lambda_3=-2$.

由于 A 相似于对角矩阵,故对应于 $\lambda_1=\lambda_2=6$ 应有两个线性无关的特征向量,因此矩阵 $6E-A$ 的秩应为 1,从而有

$$6E-A=\begin{pmatrix}4&-2&0\\-8&4&-a\\0&0&0\end{pmatrix}\rightarrow\begin{pmatrix}4&-2&0\\0&0&-a\\0&0&0\end{pmatrix},$$

因此有 $a=0$. 于是对应于 $\lambda_1=\lambda_2=6$ 的两个线性无关向量可取为

$$\xi_1=\begin{pmatrix}0\\0\\1\end{pmatrix},\quad \xi_2=\begin{pmatrix}1\\2\\0\end{pmatrix}.$$

当 $\lambda_3=-2$ 时,

$$\lambda_3E-A=\begin{pmatrix}-4&-2&0\\-8&-4&0\\0&0&-8\end{pmatrix}\rightarrow\begin{pmatrix}2&1&0\\0&0&1\\0&0&0\end{pmatrix}.$$

解方程组 $\begin{cases}2x_1+x_2=0\\x_3=0\end{cases}$,得对应于 $\lambda_3=-2$ 的特征向量 $\xi_3=\begin{pmatrix}1\\-2\\0\end{pmatrix}$.

令 $P=\begin{pmatrix}0&1&1\\0&2&-2\\1&0&0\end{pmatrix}$,由 P 可逆,并有 $P^{-1}AP=D$.

6. 矩阵 A 的特征多项式

$$|\lambda E-A|=\begin{vmatrix}\lambda-a&-1&-1\\-1&\lambda-a&1\\-1&1&\lambda-a\end{vmatrix}=(\lambda-a-1)^2(\lambda-a+2).$$

由此得矩阵 A 的特征值 $\lambda_1=\lambda_2=a+1,\lambda_3=a-2$.

对于特征值 $\lambda_1=\lambda_2=a+1$ 可得对应的两个线性无关的特征向量

$$\xi_1=\begin{pmatrix}1\\1\\0\end{pmatrix},\quad \xi_2=\begin{pmatrix}1\\0\\1\end{pmatrix}.$$

对于特征值 $\lambda_3=a-2$ 可得对应的特征向量

$$\xi_3=\begin{pmatrix}-1\\1\\1\end{pmatrix}.$$

令矩阵 $\boldsymbol{P}=(\boldsymbol{\xi}_1,\boldsymbol{\xi}_2,\boldsymbol{\xi}_3)=\begin{pmatrix}1&1&-1\\1&0&1\\0&1&1\end{pmatrix}$,$\boldsymbol{D}=\begin{pmatrix}a+1&0&0\\0&a+1&0\\0&0&a-2\end{pmatrix}$,则

$$\boldsymbol{P}^{-1}\boldsymbol{AP}=\begin{pmatrix}a+1&0&0\\0&a+1&0\\0&0&a-2\end{pmatrix}.$$

$$|\boldsymbol{A}-\boldsymbol{E}|=|\boldsymbol{PDP}^{-1}-\boldsymbol{PP}^{-1}|=|\boldsymbol{P}|\cdot|\boldsymbol{D}-\boldsymbol{E}|\cdot|\boldsymbol{P}^{-1}|=|\boldsymbol{D}-\boldsymbol{E}|=\begin{vmatrix}a&0&0\\0&a&0\\0&0&a-3\end{vmatrix}=a^2(a-3).$$

7. (1)因为 $|\lambda\boldsymbol{E}-\boldsymbol{A}|=\begin{vmatrix}\lambda&-1&0&0\\-1&\lambda&0&0\\0&0&\lambda-y&-1\\0&0&-1&\lambda-2\end{vmatrix}=(\lambda^2-1)[\lambda^2-(y+2)\lambda+2y-1]=0.$

由于3为 $\boldsymbol{A}$ 的一个特征值,因此 $3^2-(y+2)\times3+2y-1=0$,所以有 $y=2$,于是

$$\boldsymbol{A}=\begin{pmatrix}0&1&0&0\\1&0&0&0\\0&0&2&1\\0&0&1&2\end{pmatrix}.$$

(2)因为 $\boldsymbol{A}^2=\boldsymbol{A}$,故 $(\boldsymbol{AP})^{\mathrm{T}}(\boldsymbol{AP})=\boldsymbol{P}^{\mathrm{T}}\boldsymbol{A}^{\mathrm{T}}\boldsymbol{AP}=\boldsymbol{P}^{\mathrm{T}}\boldsymbol{A}^2\boldsymbol{P}$,而

$$\boldsymbol{A}^2=\begin{pmatrix}1&0&0&0\\0&1&0&0\\0&0&5&4\\0&0&4&5\end{pmatrix},$$

易求出 $\boldsymbol{A}^2$ 的特征值 $\lambda_1=\lambda_2=\lambda_3=1,\lambda_4=9$.

对应于 $\lambda_1=\lambda_2=\lambda_3=1$ 的特征向量为

$$\boldsymbol{\xi}_1=\begin{pmatrix}1\\0\\0\\0\end{pmatrix},\quad\boldsymbol{\xi}_2=\begin{pmatrix}0\\1\\0\\0\end{pmatrix},\quad\boldsymbol{\xi}_3=\begin{pmatrix}0\\0\\-1\\1\end{pmatrix},$$

经正交标准化后,得向量组

$$\boldsymbol{\beta}_1=\begin{pmatrix}1\\0\\0\\0\end{pmatrix},\quad\boldsymbol{\beta}_2=\begin{pmatrix}0\\1\\0\\0\end{pmatrix},\quad\boldsymbol{\beta}_3=\begin{pmatrix}0\\0\\-\frac{\sqrt{2}}{2}\\\frac{\sqrt{2}}{2}\end{pmatrix}.$$

对应于 $\lambda_4=9$ 的特征向量为 $\boldsymbol{\xi}_4=\begin{pmatrix}0\\0\\1\\1\end{pmatrix}$,经单位化后得 $\boldsymbol{\beta}_4=\begin{pmatrix}0\\0\\\frac{\sqrt{2}}{2}\\\frac{\sqrt{2}}{2}\end{pmatrix}$.

令 $\boldsymbol{P}=(\boldsymbol{\beta}_1,\boldsymbol{\beta}_2,\boldsymbol{\beta}_3,\boldsymbol{\beta}_4)=\begin{pmatrix}1&0&0&0\\0&1&0&0\\0&0&-\frac{\sqrt{2}}{2}&\frac{\sqrt{2}}{2}\\0&0&\frac{\sqrt{2}}{2}&\frac{\sqrt{2}}{2}\end{pmatrix}$,则

$$\boldsymbol{P}^{\mathrm{T}}\boldsymbol{A}^2\boldsymbol{P}=(\boldsymbol{AP})^{\mathrm{T}}(\boldsymbol{AP})=\begin{pmatrix}1&0&0&0\\0&1&0&0\\0&0&1&0\\0&0&0&9\end{pmatrix}.$$

8. 先求 $\boldsymbol{A}$ 的特征值,由

$$|\lambda\boldsymbol{E}-\boldsymbol{A}|=\begin{vmatrix}\lambda-3&-2&2\\k&\lambda+1&-k\\-4&-2&\lambda+3\end{vmatrix}=\begin{vmatrix}\lambda-1&-2&2\\0&\lambda+1&-k\\\lambda-1&-2&\lambda+3\end{vmatrix}$$

$$=(\lambda-1)\begin{vmatrix}1&-2&2\\0&\lambda+1&-k\\1&-2&\lambda+3\end{vmatrix}=(\lambda-1)\begin{vmatrix}1&-2&2\\0&\lambda+1&-k\\1&0&\lambda+1\end{vmatrix}$$

$$=(\lambda+1)^2(\lambda-1)=0.$$

得矩阵 $\boldsymbol{A}$ 的全部特征值为 $\lambda_1=\lambda_2=-1,\lambda_3=1$.

若 $\boldsymbol{A}$ 相似于对角矩阵,则对于 $\boldsymbol{A}$ 的重特征值-1,方程组$(-\boldsymbol{E}-\boldsymbol{A})\boldsymbol{x}=\boldsymbol{0}$ 的基础解系必含有 2 个解向量,而

$$-\boldsymbol{E}-\boldsymbol{A}=\begin{pmatrix}-4&-2&2\\k&0&-k\\-4&-2&2\end{pmatrix}\to\begin{pmatrix}-4&-2&2\\k&0&-k\\0&0&0\end{pmatrix},$$

故只有当 $k=0$ 时,秩 $R(-\boldsymbol{E}-\boldsymbol{A})=1$,$\boldsymbol{A}$ 才可对角化.

当 $k=0$ 时,矩阵 $\boldsymbol{A}=\begin{pmatrix}3&2&-2\\0&-1&0\\4&2&-3\end{pmatrix}$,容易求得 $\boldsymbol{A}$ 的对应于特征值 $\lambda_1=\lambda_2=-1$ 的线性无关的特征向量可取为

$$\boldsymbol{\xi}_1=\begin{pmatrix}1\\-2\\0\end{pmatrix},\quad \boldsymbol{\xi}_2=\begin{pmatrix}1\\0\\2\end{pmatrix}.$$

对应于特征值 $\lambda_3=1$ 的线性无关的特征向量可取为 $\boldsymbol{\xi}_3=\begin{pmatrix}1\\0\\1\end{pmatrix}$,故所求的可逆矩阵可取为 $\boldsymbol{P}=(\boldsymbol{\xi}_1,\boldsymbol{\xi}_2,\boldsymbol{\xi}_3)$

$=\begin{pmatrix}1&1&1\\-2&0&0\\0&2&1\end{pmatrix}$,它使得 $\boldsymbol{P}^{-1}\boldsymbol{AP}=\begin{pmatrix}-1&&\\&-1&\\&&1\end{pmatrix}$.

9. 先把矩阵 $\boldsymbol{A}$ 对角化,由

$$|\lambda\boldsymbol{E}-\boldsymbol{A}|=\begin{vmatrix}1-\lambda&4&2\\0&-3-\lambda&4\\0&4&3-\lambda\end{vmatrix}=(1-\lambda)(\lambda-5)(\lambda+5),$$

则 $\boldsymbol{A}$ 的特征值为 $\lambda_1=1,\lambda_2=5,\lambda_3=-5$.

当 $\lambda_1=1$ 时,解方程$(\boldsymbol{A}-\boldsymbol{E})\boldsymbol{x}=\boldsymbol{0}$,由

$$A-E=\begin{pmatrix}0&4&2\\0&-4&4\\0&4&2\end{pmatrix}\to\begin{pmatrix}0&1&0\\0&0&1\\0&0&0\end{pmatrix},$$

可取 $\lambda_1=1$ 对应的特征向量 $\boldsymbol{\xi}_1=\begin{pmatrix}1\\0\\0\end{pmatrix}$.

当 $\lambda_2=5$ 时,解方程 $(\boldsymbol{A}-5\boldsymbol{E})\boldsymbol{x}=\boldsymbol{0}$,由

$$A-5E=\begin{pmatrix}-4&4&2\\0&-8&4\\0&4&-2\end{pmatrix}\to\begin{pmatrix}1&0&-1\\0&2&-1\\0&0&0\end{pmatrix},$$

可取 $\lambda_2=5$ 对应的特征向量 $\boldsymbol{\xi}_2=\begin{pmatrix}2\\1\\2\end{pmatrix}$.

当 $\lambda_3=-5$ 时,解方程 $(\boldsymbol{A}+5\boldsymbol{E})\boldsymbol{x}=\boldsymbol{0}$,由

$$A+5E=\begin{pmatrix}6&4&2\\0&2&4\\0&4&8\end{pmatrix}\to\begin{pmatrix}1&0&-1\\0&1&2\\0&0&0\end{pmatrix},$$

可取 $\lambda_3=-5$ 对应的特征向量 $\boldsymbol{\xi}_3=\begin{pmatrix}1\\-2\\1\end{pmatrix}$.

记 $\boldsymbol{P}=(\boldsymbol{\xi}_1,\boldsymbol{\xi}_2,\boldsymbol{\xi}_3)=\begin{pmatrix}1&2&1\\0&1&-2\\0&2&1\end{pmatrix}$,则 $\boldsymbol{PAP}^{-1}=\begin{pmatrix}1&0&0\\0&5&0\\0&0&-5\end{pmatrix}$,有

$$A^{100}=PA^{100}P^{-1}=\begin{pmatrix}1&2&1\\0&1&-2\\0&2&1\end{pmatrix}\begin{pmatrix}1&0&0\\0&5^{100}&0\\0&0&(-5)^{100}\end{pmatrix}\begin{pmatrix}1&2&1\\0&1&-2\\0&2&1\end{pmatrix}^{-1}$$

$$=\begin{pmatrix}1&0&5^{100}-1\\0&5^{100}&0\\0&0&5^{100}\end{pmatrix}.$$

10. 矩阵 $\boldsymbol{A}=\begin{pmatrix}3&-2\\-2&3\end{pmatrix}$ 是实对称矩阵,可找到正交相似变换矩阵 $\boldsymbol{P}=\frac{1}{\sqrt{2}}\begin{pmatrix}1&-1\\1&1\end{pmatrix}$,使得

$$P^{-1}AP=\begin{pmatrix}1&0\\0&5\end{pmatrix}=D,$$

从而

$$PAP^{-1}=\begin{pmatrix}1&0&0\\0&5&0\\0&0&-5\end{pmatrix},$$

因此 $\boldsymbol{A}=\boldsymbol{PDP}^{-1}$,$\boldsymbol{A}^k=\boldsymbol{PD}^k\boldsymbol{P}^{-1}$,所以

$$\varphi(A)=A^{10}-5A^9=PD^{10}P^{-1}-5PD^9P^{-1}$$

$$=P\begin{pmatrix}1&0\\0&5^{10}\end{pmatrix}P^{-1}-P\begin{pmatrix}5&0\\0&5^{10}\end{pmatrix}P^{-1}=P\begin{pmatrix}-4&0\\0&0\end{pmatrix}P^{-1}$$

$$=\frac{1}{\sqrt{2}}\begin{pmatrix}1&-1\\1&1\end{pmatrix}\begin{pmatrix}-4&0\\0&0\end{pmatrix}\frac{1}{\sqrt{2}}\begin{pmatrix}1&1\\-1&1\end{pmatrix}=\begin{pmatrix}-2&-2\\-2&-2\end{pmatrix}.$$

第5章　二　次　型

习题5.1

1. (1) 对称矩阵为$A=\begin{pmatrix}1&2&1\\2&4&2\\1&2&1\end{pmatrix}$，矩阵形式为$(x_1,x_2,x_3)\begin{pmatrix}1&2&1\\2&4&2\\1&2&1\end{pmatrix}\begin{pmatrix}x_1\\x_2\\x_3\end{pmatrix}$；

(2) 对称矩阵为$A=\begin{pmatrix}1&1&2\\1&3&3\\2&3&7\end{pmatrix}$，矩阵形式为$(x_1,x_2,x_3)\begin{pmatrix}1&1&2\\1&3&3\\2&3&7\end{pmatrix}\begin{pmatrix}x_1\\x_2\\x_3\end{pmatrix}$；

(3) 对称矩阵为$A=\begin{pmatrix}1&-1&2&-1\\-1&1&3&-2\\2&3&1&0\\-1&-2&0&1\end{pmatrix}$，矩阵形式为

$$(x_1,x_2,x_3,x_4)\begin{pmatrix}1&-1&2&-1\\-1&1&3&-2\\2&3&1&0\\-1&-2&0&1\end{pmatrix}\begin{pmatrix}x_1\\x_2\\x_3\\x_4\end{pmatrix}$$

2. (1) $f(x_1,x_2)=x_1^2+2x_2^2-2x_1x_2$；

(2) $f(x_1,x_2,x_3)=x_1^2+2x_2^2+3x_3^2-4x_1x_2+8x_1x_3-2x_2x_3$；

(3) $f(x_1,x_2,x_3,x_4)=x_1^2+3x_2^2+5x_3^2+7x_4^2-2x_1x_2-4x_1x_3+2x_1x_4+8x_2x_3+12x_3x_4$.

习题5.2

1. (1)
$$\begin{aligned}f&=x_1^2+5x_2^2+5x_3^2+2x_1x_2-4x_1x_3\\&=x_1^2+2x_1(x_2-2x_3)+(x_2-2x_3)^2+5x_2^2+5x_3^2-(x_2-2x_3)^2\\&=(x_1+x_2-2x_3)^2+4x_2^2+4x_2x_3+x_3^2\\&=(x_1+x_2-2x_3)^2+(2x_2+x_3)^2.\end{aligned}$$

令$\begin{cases}y_1=x_1+x_2-2x_3\\y_2=2x_2+x_3\\y_3=x_3\end{cases}$，可得$\begin{cases}x_1=y_1-\dfrac{1}{2}y_2+\dfrac{5}{2}y_3\\x_2=\dfrac{1}{2}y_2+\dfrac{1}{2}y_3\\x_3=y_3\end{cases}$，则有$f=y_1^2+y_2^2$.

(2)
$$\begin{aligned}f&=2[x_1^2+2x_1(x_2-x_3)]+5x_2^2+5x_3^2-8x_2x_3\\&=2(x_1+x_2-x_3)^2-(x_2-x_3)^2+5x_2^2+5x_3^2-8x_2x_3\\&=2(x_1+x_2-x_3)^2+3x_2^2-4x_2x_3+3x_3^2\\&=2(x_1+x_2-x_3)^2+\left(3x_2-\frac{2}{3}x_3\right)^2+\frac{3}{5}x_3^2.\end{aligned}$$

令$\begin{cases}y_1=x_1+x_2-x_3\\y_2=x_2-\dfrac{2}{3}x_3\\y_3=x_3\end{cases}$，可得$\begin{cases}x_1=y_1-y_2+\dfrac{1}{3}y_3\\x_2=y_2+\dfrac{2}{3}y_3\\x_3=y_3\end{cases}$，则有$f=2y_1^2+3y_2^2+\dfrac{5}{3}y_3^2$.

(3) 在f中不含平方项,由于含有x_1x_2,故可先令

$$\begin{cases}x_1=y_1+y_2\\x_2=y_1-y_2,\\x_3=y_3\end{cases}$$

则

$$\begin{aligned}f&=2(y_1+y_2)(y_1-y_2)+4(y_1+y_2)y_3\\&=2y_1^2-2y_2^2+4y_1y_3+4y_2y_3\\&=2y_1^2+4y_1y_3+2y_3^2-2y_2^2+4y_2y_3-2y_3^2\\&=2(y_1+y_3)^2-2(y_2-y_3)^2.\end{aligned}$$

再令$\begin{cases}z_1=y_1+y_3\\z_2=y_2-y_3\\z_3=y_3\end{cases}$,即$\begin{cases}y_1=z_1+z_3\\y_2=z_2+z_3\\y_3=z_3\end{cases}$,也就是可逆替换$\begin{cases}x_1=z_1+z_2\\x_2=z_1-z_2-2z_3\\x_3=z_3\end{cases}$,所以标准形为$f=2z_1^2-2z_2^2$.

(4) 在f中不含平方项,由于含有x_1x_2,故可先令

$$\begin{cases}x_1=y_1+y_2\\x_2=y_1-y_2,\\x_3=y_3\end{cases}$$

则有

$$\begin{aligned}f&=2(y_1+y_2)(y_1-y_2)+(y_1+y_2)y_3+2(y_1-y_2)y_3\\&=y_1^2+3y_1y_3-y_2^2-y_2y_3\\&=\left(y_1+\frac{3}{2}y_3\right)^2-\left(y_2+\frac{1}{2}y_3\right)^2-2y_3^2.\end{aligned}$$

再令$\begin{cases}z_1=y_1+\frac{3}{2}y_3\\z_2=y_2+\frac{1}{2}y_3\\z_3=y_3\end{cases}$,即$\begin{cases}y_1=z_1-\frac{3}{2}z_3\\y_2=z_2-\frac{1}{2}z_3\\y_3=z_3\end{cases}$,也就是可逆替换$\begin{cases}x_1=z_1+z_2-2z_3\\x_2=z_1-z_2-z_3\\x_3=z_3\end{cases}$,所以标准形为$f=z_1^2-z_2^2-2z_3^2$.

2. (1) $$\begin{pmatrix}A\\ \hdashline E\end{pmatrix}=\begin{pmatrix}2&0&0\\0&3&-3\\0&-3&4\\ \hdashline 1&0&0\\0&1&0\\0&0&1\end{pmatrix}\xrightarrow[c_3+c_2]{}\begin{pmatrix}2&0&0\\0&3&0\\0&-3&1\\ \hdashline 1&0&0\\0&1&1\\0&0&1\end{pmatrix}\xrightarrow{r_3+r_2}\begin{pmatrix}2&0&0\\0&3&0\\0&0&1\\ \hdashline 1&0&0\\0&1&1\\0&0&1\end{pmatrix}.$$

所以可逆矩阵$\boldsymbol{C}=\begin{pmatrix}1&0&0\\0&1&1\\0&0&1\end{pmatrix}$.

令$\begin{cases}x_1=y_1\\x_2=y_2+y_3\\x_3=y_3\end{cases}$,则标准形为$f=2y_1^2+3y_2^2+y_3^2$.

(2) $\begin{pmatrix} A \\ \cdots \\ E \end{pmatrix}=\begin{pmatrix} 1 & 1 & 1 \\ 1 & 2 & 1 \\ 1 & 1 & 3 \\ \hline 1 & 0 & 0 \\ 0 & 1 & 0 \\ 0 & 0 & 1 \end{pmatrix}\xrightarrow[c_3+(-1c_1)]{c_2+(-1c_1)}\begin{pmatrix} 1 & 0 & 0 \\ 1 & 1 & 0 \\ 1 & 0 & 2 \\ \hline 1 & -1 & -1 \\ 0 & 1 & 0 \\ 0 & 0 & 1 \end{pmatrix}\xrightarrow[r_3+(-1r_1)]{r_2+(-1r_1)}\begin{pmatrix} 1 & 0 & 0 \\ 0 & 1 & 0 \\ 0 & 0 & 2 \\ \hline 1 & -1 & -1 \\ 0 & 1 & 0 \\ 0 & 0 & 1 \end{pmatrix}$.

所以可逆矩阵 $\boldsymbol{C}=\begin{pmatrix} 1 & -1 & -1 \\ 0 & 1 & 0 \\ 0 & 0 & 1 \end{pmatrix}$.

令 $\begin{cases} x_1=y_1-y_2-y_3 \\ x_2=y_2 \\ x_3=y_3 \end{cases}$,则标准形为 $f=y_1^2+y_2^2+2y_3^2$.

(3) $\begin{pmatrix} A \\ \cdots \\ E \end{pmatrix}=\begin{pmatrix} 0 & 1 & 1 \\ 1 & 0 & 3 \\ 1 & 3 & 0 \\ \hline 1 & 0 & 0 \\ 0 & 1 & 0 \\ 0 & 0 & 1 \end{pmatrix}\xrightarrow{c_1+c_2}\begin{pmatrix} 1 & 1 & 1 \\ 1 & 0 & 3 \\ 4 & 3 & 0 \\ \hline 1 & 0 & 0 \\ 1 & 1 & 0 \\ 0 & 0 & 1 \end{pmatrix}\xrightarrow{r_1+r_2}\begin{pmatrix} 2 & 1 & 4 \\ 1 & 0 & 3 \\ 4 & 3 & 0 \\ \hline 1 & 0 & 0 \\ 1 & 1 & 0 \\ 0 & 0 & 1 \end{pmatrix}$

$\xrightarrow[c_3+(-2c_1)]{c_2+\left(-\frac{1}{2}c_1\right)}\begin{pmatrix} 2 & 0 & 0 \\ 1 & 0 & 1 \\ 4 & 1 & -8 \\ \hline 1 & -\frac{1}{2} & -2 \\ 1 & \frac{1}{2} & -2 \\ 0 & 0 & 1 \end{pmatrix}\xrightarrow[r_3+(-2r_1)]{r_2+\left(-\frac{1}{2}r_1\right)}\begin{pmatrix} 2 & 0 & 0 \\ 0 & -\frac{1}{2} & 1 \\ 0 & 1 & -8 \\ \hline 1 & -\frac{1}{2} & -2 \\ 1 & \frac{1}{2} & -2 \\ 0 & 0 & 1 \end{pmatrix}$

$\xrightarrow{c_3+2c_2}\begin{pmatrix} 2 & 0 & 0 \\ 0 & -\frac{1}{2} & 0 \\ 0 & 1 & -6 \\ \hline 1 & -\frac{1}{2} & -3 \\ 1 & \frac{1}{2} & -1 \\ 0 & 0 & 1 \end{pmatrix}\xrightarrow{r_3+2r_2}\begin{pmatrix} 2 & 0 & 0 \\ 0 & -\frac{1}{2} & 0 \\ 0 & 0 & -6 \\ \hline 1 & -\frac{1}{2} & -3 \\ 1 & \frac{1}{2} & -1 \\ 0 & 0 & 1 \end{pmatrix}$.

所以可逆矩阵 $\boldsymbol{C}=\begin{pmatrix}1 & -\frac{1}{2} & -3\\ 1 & \frac{1}{2} & -1\\ 0 & 0 & 1\end{pmatrix}$.

令 $\begin{cases}x_1=y_1-\frac{1}{2}y_2+3y_3\\ x_2=y_1+\frac{1}{2}y_2-y_3\\ x_3=y_3\end{cases}$,则标准形为 $f=2y_1^2-\frac{1}{2}y_2^2+6y_3^2$.

(4) $$\begin{pmatrix}\boldsymbol{A}\\ \cdots\\ \boldsymbol{E}\end{pmatrix}=\begin{pmatrix}0 & \frac{1}{2} & 0\\ \frac{1}{2} & 0 & \frac{1}{2}\\ 0 & \frac{1}{2} & 0\\ \hdashline 1 & 0 & 0\\ 0 & 1 & 0\\ 0 & 0 & 1\end{pmatrix}\xrightarrow{c_1+c_2}\begin{pmatrix}\frac{1}{2} & \frac{1}{2} & 0\\ \frac{1}{2} & 0 & \frac{1}{2}\\ \frac{1}{2} & \frac{1}{2} & 0\\ \hdashline 1 & 0 & 0\\ 1 & 1 & 0\\ 0 & 0 & 1\end{pmatrix}\xrightarrow{r_1+r_2}\begin{pmatrix}1 & \frac{1}{2} & \frac{1}{2}\\ \frac{1}{2} & 0 & \frac{1}{2}\\ \frac{1}{2} & \frac{1}{2} & 0\\ \hdashline 1 & 0 & 0\\ 1 & 1 & 0\\ 0 & 0 & 1\end{pmatrix}$$

$$\xrightarrow[c_3+\left(-\frac{1}{2}\right)c_1]{c_2+\left(-\frac{1}{2}\right)c_1}\begin{pmatrix}1 & 0 & 0\\ \frac{1}{2} & -\frac{1}{4} & \frac{1}{4}\\ \frac{1}{2} & \frac{1}{4} & -\frac{1}{4}\\ \hdashline 1 & -\frac{1}{2} & -\frac{1}{2}\\ 1 & \frac{1}{2} & -\frac{1}{2}\\ 0 & 0 & 1\end{pmatrix}\xrightarrow[r_3+\left(-\frac{1}{2}\right)r_1]{r_2+\left(-\frac{1}{2}\right)r_1}\begin{pmatrix}1 & 0 & 0\\ 0 & -\frac{1}{4} & \frac{1}{4}\\ 0 & \frac{1}{4} & -\frac{1}{4}\\ \hdashline 1 & -\frac{1}{2} & -\frac{1}{2}\\ 1 & \frac{1}{2} & -\frac{1}{2}\\ 0 & 0 & 1\end{pmatrix}$$

$$\xrightarrow[c_3+c_2]{}\begin{pmatrix}1 & 0 & 0\\ 0 & -\frac{1}{4} & 0\\ 0 & \frac{1}{4} & 0\\ \hdashline 1 & -\frac{1}{2} & -1\\ 1 & \frac{1}{2} & 0\\ 0 & 0 & 1\end{pmatrix}\xrightarrow{r_3+r_2}\begin{pmatrix}1 & 0 & 0\\ 0 & -\frac{1}{4} & 0\\ 0 & 0 & 0\\ \hdashline 1 & -\frac{1}{2} & -1\\ 1 & \frac{1}{2} & 0\\ 0 & 0 & 1\end{pmatrix}.$$

所以可逆矩阵 $\boldsymbol{C}=\begin{pmatrix}1 & -\dfrac{1}{2} & -1\\ 1 & \dfrac{1}{2} & 0\\ 0 & 0 & 1\end{pmatrix}$.

令 $\begin{cases}x_1=y_1-\dfrac{1}{2}y_2-y_3\\ x_2=y_1+\dfrac{1}{2}y_2\\ x_3=y_3\end{cases}$，则标准形为 $f=y_1^2-\dfrac{1}{4}y_2^2$.

3. (1) 二次型的矩阵为

$$\boldsymbol{A}=\begin{pmatrix}1 & -2 & 2\\ -2 & 4 & -4\\ 2 & -4 & 4\end{pmatrix}.$$

$\boldsymbol{A}$ 的特征多项式为

$$|\boldsymbol{A}-\lambda\boldsymbol{E}|=\begin{vmatrix}1-\lambda & -2 & 2\\ -2 & 4-\lambda & -4\\ 2 & -4 & 4-\lambda\end{vmatrix}=-\lambda^2(\lambda-9).$$

所以 $\boldsymbol{A}$ 的特征值 $\lambda_1=\lambda_2=0,\lambda_3=9$.

对于特征值 $\lambda_1=\lambda_2=0$，齐次线性方程组 $\boldsymbol{Ax}=\boldsymbol{0}$ 的一组基础解系为

$$\boldsymbol{\xi}_1=(2,1,0)^{\mathrm{T}},\quad \boldsymbol{\xi}_2=(-2,0,1)^{\mathrm{T}}.$$

正交化得，$\boldsymbol{\eta}_1=\boldsymbol{\xi}_1=(2,1,0)^{\mathrm{T}}$，

$$\boldsymbol{\eta}_2=\boldsymbol{\xi}_2-\frac{[\boldsymbol{\xi}_2,\boldsymbol{\eta}_1]}{[\boldsymbol{\eta}_1,\boldsymbol{\eta}_1]}\boldsymbol{\eta}_1=\left(-\frac{2}{5},\frac{4}{5},1\right)^{\mathrm{T}}.$$

单位化得 $\boldsymbol{p}_1=\left(\dfrac{2\sqrt{5}}{5},\dfrac{\sqrt{5}}{5},0\right)^{\mathrm{T}}$，$\boldsymbol{p}_2=\left(-\dfrac{2\sqrt{5}}{15},\dfrac{4\sqrt{5}}{15},\dfrac{\sqrt{5}}{3}\right)^{\mathrm{T}}$.

对于特征值 $\lambda_3=9$，对应的特征向量为 $\boldsymbol{\xi}_3=(1,-2,2)^{\mathrm{T}}$.

单位化得 $\boldsymbol{p}_3=\left(\dfrac{1}{3},-\dfrac{2}{3},\dfrac{2}{3}\right)^{\mathrm{T}}$.

$$\boldsymbol{P}=\begin{pmatrix}\dfrac{2\sqrt{5}}{5} & -\dfrac{2\sqrt{5}}{15} & \dfrac{1}{3}\\ \dfrac{\sqrt{5}}{5} & \dfrac{4\sqrt{5}}{15} & -\dfrac{2}{3}\\ 0 & \dfrac{\sqrt{5}}{3} & \dfrac{2}{3}\end{pmatrix},$$

则 $\boldsymbol{P}$ 是正交矩阵，令 $\boldsymbol{x}=\boldsymbol{Py}$，可得 $f=9y_3^2$.

(2) 二次型的矩阵为

$$\boldsymbol{A}=\begin{pmatrix}0 & 2 & -2\\ 2 & 4 & 4\\ -2 & 4 & -3\end{pmatrix}.$$

$\boldsymbol{A}$ 的特征多项式为

$$|\boldsymbol{A}-\lambda\boldsymbol{E}|=\begin{vmatrix}-\lambda & 2 & -2\\ 2 & 4-\lambda & 4\\ -2 & 4 & -3-\lambda\end{vmatrix}=-(\lambda-1)(\lambda-6)(\lambda+6).$$

所以 $\boldsymbol{A}$ 的特征值 $\lambda_1=1,\lambda_2=6,\lambda_3=-6$.

对于特征值 $\lambda_1=1$,对应的特征向量为 $\boldsymbol{\xi}_1=(-2,0,1)^{\mathrm{T}}$.

对于特征值 $\lambda_2=6$,对应的特征向量为 $\boldsymbol{\xi}_2=(1,5,2)^{\mathrm{T}}$.

对于特征值 $\lambda_3=-6$,对应的特征向量为 $\boldsymbol{\xi}_3=(1,-1,2)^{\mathrm{T}}$.

将 $\boldsymbol{\xi}_1,\boldsymbol{\xi}_2,\boldsymbol{\xi}_3$ 单位化,可得

$$\boldsymbol{p}_1=\left(-\frac{2\sqrt{5}}{5},0,\frac{\sqrt{5}}{5}\right)^{\mathrm{T}},\quad \boldsymbol{p}_2=\left(\frac{\sqrt{30}}{30},\frac{\sqrt{30}}{6},\frac{\sqrt{30}}{15}\right)^{\mathrm{T}},\quad \boldsymbol{p}_3=\left(\frac{\sqrt{6}}{6},-\frac{\sqrt{6}}{6},\frac{\sqrt{6}}{3}\right)^{\mathrm{T}}.$$

所以
$$\boldsymbol{P}=\begin{pmatrix}-\frac{2\sqrt{5}}{5} & \frac{\sqrt{30}}{30} & \frac{\sqrt{6}}{6}\\ 0 & \frac{\sqrt{30}}{6} & -\frac{\sqrt{6}}{6}\\ \frac{\sqrt{5}}{5} & \frac{\sqrt{30}}{15} & \frac{\sqrt{6}}{3}\end{pmatrix},$$

则 $\boldsymbol{P}$ 是正交矩阵,令 $\boldsymbol{x}=\boldsymbol{P}\boldsymbol{y}$,可得 $f=y_1^2+6y_2^2-6y_3^2$.

(3) 二次型的矩阵为

$$\boldsymbol{A}=\begin{pmatrix}0 & 1 & -1\\ 1 & 0 & 1\\ -1 & 1 & 0\end{pmatrix}.$$

$\boldsymbol{A}$ 的特征多项式为

$$|\boldsymbol{A}-\lambda\boldsymbol{E}|=\begin{vmatrix}-\lambda & 1 & -1\\ 1 & -\lambda & 1\\ -1 & 1 & -\lambda\end{vmatrix}=-(\lambda-1)^2(\lambda+2).$$

所以 $\boldsymbol{A}$ 的特征值 $\lambda_1=\lambda_2=1,\ \lambda_3=-2$.

对于特征值 $\lambda_1=\lambda_2=1$,齐次线性方程组 $(\boldsymbol{A}-\boldsymbol{E})\boldsymbol{x}=0$ 的一组基础解系为

$$\boldsymbol{\xi}_1=(1,1,0)^{\mathrm{T}},\quad \boldsymbol{\xi}_2=(-1,0,1)^{\mathrm{T}}.$$

正交化得
$$\boldsymbol{\eta}_1=\boldsymbol{\xi}_1=(1,1,0)^{\mathrm{T}},$$

$$\boldsymbol{\eta}_2=\boldsymbol{\xi}_2-\frac{[\boldsymbol{\xi}_2,\boldsymbol{\eta}_1]}{[\boldsymbol{\eta}_1,\boldsymbol{\eta}_1]}\boldsymbol{\eta}_1=\left(-\frac{1}{2},\frac{1}{2},1\right)^{\mathrm{T}}.$$

单位化得 $\boldsymbol{p}_1=\left(\frac{\sqrt{2}}{2},\frac{\sqrt{2}}{2},0\right)^{\mathrm{T}},\boldsymbol{p}_2=\left(-\frac{\sqrt{6}}{6},\frac{\sqrt{6}}{6},\frac{\sqrt{6}}{3}\right)^{\mathrm{T}}$.

对于特征值 $\lambda_3=-2$,对应的特征向量为 $\boldsymbol{\xi}_3=(1,-1,1)^{\mathrm{T}}$.

单位化得 $\boldsymbol{p}_3=\left(\frac{\sqrt{3}}{3},-\frac{\sqrt{3}}{3},\frac{\sqrt{3}}{3}\right)^{\mathrm{T}}$.

$$\boldsymbol{P}=\begin{pmatrix}\frac{\sqrt{2}}{2} & -\frac{\sqrt{6}}{6} & \frac{\sqrt{3}}{3}\\ \frac{\sqrt{2}}{2} & \frac{\sqrt{6}}{6} & -\frac{\sqrt{3}}{3}\\ 0 & \frac{\sqrt{6}}{3} & \frac{\sqrt{3}}{3}\end{pmatrix},$$

则 $\boldsymbol{P}$ 是正交矩阵,令 $\boldsymbol{x}=\boldsymbol{P}\boldsymbol{y}$,可得 $f=y_1^2+y_2^2-2y_3^2$.

(4) 二次型的矩阵为

$$\boldsymbol{A}=\begin{pmatrix} 0 & \frac{1}{2} & \frac{1}{2} \\ \frac{1}{2} & 0 & \frac{1}{2} \\ \frac{1}{2} & \frac{1}{2} & 0 \end{pmatrix}.$$

$\boldsymbol{A}$ 的特征多项式为

$$|\boldsymbol{A}-\lambda\boldsymbol{E}|=\begin{vmatrix} -\lambda & \frac{1}{2} & \frac{1}{2} \\ \frac{1}{2} & -\lambda & \frac{1}{2} \\ \frac{1}{2} & \frac{1}{2} & -\lambda \end{vmatrix}=\left(\lambda+\frac{1}{2}\right)^2(1-\lambda).$$

所以 $\boldsymbol{A}$ 的特征值 $\lambda_1=\lambda_2=-\frac{1}{2}$, $\lambda_3=1$.

对于特征值 $\lambda_1=\lambda_2=-\frac{1}{2}$,齐次线性方程组 $(\boldsymbol{A}+\frac{1}{2}\boldsymbol{E})\boldsymbol{x}=\boldsymbol{0}$ 的一组基础解系为

$$\boldsymbol{\xi}_1=(-1,1,0)^{\mathrm{T}},\quad \boldsymbol{\xi}_2=(-1,0,1)^{\mathrm{T}}$$

正交化得

$$\boldsymbol{\eta}_1=\boldsymbol{\xi}_1=(-1,1,0)^{\mathrm{T}},$$

$$\boldsymbol{\eta}_2=\boldsymbol{\xi}_2-\frac{[\boldsymbol{\xi}_2,\boldsymbol{\eta}_1]}{[\boldsymbol{\eta}_1,\boldsymbol{\eta}_1]}\boldsymbol{\eta}_1=\left(-\frac{1}{2},-\frac{1}{2},1\right)^{\mathrm{T}}.$$

单位化得 $\boldsymbol{p}_1=\left(-\frac{\sqrt{2}}{2},\frac{\sqrt{2}}{2},0\right)^{\mathrm{T}}$, $\boldsymbol{p}_2=\left(-\frac{\sqrt{6}}{6},-\frac{\sqrt{6}}{6},\frac{\sqrt{6}}{3}\right)^{\mathrm{T}}$.

对于特征值 $\lambda_3=1$,对应的特征向量为 $\boldsymbol{\xi}_3=(1,1,1)^{\mathrm{T}}$.

单位化得 $\boldsymbol{p}_3=\left(\frac{\sqrt{3}}{3},\frac{\sqrt{3}}{3},\frac{\sqrt{3}}{3}\right)^{\mathrm{T}}$.

$$\boldsymbol{P}=\begin{pmatrix} -\frac{\sqrt{2}}{2} & -\frac{\sqrt{6}}{6} & \frac{\sqrt{3}}{3} \\ \frac{\sqrt{2}}{2} & -\frac{\sqrt{6}}{6} & \frac{\sqrt{3}}{3} \\ 0 & \frac{\sqrt{6}}{3} & \frac{\sqrt{3}}{3} \end{pmatrix}.$$

则 $\boldsymbol{P}$ 是正交矩阵,令 $\boldsymbol{x}=\boldsymbol{P}\boldsymbol{y}$,可得 $f=-\frac{1}{2}y_1^2-\frac{1}{2}y_2^2+y_3^2$.

4. 因为 $\boldsymbol{A},\boldsymbol{B}$ 是正交矩阵,$\boldsymbol{A}\boldsymbol{A}^{\mathrm{T}}=\boldsymbol{E}$, $\boldsymbol{B}\boldsymbol{B}^{\mathrm{T}}=\mathrm{E}$,所以

$$\boldsymbol{A}+\boldsymbol{B}=\boldsymbol{B}\boldsymbol{B}^{\mathrm{T}}\boldsymbol{A}+\boldsymbol{B}\boldsymbol{A}^{\mathrm{T}}\boldsymbol{A}=\boldsymbol{B}\,(\boldsymbol{A}+\boldsymbol{B})^{\mathrm{T}}\boldsymbol{A}.$$

两边取行列式,并把 $|\boldsymbol{A}|=-|\boldsymbol{B}|$ 代入得, $|\boldsymbol{A}+\boldsymbol{B}|=-|\boldsymbol{B}|^2\,|\boldsymbol{A}+\boldsymbol{B}|$.

由于 $\boldsymbol{B}\boldsymbol{B}^{\mathrm{T}}=\mathrm{E}$,有 $|\boldsymbol{B}|^2=1$,因此 $|\boldsymbol{A}+\boldsymbol{B}|=-|\boldsymbol{A}+\boldsymbol{B}|$,即 $|\boldsymbol{A}+\boldsymbol{B}|=0$.

5. (1)依题设,有

$$f(x_1,x_2,x_3)=2(x_1,x_2,x_3)\begin{pmatrix} a_1 \\ a_2 \\ a_3 \end{pmatrix}(a_1,a_2,a_3)\begin{pmatrix} x_1 \\ x_2 \\ x_3 \end{pmatrix}+(x_1,x_2,x_3)\begin{pmatrix} b_1 \\ b_2 \\ b_3 \end{pmatrix}(b_1,b_2,b_3)\begin{pmatrix} x_1 \\ x_2 \\ x_3 \end{pmatrix}$$

$$=\boldsymbol{x}^{\mathrm{T}}2\boldsymbol{\alpha}\boldsymbol{\alpha}^{\mathrm{T}}\boldsymbol{x}+\boldsymbol{x}^{\mathrm{T}}\boldsymbol{\beta}\boldsymbol{\beta}^{\mathrm{T}}\boldsymbol{x}=\boldsymbol{x}^{\mathrm{T}}(2\boldsymbol{\alpha}\boldsymbol{\alpha}^{\mathrm{T}}+\boldsymbol{\beta}\boldsymbol{\beta}^{\mathrm{T}})\boldsymbol{x},$$

故二次型 f 的矩阵为 $2\boldsymbol{\alpha}\boldsymbol{\alpha}^{\mathrm{T}}+\boldsymbol{\beta}\boldsymbol{\beta}^{\mathrm{T}}$.

(2)依题设,只需证明 $\boldsymbol{A}=2\boldsymbol{\alpha}\boldsymbol{\alpha}^{\mathrm{T}}+\boldsymbol{\beta}\boldsymbol{\beta}^{\mathrm{T}}$ 的特征值为2,1,0即可.

因为 $\boldsymbol{A}\boldsymbol{\alpha}=(2\boldsymbol{\alpha}\boldsymbol{\alpha}^{\mathrm{T}}+\boldsymbol{\beta}\boldsymbol{\beta}^{\mathrm{T}})\boldsymbol{\alpha}=2\boldsymbol{\alpha}\boldsymbol{\alpha}^{\mathrm{T}}\boldsymbol{\alpha}+\boldsymbol{\beta}\boldsymbol{\beta}^{\mathrm{T}}\boldsymbol{\alpha}=2\boldsymbol{\alpha}$,所以 $\lambda_1=2$;

又因为 $\boldsymbol{A}\boldsymbol{\beta}=(2\boldsymbol{\alpha}\boldsymbol{\alpha}^{\mathrm{T}}+\boldsymbol{\beta}\boldsymbol{\beta}^{\mathrm{T}})\boldsymbol{\beta}=2\boldsymbol{\alpha}\boldsymbol{\alpha}^{\mathrm{T}}\boldsymbol{\beta}+\boldsymbol{\beta}\boldsymbol{\beta}^{\mathrm{T}}\boldsymbol{\beta}=\boldsymbol{\beta}$,所以 $\lambda_2=1$.

$$r(\boldsymbol{A})=r(2\boldsymbol{\alpha}\boldsymbol{\alpha}^{\mathrm{T}}+\boldsymbol{\beta}\boldsymbol{\beta}^{\mathrm{T}})\leqslant r(2\boldsymbol{\alpha}\boldsymbol{\alpha}^{\mathrm{T}})+r(\boldsymbol{\beta}\boldsymbol{\beta}^{\mathrm{T}})=r(\boldsymbol{\alpha})+r(\boldsymbol{\beta})=2<3,$$

所以 $|\boldsymbol{A}|=0$,故 $\lambda_3=0$

综上所述,f 在正交变换下标准形为 $2y_1^2+y_2^2$.

6. (1)因为矩阵 $\boldsymbol{A}$ 的行向量与矩阵 $\boldsymbol{B}$ 的列向量均正交,所以 $\boldsymbol{AB}=\boldsymbol{O}$,即矩阵 $\boldsymbol{B}$ 的列向量都是 $\boldsymbol{Ax}=\boldsymbol{0}$ 的解。令 $\boldsymbol{\alpha}_1=(1,1,1)^{\mathrm{T}}$,$\boldsymbol{\alpha}_2=(-1,1,0)^{\mathrm{T}}$,$\boldsymbol{\alpha}_3=(0,2,1)^{\mathrm{T}}$,则 $\boldsymbol{A}\boldsymbol{\alpha}_1=\boldsymbol{0}$,$\boldsymbol{A}\boldsymbol{\alpha}_2=\boldsymbol{0}$,$\boldsymbol{A}\boldsymbol{\alpha}_3=\boldsymbol{0}$,故 $\boldsymbol{\alpha}_1,\boldsymbol{\alpha}_2,\boldsymbol{\alpha}_3$ 是 $\boldsymbol{A}$ 对应于 $\lambda=0$ 的特征向量,且 $\boldsymbol{\alpha}_1$ 与 $\boldsymbol{\alpha}_2$ 正交,$\boldsymbol{\alpha}_3=\boldsymbol{\alpha}_1+\boldsymbol{\alpha}_2$,从而 $\lambda=0$ 至少是 $\boldsymbol{A}$ 的二重特征值.

设 $\boldsymbol{A}$ 的三个特征值分别为 $\lambda_1,\lambda_2,\lambda_3$,由于 $\lambda_1+\lambda_2+\lambda_3=a_{11}+a_{22}+a_{33}=2$,所以 $\lambda_1=\lambda_2=0,\lambda_3=2$.

设 $\lambda_3=2$ 对应的特征向量为 $\boldsymbol{\beta}=(x_1,x_2,x_3)^{\mathrm{T}}$,则 $\boldsymbol{\beta}$ 与 $\boldsymbol{\alpha}_1,\boldsymbol{\alpha}_2$ 均正交,故 $\begin{cases}\boldsymbol{\alpha}_1^{\mathrm{T}}\boldsymbol{\beta}=x_1+x_2+x_3=0\\ \boldsymbol{\alpha}_2^{\mathrm{T}}\boldsymbol{\beta}=-x_1+x_2=0\end{cases}$,解得 $\boldsymbol{\beta}=(1,1,-2)^{\mathrm{T}}$,将 $\boldsymbol{\alpha}_1,\boldsymbol{\alpha}_2,\boldsymbol{\beta}$ 单位化,得到

$$\boldsymbol{\gamma}_1=\left(\frac{1}{\sqrt{3}},\frac{1}{\sqrt{3}},\frac{1}{\sqrt{3}}\right)^{\mathrm{T}},\quad \boldsymbol{\gamma}_2=\left(-\frac{1}{\sqrt{2}},\frac{1}{\sqrt{2}},0\right)^{\mathrm{T}},\quad \boldsymbol{\gamma}_3=\left(\frac{1}{\sqrt{6}},\frac{1}{\sqrt{6}},-\frac{2}{\sqrt{6}}\right)^{\mathrm{T}},$$

故所求正交变换为 $\boldsymbol{x}=\boldsymbol{Qy}$,其中 $\boldsymbol{Q}=(\boldsymbol{\gamma}_1,\boldsymbol{\gamma}_2,\boldsymbol{\gamma}_3)$,标准形为 $f=2y_3^2$.

(2)由 $\boldsymbol{Q}^{\mathrm{T}}\boldsymbol{AQ}=\begin{pmatrix}0&&\\&0&\\&&2\end{pmatrix}$,得

$$\boldsymbol{A}=\boldsymbol{Q}\begin{pmatrix}0&&\\&0&\\&&2\end{pmatrix}\boldsymbol{Q}^{\mathrm{T}}=\begin{pmatrix}\frac{1}{3}&\frac{1}{3}&-\frac{2}{3}\\ \frac{1}{3}&\frac{1}{3}&-\frac{2}{3}\\ -\frac{2}{3}&-\frac{2}{3}&\frac{4}{3}\end{pmatrix},$$

所以该二次型为 $f(x_1,x_2,x_3)=\frac{1}{3}x_1^2+\frac{1}{3}x_2^2+\frac{4}{3}x_3^2+\frac{2}{3}x_1x_2-\frac{4}{3}x_1x_3-\frac{4}{3}x_1x_3$.

习题 5.3

1. C.

2. B.

3. (1) $\boldsymbol{A}=\begin{pmatrix}6&-2&2\\-2&5&0\\2&0&7\end{pmatrix}$,$a_{11}=6>0$,$\begin{vmatrix}a_{11}&a_{12}\\a_{21}&a_{22}\end{vmatrix}=\begin{vmatrix}6&-2\\-2&5\end{vmatrix}=26>0$,

$$|\boldsymbol{A}|=\begin{vmatrix}6&-2&2\\-2&5&0\\2&0&7\end{vmatrix}=162>0,$$

所以该二次型是正定的.

(2) $\boldsymbol{A}=\begin{pmatrix}-2&1&1\\1&-6&0\\1&0&-4\end{pmatrix}$, $a_{11}=-2<0$, $\begin{vmatrix}a_{11}&a_{12}\\a_{21}&a_{22}\end{vmatrix}=\begin{vmatrix}-2&1\\1&-6\end{vmatrix}=11>0$,

$$|A|=\begin{vmatrix}-2&1&1\\1&-6&0\\2&0&-4\end{vmatrix}=-38<0,$$

所以该二次型不是正定的.

(3) $A=\begin{pmatrix}1&-1&2&1\\-1&3&0&-3\\2&0&9&-6\\1&-3&-6&19\end{pmatrix}$, $a_{11}=1>0$, $\begin{vmatrix}1&-1\\-1&3\end{vmatrix}=4>0$,

$$\begin{vmatrix}1&-1&2\\-1&3&0\\2&0&9\end{vmatrix}=6>0,\quad |A|=24>0,$$

所以该二次型是正定的.

4. **解**:二次型 f 的矩阵为 $A=\begin{pmatrix}1&a&-1\\a&1&2\\-1&2&5\end{pmatrix}$,因为二次型 f 为正定的,所以可得

$$a_{11}=1>0,\quad \begin{vmatrix}1&a\\a&1\end{vmatrix}=1-a^2>0,\quad |A|=-a(5a+4)>0.$$

因此$\begin{cases}1-a^2>0\\-a(5a+4)>0\end{cases}$,解得$-\dfrac{4}{5}<a<0$.

5. 因为 A 是正定的,所以存在可逆矩阵 C,使得 $A=C^TC$. 等式两边求伴随矩阵得,$(A)^*=(C^TC)^*=C^*(C^T)^*=((C^*)^T)^T(C^*)^T$,其中$(C^*)^T$ 可逆,因此 A 与单位矩阵合同,所以 A 是正定的.

6. 由于 A,B 都是正定矩阵,故 A,B 为实对称矩阵,从而 $A+B$ 也为实对称矩阵,且 $f_1=x^TAx$,$f_2=x^TBx$ 为正定二次型,于是对于不全为零的实数 $x_1,x_2,\cdots,x_n$,有 $x^TAx>0$,$x^TBx>0$,故

$$f=x^T(A+B)x=x^TAx+x^TBx>0,$$

即二次型 $f=x^T(A+B)x$ 是正定的,因此 $A+B$ 是正定矩阵.

7. 由$(A^TA)^T=A^TA$,因此 A^TA 是对称矩阵.

因为 A 可逆,从而齐次线性方程组 $Ax=0$ 只有零解,即对任意非零 n 维列向量 x,有 $Ax\neq 0$,所以 $x^TA^TAx=(Ax)^TAx>0$,即 A^TA 是正定矩阵.

复习题一

1. 二次型矩阵为

$$A=\begin{pmatrix}1&3&2\\3&1&1\\2&1&t\end{pmatrix}\to\begin{pmatrix}1&3&2\\0&1&\dfrac{5}{8}\\0&0&t-\dfrac{7}{8}\end{pmatrix},$$

因此当 $t=\dfrac{7}{8}$时,其秩为 2.

2. 秩为 3,正惯性指数为 2,负惯性指数为 1.

3. $f=x_1^2+x_2^2+3x_3^2+4x_1x_2+2x_1x_3+2x_2x_3$

$=x_1^2+2x_1(2x_2+x_3)+(2x_2+x_3)^2-(2x_2+x_3)^2+x_2^2+3x_3^2+2x_2x_3$

$=(x_1+2x_2+x_3)^2-3(x_2^2+\dfrac{2}{3}x_2x_3+\dfrac{1}{9}x_3^2)+\dfrac{1}{3}x_3^2+2x_3^2$

$$=(x_1+2x_2+x_3)^2-3(x_2^2+\frac{2}{3}x_2x_3+\frac{1}{9}x_3^2)+\frac{7}{3}x_3^2.$$

令 $\begin{cases} y_1=x_1+2x_2+x_3 \\ y_2=x_2+\frac{1}{3}x_3 \\ y_3=x_3 \end{cases}$，可得 $\begin{cases} x_1=y_1-2y_2-\frac{1}{3}y_3 \\ x_2=y_2-\frac{1}{3}y_3 \\ x_3=y_3 \end{cases}$.

所以 $\boldsymbol{C}=\begin{pmatrix} 1 & -2 & -\frac{1}{3} \\ 0 & 1 & -\frac{1}{3} \\ 0 & 0 & 1 \end{pmatrix}$，经过可逆变换 $\boldsymbol{x}=\boldsymbol{C}\boldsymbol{y}$，得到 $f=y_1^2-3y_2^2+\frac{7}{3}y_3^2$.

4. $$\begin{pmatrix} \boldsymbol{A} \\ \cdots \\ \boldsymbol{E} \end{pmatrix}=\begin{pmatrix} 0 & \frac{1}{2} & 1 \\ \frac{1}{2} & 0 & 2 \\ 1 & 2 & 0 \\ \hline 1 & 0 & 0 \\ 0 & 1 & 0 \\ 0 & 0 & 1 \end{pmatrix} \xrightarrow{c_1+c_2} \begin{pmatrix} \frac{1}{2} & \frac{1}{2} & 1 \\ \frac{1}{2} & 0 & 2 \\ 3 & 2 & 0 \\ \hline 1 & 0 & 0 \\ 1 & 1 & 0 \\ 0 & 0 & 1 \end{pmatrix} \xrightarrow{r_1+r_2} \begin{pmatrix} 1 & \frac{1}{2} & 3 \\ \frac{1}{2} & 0 & 2 \\ 3 & 2 & 0 \\ \hline 1 & 0 & 0 \\ 1 & 1 & 0 \\ 0 & 0 & 1 \end{pmatrix} \xrightarrow[c_3-3c_1]{c_2-\frac{1}{2}c_1} \begin{pmatrix} 1 & 0 & 0 \\ \frac{1}{2} & -\frac{1}{4} & \frac{1}{2} \\ 3 & \frac{1}{2} & -9 \\ \hline 1 & -\frac{1}{2} & -3 \\ 1 & \frac{1}{2} & -3 \\ 0 & 0 & 1 \end{pmatrix}$$

$$\xrightarrow[r_3-3r_1]{r_2-\frac{1}{2}r_1} \begin{pmatrix} 1 & 0 & 0 \\ 0 & -\frac{1}{4} & \frac{1}{2} \\ 0 & \frac{1}{2} & -9 \\ \hline 1 & -\frac{1}{2} & -3 \\ 1 & \frac{1}{2} & -3 \\ 0 & 0 & 1 \end{pmatrix} \xrightarrow{c_3+2c_2} \begin{pmatrix} 1 & 0 & 0 \\ 0 & -\frac{1}{4} & 0 \\ 0 & \frac{1}{2} & -8 \\ \hline 1 & -\frac{1}{2} & -4 \\ 1 & \frac{1}{2} & -2 \\ 0 & 0 & 1 \end{pmatrix} \xrightarrow{r_3+2r_2} \begin{pmatrix} 1 & 0 & 0 \\ 0 & -\frac{1}{4} & 0 \\ 0 & 0 & -8 \\ \hline 1 & -\frac{1}{2} & -4 \\ 1 & \frac{1}{2} & -2 \\ 0 & 0 & 1 \end{pmatrix},$$

所以可逆矩阵 $\boldsymbol{C}=\begin{pmatrix} 1 & -\frac{1}{2} & -4 \\ 1 & \frac{1}{2} & -2 \\ 0 & 0 & 1 \end{pmatrix}$.

令 $\begin{cases} x_1=y_1-\frac{1}{2}y_2-4y_3 \\ x_2=y_1+\frac{1}{2}y_2-2y_3 \\ x_3=y_3 \end{cases}$，则标准形为 $f=y_1^2-\frac{1}{4}y_2^2-8y_3^2$.

5. 二次型的矩阵为

$$A=\begin{pmatrix}5&-1&3\\-1&5&-3\\3&-3&3\end{pmatrix}.$$

A 的特征多项式为

$$|A-\lambda E|=\begin{vmatrix}5-\lambda&-1&3\\-1&5-\lambda&-3\\3&-3&3-\lambda\end{vmatrix}=-\lambda(\lambda-4)(\lambda-9).$$

所以 A 的特征值 $\lambda_1=0,\lambda_2=4,\lambda_3=9$.

对于特征值 $\lambda_1=0$,对应的特征向量为 $\xi_1=(-1,1,2)^{\mathrm{T}}$.

对于特征值 $\lambda_2=4$,对应的特征向量为 $\xi_2=(1,1,0)^{\mathrm{T}}$.

对于特征值 $\lambda_3=9$,对应的特征向量为 $\xi_3=(1,-1,1)^{\mathrm{T}}$.

将 ξ_1,ξ_2,ξ_3 单位化,可得

$$p_1=\left(-\frac{\sqrt6}{6},\frac{\sqrt6}{6},\frac{\sqrt6}{3}\right)^{\mathrm{T}},\quad p_2=\left(\frac{\sqrt2}{2},\frac{\sqrt2}{2},0\right)^{\mathrm{T}},\quad p_3=\left(\frac{\sqrt3}{3},-\frac{\sqrt3}{3},\frac{\sqrt3}{3}\right)^{\mathrm{T}}.$$

所以 $P=\begin{pmatrix}-\frac{\sqrt6}{6}&\frac{\sqrt2}{2}&\frac{\sqrt3}{3}\\\frac{\sqrt6}{6}&\frac{\sqrt2}{2}&-\frac{\sqrt3}{3}\\\frac{\sqrt6}{3}&0&\frac{\sqrt3}{3}\end{pmatrix}$,

则 P 是正交矩阵,令 $x=Py$,可得 $f=4y_2^2+9y_3^2$.

6. $$\begin{aligned}(A+3E)^{\mathrm{T}}(A+3E)&=(A^{\mathrm{T}}+3E)(A+3E)=(A+3E)(A+3E)\\&=A^2+6A+8E+E=E,\end{aligned}$$

所以 $A+3E$ 为正交矩阵.

7. 法一. 二次型的矩阵 A 为 $A=\begin{pmatrix}2&2&-2\\2&5&-4\\-2&-4&5\end{pmatrix}$.

则 A 的三个顺序主子式分别为

$$2>0,\quad \begin{vmatrix}2&2\\2&5\end{vmatrix}=6>0,\quad \begin{vmatrix}2&2&-2\\2&5&-4\\-2&-4&5\end{vmatrix}=10>0,$$

所以 f 为正定二次型.

法二. 二次型矩阵 A 的特征多项式为

$$|A-\lambda E|=\begin{vmatrix}2-\lambda&2&-2\\2&5-\lambda&-4\\-2&-4&5-\lambda\end{vmatrix}=(1-\lambda)^2(10-\lambda),$$

所以 A 的特征值为 $\lambda_1=\lambda_2=1,\lambda_2=10$. 因此该二次型是正定的.

8. 二次型的矩阵为 $A=\begin{pmatrix}t&1&1\\1&t&-1\\1&-1&t\end{pmatrix}$,由于该二次型正定,所以其各个顺序主子式都大于零. 即

$$t>0,\quad \begin{vmatrix}t&1\\1&t\end{vmatrix}=t^2-1>0,\quad \begin{vmatrix}t&1&1\\1&t&-1\\1&-1&t\end{vmatrix}=(t-2)(t+1)^2>0,$$

可得方程组$\begin{cases} t>0 \\ t^2-1>0 \\ (t-2)(t+1)2>0 \end{cases}$,解得 $t>2$.

9. 因为$(\boldsymbol{E}-\boldsymbol{A}^2)^{\mathrm{T}}=\boldsymbol{E}-(\boldsymbol{A}^{\mathrm{T}})^2=\boldsymbol{E}-(-\boldsymbol{A})^2=\boldsymbol{E}-\boldsymbol{A}^2$,所以 $\boldsymbol{E}-\boldsymbol{A}^2$ 是实对称矩阵．对任意的 n 维实向量 $\boldsymbol{x}$,由 $\boldsymbol{A}$ 为反对称矩阵,有

$$\boldsymbol{x}^{\mathrm{T}}(\boldsymbol{E}-\boldsymbol{A}^2)\boldsymbol{x}=\boldsymbol{x}^{\mathrm{T}}\boldsymbol{x}-\boldsymbol{x}^{\mathrm{T}}\boldsymbol{A}\boldsymbol{A}\boldsymbol{x}=\boldsymbol{x}^{\mathrm{T}}\boldsymbol{x}+\boldsymbol{x}^{\mathrm{T}}\boldsymbol{A}^{\mathrm{T}}\boldsymbol{A}\boldsymbol{x}=\boldsymbol{x}^{\mathrm{T}}\boldsymbol{x}+(\boldsymbol{A}\boldsymbol{x})^{\mathrm{T}}\boldsymbol{A}\boldsymbol{x}.$$

当 $\boldsymbol{x}\neq 0$ 时,可得 $\boldsymbol{x}^{\mathrm{T}}\boldsymbol{x}>0$ 及$(\boldsymbol{A}\boldsymbol{x})^{\mathrm{T}}(\boldsymbol{A}\boldsymbol{x})\geqslant 0$,因此 $\boldsymbol{x}^{\mathrm{T}}(\boldsymbol{E}-\boldsymbol{A}^2)\boldsymbol{x}>0$.
即 $\boldsymbol{E}-\boldsymbol{A}^2$ 是正定矩阵.

10. 因为 $\boldsymbol{A}$ 正定,所以 $\boldsymbol{A}$ 的 n 个特征值 $\lambda_1,\lambda_2,\cdots,\lambda_n$ 均大于零,从而 $\boldsymbol{A}+\boldsymbol{E}$ 的 n 个特征值 $1+\lambda_1,1+\lambda_2,\cdots,1+\lambda_n$ 均大于 1. 所以 $|\boldsymbol{A}+\boldsymbol{E}|=(1+\lambda_1)(1+\lambda_2)\cdots(1+\lambda_n)>1$.

复习题二

1. 由题意可得,二次型矩阵 $\boldsymbol{A}=\begin{pmatrix} a & 2 & 2 \\ 2 & a & 2 \\ 2 & 2 & a \end{pmatrix}$,它的特征值为 6,0,0.

特征多项式为 $|\boldsymbol{A}-\lambda\boldsymbol{E}|=\begin{vmatrix} a-\lambda & 2 & 2 \\ 2 & a-\lambda & 2 \\ 2 & 2 & a-\lambda \end{vmatrix}=-[\lambda-(a+4)][\lambda-(a-2)]^2$.

因此可得 $a+4=6,a-2=0$. 所以 $a=2$.

2. (1) 二次型矩阵 $\boldsymbol{A}=\begin{pmatrix} a & 0 & 1 \\ 0 & a & -1 \\ 1 & -1 & a-1 \end{pmatrix}$,它的特征多项式为

$$|\boldsymbol{A}-\lambda\boldsymbol{E}|=\begin{pmatrix} a-\lambda & 0 & 1 \\ 0 & a-\lambda & -1 \\ 1 & -1 & a-1-\lambda \end{pmatrix}=-(\lambda-a)(\lambda-a-1)(\lambda-a+2).$$

因此 $\boldsymbol{A}$ 的特征值为 $\lambda_1=a,\lambda_2=a+1,\lambda_3=a-2$.

(2) 若二次型的规范形为 $y_1^2+y_2^2$,说明正惯性指数 $p=2$,负惯性指数为 $q=0$. 那么二次型矩阵 $\boldsymbol{A}$ 中,应当有 2 个特征值为正,1 个特征值为 0,所以必有 $a=2$.

3. 二次型经由正交变换化为标准形时,矩阵 $\boldsymbol{A}$ 的特征值就是标准形中平方项的系数．按题意,矩阵 $\boldsymbol{A}$ 的特征值是 0,1,4,根据 $|\boldsymbol{A}|=\prod\lambda_i$,即

$$|\boldsymbol{A}|=\begin{vmatrix} 1 & a & 1 \\ a & 3 & 1 \\ 1 & 1 & 1 \end{vmatrix}=-(a-1)^2=0,$$

可得 $a=1$.

4. (1)二次型矩阵 $\boldsymbol{A}=\begin{pmatrix} 5 & -1 & 3 \\ -1 & 5 & -3 \\ 3 & -3 & c \end{pmatrix}$,由题意知该矩阵的秩 $R(\boldsymbol{A})=2$.

所以 $\begin{vmatrix} 5 & -1 & 3 \\ -1 & 5 & -3 \\ 3 & -3 & c \end{vmatrix}=0$,解得 $c=3$.

特征多项式为 $|\boldsymbol{A}-\lambda\boldsymbol{E}|=\begin{vmatrix} 5-\lambda & -1 & 3 \\ -1 & 5-\lambda & -3 \\ 3 & -3 & 3-\lambda \end{vmatrix}=-\lambda(\lambda-4)(\lambda-9)$,

解得特征值为 $\lambda_1=0,\lambda_2=4,\lambda_3=9$.

(2) 因为二次型经正交变换化为 $4y_2^2+9y_3^2$,故 $f(x_1,x_2,x_3)=1$,即 $4y_2^2+9y_3^2=1$,表示椭圆柱面.

5. (1)由题意知矩阵 $\boldsymbol{A}$ 的特征值为 $\lambda_1=1,\lambda_2=1,\lambda_3=0$.

又因为 $\boldsymbol{Q}$ 的第三列为 $\left(\frac{\sqrt{2}}{2},0,\frac{\sqrt{2}}{2}\right)^{\mathrm{T}}$,说明 $\boldsymbol{\alpha}_3=(1,0,1)^{\mathrm{T}}$ 是矩阵阵 $\boldsymbol{A}$ 关于特征值 $\lambda_3=0$ 的特征向量. 因为 $\boldsymbol{A}$ 是实对称矩阵,不同特征值的特征向量相互正交. 设 $\lambda_1=\lambda_2=1$ 的特征向量为 $\boldsymbol{\alpha}=(x_1,x_2,x_3)^{\mathrm{T}}$,则 $\boldsymbol{\alpha}^{\mathrm{T}}\boldsymbol{\alpha}_3=0$,即 $x_1+x_3=0$.

取 $\boldsymbol{\alpha}_1=(0,1,0)^{\mathrm{T}},\boldsymbol{\alpha}_2=(-1,0,1)^{\mathrm{T}}$,那么 $\boldsymbol{\alpha}_1,\boldsymbol{\alpha}_2$ 是 $\lambda_1=\lambda_2=1$ 的特征向量.

由 $\boldsymbol{A}(\boldsymbol{\alpha}_1,\boldsymbol{\alpha}_2,\boldsymbol{\alpha}_3)=(\boldsymbol{\alpha}_1,\boldsymbol{\alpha}_2,\boldsymbol{0})$ 有

$$\boldsymbol{A}=(\boldsymbol{\alpha}_1,\boldsymbol{\alpha}_2,\boldsymbol{0})(\boldsymbol{\alpha}_1,\boldsymbol{\alpha}_2,\boldsymbol{\alpha}_3)^{-1}=\begin{pmatrix}0&-1&0\\1&0&0\\0&1&0\end{pmatrix}\begin{pmatrix}0&-1&1\\1&0&0\\0&1&1\end{pmatrix}^{-1}$$

$$=\begin{pmatrix}0&-1&0\\1&0&0\\0&1&0\end{pmatrix}\begin{pmatrix}0&1&0\\-\frac{1}{2}&0&\frac{1}{2}\\0&1&0\end{pmatrix}=\begin{pmatrix}\frac{1}{2}&0&-\frac{1}{2}\\0&1&0\\-\frac{1}{2}&0&\frac{1}{2}\end{pmatrix}.$$

(2)由于矩阵 $\boldsymbol{A}$ 的特征值是 1,1,0,那么 $\boldsymbol{A}+\boldsymbol{E}$ 的特征值是 2,2,1. 因为 $\boldsymbol{A}+\boldsymbol{E}$ 的特征值全大于 0,所以 $\boldsymbol{A}+\boldsymbol{E}$ 正定.

6. 必要性. 设 $\boldsymbol{B}^{\mathrm{T}}\boldsymbol{A}\boldsymbol{B}$ 为正定矩阵,按定义 $\forall\boldsymbol{x}\neq\boldsymbol{0}$,恒有 $\boldsymbol{x}^{\mathrm{T}}(\boldsymbol{B}^{\mathrm{T}}\boldsymbol{A}\boldsymbol{B})\boldsymbol{x}>0$. 即 $\forall\boldsymbol{x}\neq\boldsymbol{0}$,恒有 $(\boldsymbol{B}\boldsymbol{x})^{\mathrm{T}}\boldsymbol{A}(\boldsymbol{B}\boldsymbol{x})>\boldsymbol{0}$. 即 $\forall\boldsymbol{x}\neq\boldsymbol{0}$,恒有 $\boldsymbol{B}\boldsymbol{x}\neq\boldsymbol{0}$. 因此,齐次线性方程组 $\boldsymbol{B}\boldsymbol{x}=\boldsymbol{0}$ 只有零解,故 $R(\boldsymbol{B})=n$.

充分性. 因 $(\boldsymbol{B}^{\mathrm{T}}\boldsymbol{A}\boldsymbol{B})^{\mathrm{T}}=\boldsymbol{B}^{\mathrm{T}}\boldsymbol{A}^{\mathrm{T}}(\boldsymbol{B}^{\mathrm{T}})^{\mathrm{T}}=\boldsymbol{B}^{\mathrm{T}}\boldsymbol{A}\boldsymbol{B}$,知 $\boldsymbol{B}^{\mathrm{T}}\boldsymbol{A}\boldsymbol{B}$ 为实对称矩阵. 若 $R(\boldsymbol{B})=n$,则齐次方程组 $\boldsymbol{B}\boldsymbol{x}=\boldsymbol{0}$ 只有零解,那么 $\forall\boldsymbol{x}\neq\boldsymbol{0}$ 必有 $\boldsymbol{B}\boldsymbol{x}\neq\boldsymbol{0}$. 又 $\boldsymbol{A}$ 为正定矩阵,所以对于 $\boldsymbol{B}\boldsymbol{x}\neq\boldsymbol{0}$,恒有 $(\boldsymbol{B}\boldsymbol{x})^{\mathrm{T}}\boldsymbol{A}(\boldsymbol{B}\boldsymbol{x})>0$. 即当 $\boldsymbol{x}\neq\boldsymbol{0}$ 时,$\boldsymbol{x}^{\mathrm{T}}(\boldsymbol{B}^{\mathrm{T}}\boldsymbol{A}\boldsymbol{B})\boldsymbol{x}>0$,故 $\boldsymbol{B}^{\mathrm{T}}\boldsymbol{A}\boldsymbol{B}$ 为正定矩阵.

7. 因 $\boldsymbol{B}^{\mathrm{T}}=(\lambda\boldsymbol{E}+\boldsymbol{A}^{\mathrm{T}}\boldsymbol{A})^{\mathrm{T}}=\lambda\boldsymbol{E}+\boldsymbol{A}^{\mathrm{T}}\boldsymbol{A}=\boldsymbol{B}$,故 $\boldsymbol{B}$ 是 n 阶实对称矩阵. 构造二次型 $\boldsymbol{x}^{\mathrm{T}}\boldsymbol{B}\boldsymbol{x}$,则 $\boldsymbol{x}^{\mathrm{T}}\boldsymbol{B}\boldsymbol{x}=\boldsymbol{x}^{\mathrm{T}}(\lambda\boldsymbol{E}+\boldsymbol{A}^{\mathrm{T}}\boldsymbol{A})\boldsymbol{x}=\lambda\boldsymbol{x}^{\mathrm{T}}\boldsymbol{x}+\boldsymbol{x}^{\mathrm{T}}\boldsymbol{A}^{\mathrm{T}}\boldsymbol{A}\boldsymbol{x}=\lambda\boldsymbol{x}^{\mathrm{T}}\boldsymbol{x}+(\boldsymbol{A}\boldsymbol{x})^{\mathrm{T}}\boldsymbol{A}\boldsymbol{x}$. $\forall\boldsymbol{x}\neq\boldsymbol{0}$,恒有 $\boldsymbol{x}^{\mathrm{T}}\boldsymbol{x}>0$,$(\boldsymbol{A}\boldsymbol{x})^{\mathrm{T}}\boldsymbol{A}\boldsymbol{x}\geqslant 0$. 因此,当 $\lambda>0$ 时,$\forall\boldsymbol{x}\neq\boldsymbol{0}$,有 $\boldsymbol{x}^{\mathrm{T}}\boldsymbol{B}\boldsymbol{x}=\lambda\boldsymbol{x}^{\mathrm{T}}\boldsymbol{x}+(\boldsymbol{A}\boldsymbol{x})^{\mathrm{T}}\boldsymbol{A}\boldsymbol{x}>0$. 二次型为正定二次型,故 $\boldsymbol{B}$ 为正定矩阵.

8. 由已知条件知,对任意的 $x_1,x_2,\cdots,x_n$,恒有 $f(x_1,x_2,\cdots,x_n)\geqslant 0$,其中等号成立的充分必要条件是

$$\begin{cases}x_1+a_1x_2=0\\x_2+a_2x_3=0\\\cdots\cdots\cdots\cdots\\x_{n-1}+a_{n-1}x_n=0\\x_n+a_nx_1=0\end{cases}\qquad ①$$

根据正定的定义,只要 $\boldsymbol{x}\neq\boldsymbol{0}$,恒有 $\boldsymbol{x}^{\mathrm{T}}\boldsymbol{A}\boldsymbol{x}>0$,则 $\boldsymbol{x}^{\mathrm{T}}\boldsymbol{A}\boldsymbol{x}$ 是正定二次型. 为此,只要方程组①仅有零解,就必有当 $\boldsymbol{x}\neq\boldsymbol{0}$ 时,$x_1+a_1x_2,x_2+a_2x_3,\cdots$ 恒不全为 0,从而 $f(x_1,x_2,\cdots,x_n)>0$,亦即 f 是正定二次型.

而方程组①只有零解的充分必要条件是系数行列式

$$\begin{vmatrix}1&a_1&0&\cdots&0&0\\0&1&a_2&\cdots&0&0\\0&0&1&\cdots&0&0\\\vdots&\vdots&\vdots&&\vdots&\vdots\\0&0&0&\cdots&1&a_{n-1}\\a_n&0&0&\cdots&0&1\end{vmatrix}=1+(-1)^{n+1}a_1a_2\cdots a_n\neq 0,$$

即当 $a_1a_2\cdots a_n\neq(-1)^n$ 时,二次型 $f(x_1,x_2,\cdots,x_n)$ 为正定二次型.

9. 由于 $\boldsymbol{A}$ 是实对称矩阵,有

$$\boldsymbol{B}^{\mathrm{T}}=[(k\boldsymbol{E}+\boldsymbol{A})^2]^{\mathrm{T}}=[(k\boldsymbol{E}+\boldsymbol{A})^{\mathrm{T}}]^2=(k\boldsymbol{E}+\boldsymbol{A})^2=B.$$

即 $\boldsymbol{B}$ 是实对称矩阵,故 $\boldsymbol{B}$ 必可相似对角化.

由 $|\boldsymbol{A}-\lambda\boldsymbol{E}|=\begin{vmatrix}1-\lambda & 0 & 1\\ 0 & 2-\lambda & 0\\ 1 & 0 & 1-\lambda\end{vmatrix}=-\lambda(\lambda-2)^2$,可得 $\boldsymbol{A}$ 的特征值是 $\lambda_1=\lambda_2=2,\lambda_3=0$,那么,$k\boldsymbol{E}+\boldsymbol{A}$ 的特征值是$k+2,k+2,k$. 而$(k\boldsymbol{E}+\boldsymbol{A})^2$ 的特征值是$(k+2)^2,(k+2)^2,k^2$. 故

$$\boldsymbol{B}\sim\boldsymbol{P}=\begin{pmatrix}(k+2)^2 & & \\ & (k+2)^2 & \\ & & k^2\end{pmatrix}.$$

因为矩阵 $\boldsymbol{B}$ 正定的充要条件是特征值全大于0,可见当 $k\neq 2$ 且 $k\neq 0$ 时,矩阵 $\boldsymbol{B}$ 正定.

10. (1)因为 $\boldsymbol{P}^{\mathrm{T}}=\begin{pmatrix}\boldsymbol{E}_m & -\boldsymbol{A}^{-1}\boldsymbol{C}\\ \boldsymbol{O} & \boldsymbol{E}_n\end{pmatrix}^{\mathrm{T}}=\begin{pmatrix}\boldsymbol{E}_m & \boldsymbol{O}\\ -\boldsymbol{C}^{\mathrm{T}}\boldsymbol{A}^{-1} & \boldsymbol{E}_n\end{pmatrix}$,所以

$$\boldsymbol{P}^{\mathrm{T}}\boldsymbol{D}\boldsymbol{P}=\begin{pmatrix}\boldsymbol{E}_m & \boldsymbol{O}\\ -\boldsymbol{C}^{\mathrm{T}}\boldsymbol{A}^{-1} & \boldsymbol{E}_n\end{pmatrix}\begin{pmatrix}\boldsymbol{A} & \boldsymbol{C}\\ \boldsymbol{C}^{\mathrm{T}} & \boldsymbol{B}\end{pmatrix}\begin{pmatrix}\boldsymbol{E}_m & -\boldsymbol{A}^{-1}\boldsymbol{C}\\ \boldsymbol{O} & \boldsymbol{E}_n\end{pmatrix}$$

$$=\begin{pmatrix}\boldsymbol{A} & \boldsymbol{C}\\ \boldsymbol{O} & \boldsymbol{B}-\boldsymbol{C}^{\mathrm{T}}\boldsymbol{A}^{-1}\boldsymbol{C}\end{pmatrix}\begin{pmatrix}\boldsymbol{E}_m & -\boldsymbol{A}^{-1}\boldsymbol{C}\\ \boldsymbol{O} & \boldsymbol{E}_n\end{pmatrix}=\begin{pmatrix}\boldsymbol{A} & \boldsymbol{O}\\ \boldsymbol{O} & \boldsymbol{B}-\boldsymbol{C}^{\mathrm{T}}\boldsymbol{A}^{-1}\boldsymbol{C}\end{pmatrix}.$$

(2)因为 $\boldsymbol{D}$ 是对称矩阵,知 $\boldsymbol{P}^{\mathrm{T}}\boldsymbol{D}\boldsymbol{P}$ 是对称矩阵,所以 $\boldsymbol{B}-\boldsymbol{C}^{\mathrm{T}}\boldsymbol{A}^{-1}\boldsymbol{C}$ 为对称矩阵. 又因矩阵 $\boldsymbol{D}$ 与 $\begin{pmatrix}\boldsymbol{A} & \boldsymbol{O}\\ \boldsymbol{O} & \boldsymbol{B}-\boldsymbol{C}^{\mathrm{T}}\boldsymbol{A}^{-1}\boldsymbol{C}\end{pmatrix}$合同,且 $\boldsymbol{D}$ 正定,知矩阵$\begin{pmatrix}\boldsymbol{A} & \boldsymbol{O}\\ \boldsymbol{O} & \boldsymbol{B}-\boldsymbol{C}^{\mathrm{T}}\boldsymbol{A}^{-1}\boldsymbol{C}\end{pmatrix}$正定,那么,$\forall\begin{pmatrix}\boldsymbol{O}\\ \boldsymbol{Y}\end{pmatrix}\neq\boldsymbol{0}$,恒有

$$(\boldsymbol{O}\quad \boldsymbol{Y}^{\mathrm{T}})\begin{pmatrix}\boldsymbol{A} & \boldsymbol{O}\\ \boldsymbol{O} & \boldsymbol{B}-\boldsymbol{C}^{\mathrm{T}}\boldsymbol{A}^{-1}\boldsymbol{C}\end{pmatrix}\begin{pmatrix}\boldsymbol{O}\\ \boldsymbol{Y}\end{pmatrix}=\boldsymbol{Y}^{\mathrm{T}}(\boldsymbol{B}-\boldsymbol{C}^{\mathrm{T}}\boldsymbol{A}^{-1}\boldsymbol{C})\boldsymbol{Y}>0,$$

所以 $\boldsymbol{B}-\boldsymbol{C}^{\mathrm{T}}\boldsymbol{A}^{-1}\boldsymbol{C}$ 正定.

第6章　线性空间与线性变换

习题 6.1

1. (1)是线性空间; (2)是线性空间; (3)不是线性空间; (4)不是线性空间.
2. (1)不能构成; (2)能构成; (3)能构成; (4)不能构成.
3. 维数为2,基为 $\boldsymbol{\xi}_1=(-3,1,0,0,0)^{\mathrm{T}},\boldsymbol{\xi}_2=(7,0,-2,0,1)^{\mathrm{T}}$.
4. $\boldsymbol{\alpha}_1=(1,0,2,5,4)^{\mathrm{T}},\boldsymbol{\alpha}_2=(3,1,-2,1,0)^{\mathrm{T}},\boldsymbol{\alpha}_3=(1,0,0,0,0)^{\mathrm{T}},\boldsymbol{\alpha}_4=(0,0,0,1,0)^{\mathrm{T}},\boldsymbol{\alpha}_5=(0,0,0,0,1)^{\mathrm{T}}$.

习题 6.2

1. $\begin{pmatrix}1 & 0 & 0\\ 0 & 1 & 1\\ -1 & 0 & 1\end{pmatrix}$.

2. (1)$\begin{pmatrix}2 & 0 & 5 & 6\\ 1 & 3 & 3 & 6\\ -1 & 1 & 2 & 1\\ 1 & 0 & 1 & 3\end{pmatrix}$; (2)$\dfrac{1}{27}\begin{pmatrix}12 & 9 & -27 & -33\\ 1 & 12 & -9 & -23\\ 9 & 0 & 0 & -18\\ -7 & -3 & 9 & 26\end{pmatrix}$ $\begin{pmatrix}x_1\\ x_2\\ x_3\end{pmatrix}$;

(3)$k(1,1,1,-1)^{\mathrm{T}},k\in\mathbf{R}$.

习题 6.3

1. $\begin{pmatrix} 2 & -1 & 0 \\ 0 & 1 & 1 \\ 1 & 0 & 0 \end{pmatrix}$.

2. $\begin{pmatrix} 1 & 0 & 0 \\ 2 & 1 & 0 \\ 0 & 1 & 1 \end{pmatrix}$.

3. (1) $\begin{pmatrix} -1 & 2 & 0 \\ 1 & 1 & -1 \\ 0 & 1 & -1 \end{pmatrix}$; (2) $\begin{pmatrix} 0 & 1 & 0 \\ 1 & 1 & -1 \\ 0 & 1 & -2 \end{pmatrix}$.

复习题一

1. 能构成.

2. 二维.

3. $\boldsymbol{A}(a_1,a_2,a_3)^{\mathrm{T}}=(a_1,-a_1+2a_2-a_3,2a_1-6a_2+3a_3)^{\mathrm{T}}$.

4. $\begin{pmatrix} 1 & 0 & 0 \\ 1 & 1 & 0 \\ 1 & 2 & 1 \end{pmatrix}$.

5. 令 $\boldsymbol{T}_1=\begin{pmatrix} -1 & 0 & 1 \\ 0 & 1 & 2 \\ -2 & 2 & 5 \end{pmatrix}$, $\boldsymbol{T}_2=\begin{pmatrix} -1 & 1 & 1 \\ 1 & 0 & 1 \\ 0 & 1 & 2 \end{pmatrix}$. 则从基$(\boldsymbol{\alpha}_1, \boldsymbol{\alpha}_2, \boldsymbol{\alpha}_3)$到基$(\boldsymbol{\beta}_1, \boldsymbol{\beta}_2, \boldsymbol{\beta}_3)$的过渡矩阵为

$$\boldsymbol{T}=\boldsymbol{T}_1^{-1}\boldsymbol{T}_2=\begin{pmatrix} 1 & 2 & -1 \\ -4 & -3 & 2 \\ 2 & 2 & -1 \end{pmatrix}\boldsymbol{T}_2=\begin{pmatrix} 1 & 0 & 0 \\ 1 & -2 & 1 \\ 0 & 1 & 0 \end{pmatrix}.$$

又

$$\sigma(\boldsymbol{\alpha}_1)=(2,0,-1)=-\frac{11}{3}\boldsymbol{\alpha}_1+\frac{10}{3}\boldsymbol{\alpha}_2-\frac{5}{3}\boldsymbol{\alpha}_3;$$

$$\sigma(\boldsymbol{\alpha}_2)=(0,0,1)=\frac{1}{3}\boldsymbol{\alpha}_1-\frac{2}{3}\boldsymbol{\alpha}_2+0\boldsymbol{\alpha}_3;$$

$$\sigma(\boldsymbol{\alpha}_3)=(0,1,2)=0\boldsymbol{\alpha}_1+\boldsymbol{\alpha}_2+0\boldsymbol{\alpha}_3.$$

所以 σ 关于$(\boldsymbol{\alpha}_1,\boldsymbol{\alpha}_2,\boldsymbol{\alpha}_3)$的矩阵为$\begin{pmatrix} -\frac{11}{3} & \frac{1}{3} & 0 \\ \frac{10}{3} & -\frac{2}{3} & 1 \\ -\frac{5}{3} & \frac{1}{3} & 0 \end{pmatrix}$. 从而 σ 关于基$(\boldsymbol{\beta}_1, \boldsymbol{\beta}_2, \boldsymbol{\beta}_3)$的矩阵为

$$\boldsymbol{B}=\boldsymbol{T}^{-1}\boldsymbol{A}\boldsymbol{T}=\begin{pmatrix} 1 & 0 & 0 \\ 0 & 0 & 1 \\ -1 & 1 & 2 \end{pmatrix}\begin{pmatrix} -\frac{11}{3} & \frac{1}{3} & 0 \\ \frac{10}{3} & -\frac{2}{3} & 1 \\ -\frac{5}{3} & \frac{1}{3} & 0 \end{pmatrix}\begin{pmatrix} 1 & 0 & 0 \\ 1 & -2 & 1 \\ 0 & 1 & 0 \end{pmatrix}=\begin{pmatrix} -\frac{10}{3} & -\frac{2}{3} & \frac{1}{3} \\ -\frac{4}{3} & -\frac{2}{3} & \frac{1}{3} \\ \frac{10}{3} & \frac{5}{3} & -\frac{1}{3} \end{pmatrix}.$$

$\boldsymbol{\xi}=(0,3,5)=\frac{5}{3}\boldsymbol{\alpha}_1-\frac{1}{3}\boldsymbol{\alpha}_2+\frac{5}{3}\boldsymbol{\alpha}_3$. 所以 $\sigma(\boldsymbol{\xi})$ 关于 $(\boldsymbol{\alpha}_1,\boldsymbol{\alpha}_2,\boldsymbol{\alpha}_3)$ 的坐标为 $\boldsymbol{A}\begin{pmatrix}\frac{5}{3}\\-\frac{1}{3}\\\frac{5}{3}\end{pmatrix}=\begin{pmatrix}-\frac{56}{9}\\\frac{67}{9}\\-\frac{26}{9}\end{pmatrix}$.

$$\sigma(\boldsymbol{\xi})=(\boldsymbol{\alpha}_1,\boldsymbol{\alpha}_2,\boldsymbol{\alpha}_3)\begin{pmatrix}-\frac{56}{9}\\\frac{67}{9}\\-\frac{26}{9}\end{pmatrix}=(\boldsymbol{\beta}_1,\boldsymbol{\beta}_2,\boldsymbol{\beta}_3)\boldsymbol{T}^{-1}\begin{pmatrix}-\frac{56}{9}\\\frac{67}{9}\\-\frac{26}{9}\end{pmatrix}.$$

所以 $\sigma(\boldsymbol{\xi})$ 关于 $(\boldsymbol{\beta}_1,\boldsymbol{\beta}_2,\boldsymbol{\beta}_3)$ 的坐标为

$$\boldsymbol{T}^{-1}\begin{pmatrix}-\frac{56}{9}\\\frac{67}{9}\\-\frac{26}{9}\end{pmatrix}=\begin{pmatrix}1&0&0\\0&0&1\\-1&1&2\end{pmatrix}\begin{pmatrix}-\frac{56}{9}\\\frac{67}{9}\\-\frac{26}{9}\end{pmatrix}=\begin{pmatrix}-\frac{56}{9}\\-\frac{26}{9}\\\frac{71}{9}\end{pmatrix}.$$

6. (1) $\sigma(\boldsymbol{\varepsilon}_1,\boldsymbol{\varepsilon}_3,\boldsymbol{\varepsilon}_2)=(\boldsymbol{\varepsilon}_1,\boldsymbol{\varepsilon}_3,\boldsymbol{\varepsilon}_2)\begin{pmatrix}a_{11}&a_{13}&a_{12}\\a_{31}&a_{33}&a_{32}\\a_{21}&a_{23}&a_{22}\end{pmatrix}$.

(2) $\sigma(\boldsymbol{\varepsilon}_1,k\boldsymbol{\varepsilon}_2,\boldsymbol{\varepsilon}_3)=(\boldsymbol{\varepsilon}_1,k\boldsymbol{\varepsilon}_2,\boldsymbol{\varepsilon}_3)\begin{pmatrix}a_{11}&ka_{12}&a_{13}\\\frac{1}{k}a_{21}&a_{22}&\frac{1}{k}a_{23}\\a_{31}&ka_{32}&a_{33}\end{pmatrix}$.

(3) $\sigma(\boldsymbol{\varepsilon}_1,\boldsymbol{\varepsilon}_1+\boldsymbol{\varepsilon}_2,\boldsymbol{\varepsilon}_3)=(\boldsymbol{\varepsilon}_1,\boldsymbol{\varepsilon}_1+\boldsymbol{\varepsilon}_2,\boldsymbol{\varepsilon}_3)\begin{pmatrix}a_{11}-a_{21}&a_{11}+a_{12}-a_{21}-a_{22}&a_{13}-a_{23}\\a_{21}&a_{21}+a_{22}&a_{23}\\a_{31}&a_{31}+a_{32}&a_{33}\end{pmatrix}$.

7. (1) $\sigma\tau(x_1,x_2,x_3)=\sigma(x_1+x_2-x_3,0,x_3-x_1-x_2)=(x_1+x_2-x_3,0,x_1+x_2-x_3)=\tau(x_1,x_2,x_3)$，所以 $\sigma\tau=\tau$.

$\tau\sigma(x_1,x_2,x_3)=\tau(x_1,x_2,x_1+x_2)=(0,0,0)$，所以 $\tau\sigma=0$.

$\sigma^2(x_1,x_2,x_3)=\sigma(x_1,x_2,x_1+x_2)=(x_1,x_2,x_1+x_2)$. 所以 $\sigma^2=\sigma$.

(2) $(\sigma+\tau)(x_1,x_2,x_3)=\sigma(x_1,x_2,x_3)+\tau(x_1,x_2,x_3)=(x_1,x_2,x_1+x_2)+(x_1+x_2-x_3,0,x_3-x_1-x_2)$
$=(2x_1+x_2-x_3,x_2,x_3)$.

$(\sigma-\tau)(x_1,x_2,x_3)=\sigma(x_1,x_2,x_3)-\tau(x_1,x_2,x_3)=(x_1,x_2,x_1+x_2)-(x_1+x_2-x_3,0,x_3-x_1-x_2)$
$=(-x_2+x_3,x_2,2x_1+2x_2-x_3)$.

$2\sigma(x_1,x_2,x_3)=2(x_1,x_2,x_1+x_2)=(2x_1,2x_2,2x_1+2x_2)$.

8. $\sigma(1,0,0)=(1,0,0)$；$\sigma(0,1,0)=(1,1,0)$；$\sigma(0,0,1)=(1,1,-1)$.

所以 σ 关于 $\mathbf{R}^3$ 的一个基 $(1,0,0)$，$(0,1,0)$，$(0,0,1)$ 的矩阵为

$$\boldsymbol{A}=\begin{pmatrix}1&1&1\\0&1&1\\0&0&-1\end{pmatrix}.$$

显然,$\boldsymbol{A}$ 可逆,所以 σ 是可逆变换,而且 $\boldsymbol{A}^{-1}=\begin{pmatrix}1&-1&0\\0&1&1\\0&0&-1\end{pmatrix}$,所以

$$\sigma^{-1}(x_1,x_2,x_3)=\boldsymbol{A}^{-1}\begin{pmatrix}x_1\\x_2\\x_3\end{pmatrix}=(x_1-x_2,x_2+x_3,-x_3).$$

复习题二

1. 令 σ 是向量空间 V 的可逆线性变换,$\boldsymbol{\alpha}_1,\boldsymbol{\alpha}_2,\cdots,\boldsymbol{\alpha}_m$ 是 V 的一组线性无关的向量,令

$$k_1\sigma(\boldsymbol{\alpha}_1)+k_2\sigma(\boldsymbol{\alpha}_2)+\cdots+k_m\sigma(\boldsymbol{\alpha}_m)=0.$$

两端用 σ^{-1} 作用得:$k_1\boldsymbol{\alpha}_1+\cdots+k_m\boldsymbol{\alpha}_m=\boldsymbol{0}$. 由已知 $\boldsymbol{\alpha}_1,\boldsymbol{\alpha}_2,\cdots,\boldsymbol{\alpha}_m$ 线性无关,所以 $k_1=k_2=\cdots=k_m=0$. 故 $\sigma(\boldsymbol{\alpha}_1),\sigma(\boldsymbol{\alpha}_2),\cdots,\sigma(\boldsymbol{\alpha}_m)$ 线性无关.

2. 令

$$l_0\xi+l_1\sigma\xi+\cdots+l_{k-1}\sigma^{k-1}\xi=\boldsymbol{0}. \qquad ①$$

式①两端用 σ^{k-1} 作用得

$$l_0\sigma^{k-1}\boldsymbol{\xi}+l_1\sigma^k\boldsymbol{\xi}+\cdots+l_{k-1}\sigma^{2k-2}\boldsymbol{\xi}=\boldsymbol{0}.$$

由已知得:$\sigma^k\boldsymbol{\xi}=\sigma^{k+1}\boldsymbol{\xi}=\cdots=\sigma^{2k-2}\boldsymbol{\xi}=\boldsymbol{0}$, $\sigma^{k-1}\boldsymbol{\xi}\neq\boldsymbol{0}$,所以 $l_0=0$. 则式①变为

$$l_1\sigma\boldsymbol{\xi}+\cdots+l_{k-1}\sigma^{k-1}\boldsymbol{\xi}=\boldsymbol{0}. \qquad ②$$

式②两端用 σ^{k-2} 作用得

$$l_1\sigma^{k-1}\boldsymbol{\xi}+l_2\sigma^k\boldsymbol{\xi}+\cdots+l_{k-1}\sigma^{2k-3}\boldsymbol{\xi}=\boldsymbol{0}.$$

同理 $l_1=0$. 重复上述过程有:$l_0=l_1=\cdots=l_{k-1}=0$.

3. 对任意 $f(x)\in\mathbf{R}[x]$,有 $(\sigma\tau-\tau\sigma)(f(x))=\sigma\tau(f(x))$,
$-\tau\sigma(f(x))=\sigma(x(f(x))-\tau f'(x)=f(x)+xf'(x)-xf'(x)=f(x)$.
所以 $\sigma\tau-\tau\sigma=\iota$.

4. (1) $\sigma(\boldsymbol{\varepsilon}_1,\boldsymbol{\varepsilon}_2,\boldsymbol{\varepsilon}_3)=(\boldsymbol{\varepsilon}_1,\boldsymbol{\varepsilon}_2,\boldsymbol{\varepsilon}_3)\begin{pmatrix}0&2&1\\1&-4&0\\3&0&0\end{pmatrix}$.

(2) 从基 $(\boldsymbol{\varepsilon}_1,\boldsymbol{\varepsilon}_2,\boldsymbol{\varepsilon}_3)$ 到基 $(\boldsymbol{\alpha}_1,\boldsymbol{\alpha}_2,\boldsymbol{\alpha}_3)$ 的过渡矩阵为 $\boldsymbol{P}=\begin{pmatrix}1&1&1\\1&1&0\\1&0&0\end{pmatrix}$. σ 在 $(\boldsymbol{\alpha}_1,\boldsymbol{\alpha}_2,\boldsymbol{\alpha}_3)$ 下的矩阵为

$$\boldsymbol{P}^{-1}\begin{pmatrix}0&2&1\\1&-4&0\\3&0&0\end{pmatrix}\boldsymbol{P}=\begin{pmatrix}0&0&1\\0&1&-1\\1&-1&0\end{pmatrix}\begin{pmatrix}0&2&1\\1&-4&0\\3&0&0\end{pmatrix}\begin{pmatrix}1&1&1\\1&1&0\\1&0&0\end{pmatrix}=\begin{pmatrix}3&3&3\\-6&-6&-2\\6&5&1\end{pmatrix}.$$

5. $$(\sigma+\tau)\boldsymbol{E}_{11}=\boldsymbol{E}_{11}\begin{pmatrix}1&1\\1&-1\end{pmatrix}+\begin{pmatrix}1&0\\-2&0\end{pmatrix}\quad\boldsymbol{E}_{11}=\begin{pmatrix}2&1\\-2&0\end{pmatrix}=2\boldsymbol{E}_{11}+\boldsymbol{E}_{12}-2\boldsymbol{E}_{21}+0\boldsymbol{E}_{22}.$$

$$(\sigma+\tau)\boldsymbol{E}_{12}=\boldsymbol{E}_{12}\begin{pmatrix}1&1\\1&-1\end{pmatrix}+\begin{pmatrix}1&0\\-2&0\end{pmatrix}\quad\boldsymbol{E}_{12}=\begin{pmatrix}1&0\\0&-2\end{pmatrix}=\boldsymbol{E}_{11}+0\boldsymbol{E}_{12}+0\boldsymbol{E}_{21}-2\boldsymbol{E}_{22}.$$

$$(\sigma+\tau)\boldsymbol{E}_{21}=\boldsymbol{E}_{21}\begin{pmatrix}1&1\\1&-1\end{pmatrix}+\begin{pmatrix}1&0\\-2&0\end{pmatrix}\quad\boldsymbol{E}_{21}=\begin{pmatrix}0&0\\1&1\end{pmatrix}=0\boldsymbol{E}_{11}+0\boldsymbol{E}_{12}+\boldsymbol{E}_{21}+\boldsymbol{E}_{22}.$$

$$(\sigma+\tau)\boldsymbol{E}_{22}=\boldsymbol{E}_{22}\begin{pmatrix}1&1\\1&-1\end{pmatrix}+\begin{pmatrix}1&0\\-2&0\end{pmatrix}\quad\boldsymbol{E}_{22}=\begin{pmatrix}0&0\\1&-1\end{pmatrix}=0\boldsymbol{E}_{11}+0\boldsymbol{E}_{12}+\boldsymbol{E}_{21}-\boldsymbol{E}_{22}.$$

所以 $\sigma+\tau$ 在基 $\boldsymbol{E}_{11},\boldsymbol{E}_{12},\boldsymbol{E}_{21},\boldsymbol{E}_{22}$ 下的矩阵为

$$A=\begin{pmatrix}2&1&0&0\\1&0&0&0\\-2&0&1&1\\0&-2&1&-1\end{pmatrix}.$$

同理可证 $\sigma\tau$ 在基 $E_{11},E_{12},E_{21},E_{22}$ 下的矩阵.

$$\sigma(E_{11})=E_{11}+E_{12},\quad \sigma(E_{12})=E_{11}-E_{12},\quad \sigma(E_{21})=0E_{11}+0E_{12}+E_{21}+E_{22},$$
$$\sigma(E_{22})=0E_{11}+0E_{12}+E_{21}-E_{22}.$$

所以 σ 在此基下的矩阵为

$$B=\begin{pmatrix}1&1&0&0\\1&-1&0&0\\0&0&1&1\\0&0&1&-1\end{pmatrix}.$$

显然,B 可逆. 所以 σ 可逆. σ 在同一基下的矩阵为

$$B^{-1}=\begin{pmatrix}\frac{1}{2}&\frac{1}{2}&0&0\\\frac{1}{2}&-\frac{1}{2}&0&0\\0&0&\frac{1}{2}&\frac{1}{2}\\0&0&\frac{1}{2}&-\frac{1}{2}\end{pmatrix}.$$

同理可讨论 τ 的可逆性及求 τ 的矩阵.

6. 令 $\alpha_1,\cdots,\alpha_r$ 是 W_1 的一个基. 令 $\alpha_{r+1},\cdots,\alpha_n$ 是 W_2 的一个基.

由已知得:$\alpha_1,\cdots,\alpha_n$ 是 V 的一个基.

必要性. 设 σ 可逆,则$\sigma(\alpha_1),\cdots,\sigma(\alpha_r),\sigma(\alpha_{r+1})\cdots,\sigma(\alpha_n)$ 也是 V 的一个基. 但

$$\sigma(W_1)=£\ (\sigma(\alpha_1),\cdots,\sigma(\alpha_r)),$$
$$\sigma(W_2)=£\ (\sigma(\alpha_{r+1})\cdots,\sigma(\alpha_n)),$$

所以 $V=\sigma(W_1)+\sigma(W_2)$,$\sigma(W_1)\cap\sigma(W_2)=\{0\}$,故 $V=\sigma(W_1)\oplus\sigma(W_2)$.

充分性. 将必要性的过程倒过去即可.

7. σ 在基$\{E_{11},E_{12},E_{21},E_{22}\}$下的矩阵为

$$A=\begin{pmatrix}0&0&1&0\\0&0&0&1\\2&0&-3&0\\0&2&0&-3\end{pmatrix}.$$

8. (1)令 $\varepsilon_1=(1,0,0)$,$\varepsilon_2=(0,1,0)$,$\varepsilon_3=(0,0,1)$. 则由$(\alpha_1,\alpha_2,\alpha_3)$到$(\varepsilon_1,\varepsilon_3,\varepsilon_2)$的过渡矩阵为 $\begin{pmatrix}1&2&1\\0&1&1\\1&0&1\end{pmatrix}^{-1}$. 由基$(\varepsilon_1,\varepsilon_2,\varepsilon_3)$到基$(\beta_1,\beta_2,\beta_3)$的过渡矩阵为$\begin{pmatrix}1&2&2\\0&1&1\\1&0&1\end{pmatrix}$. 所以由基$(\alpha_1,\alpha_2,\alpha_3)$到基$(\beta_1,\beta_2,\beta_3)$的过渡矩阵为

$$P=\begin{pmatrix}1&2&1\\0&1&1\\-1&-1&-1\end{pmatrix}^{-1}\begin{pmatrix}1&2&2\\2&2&-1\\-1&-1&-1\end{pmatrix}=\begin{pmatrix}-2&-\frac{3}{2}&\frac{3}{2}\\1&\frac{3}{2}&\frac{3}{2}\\1&\frac{1}{2}&-\frac{5}{2}\end{pmatrix}.$$

(2) $\sigma(\boldsymbol{\alpha}_1,\boldsymbol{\alpha}_2,\boldsymbol{\alpha}_3)=(\boldsymbol{\beta}_1,\boldsymbol{\beta}_2,\boldsymbol{\beta}_3)=(\boldsymbol{\alpha}_1,\boldsymbol{\alpha}_2,\boldsymbol{\alpha}_3)\boldsymbol{P}$. 所以 σ 在$(\boldsymbol{\alpha}_1,\boldsymbol{\alpha}_2,\boldsymbol{\alpha}_3)$下的矩阵为

$$\begin{pmatrix} -2 & -\frac{3}{2} & \frac{3}{2} \\ 1 & \frac{3}{2} & \frac{3}{2} \\ 1 & \frac{1}{2} & -\frac{5}{2} \end{pmatrix}.$$

(3) σ 关于基$(\boldsymbol{\beta}_1,\boldsymbol{\beta}_2,\boldsymbol{\beta}_3)$的矩阵为$\begin{pmatrix} -2 & -\frac{3}{2} & \frac{3}{2} \\ 1 & \frac{3}{2} & \frac{3}{2} \\ 1 & \frac{1}{2} & -\frac{5}{2} \end{pmatrix}$.